U0324218

国家社科基金
GUOJIA SHEKE JIJIN HOUQI ZIZHU XIANGMU
后期资助项目

回归工程的人文本性
—— 现代工程批判

The Return of Humanistic Nature of Engineering:
A Critique of Modern Engineering

张秀华　著

北京师范大学出版集团
BEIJING NORMAL UNIVERSITY PUBLISHING GROUP
北京师范大学出版社

图书在版编目（CIP）数据

回归工程的人文本性：现代工程批判/张秀华著. —北京：北京师范大学出版社，2018.3

（国家社科基金后期资助项目）

ISBN 978-7-303-23198-0

Ⅰ.①回⋯ Ⅱ.①张⋯ Ⅲ.①工程-关系-人文科学-研究 Ⅳ.①T-05

中国版本图书馆 CIP 数据核字（2017）第 298408 号

营　销　中　心　电　话　010-58805072　58807651
北师大出版社学术著作与大众读物分社　http：//xueda. bnup. com

HUIGUI GONGCHENG DE RENWEN BENXING

出版发行：北京师范大学出版社　www.bnup.com
　　　　　北京市海淀区新街口外大街 19 号
　　　　　邮政编码：100875
印　　刷：保定市中画美凯印刷有限公司
经　　销：全国新华书店
开　　本：787 mm×1092 mm　1/16
印　　张：21.25
字　　数：376 千字
版　　次：2018 年 3 月第 1 版
印　　次：2018 年 3 月第 1 次印刷
定　　价：62.00 元

策划编辑：唐闻笛　　　　　责任编辑：周　鹏
美术编辑：王齐云　　　　　装帧设计：毛　淳　王齐云
责任校对：陈　民　　　　　责任印制：马　洁

国家社科基金后期资助项目
出 版 说 明

  后期资助项目是国家社科基金设立的一类重要项目，旨在鼓励广大社科研究者潜心治学，支持基础研究多出优秀成果。它是经过严格评审，从接近完成的科研成果中遴选立项的。为扩大后期资助项目的影响，更好地推动学术发展，促进成果转化，全国哲学社会科学规划办公室按照"统一设计、统一标识、统一版式、形成系列"的总体要求，组织出版国家社科基金后期资助项目成果。

全国哲学社会科学规划办公室

内容简介

对现代工程的人文批判，首先，需要就现代工程批判的前提给予批判，追问工程的人文本性何在，即对现代工程人文反思的起点和人文基础——哲学自身进行拷问，这直接涉及工程研究的哲学范式。现当代哲学历史视域与时间视野下的实践哲学变革，特别是生存论转向，言明了任何存在论问题都无法回避生存论这一根基，并使阐明生存作为工程的根本维度有了可能路径。"人也按照美的规律来构造"的工程旨趣和"以栖居为指归的筑居"之工程理想，为澄明工程的人文本性做了奠基性工作，进而表明，一切工程的人文批判都必须从工程的生存论阐释出发，回到工程现象学的始源性探究。

其次，在确认工程的生存论这一人文的存在论诠释基础之上，从不同的理论视域，进一步拓展现代工程的形而上学追问成为必要和可能。也就是把生存论作为一以贯之的基本性解释原则，在存在论、认识论、价值论、伦理学等理论进路下，讨论作为人的存在方式的工程这一工程的存在论意义，从工程的观点看何以可能的工程认识论，以及基于工程价值、工程价值评价和工程规范的工程价值论、工程伦理之哲学基础等前沿性根本问题。

再次，考虑到工程的社会性，工程活动不仅是社会性的行为，依赖社会实现，而且有其社会功能和后果。因此，必须在社会批判理论视域下，对现代工程给予社会学和社会哲学的考察，探进到批判的工程社会学和工程的社会哲学的研究：把社会的工程视为具象化的科学、技术与社会，其最终目的在于彰显工程的人文规约，以规范现代工程实践。这对工程走向人文极为重要，通过工程共同体的本性与特质界定、结构及维系机制的揭示和社会功能的描述，特别是工程批评与对话规则的引入，让公众更好地理解工程，参与工程决策，尽可能地规避工程风险。

此外，本书从文化哲学视角反省现代工程，并界说现代工程范式重建的可能性。因为任何工程活动都是历史的、具体的，都是植根于特定文化背景之上的，文化对工程有着挥之不去的影响，表现为语境化的工程之"当时当地性"和丰满个性。同时，工程本身又塑造着文化，是一首诗、一个象征符号、一道景观、一支凝固的乐曲、一种生活方式……也就是说，工程与文化是互释的，不仅有怎样的信仰就会有怎样的工程，而且现代工程作为现代性的载体和成果展现着悖论的现代性：对工具理性的迷恋使工程异化、生存异化。为此，在形态学的进路下，只有寻求拥有审美品位、和谐观念和自由逻辑的后现代工程模式，并通过新工程观的引导，推动工程范式的转换，扬弃单纯追逐资本逻辑的现代工程，才能让迷失了的工程的精神品性或人文之维再度出场，既尊重"物性"又彰显"人性"，以负责任的工程行动——"善为"回馈、报答作为超越者的自然世界和他者，使工程世界之"在"成为"善在"。

最后，本书指认，基于生存论的"工程之问"就内在于"人之问"这一人的存在论问题之中。在世生存的现实的人之工程行动——"强力-行事"（Gewalt-tätigkeit）不仅触及人与"自然世界"，而且发生与他者的根本性关系——存在论的终极问题；不断生成着的"工程世界"是人所创造的，是行动和实践的结果，它介于"物的世界"与"事的世界"之间，其存在状态作为文明的成果和标志能成为也必须作为当代第一哲学审视的对象。悬置对工程的反思，就会使人的存在论探究遮蔽人之最切近的存在方式。毕竟，工程之"做"（to do）创造了工程之"在"（to be），树立起文化与意义的世界，表达着人之在的在世行事与生存处境，并成就着人自身——"做"以成人。现代工程批判就是要昭示：现代工程问题的求解有待现代人走出生存困境，工程的存在与"善在"表达和刻画着人的存在和"善在"。因此，只有工程人文本性回归，才能使人诗意地栖居有其现实基础。"工业4.0"所引发的第四次工业革命的开启，必将唤出以伦理优先的自在自为的后现代工程——"工程4.0"，并逐步替代以效率和效益优先的自为的现代工业工程——"工程3.0"，最终完成充分表达人文本性的工程范式的转换，构筑人类新文明——生态文明的基石。

Introduction

For researches of "Critique of Modern Engineering", the first work is premise critique of the project, that is, asking for the humanistic nature of engineering means question of humanistic foundation and origin of modern engineering, reflection in philosophy itself. It directly concerns philosophical paradigm on engineering studies. The modern-contemporary revolution of philosophy of praxis, especially the turn of existentialism of philosophy in the perspectives of history and time, indicates that any ontological issue can not avoid existentialism as necessary root which enables explanation of existence as a fundamental dimension of engineering possesses possibility on theoretical path. The interest of engineering of "Human construction is also depended on the law of beauty" as well as the ideal of engineering of the "bauen" depended on the "buan", made basic contributions for interpreting humanistic nature of engineering. Therefore, it shows that a humanistic critique of engineering has to start from interpretation of existentialism of engineering, in order to return original inquiry for engineering phenomenology.

Secondly, with confirming the existentialism of engineering as humanistic ontological base of interpretation, the question of metaphysics of modern engineering becomes necessary and possible in the perspectives of different theories. Some important fundamental issues of frontier are discussed in the theoretical paths of ontology, epistemology, axiology and ethicsaccording to the principle of interpretation of existentialism, such as, the ontological meaning of engineering for regarding engineering as an existent way of human beings, the epistemology of engineering concerning how to be possible seeing from the viewpoint of engineering, the axiology of engineering based engineering value, evaluation of value of engineering and codes of engineering, as well as philosophical base of engineering ethics.

Thirdly, any engineering is always social, namely, it is not only an action of sociality depended on social realization, but also has social functions and consequences. Thus, we have to give the engineering investigation from critical sociology and social philosophy in the perspective of socialcriticaltheory, that is the researches of critical sociology of engineering and social philosophy of engineering, so that social engineering can be regarded as science, technology and society embodied, in order to crystallize humanistic norms of engineering and instruct engineering practices. This is important for emphasizing humanistic dimension of engineering. Especially, by defining the nature of engineering community, describing the structure and sustainable mechanism and social functions of engineering community, introducing engineering criticism and rules of dialogue, let the public understand engineering and take part engineering decision-making to avoiding engineering risks.

In addition, the modern engineering is reflected in the perspective of philosophy of culture, and the possibility of reconstructing paradigm of modern engineering will be interpreted. Any engineering activity is always historical and concrete, and it is rooted of certain cultural background, so that embodies individuality. Meanwhile, engineering also shapes culture, and it is a poem, a symbolic symbol, a sight, a concretionary music, a way of life. Accordingly, engineering and culture interpret each other, such as the relationships between faith and engineering, modernity and modern engineering, and so on. Modern engineering purely depended on instrumental reason led to alienation of engineering and human existence as well as paradox of modernity. The way of resolution lies in looking for new engineering mode, post-industrial or postmodern engineering with aesthetic qualities, harmonious concept and freedom logic in the perspective of the morphology. Undoubtedly, following steps are indispensable, for example, setting up new idea of engineering to promote the change of Engineering Paradigm, transcending modern engineering purely pursuing capital logic, in order to let spiritual dimension of engineering lost will be present again: (1) the nature of things in itself are respected; (2) the nature of human beings are realized; (3)human responsible engineering actions called to do for good, are played roles to respond the Natural World and Others as transcenders by feedback, so that enable Engineering World is to be and to be is to be good.

Finally, it is affirmed that Questioning Engineering based on existentialism is just included in the field of human ontology for Questioning Human Being. Real human actions of engineering (Gewalt-tätigkeit) existing in the world not only concern the relation between human beings and the world, but also produce relationship between human being and others which is fundamental as ontological ultimate question. The continuous becoming Engineering World is a consequence from human creation, action and practice, as well as this Engineering World is located between the World of Things (being-in-the-world) and the World of Facts (existing-in-the-facts), and it as an achievement and symbol of civilization can be and should be regarded as object of reflection of first philosophy. The epoche of engineering in the perspective of ontology will shield the closest way of human existence, because the to do or to act (facio) is belonged to engineering created to be in the Engineering World which expresses encounter of existence of being-in-the-world human beings. Therefore, the critique of modern engineering justly want to reveal that answer of issues of modern engineering is depended on getting rid of human dilemma of existence, and to be is to be good from engineering describes to be and to be is to be good in-the-world human being. It is very clear that only humanistic nature of engineering gets back itself, human engineering ideal of poetic dwelling possesses its own actual base. With the rise of the Fourth Industrial Revolution produced by Industry 4.0, the being-in-itself and being-for-itself post-modern engineering, Engineering 4.0 in the ethic principle as the first rule has to be present, and it will gradually replace the being-for-itself modern industry engineering, Engineering 3.0 in the principle of efficiency and benefit as the first rule, then finally, the new engineering paradigm helping to express of humanistic nature of engineering will be realized and become a footstone for constructing human new civilization as ecological civilization.

目　　录

引言　工程理解与阐释的人文视野

工程作为现代社会典型的实践方式，不仅通过"造物"的工程——"自然工程"建构着人化的自然界——人工世界，表现为现实的生产力，为人们提供着物质生活，并以"工程的集聚"——工业组建着社会的经济结构。作为制度安排和设计的"社会工程"，通过社会治理的方式打造社会秩序，组建着社会政治结构。其坚持不懈的努力为人们提供了相对稳定、有序和安全的社会生活。更不可忽视的是，工程的运作方式正在成为大科学时代知识生产的有效途径。作为科学、理论和意识形态生产的"精神创造工程"，组建着社会的意识结构和文化结构，塑造人们的精神生活。从某种程度上说，今天的现代化运动，首先体现在工程的现代化上，即现代的造物工程、现代的社会治理工程、现代的知识生产工程。现代工程以其前所未有的力量，创造和成就着人类的物质文明、政治文明、精神文明，并决定着生态文明的状况和层次。因此，现代工程已经成为现代人最为切近的生存方式。它拥有对人来说的生存论存在论意味。

然而，作为现代性展开途径和成果的现代工程，它一方面担负着寻求确定性、建构美好秩序、造福人类的现代性承诺，同时，在其社会运行中，又带来了秩序的他者——非秩序，以至于这种制造秩序的努力成为"一项未完成的设计"和难以完成的计划。秩序与非秩序总是相互纠缠。一个建造新秩序的行动，却又带来了新的问题——作为他者的非秩序。秩序与非秩序成为工程所呈现的现代性的主要特征——矛盾性（ambivalence）。当人们按照主体的需要和意志，以工程的方式去建构新秩序——创造人们的生产和生活资料时，自然被客体化了，成为与主体相对立的他者，是需要主体控制、征服和宰制的对象，进而丧失其本真的存在论根据。正如齐格蒙特·鲍曼（Zygmunt Bauman）所描述的："原存在，即未遭干涉的存在、未秩序化的存在或秩序化了的存在的边缘，现在成了自然，即某种不适合人类生境的奇特之物——某种不可信赖、不可任其自便之物，某种可以征服、可以奴役、可以再造以再适应于人类需要的东西……对自然而言，生活需要大量的设计、安排有序的努力和警觉的监控。没有什么比自然性更为虚伪；没有什么比听凭于自然法则的摆布更不自然。权力、压制和有目的的行为处在自然和由社会实施的秩序之间，在此虚伪性（artificiality）是自然的。"① 自然成为有待开发、有待利用的资源库，其意义不在自身，而在于主体的用途。主体成为客体自然的赋义者。正是蔑视自然的无限制的工程开发与建造，导致世界范围内的环境污染、生态恶化，以至于原本为了人生存的工程却导致生存的危机。建造世界的工程面临失去世界的困境与悖论。

不仅如此，在大机器下的人也被客体化了。工人成为机器上的部件——螺丝钉，丧失其作为人的能动性。作为人的类本质的自由自觉的活动——劳动异化了。② 以工程为依托的工场或作为工程的组织和实体样式的工场被做如是描述："在这些大工场里，仁慈的蒸汽力量把无数臣民聚集在自己的周围。"③ 但是，"在工场手工业和手工业中，是工人利用工具，在工厂中，是工人服侍机器。在前一种场合，劳动资料的运动从工人出发，在后一种场合，则是工人跟随劳动资料的运动。在工场手工业中，工人是一个活机构的肢体。在工厂中，死机构独立于工人而存在，工人被当作活的附属物并入死机构"④。因此，人"是被结合到一个机器体系中的一个机械部分……无论他是否乐意，他都必须服从于它的规律"；而且，"存在着一种不断地向着高度理性发展，逐步地清除工人在特性、人性和个人性格上的倾向"⑤。这种拥有"规训"作用的工厂被米歇尔·福柯（Michel Foucault）说成监狱。⑥ 工业主义把这种工厂遍布世界各地。而当整个社会按照工具理性被"工程"地安排以后，其秩序的追求，无疑会用齐一化的同一性思维，按照"造园国"的方式，把人给分类和等级化——好人与坏人、需要依赖和保护的对象与必须专政、控制甚至铲除的对象。这种工程化了的"造园国"运动，以对待物的方式对待人，最终必然导致人的非人存在——异化生存。正是建造新秩序的社会工程，"将人转变成建构新秩序的砖瓦，抑或转变成清理建筑工地时必须清除的瓦砾。它最终地并且不可逆转地剥夺了人的道德主体的权利"⑦。或者

---

　　① 〔英〕齐格蒙特·鲍曼：《现代性与矛盾性》，邵迎生译，北京，商务印书馆，2003，第12页。

　　② 〔德〕马克思：《1844年经济学哲学手稿》，北京，人民出版社，2000。

　　③ 转引自〔德〕马克思：《资本论》，第1卷，北京，人民出版社，2004，第2版，第483页。

　　④ 《马克思恩格斯全集》，第44卷，北京，人民出版社，2001，第2版，第486页。

　　⑤ 〔匈〕乔治·卢卡奇：《历史和阶级意识——马克思主义辩证法研究》，张西平译，重庆，重庆出版社，1989，第97～99页。

　　⑥ 〔法〕米歇尔·福柯：《规训与惩罚：监狱的诞生》，刘北成、杨远婴译，北京，生活·读书·新知三联书店，1999。

　　⑦ 〔英〕齐格蒙特·鲍曼：《现代性与矛盾性》，邵迎生译，北京，商务印书馆，2003，第57页。

说，"努力制订计划。这就像人们对花园进行设计和规划，从而让可爱、适宜的植物得以生长，宽阔、美丽的远景得以展现，并让一切杂草和脏乱消失……能让花园更为雅致和美丽的，是方案与一以贯之的意图，是观望与等待，是挖掘与焚烧，是锄草人与锄头"①。用鲍曼自己的话说："在现代史上，全球性'社会工程'中最极端以及记载最多的案例……尽管伴以种种暴行，却既不是那种尚未被文明的新秩序完全消灭的野蛮文化（barbarism）的发作，也不是为异于现代性精神的乌托邦所付出的代价。恰恰相反，它们是现代精神的合法产物，是这样一种内在要求的合法产物。这就是，去促进，去加快人类走向完美的进程。而完美性则贯穿于对现代时期——对那种'乐观的观点，即科学和工业的进步基本上能够消除对在日常生活中可能进行计划、教育和社会改革的一切限制'，亦即那种'社会问题最终能够得到解决的信仰'——的最突出的品质证明之中。"②

所以，我们在现实的生活中如此依赖、肯定和赞美现代工程，并深深感谢现代工程给我们充裕的物质享受和现代化的生活方式的同时，需要冷静下来追问、反思使我们物化、异化的现代工程。我们在张扬工程中的工具理性、技术理性的同时，也要关注工程中的价值理性、非技术因素的向度。我们在为工程之存在合理性辩护的同时，还应该有工程的人文批判维度。我们在考察什么是工程的时候，还应该问及"为什么工程"和"应该如何去工程"（这里的"工程"是名词的动词化用法）。所以，有必要从多视域理解和解读工程，彰显工程本身的人文特质，即属于人并为了人的生存，确证和提升人之类本质力量的工程本性，用价值理性、交往理性和解放理性去整合工具理性、技术理性，探索扬弃、超越自为的现代工程之自在自为的后工业工程模式，以期更好地引导、规范当下的工程实践。

因为只要人类尚未终结，无论如何，我们都无法终结作为人之存在方式的工程行动。马克思、恩格斯早就阐明了这一点："这种活动、这种连续不断的感性劳动和创造、这种生产，是整个现存感性世界的非常深刻的基础，只要它哪怕只停顿一年，费尔巴哈就会看到，不仅在自然界将发生巨大的变化，而且整个人类世界以及他（费尔巴哈）的

---

① 转引自〔英〕齐格蒙特·鲍曼：《现代性与矛盾性》，邵迎生译，北京，商务印书馆，2003，第52～53页。

② 〔英〕齐格蒙特·鲍曼：《现代性与矛盾性》，邵迎生译，北京，商务印书馆，2003，第45页。

直观能力，甚至他本身的存在也就没有了。当然，在这种情况下外部自然界的优先地位仍然保存着，而这一切当然不适用于原始的、通过 generatio aequivoca〔自然发生〕的途径产生的人们。但是，这种区别只有在人被看作是某种与自然界不同的东西时才有意义。此外，这种先于人类历史而存在的自然界，不是费尔巴哈在其中生活的那个自然界，也不是那个除去在澳洲新出现的一些珊瑚岛以外今天在任何地方都不再存在的、因而对于费尔巴哈说来也是不存在的自然界。"① 进一步说，"任何一个民族，如果停止劳动，不用说一年，就是几个星期，也要灭亡，这是每一个小孩都知道的"②。这里并不是要偷换概念，劳动并不是工程，可人类的劳动往往总是以工程的组织方式——有目的、有计划、有组织地进行。

实际上，当人类从洪荒走出，就开始工程化的存在了，只不过是顺应自然的原始、粗陋的工程而已。相对于现代工程具有自在性，整个前现代都是以农业生产为主导的自在工程（工程都是自为的，这是相对于自为程度较高的现代工业工程而言的）。进入现代社会，随着科学的发展，技术在生产中的广泛运用，以及现代工业主义和民族国家的支撑，现代以工业为主导的自为工程得以确立，并伴随着工业化、现代化和经济全球化运动，迅速向各个领域大规模扩展，构建着社会的经济、政治和文化生活。现代工程的辉煌成就同时也使人的欲望膨胀。人的力量之强大，似乎使自己变成了无所不能的神。有限理性的人的狂妄几乎把人类带到死亡的边缘。如果上帝死了、自然死了，人还能不死吗？哪里有危险，哪里就有拯救（荷尔德林语）。只要我们能意识到这种危险的存在，我们就有希望。现代性批判理论和始于 20 世纪 60 年代的工程伦理研究，恰恰反映出遭遇生存困境的当代人对现代工程问题的警醒与反思意识的理论自觉，也开启了作为当代实践哲学形态的工程实践哲学。无疑，这种工程实践哲学必须建立在现象学的生存论解释原则的基础上，以彰显工程的根本维度——生存，以及人总是以工程的方式去存在（Zu-sein），并"做"以成人的。

令人高兴的是，今天，继工程伦理学之后，工程哲学、工程社会学、社会工程与社会工程哲学、工程美学，以及跨学科的工程研究，正在成为国内外学界的新兴课题，从而使多视野理解工程成为可能。

---

① 《马克思恩格斯全集》，第 3 卷，北京，人民出版社，1960，第 50 页。

② 《马克思恩格斯选集》，第 4 卷，北京，人民出版社，1995，第 580 页。

中国科学院研究生院李伯聪教授在《21 世纪之初工程哲学在东西方的同时兴起》的报告中，详细分析了东西方工程哲学发展的特点和原因。

在李伯聪看来，20 世纪工程哲学还仅仅是步履蹒跚的"丑小鸭"，但到 21 世纪之初，工程哲学已在世界的东西方同时"起飞"。

回顾历史，如果说科学哲学和技术哲学在开始起飞的时候都仅仅是在西方发达国家率先出现，而中国属于后发的学习型国家，那么工程哲学可以说是在东方的中国和西方的发达国家同时起飞或兴起的。虽然东西方彼此"各自独立"地开展工程哲学的研究工作，却又是"基本同步前进"。

2002 年，中国出版了《工程哲学引论——我造物故我在》（李伯聪著），欧美则出版了《工程哲学》（〔美〕布希阿勒里著），虽然后者把研究重心放在分析和考察有关设计的哲学问题上，视野略显狭窄。2003 年，中国自然辩证法研究会召开以工程哲学为主题的全国性学术会议；中国科学院研究生院成立工程与社会研究中心。同年，美国工程教育委员会立项研究工程哲学；成立工程哲学指导委员会。

2004 年，中国工程院工程科技论坛系列召开工程哲学报告会，立项研究工程哲学；中国自然辩证法研究会工程召开第一次全国工程哲学研讨会，正式成立中国工程哲学专业委员会，出版了《工程研究》第一卷。

2005 年，中国工程院工程科技论坛系列举办了第二次工程哲学报告会，中国自然辩证法研究会工程哲学专业委员会召开第二次全国工程哲学研讨会。同年，英国开始组织"工程与哲学"网上论坛（E-Forum）。

2006 年，中国工程院"工程哲学研究"课题紧张进行，出版《工程研究》第二卷。同年，英国工程院召开工程哲学系列研讨会；美国伊利诺伊大学召开"工程与技术研究"第一次组织会议，并在麻省理工学院召开的工程哲学研讨会上，决定在荷兰召开"哲学与工程工作坊"（2007 Workshop on Philosophy & Engineering）。

2007 年，中国工程院工程科技论坛系列举办了第三次工程哲学报告会，中国自然辩证法研究会工程哲学专业委员会召开了第三次全国工程哲学研讨会，出版了《工程哲学》（高等教育出版社）、《工程与哲学》第一卷、《工程研究》第三卷。同年，丹麦和荷兰先后举行两次国际性工程哲学研讨会，出版教材《工程中的哲学》；英国工程院系列性工程哲学研讨会也在继续进行；美国伊利诺伊州、得克萨斯州、弗吉尼亚州等的大学相继召开系列性"春季研讨会"。

综合以上现象可见，如果我们把 20 世纪末看作工程哲学的开创期，那么 21 世纪之初就是工程哲学的繁荣期。总体上看,在进入 21 世纪后,中国和欧美发达国家对工程哲学的重视程度提高,研究力量的投入明显加强,研究进展明显加速,出现了工程界少有的"哲学"现象和哲学界少有的"工程"现象。同时,也应该看到这种同时性背后的中西方工程哲学发展的不同特点。

中国工程哲学的研究是从国情出发,工程界与哲学界互动,以二者"联盟"的跨学科态势,着重从更宽阔的视野分析和研究工程与科学、技术的区别和联系,探索工程的范畴、本质和特征及工程案例问题等。特别是学术"建制化"进展很快,这可从已经成立的全国性学术团体、召开的系列性学术会议、出版的系列性出版物等方面得到印证。

2008 年 7 月,作为中国工程院"工程哲学研究"课题(负责人是殷瑞钰院士)结项成果的《工程哲学》一书,作者共 20 多人。① 该书作为国内外第一本由工程专家和哲学工作者共同研究、反复对话而撰写的工程哲学著作,试图从更广阔和更深刻的哲学视野分析和研究工程,以便初步勾画出中国工程哲学研究的基本思路、观点和理论框架。因此,它不但具有学术方面的开拓意义,而且是工程界和哲学界学术"联盟"的一个重要标志。

与中国相比,欧美工程哲学发展也表现出自己的特点,例如,注重欧美国家间的横向交流与合作,侧重工程教育、工程设计、工程方法论和工程伦理的研究等,呈现出"后劲强大"和"加速发展"的旺盛势头。

不过,2010 年以来,中国的工程研究也出版了一批具有学术开先性、代表性和影响力的著作。例如,工程哲学著作:《工程演化论》(国内第一本系统讨论工程演化问题的专著),《工程创新:突破壁垒和躲避陷阱》(国内第一本结合案例专门研究工程创新的著作),《历史与实践——工程生存论引论》(国内第一本基于现象学和生存论解释原则讨论工程本体论的著作),调整和修改后的《工程哲学》《工程、技术与哲学》《工程哲学新观察》等;工程社会学著作:《工程社会学导论:工程共同体研究》(国内第一本工程社会学著作)。

上文只是概括地描述了工程哲学和工程研究的国内外进展情况,而从国内学界研究的具体问题域来看,可大体归结为:工程案例与工程伦理问题研究;工程哲学,包括工程认识论、工程价值论、工程本体论及工程方法论研究;工程美学研究;工程社会学研究;工程学和工程史的

---

① 殷瑞钰、汪应洛、李伯聪等:《工程哲学》,北京,高等教育出版社,2007。

研究；区别于"造物工程"的社会工程研究与社会工程哲学①；工程教育与工程知识；工程设计和工程决策研究；等等。

尽管这些领域的研究成果都以其自身的价值和理论合法性存在着，但这里不做任何评价。考虑到理论与实践的非同质性，理论思维与实践思维的不可僭越，②对任何实践活动的阐释与说明都应尽可能地借助异质性的多种思想资源、思维方式。所以，本书研究的方法和理论旨趣主要在于，试图自觉完成从传统的实体本体论和二元认识论所成就的理论形态的哲学向现当代实践哲学思维方式转换，对既有传统理论形态的哲学下各种工程阐释采取加括号的方式而悬置判断，按照"面向事实本身"的现象学箴言，注重对工程的始源性追问，并一以贯之地以生存论为根本解释原则，整合多学科的学术资源，依循历史性与历史主义相结合，方法论整体主义（总体性方法）与方法论个人主义（理性博弈的方法）相补充，逻辑与历史相统一，文本研究与现实批判相呼应，历史唯物主义与实践解释学相贯通，说明性方法与理解性方法相包容的研究立场与态度，进而把对现代工程的批判、解构与后工业工程的重建相关联，解构服务与建构，而使其在叙述上表现为反思、批判与规范、重建的逻辑线索，借助实践辩证法揭示回归工程的人文本性的必要性、可能性与历史必然性。

因此，本研究致力于转换考察和解读工程的哲学形态，走出单纯知识论的理论形态的哲学解释框架，而自觉遵循当代实践哲学范式，尤其是生存论解释原则；进一步拓展工程研究的理论视域，把对工程的理解与阐释组建在生存论的基地之上，展开工程的存在论、认识论、价值论探索，以及在批判的社会学——社会哲学意义上探进到工程的社会批判——工程的社会哲学考察，并进展到文化批判——工程的文化哲学反思，进而突出工程的人文性及其意义的寻求。

这一研究任务的确立与笔者的思想进展有关。2001 年以来，笔者率先开启工程的现象学研究进路，按照"面向事实本身"，并坚持始源性的追问原则，立足生存分析，一直从事工程生存论、工程价值论的研究，

---

①　国内较早关注社会工程及其哲学研究的是西安交通大学的王宏波教授，他不仅出版了学术专著《工程哲学与社会工程》（北京，中国社会科学出版社，2006），而且创立了《社会工程研究》刊物；试图集中讨论社会工程哲学的还有田鹏颖的《社会工程哲学》（北京，人民出版社，2008）。

②　徐长福：《理论思维与工程思维——两种思维方式的僭越与划界》，上海，上海人民出版社，2002。

并于 2006 年完成了博士学位论文。① 博士后在站期间（2006—2009 年），尽管本人试图拓展工程研究的视域，但尚缺乏统一的解释原则，而只是尝试从不同社会科学来解读工程，如哲学的、伦理学的、社会学的、文化学的工程阐释等。经过近几年的深入思考，本书将上述工程研究推进到一个新阶段：一是把单纯的工程生存论阐发与多向度的工程解读结合起来，并针对博士后出站报告仅仅注重对工程的多人文视角的审视，却未能自觉解决不同视角的共同解释原则问题，以至于缺乏内在的逻辑，而在本研究成果中把对现代工程批判的多视域考察，放置到了一以贯之的实践哲学范式和生存论这一根本的现象学解释原则的基础上。二是由实证的社会学对工程的说明性描述转向社会批判理论，针对之前把对工程的社会批判仅仅看作对工程的社会学考察这一问题，而重新在社会批判理论的进路上，将社会学理解成批判的社会学，即在社会哲学的意义上展开对工程的社会批判，而探进到工程的社会哲学的理论研究。这是继工程生存论之后的研究进路的又一项开先性工作。三是从实践辩证法或历史辩证法的立场出发，增加了对工程辩证法的研究，探讨工程文化与工程范式转换的关系，立足形态学，指认前现代"自在的工程"与传统的农业文明，现代"自为的工业工程"与工业文明，后现代"自在自为的工程"与后现代文明或后工业文明、生态文明之间的互动与互释。因此，该研究把对现代工程的批判与对现代性的批判紧密关联起来，最终解决了多视角人文批判的统一性问题。

　　实证地看，人类是通过科学、技术和工程的方式来把握世界的。如果说科学技术是第一生产力的话，那么工程就是现实的生产力。因为工程的方式是人最为切近的生存方式，它直接建造和组建着人们的生活样式。正像科学和技术那样，工程应当成为哲学和其他人文学科研究和关注的对象。借用人文科学的先驱维柯（Giovanni Battista Vico，亦译"维科"）的看法：历史科学的研究对象恰是人类意志和计划的结果与表达；历史学家研究的不是自然界，而是人的世界——人自己建造的世界（包括文化作品和人工制品）。这里有着共同的、普遍的人性基础。② 尽管维柯的人工制品没有言及工程，但工程的实存物的确是人工制品，是人的意志的体现和表达。更重要的是，它构成人们创造历史活动的前提和基础。

---

　　① 　笔者是国内第一个以工程为研究对象并在现象学进路下完成硕士学位论文《生存论视野中的工程范畴》（哈尔滨师范大学硕士学位论文，2003）、博士学位论文《工程的生存论研究》（北京师范大学博士学位论文，2006）的学者。

　　② 　〔意〕维柯：《新科学》，朱光潜译，北京，人民文学出版社，1986。

因为我们就生活在工程创造的人工世界、属我世界、现实世界，而非原生态的自然世界和动物般的周围世界。因此，我们应思考以怎样的方式把目光注入工程和工程世界，并通过现象学的纯粹意识的本质直观，即基于人在工程世界存在这一现实，以工程这一时空存在作为意向性的体验或感知对象，并通过工程存在，现实地向工程知觉回归的诸规定性映射工程自身。那种"认为知觉（以及在知觉的方式上所有其他类型的事物直观）不会接近事物本身的看法是一个原则性错误"①，毕竟空间事物的"存在原则上在知觉中只能通过映射而被给予"②，以及意识之感知的实项内容的自我展示功能而在意识流的多样性的意识统一性中，借助投射显现工程自身。而如何显现，不能仅仅停留在埃德蒙德·胡塞尔（Edmund Husserl）的纯粹意识分析，还必须诉诸海德格尔式的生存分析。因为感知体验和直觉的我们不是在世界之上或世界之外，我们就在世生存。我们的生存结构和生存境遇决定了我们意识的目光朝向，意向活动的意向对象——"某物"。也就是说，我们生活的世界不仅构成了我们意识、体验和知觉的直观背景，而且我们的生活处境本身也影响我们去认识什么和如何认识。生存之于我们的认知更具有始源性。所以，只有对工程的生存维度或"生存性质"③ 进行确认、理解与阐释，才能真正完成对工程的始源性的现象学描述，并立足工程的生存论这一现象学的解释原则，将对工程的多理论视域的考察，如存在论、认识论、价值论、伦理学，以及社会和文化的批判，最终在实践哲学的人文范式下逻辑地统一起来。这不仅是完成一种工程的理论说明，更重要的是，这种对工程的人文本性的认知，对规范当下工程实践、拯救失范的工程行动所带来的现代性困境与生存危机至关重要。如果说哪里有危险，哪里就有拯救，那么首要的是意识到危险的存在。对工程的人文本性的拷问，就是要警示人们：迷失了人文本性的工程，单纯追逐资本逻辑的工程，必然导致现代人的生存异化、生态危机。理论地或实践地探讨扬弃现代工业工程势在必行，它不只是拯救现代化、现代性的需要，还是拯救现代人和维持人类可持续发展的需要。

因为对工程的反思与批判——"工程之问"，直接通达"人之问"的人

---

① 〔德〕埃德蒙德·胡塞尔：《现象学的方法》，倪梁康译，上海，上海译文出版社，2016，第154页。

② 〔德〕埃德蒙德·胡塞尔：《现象学的方法》，倪梁康译，上海，上海译文出版社，2016，第152页。

③ 〔德〕海德格尔：《存在与时间》（修订译本），陈嘉映等译，北京，生活·读书·新知三联书店，2012。

的存在论问题，具有第一哲学问题的优越地位。对在世存在并以工程方式去存在，从而创造属我世界、现实世界的现实的人来说，该问题具有基础性、优先性、永久有效性和在场性。传统的本体论是基于"物"的分析而对"自然世界"的追问和说明，意识哲学对意识分析、意识的自我建构感兴趣，并试图回答知识的普遍性与确定性何以可能。这些理论形态的哲学尽管都把建筑作为隐喻，① 拥有结构主义、形式主义的特征，却放逐了造物的技术与工程，回避和遮蔽了真实的生活世界的问题，没能看到当世界有了人，"物的世界"就分为天工开物的原生态"自然世界"和人工开物的人化自然的"工程世界"，而后者的存在（to be）源自做（to do）。显然，西方传统形而上学忽略了人的"行"——"行事"② 和"做"——做事这一支撑人的存在和表达人的自由意志与情感，展现人的自由与创造性生存的始源性、当下性与未来性基质，而不能真正回答人的存在论问题。这或许也是现当代哲学努力回归生活世界而发生实践哲学转向的原因所在。赵汀阳在批判传统形而上学对存在问题的迷失基础上，主张存在论转向，认为"存在论换位就是至关重要的存在论转向，通过把 to be 转换为 to do，把物的存在论转换为事的存在论，我们调整了问题的焦点，因此看清楚了事的世界的事实：不是个体而是事情定义了事的世界，每个人的存在有效性不是取决于主体性而是取决于事情的共在性……正如选择何种可能世界是造物主的存在论问题（莱布尼茨的想象），选择何种可能的生活就是人的存在论问题。可能生活不是想出来的，而是做出来的，因此，不是 cogito（思想）而是 facio（行为）才是一切问题的发源地，也是解决问题的有效空间"③。遗憾的是，他没能把"物的世界"区分出造物主创造的物的世界和人创造的物——"工程世界"，而是把所有物的世界当成必然律的世界，排除到反思范围之外。而"事的世界"必然成就"工程世界"。人的做事首先面对的是解决吃、喝、住、行的问题，这是人挥之不去的生存境遇。所以，对"造物"的存在方式的讨论就是对"人之所为"的人的行动（facio）、"强力-行事（Gewalt-tätigkeit）"的前科学的追问。它直接构成人的存在论问题，是当代第一哲学的真实主题和研究领域。正如维柯所说："过去哲学家们竟倾全力去研究自然世

---

① 〔日〕柄谷行人：《作为隐喻的建筑》，应杰译，北京，中央编译出版社，2011。

② 海德格尔在《形而上学导论》（王庆节译，北京，商务印书馆，2015，第 172～175 页）中把人（莽森之物，το δεινοτατον）看成是"强力-行事者"，能在"威临一切者（das Überwältigende）"的笼罩中"强力-行事（Gewalt-tätigkeit）"。莽森之物也即莽劲森然者，最莽劲森然者才是人之本质的基本特征。

③ 赵汀阳：《第一哲学的支点》，北京，生活·读书·新知三联书店，2013，第 217～218 页。

界，这个自然世界既然是由上帝创造的，那就只有上帝才知道；过去哲学家竟忽视对各民族世界或民政世界的研究，而这个民政世界既然是人类创造的，人类就应该希望能认识它。"① 可见，现代工程批判作为对"文明世界"的批判、对人造物的反思是必要的，也是可能的。需要说明的是，旨在回归人文本性的工程批判是建立在第一哲学之上的，因此，生存论解释原则和存在论也就成为一切工程的人文理解与阐释的基地和根本原则，并始终在场。离开了这个基地来讨论工程的知识论、价值论、伦理学、社会哲学和文化哲学等，尽管出于不同解释者的体验和学理根据而无可厚非，但严格来说，都会失去按照人的在世方式——自由选择与他人共在的方式，如合作、回报、责任、尊重等原初的精神性品质的形而上学支撑，以至于迷失哲学主题。

虽说工程的人文批判如此重要，然而，相对于科学的人文探究、技术的人文考察，工程的人文解读还远远不够。现代工程给予现代人的生活处境和遭遇，迫切需要人文科学，特别是哲学，站在人文的立场，而非单纯的唯科学主义、技治主义和实证主义等理智主义态度和方法。重新审视和理解工程，以寻找走出当下生存困境的出路。也只有如此，作为时代精神之精华的哲学才能担当起历史赋予的使命。这正是工程哲学在东西方同时起飞的世界历史性境遇和现实基础。

本书也正是在这样的学术研究背景下进行的，并且是在笔者开启的现象学路径下对工程的生存论解读的理论深化与拓展，即从对工程的哲学批判，进展到社会批判，再到文化批判，最终把"工程之问"与"人之问"的存在论问题统一起来。在这一过程中，研究紧紧瞄准工程哲学前沿问题，针对现代工程的人文缺失、现代性悖论和困境，聚焦现代工程的人文反思，并给出多个视域的工程理解和诠释：一是基于实践哲学转向和哲学范式考察，从生存论地基廓清工程批判的人文前提，通过工程现象学的始源性追问，确认工程的生存论向度，并依循生存论阐释工程的合法性。二是立足工程生存论解释原则的基础性，从工程存在论、工程认识论、工程价值论和工程伦理等进路，展开现代工程的形而上学追思，彰显工程的人文规约。三是依循社会批判理论路向，从批判的工程社会学和工程的社会哲学视野，把社会的工程② 视为具象化的科学、技术与社会，进而探讨工程活动共同体的本性、类型，工程共同体的结构、运

---

① 〔意〕维柯：《新科学》上册，朱光潜译，北京，商务印书馆，1997，第154页。
② 社会的工程强调工程的社会性，不同于和"自然工程"相区别的"社会工程"。

行机制及其社会功能，揭示引入工程批评与对话的必要性与可能性，试图规范工程实践。四是着眼于工程的文化批判与现代工程范式的重建，从文化哲学视野呈现工程与现代文化的关系，指认追逐"资本逻辑"的现代工业工程必然导致工程异化和生存异化，只有扬弃现代工程并依循"自由逻辑"的后工业工程新模式，才能让迷失了的工程的精神或人文之维再度出场，不仅尊重"物性"，而且彰显"人性"，以负责任的工程行动和"善为"回应作为超越者的自然世界和他者，完成从"报复"向"报答""回馈"的态度转换，使工程世界既"存在"又"善在"。五是基于工程行动与人之生存的内在关系，确认生存论的"工程之问"就内在于"人之问"这一人的存在论问题之中，在世生存的现实的人之工程行动不仅触及人与自然世界，而且发生人与他者的根本性关系——存在论的终极问题。不断生成着的"工程世界"是人所创造的，是行动和实践的结果，它介于"物的世界"与"事的世界"之间，其存在状态作为文明的成果和标志，能成为也必须作为当代第一哲学审视的对象。悬置对工程的反思，就会使人的存在论探究遮蔽人之最切近的存在方式。毕竟，工程之"做"创造了工程之"在"——文化与意义的世界，表达着人之在的在世行动与生存处境，并成就人自身。工程问题与困境就是人的问题与困境，工程的存在与"善在"[1] 表达和刻画着人的存在和"善在"。因此，只有工程的人文本性回归，人诗意地栖居才有其现实基础。

　　除了引言与结语外，全书正文共分为六章，具体的篇章布局如下。

　　第一章"现代工程的人文观照"，从生存论的视野，通过"历史与时间视域下哲学变革的工程之维""生存论转向及其对工程解读的意味""'人也按照美的规律来构造'的工程旨趣""'以栖居为指归的筑居'之工程理想""工程的生存论诠释"五个子问题的阐释，借助对哲学自身的拷问，澄清开展工程的人文批判的前提和根基——生存论，并进一步回答为什么要开展工程的人文批判。

　　第二章"现代工程的形而上学追问"，从存在论、认识论和价值论的视野，遵循生存论的解释原则，探讨"工程的存在论判明：作为人的存在方式的工程""工程认识论初论：从工程观点看何以可能""工程价值论审

---

　　[1]　赵汀阳认为："存在之本意是永在(to be is to be for good)，为了达到永在就需要善在(to be is to be good)，因为只有善在才能有效保证存在。"参见赵汀阳：《第一哲学的支点》，北京，生活·读书·新知三联书店，2013，第220页。这里借用"善在"(to be is to be good)一词是为了说明无论是工程行动及其工程实存还是人的存在，都不能仅满足于存在，而应该追求善在的存在境界。

视："工程价值及其评价""工程伦理的哲学申辩：生存论解释原则的基础性"等根本问题。

第三章"现代工程的社会批判"，从批判的工程社会学和工程的社会哲学视野，在工程的社会哲学路径下，集中考察"社会的工程：具象化的科学、技术与社会""工程共同体的本性与特质""工程共同体的结构及其维系机制""工程共同体的社会功能""工程批评与对话规则"等，说明现代工程的实践规范之必要与可能。

第四章"现代工程的文化反省"、第五章"现代工程范式的重建"，从文化哲学的视野，围绕对"工程与信仰的缠绕""工程技术与宗教的关涉""现代工程与现代性的互释"的省察与反思，诉诸"工程的'罪'与'赎'""后现代工程范式"的探索，导引"'造物'的新工程观"，即让和谐发展的工程观导引当代工程实践，以及在"超越'暴力逻辑'的工程辩证法"这一子题目下，探究如何扬弃暴力的"资本逻辑"下的异化工程，而走向富有人文关怀的"自由逻辑"之工程新境界。为此，研究还有必要揭示工程行动本有的精神之维，以回答使"工程化生存的精神性出场"的可能方式，即负责任的工程行动——善为。

第六章"'人之问'的工程应答"，从"存在论换位"第一哲学视野，通过对"'工程世界'：在'物的世界'与'事的世界'之间""人的存在论问题中的工程存在论在场：由 to be 到 to do 的转换""现代工程批判的归宿：从'工程之问'到'人之问'"三个问题的讨论，最终确认：基于生存论的"工程之问"就内在于"人之问"这一人的存在论问题之中；现代工程的问题与困境就是现代人的问题与困境；现代工程问题的求解，有待现代人走出生存困境；拯救现代工程，就是拯救现代性，以摆脱现代人的生存危机。因此，回归工程的人文本性，就是人的"善在"之表达。基于形态学对一般工程形态的区分，确信唯有推动工程范式的转换——从单纯追逐效率和效益的"工程 3.0"转向以伦理优先、包容他者的"工程 4.0"，才有可能实现属于人且无愧于人的"按照美的规律来构造"[①]、诗意地栖居在大地上[②] 的工程理想。

---

① 〔德〕马克思：《1844 年经济学哲学手稿》，北京，人民出版社，2000，第 58 页。
② 〔德〕马丁·海德格尔：《诗·语言·思》，张月等译，郑州，黄河文艺出版社，1989。

第一章　现代工程的人文观照

　　本章是对现代工程的人文根基本身的追问与回答，由于涉及工程存在论的意义考察，其进入的路径只能是生存论的。现当代哲学的变革，特别是历史视域与时间视野下实践哲学的确立和生存论转向，为工程的人文向度的理解提供了可能性和理论空间。所以，本章将探讨五个子问题：第一，历史与时间视域下哲学变革的工程之维；第二，生存论转向及其对工程解读的意味；第三，"人也按照美的规律来构造"的工程旨趣；第四，"以栖居为指归的筑居"之工程理想；第五，工程的生存论诠释。

一、历史与时间视域下哲学变革的工程之维

　　现当代哲学的一个总体趋势是拒斥传统形而上学和以二元论为基础的认识论、意识哲学，并在哲学形态学的意义上发生了实践哲学范式的根本转换。这种哲学范式的转换被学界说成是语言学转向，或者生存论转向，或者价值论转向，或者伦理学转向。实际上，这些哲学转向的讨论和不同哲学表达的强调，都表明现当代哲学正在告别传统的以"物的分析"为主的宇宙本原论、实体论的本体论形而上学，以及以"意识分析"为主的二元论的认识论。由于它们把"拯救现象"和"拯救知识"的确定性寻求当成自己的哲学使命，旨在解释和说明世界，因而可以被概括为传统的"理论形态的哲学"。不同于这种无时间、无世界的"理论形态的哲学"，现当代哲学从不同路径向生活世界回归，不再追问世界、宇宙的本原是什么，也不再单纯以获得普遍性的确定性的科学知识何以可能为己任，而是借助"语言分析""生存分析""价值分析""行为分析"来"拯救实践""规范实践"。不仅要"解释世界"，更迫切的是要"改变世界"。同时，不再诉诸客观理性、世界理性或主观理性，而是依赖交往理性、社会理性或实践理性来解决问题。显然，无论是关注的问题、思维方式和方法，还是理论旨趣和任务，这些与哲学形态相关的重要方面都发生了根本转换。正是在这个意义上，我们可以下一个判断：现当代哲学是实践哲学范式，它不同于以往"理论形态的哲学"。这里仅以作为现当代思想家的马克思

(Karl Marx)和海德格尔(Martin Heidegger)的哲学革命为范例,因为在时间与历史的视域下,他们都拒斥和终结传统形而上学。前者开创了基于"现实的人"的劳动、生产和实践来考察、说明社会历史的现代实践哲学或"历史生存论";后者则立足"此在"(Dasein)如何在世及如何"去存在"(Zu-sein)的生存分析,使当代哲学的生存论转向成为现实。更重要的是,二者在他们的哲学研究领域与课题中开显出工程考察的理论线索与根苗。问题是他们怎样开启,又怎样实现对传统形而上学变革的呢?这涉及哲学的视野与道路的选择。因此,对该问题的回答不能停留于主观判断,而只能回到他们的文本中。如果说在唯物史观诞生地的《德意志意识形态》那里,马克思和恩格斯在批判那些没有历史意识的德国批判者的同时确立起历史的视域,那么海德格尔在《存在与时间》中,在对存在意义的追问课题下首先选择了时间视野,并坚信"任何一种存在之理解都必须以时间为其视野"①。任何时间性的问题和历史性的问题都是属人的,都与人之生存关联着。他们对生存理解本身的哲学旨趣,不仅颠覆了传统形而上学本体论,建构起生存论哲学形态或现代实践哲学范式,而且展现出各自的生存论解释原则,凸显了对人之存在的生存活动的观照,以及对世界之存在意义的新解读,进而展现了人之生存与哲学反思的工程之维。

(一)对西方传统形而上学的颠覆

如果说古希腊哲学是追问世界本原、基质、本质、"存在之存在"的独断论的实体本体论,要么把具体的某种或某几种物质作为世界、宇宙的本原和最后根据,要么把理念世界作为现实世界的原本,那么,可以说近代西方哲学在反思、批判这种独断论的实体本体论的努力中实现了知识论转向。由于它以自然科学为基础,把追问知识何以可能、寻找知识的确定性与合法性视为哲学的旨趣,即沉迷于"解释世界",因此,它成了为科学辩护的科学哲学,表达的是科学精神。正如英国哲学家沃尔什所说:近代西方哲学起源于对 16 世纪晚期和 17 世纪初期由数学和物理学所做出的非凡进步的反思;而它与自然科学的联系从那时起就始终没有间断。知识本身就等于由科学方法所获得的知识,这个方程式是由笛卡儿和培根的时代到康德的时代几乎每一个主要的哲学家所得出的。②

---

① 〔德〕海德格尔:《存在与时间》(修订译本),陈嘉映等译,北京,生活·读书·新知三联书店,2012,第 1 页。

② 〔英〕沃尔什:《历史哲学导论》,何兆武、张文杰译,桂林,广西师范大学出版社,2001,第 1~2 页。

结果竟是这样，以反思、超越古希腊实体本体论为指向的近代西方哲学最终回到了实体本体论。因为"西方近代哲学本体论的提问方式是'××是什么'，这是同自然科学类似的'知识论'的提问方式。科学精神是以知识的获得为宗旨的。它要从变化中发现不变的东西，从复杂的现象中发现简单的、抽象的'共相'。这就是对必然性规律的追求，并把追求的结果作为具有普遍知识功能的真理来看待。西方的本体论哲学正是这种科学精神的哲学'翻译'。用这种本体论思维方式追问具体的'物'提出的问题就是'物的本质是什么'。本体论思维的基本逻辑是从多中追求一，从变中追求不变，从现象追求本质，从暂时追求永恒，从有限追求无限，从相对追求绝对。因此，一、不变、本质、永恒、无限、绝对，就成了它的价值理想和终极关怀"①。在这种哲学看来，前者被看成是不真实的现象，后者（本质）才是真实的存在。"存在者不变、变者不存在"是本体论思维的基本信念。虽然本体论思维的追问从经验的领域进入了超验的领域，但是它并没有从根本上改变科学精神的实质。不只如此，海德格尔甚至把现代科学看作自柏拉图以来西方形而上学的完成。他在《哲学的终结和思的任务》一文中谈道："我们忘了，早在希腊哲学时代，哲学的一个决定性特征就已经显露出来了：这就是科学在由哲学开启出来的视界内的发展。科学之发展同时即科学从哲学那里分离出来和科学的独立性的建立。这一进程属于哲学之完成。这一进程的展开如今在一切存在者领域中正处于鼎盛。它看似哲学的纯粹解体，其实恰恰是哲学之完成。"②

对此，马克思和海德格尔先后分别借助于历史视域、时间视野，转换了思维方式、解释原则和哲学旨趣，实现了对上述西方传统实体本体论的哲学变革，进而终结作为传统实体性和主体性范式的"理论哲学"，而开启"人类活动论思维范式"和"人类学思维范式"的"实践哲学"。二者的对立根本在于："这两种可能的哲学理路是由理论和生活实践的关系决定的。一种哲学理路，如果认为理论思维为生活实践的一个构成部分，理论思维并不能从根本上超出生活，并不能在生活之外找到立足点，认为理论理性从属于实践理性，它就是实践哲学的理路；一种哲学理路，

---

① 刘福森：《从本体论到生存论——马克思实现哲学变革的实质》，《吉林大学社会科学学报》2007年第3期。

② 参见〔德〕海德格尔：《海德格尔选集（下）》，孙周兴选编，上海，生活·读书·新知上海三联书店，1996，第1244页。

如果认为理论理性高于实践理性，它就是理论哲学的理路。"① 马克思以"不是意识决定生活，而是生活决定意识"② 的著名论断，率先开启了实践哲学范式。海德格尔则通过前科学的在世界中存在的"此在"的生存论结构分析，给予劳作、实践对于理论活动的绝对优势，甚至在后来开启"建造"和"培育"的工程探究，给出了以"栖居"为指归的"筑居"的工程理想。

在马克思那里，这种颠覆性的哲学变革表现为历史视域的确立，以及在此视域下所实现的从抽象的知性思维向具体的历史思维的转变，"从科学的逻辑向历史的逻辑的转变"，从客体原则向主体原则转变，从世界宇宙的根据寻求向人类解放何以可能转变，从"解释世界"的旨趣向"改变世界"转变。③

在马克思看来，历史的前提是"有生命的个人的存在"，所谓世界历史，不外是通过人的劳动而不断诞生的过程；同时，历史是人的秘密，对人的理解和考察又离不开历史。因此，历史总是有目的的人的活动史，人总是从事着历史活动的人。人既是历史的"剧作者"，又是历史的"剧中人"。这样，马克思引入历史的视域，就意味着对人的历史性考察，包括对人——现实的人的历史活动和物质生活条件、生产方式、社会关系、社会形式，以及建立在社会存在之上的社会意识形态的考察。正是在《德意志意识形态》这种实证的考察中，马克思发现了历史规律和历史科学，进而将其哲学径直地建立在历史科学的基础之上，表现为"对历史规律的前提进行了哲学的反思，对历史规律的合理性做出了哲学的解释"④。马克思在《德意志意识形态》中首先指出："我们开始要谈的前提不是任意提出的，不是教条，而是一些只有在想象中才能撇开的现实前提。这是一些现实的个人，是他们的活动和他们的物质生活条件，包括他们已有的和由他们自己的活动创造出来的物质生活条件。因此，这些前提可以用纯粹经验的方法来确认。"⑤ 这种对社会历史的唯物主义解读就形成了马克思的唯物史观，实际上也就是马克思的哲学世界观和哲学观，成为马克思的一大发现。

---

① 王南湜：《追寻哲学的精神——走向实践哲学之路》，北京，北京师范大学出版社，2006，第 256~263 页。

② 《马克思恩格斯选集》，第 1 卷，北京，人民出版社，1995，第 73 页。

③ 杨耕：《杨耕集》，上海，学林出版社，1998，第 6 页。

④ 刘福森：《从本体论到生存论——马克思实现哲学变革的实质》，《吉林大学社会科学学报》2007 年第 3 期。

⑤ 参见《马克思恩格斯选集》，第 1 卷，北京，人民出版社，1995，第 66~67 页。

新形态的唯物主义——"现代唯物主义"，通过历史唯物主义，使唯物主义成为彻底的唯物主义。因为它把社会历史看作从事着物质生产活动的现实生存着的人的历史，把有生命的个人的存在，以及所进行的物质生产、再生产、人的生产和社会关系生产看作人类历史的前提。把物质生产本身视为人与动物的根本区别，而人们生产什么和怎样生产，就表明他们是怎样的人。这样，物质的生产方式与地理环境、人口组建着社会存在。它具有不依人的意识而存在的客观实在性，因此，社会存在决定社会意识，而不是相反。以往近代哲学的思维与存在的关系问题，在马克思这里就转换成了社会存在与社会意识的关系问题。存在不再是不变的实体，而是通过人们的实践活动而不断生成着的。思维也不是作为一般性的思维或作为自然界和人类社会之根据、本体的概念世界，而是人们现实生活的观念表达，是移入人们头脑并被观念地加工了的存在，并具有民族性、地域性、时代性和阶级性。

马克思是从人出发来考察社会历史的，但他笔下的人不再是西方传统形而上学的"抽象的人"，而是有着吃、喝、住、行等需要的"现实的人"——有生命的人，具体的人，拥有历史性、时间性的人。他不再追问"人是什么"，而是考察"人怎样生存着"。因此，他也不再追问人之外的宇宙世界的本质，而是探究自然界对人之生存的意义。同时，马克思从以往哲学的"客体原则"进入"主体原则"，并把传统二元论的主客体关系在历史中转换成主体间性，即共时态的同代人之间的关系和历时态的代际关系。每一代人的创造都是在上一代遗留下来的生产力、资金、环境等基础上的创造。这种条件和前提是无法选择的，因而是历史决定论的。而选择什么道路去创造，又存在着多种可能的空间，表现为历史选择论。历史决定论与历史选择论是辩证统一的，它们构成历史的辩证法，也是实践的辩证法。总之，在历史的视域下，马克思超越了以往建立在科学之上的"知性的逻辑""物的逻辑"，而转向依赖于历史的"历史的逻辑""生存的逻辑""实践的逻辑"，并在人们生存的境遇中整合了历史与实践，表现为"历史的实践与实践的历史"① 的统一。其哲学旨趣由"解释世界"转向"改变世界"，通过使现存世界革命化的历史辩证法，从根本上改变人的生存处境和生存质量，让每一个人自由而全面地发展。因此，我们说马克思哲学是历史生存论的、消解了实体本体论的实践哲学。在该哲学范式下，马克思对对象世界、对象化活动、感性活动、人工自然（人化的

---

① 　张汝伦：《历史与实践》，上海，上海人民出版社，1995。

自然界）、人类社会、劳动、生产、实践、工业与科学、技术的考察等，特别是其"人也按照美的规律来构造"的命题，无不为工程的研究开启了理论空间。因为不仅有目的、有组织的社会生产和劳动是以工程方式进行的，工程就是具象化的科学、技术与社会，而且工业就是"工程的聚集"。

海德格尔在《存在与时间》中，开篇就重新提出存在问题，并指出以往传统形而上学对存在的遗忘，甚至把存在者等同于存在本身。对存在的追问不在于"问之所问"——存在（是什么），而在于"问之何所以问"，即存在的意义。然而，在海德格尔看来，存在总是存在者的存在，通达存在意义的只能是那个能发问、能领会存在的特殊存在者——"此在"（Dasein）。"此在以如下方式存在：它以存在者的方式领会着存在这样的东西。确立了这一联系，我们就应该指出：在隐而不彰地领会着解释着存在这样的东西之际，此在由之出发的视野就是时间。我们必须把时间摆明为对存在的一切领会及解释的视野。必须这样本然地领会时间。为了摆明这一层，我们须得源源始始地解说时间性之为领会着存在的此在的存在，并从这一时间性出发解说时间之为存在之领会的视野。"① 基于这种思路，《存在与时间》的纲目构思明确提出两项任务：第一，"依时间性阐释此在，解说时间之为存在问题的超越视野"。"第二，依时间状态问题为指导线索，对存在论历史进行现象学解析的纲要"（没有完成，可参见《形而上学导论》）。实际上，此在本身就是有时间性的存在，是有死者。其对存在的领会和理解只能是生存着的此在的时间性视野。"一切存在论问题的中心提法都植根于正确看出了的和正确解说了的时间现象以及它们如何植根于这种时间现象。"② 紧接着，海德格尔强调，区分了时间性，不等于存在"在时间中"的存在者的时间性质。用他自己的话说："如果我们确应从时间来理解存在，如果事实上确应着眼于时间才能理解存在怎样形成种种不同的样式以及怎样发生种种衍化，那么，我们也就可以摆明存在本身的——而不仅仅是存在'在时间中'的存在者的——'时间'性质了。于是，'时间性的'就不再可能只等于说'在时间中存在着'。"③ "所以，我们凡从时间出发来规定存在的源始意义或存在的诸性质与诸样式的源始意义，我们就把这些规定称为时间状态上的〔tempo-

① 〔德〕海德格尔：《存在与时间》（修订译本），陈嘉映等译，北京，生活·读书·新知三联书店，2012，第21页。

② 〔德〕海德格尔：《存在与时间》（修订译本），陈嘉映等译，北京，生活·读书·新知三联书店，2012，第22页。

③ 〔德〕海德格尔：《存在与时间》（修订译本），陈嘉映等译，北京，生活·读书·新知三联书店，2012，第22页。

ral]规定。从而，阐释存在之为存在的基础存在论任务中就包含有清理存在的时间状态的工作。只有把时间状态的问题讲解清楚，才可能为存在的意义问题提供具体而微的答复。"①

不仅如此，海德格尔还通过"此在的存在在时间性中有其意义"②，而时间性也就是历史性之所以可能的条件，历史性则是此在本身的时间性的存在方式，从根本上来说明时间性是历史性的始源。因为"只有这样一种存在者，它就其存在来说本质上是将来的，因而能够自由地面对死而让自己以撞碎在死上的方式反抛回其实际的此之上，亦即，作为将来的存在者就同样源始地是曾在的，只有这样一种存在者能够在把继承下来的可能性承传给自己本身之际承担起本己的被抛境况并当下即是就为'它的时代'存在。只有那同时既是有终的又是本真的时间性才使命运这样的东西成为可能，亦即使本真的历史性成为可能"③。可见，此在的历史性是有条件的，它必须是具有被抛在世的事实性的存在者，又必须是面向未来去存在的能在，而且敢于向死存在，进而赢得其自身的曾在之本真生存的有限、会死的存在者。也就是说，"本真的向死存在，亦即时间性的有终性，是此在历史性的隐蔽的根据"④。可见，马克思和海德格尔都反对抽象性，只是与马克思既从人出发来考察社会历史，又从社会历史出发来考察具体的人和人的活动不同，海德格尔是通过拥有时间性的具体的此在来彰显历史性存在。

这样，拥有此在性质的人，即具有时间性，因而也具有历史性，不再是用观物的逻辑所给出的现成的具有某种抽象本质的人，而是筹划着"去存在"的能在；人不再"是什么"，而是"人不是什么"的"不"性的、否定性的存在者。因此，人是无家可归的，永远在成人的途中。他怎样"去存在"，就展现为怎样的人。存在的确是超越者，它不同于存在者，而存在之超越性只有在时间的视野下才能通达。正是如此，海德格尔解构了传统形而上学实体本体论，并且言明，"任何存在论，如果它不曾首先充分澄清存在的意义并把澄清存在的意义理解为自己的基本任务，那么，

① 〔德〕海德格尔：《存在与时间》（修订译本），陈嘉映等译，北京，生活·读书·新知三联书店，2012，第22~23页。
② 〔德〕海德格尔：《存在与时间》（修订译本），陈嘉映等译，北京，生活·读书·新知三联书店，2012，第23页。
③ 〔德〕海德格尔：《存在与时间》（修订译本），陈嘉映等译，北京，生活·读书·新知三联书店，2012，第435~436页。
④ 〔德〕海德格尔：《存在与时间》（修订译本），陈嘉映等译，北京，生活·读书·新知三联书店，2012，第437页。

无论它具有多么丰富多么紧凑的范畴体系，归根到底它仍然是盲目的，并背离了它最本己的意图"①。一句话，任何存在论都必须以此在的生存论为基础。然而，此在之存在（生存）的意义只能在时间性中敞开。海德格尔对以往一切存在论传统的批判，都主要着眼于它们对存在和时间性问题的耽搁。例如，"在以时间状态的成问题之处为线索来完成解构工作的过程中，本书的第二部将试图解释图型说那一章并由此出发去解释康德的时间学说"，并试图指明"为什么康德终究无法窥时间问题之堂奥"②。他批评笛卡儿说，"既然我思绝对'是确实的'，就可以不管这个存在者的存在的意义问题"③。古希腊存在论尽管有时间状态上的理解，即存在者的存在被把握为"在场"，也就是说，存在者是就一定的时间样式即"现在"而得到领会的。由于此在被说成"会说话的动物"，"说"引导我们获得前来照面的存在者之存在结构④，因而在柏拉图时期形成的古代存在论变成了"辩证法"。在这之前的巴门尼德已经把对现成东西就其纯粹现成状态的单纯知觉作为解释的线索了。因此，"人们把时间本身当作与其他存在者并列的一个存在者，未曾明言地、质朴地以时间为准来领会存在，却又试图在这种存在之领会的视野里就时间的存在结构来把握时间本身"⑤。

（二）对生存论解释原则的彰显

无论是马克思还是海德格尔，他们都在历史视域和时间视野下解构和颠覆了西方传统形而上学，但这种解构的同时也伴随着建构。如果说马克思确立的是历史生存论，那么海德格尔建构的则是以生存论为基础的生存论存在论。二者在最终的哲学趣味上也有差别：前者要确立起人的生存价值，而且是站在整个人类的立场上，把是否满足生存需要、促进人的自由和全面发展作为评价人们历史活动的根本价值和根本尺度，进而给出历史规律的前提批判，开显出生存论的解释原则，而且确立起人类活动论思维范式；后者在于重建以此在的生存论为基础的传统存在

① 〔德〕海德格尔：《存在与时间》（修订译本），陈嘉映等译，北京，生活·读书·新知三联书店，2012，第13页。
② 〔德〕海德格尔：《存在与时间》（修订译本），陈嘉映等译，北京，生活·读书·新知三联书店，2012，第28页。
③ 〔德〕海德格尔：《存在与时间》（修订译本），陈嘉映等译，北京，生活·读书·新知三联书店，2012，第29页。
④ 〔德〕海德格尔：《存在与时间》（修订译本），陈嘉映等译，北京，生活·读书·新知三联书店，2012，第30页。
⑤ 〔德〕海德格尔：《存在与时间》（修订译本），陈嘉映等译，北京，生活·读书·新知三联书店，2012，第31页。

论，最终解决每个会死者的存在意义，以及通过其本身而赋予的其他存在者之存在的意义问题。他们都诉诸生存论解释原则。

马克思曾这样批评那些热衷于思辨传统的哲学家们："哲学家们在不再屈从于分工的个人身上看到了他们名之为'人'的那种理想，他们把我们所阐述的整个发展过程看作是'人'的发展过程，从而把'人'强加于迄今每一历史阶段中所存在的个人，并把他描述成历史的动力。这样，整个历史过程被看成是'人'的自我异化过程，实质上这是因为，他们总是把后来阶段的普通个人强加于先前阶段的个人并且以后来的意识强加于先前的个人。由于这种本末倒置的做法，即一开始就撇开现实条件，所以就可以把整个历史变成意识的发展过程了。"① 与此不同，在马克思看来，历史不是绝对理念在时间中的展开，而是现实的人们的实践活动在时间中的展开过程；不是社会意识决定人们的社会生活，而是社会生活决定社会意识。因此，人不是有着精神本质的抽象的人，而是站在地球上、呼吸着空气的活生生的现实的人，因而也是具有历史性的人。着眼于现实的人的生存需要、生存条件及生存处境的历史考察，恰恰形成了马克思的唯物史观（或唯物主义的历史观）。

"这种历史观就在于：从直接生活的物质生产出发阐述现实的生产过程，把同这种生产方式相联系的、它所产生的交往形式即各个不同阶段上的市民社会理解为整个历史的基础，从市民社会作为国家的活动描述市民社会，同时从市民社会出发阐明意识的所有各种不同理论的产物和形式，如宗教、哲学、道德等等，而且追溯它们产生的过程。这样当然也能够完整地描述事物（因而也能够描述事物的这些不同方面之间的相互作用）。这种历史观和唯心主义历史观不同，它不是在每个时代中寻找某种范畴，而是始终站在现实历史的基础上，不是从观念出发来解释实践，而是从物质实践出发来解释观念的形成，由此还可得出下述结论：意识的一切形式和产物不是可以通过精神的批判来消灭的，不是可以通过把它们消融在'自我意识'中或化为'幽灵'、'怪影'、'怪想'等等来消灭的，而只有通过实际地推翻这一切唯心主义谬论所由产生的现实的社会关系，才能把它们消灭；历史的动力以及宗教、哲学和任何其他理论的动力是革命，而不是批判。"②

正是在上述马克思的历史观中，其实也是马克思哲学世界观中，由

---

① 《马克思恩格斯选集》，第 1 卷，北京，人民出版社，1995，第 130 页。
② 《马克思恩格斯选集》，第 1 卷，北京，人民出版社，1995，第 92 页。

于对现实的人的生存和怎样去生存的关注，特别是把满足人们的现实生存需要作为评价社会历史是非的根本尺度，并把解放全人类，使每个人都能获得自由而全面的发展作为其哲学的旨趣，所以，我们说马克思的历史观或哲学世界观蕴含着生存论的解释原则。而这一生存论的解释原则是依赖于历史视域或历史的解释原则的，所以，当我们说马克思哲学是生存论的解释原则时，也就意味着它同时也是历史的解释原则，彰显出现实的人之生存实践的历史境遇。正是在历史的解释原则下，马克思对人的理解实现了从"科学的逻辑"到"历史的逻辑"，从"物的逻辑"到"人的逻辑"的转变，进而对人的提问方式由"是什么"转向"如何是""怎样去是"或"怎样去存在"，人被作为能在，而不是现成的存在，并拥有了多种空间的可能性与时间的可能性。因此，马克思在承认历史决定论的同时，也主张历史选择论。

如果说马克思的生存论解释原则蕴含在历史唯物主义的哲学世界观中，需要揭示和开显出来，因为马克思本人从未说自己的哲学是生存论的（尽管在与海德格尔的视域融合与对话中，我们发现马克思哲学的确是历史生存论的，而且得到海德格尔本人的肯定），那么，海德格尔的生存论解释原则是他自己言明了的。在《存在与时间》这本书中，海德格尔就是要通过此在的生存论建构，阐释其生存论存在论，并为任何旨在追问存在意义的一般本体论奠基。

虽然海德格尔的哲学从根本上是存在论的，但它不同于古希腊以来的传统存在论。在他看来，传统存在论在追问存在的过程中，执着于存在者而遗忘了存在本身。因此，他在解构传统存在论的同时，要重新澄明存在问题，即重建存在论——有根的存在论或生存论存在论。然而，这一课题的完成直接诉诸生存论的解释原则，或者说是通过此在的生存论存在论分析与组建来通达存在意义的。他确信："凡是以不具备此在式的存在特性的存在者为课题的各种存在论都植根于此在自身的存在者层次上的结构并由以得到说明，而此在的存在者层次上的结构包含着先于存在论的存在之领会的规定性。""因而其它一切存在论所源出的基础存在论〔Fundamentalontologie〕必须在对此在的生存论分析中来寻找。"① 这主要是基于同其他一切存在者相比较，此在具有几层优先地位："第一层是存在者层次上的优先地位：这种存在者在它的存在中是通过生存得到

_____

① 〔德〕海德格尔：《存在与时间》（修订译本），陈嘉映等译，北京，生活·读书·新知三联书店，2012，第 16 页。

规定的。第二层是存在论上的优先地位：此在由于以生存为其规定性，故就它本身而言就是'存在论的'。而作为生存之领会的受托者，此在却又同样源始地包含有对一切非此在式的存在者的存在的领会。因而此在的第三层优先地位就在于：它是使一切存在论在存在者层次上及存在论上〔ontisch-ontologisch〕都得以可能的条件。于是此在就摆明它是先于其他一切存在者而从存在论上首须问及的东西了。"①

（三）对人之存在的生存活动的观照

马克思与海德格尔都十分重视人的生存活动问题。可以说，离开生存活动，无论是马克思的历史生存论，还是海德格尔的生存论存在论，都将失去人们对怎样生存、如何"去存在"的生存意义追问的根基。

在马克思那里，"整个所谓世界历史不外是人通过人的劳动而诞生的过程，是自然界对人来说的生成过程"②，自然的历史与历史的自然是统一的。劳动、物质生产不仅被作为人与动物的根本区别，而且把生产什么和如何生产、利用怎样的生产资料生产视为人们的生存状况的表现。更重要的是，建立在这种最基本的物质生产实践基础上的，还有改变社会关系的实践和精神生产实践。于是，整个社会生活本质上是实践的。因此，实践本身的深度和广度，以及它所建构的一切社会关系、社会领域和社会生活，就决定了社会发展的形态和人们的生存处境。但无论怎样，社会历史的发展总是遵循着社会基本矛盾运动的规律，即生产关系一定要适合生产力性质的规律；上层建筑一定要适合经济基础发展要求的规律。一旦这两对基本矛盾激化到不可调和的状态，就意味着代表社会历史发展趋势的先进阶级的社会革命到来。于是，社会进步表现为社会形态从低级向高级的跃迁。所以，我们说马克思是用生产力推定原则来解释人们的社会生活的。由于从根本上说，生产力是人们从事物质生产的活动能力，或人们变革自然的实践的生存能力，因此，马克思的生存论是在人的生存活动——物质生产实践或工业工程实践那里赢获始源性说明的。

在《德意志意识形态》中，马克思、恩格斯立足于历史视域，首先指出"全部人类历史的第一个前提无疑是有生命的个人的存在"③，而这些有生命的个人的肉体组织，以及受其制约的他们与自然界的关系构成了基本的"自然基础"。因此，"任何历史记载都应当从这些自然基础以及它

---

① 〔德〕海德格尔：《存在与时间》（修订译本），陈嘉映等译，北京，生活·读书·新知三联书店，2012，第16页。

② 〔德〕马克思：《1844年经济学哲学手稿》，北京，人民出版社，2000，第92页。

③ 参见《马克思恩格斯选集》，第1卷，北京，人民出版社，1995，第67页。

们在历史进程中由于人们的活动而发生的变更出发"①。然而，人之为人不是根据什么人之抽象的本质获得规定，而是因人的肉体组织需要而进行的创造物质生活资料的物质生产活动或劳动。用马克思、恩格斯的话说："可以根据意识、宗教或随便别的什么来区别人和动物。一当人开始生产自己的生活资料的时候，这一步是由他们的肉体组织所决定的，人本身就开始把自己和动物区别开来。人们生产自己的生活资料，同时间接地生产着自己的物质生活本身。"②　继而，马克思、恩格斯阐释道："这种生产方式不应当只从它是个人肉体存在的再生产这方面加以考察。它在更大程度上是这些个人的一定的活动方式，是他们表现自己生活的一定方式、他们的一定的生活方式。个人怎样表现自己的生活，他们自己就是怎样。因此，他们是什么样的，这同他们的生产是一致的——既和他们生产什么一致，又和他们怎样生产一致。因而，个人是什么样的，这取决于他们进行生产的物质条件。"③　需要注意的是，这段话中，特别强调生产"什么"和"怎样"生产，前者是从生产活动的产品来看，后者是从生产活动所使用的生产资料来看人们的生活方式的。如果人们只是或主要是生产农产品，说明社会历史还处于农业文明阶段。同样，如果工业产品占主要地位，表明人类进入或处于工业文明时代。在使用生产资料的考察上，马克思、恩格斯还特别区分了"自然形成的"和"文明创造的"生产工具，并把它们与所有制形式，以及人们的生存处境直接关联起来。在他们看来，在自然形成的生产工具（耕地、水等）情况下，各个个人受自然界的支配；在文明创造的工具情况下，他们受劳动产品的支配。在前一种情况下，财产（地产）也表现为直接的、自然产生的统治；而在后一种情况下，则表现为劳动的统治，特别是积累起来的劳动——资本的统治。前一种情况的前提是，各个个人通过某种联系——家庭的、部落的或者甚至是地区的联系结合起来；后一种情况的前提是，各个个人互不依赖，联系限于交换。在前一种情况下，交换主要是人与自然之间的交换，即以人的劳动换取自然的产品；而在后一种情况下，主要是人与人之间所进行的交换。在前一种情况下，只要具备普通常识就够了，体力活动和脑力活动彼此还未完全分开；而在后一种情况下，脑力劳动和体力劳动之间实际上已经必须实行分工。在前一种情况下，所有者可以依靠个人关系，依靠这种或那种形式的共同体来统治非所有者；在后

---

① 《马克思恩格斯选集》，第 1 卷，北京，人民出版社，1995，第 67 页。
② 《马克思恩格斯选集》，第 1 卷，北京，人民出版社，1995，第 67 页。
③ 《马克思恩格斯选集》，第 1 卷，北京，人民出版社，1995，第 67～68 页。

一种情况下，这种统治必须采取物的形式，通过某种第三者，即通过货币。在前一种情况下，存在着一种小工业，但这种工业是受对自然产生的生产工具的使用支配的，因而没有不同个人之间的分工；在后一种情况下，工业以分工为基础，而且只有依靠分工才能存在。①　显然，马克思在这里区分了前资本主义社会和资本主义社会两种社会形态中的生产工具（资料）和所有制，以及由它们所决定的人的生存状况。他认为，工业发展到一定阶段必然产生私有制，而私有制的消灭也必然依靠大工业本身的高度发展。特别是随着作为现实生产力的大工业的发展，私有制终将被扬弃，而由自主活动与物质生活的生产—劳动相离的状态，进入二者统一的社会——自主活动的社会——共产主义。然而，这一过程的实现还必须依赖无产阶级的社会革命。也只有在这种革命中，一方面，打碎旧的国家机器，推翻旧统治；另一方面，"无产阶级的普遍性质以及无产阶级为实现这种占有所必需的能力得到发展，同时无产阶级将抛弃它迄今的社会地位遗留给它的一切东西"②，最终获得解放和自由而全面的发展。

　　海德格尔依循时间视野，追问存在问题，而这一课题是通过特殊的具有时间性的存在者——此在生存的存在论结构分析完成的。在他看来，任何存在论都必须建基在生存论存在论或基础存在论之上，因为此在无论是在存在者层次上还是在存在论层次上都处于优先地位。如果任务是阐释存在的意义，那么此在不仅是首先须问及的存在者；更进一步，此在还是在其存在中向来已经对这个问题之所问有所交涉的存在者。"所以，追问存在问题无它，只不过是对此在本身所包含的存在倾向刨根问底，对先于存在论的存在领会刨根问底罢了。"③　然而，"生存论分析归根到底在生存活动上有其根苗，也就是说，在存在者层次上有其根苗。只有把哲学研究的追问本身就从生存上理解为生存着的此在的一种存在可能性，才有可能开展出生存的生存论结构，从而也才有可能着手进行有充分根据的一般性的存在论问题的讨论。于是存在问题在存在者层次上的优先地位也就显而易见了"④。"生存问题总是只有通过生存活动本

---

① 《马克思恩格斯选集》，第1卷，北京，人民出版社，1995，第103~104页。
② 《马克思恩格斯选集》，第1卷，北京，人民出版社，1995，第129页。
③ 〔德〕海德格尔：《存在与时间》（修订译本），陈嘉映等译，北京，生活·读书·新知三联书店，2012，第18页。
④ 〔德〕海德格尔：《存在与时间》（修订译本），陈嘉映等译，北京，生活·读书·新知三联书店，2012，第16页。

身才能弄清楚。"① 因为"无论在存在者层次上还是在存在论上，以操劳方式在世界之中存在都具有优先地位。这一结构将通过此在分析获得彻底的解释"②。这可以从海德格尔关于此在的生存论建构的分析中得到说明。

由于此在是"在世界中"的存在，而此在在世的基本结构是"操心"。操心构成了此在的生存论意义，它又为"操劳"和"操持"两个环节所组建。此在在世与"周围世界"的器物打交道就是"操劳"，它反映的是"工具与世界现象"。此在是为生产的存在者，通过上手状态的工具的"指引"，在操劳之际，此在的行动原始地有它自己的视，操劳的周围世界自然也就被人们通达了。（"理论活动乃是非寻视式的单单观看。"）与"共在世界"的他人打交道是"操持"，剖析的是与他人的存在和"常人"。处在与他人"共在世界"的此在一般沉沦为日常平均状态的"常人"。此时，此在解除了自己的存在，回避了自己的能在，在"闲谈""好奇""两可"中寻求避难。接着，海德格尔通过"在之中"的生存结构，指出此在以三种基本行为识察世界，即现身情态、领悟和言语，而且通过领悟此在才可能筹划着去存在。作为认识行为的解释、直觉和思维是根植于此在总是先行领悟着自身这一源始存在样式基础之上的。通过道出领悟的言语，指出此在是勾连性的存在。通过最基本的现身情态"烦"（或"畏"）摆明此在的三种基本存在论特征：①先行于自身的存在；②已经在此的存在；③靠近在世中碰到的存在者的存在。最后，海德格尔在"此在与时间性（指曾在着的将来从自身放射出当前的时间现象或作为曾在着的有所当前化的将来而统一起来的现象）"的分析中，揭示此在的先行决断——"向着死亡的存在"（死亡的先行是死亡之可能性的可能化），使此在摆脱"常人"，进入本真的存在状态。而这是由此在的日常状态"烦"（或"畏"）的结构相对应的源始的时间"绽出"：将来（通过领悟让死亡之可能性先行到来，向最本己的能在展开运动）；过去曾在（通过预测死亡觉察到被抛的现身状态，进而向其被抛状态回归的运动）；当前（此在通过这一运动向其最本己的能在抛射，接受其始终、已经的存在，发现每次均为其自身的世界，即他的"处境"）。它同时揭示出"烦"的三个基本环节是以源始的三种时间为基础的，说明此在是时间性和历史性的存在，而且历史性是由时间性决定的。它强调

---

① 〔德〕海德格尔：《存在与时间》（修订译本），陈嘉映等译，北京，生活·读书·新知三联书店，2012，第15页。

② 〔德〕海德格尔：《存在与时间》（修订译本），陈嘉映等译，北京，生活·读书·新知三联书店，2012，第68页。

现在的连续性的世界的时间和自然的时间之传统表达是以此在的生存论时间性为基础的，从而言明会死的有限的存在者——此在，总是把筹划着能在作为自己的存在方式。

（四）对世界之存在意义的解读

正如前文所述及的，马克思和海德格尔由于在历史和时间的视野下，从人之生存出发来看待自身存在和其他存在者存在意义的问题。因此，就世界而言，他们都不再追问世界的本质、根据是什么的问题，而是探讨世界与人的关系，以及它对人之生存的意义问题，并把人与世界的关系做了内在化的解读，即人不是栖息在世界之外，人就在世界之中。此在被抛在世是一个实然问题，因此，人就是人的世界。

在马克思看来，当自然界中产生了从事着物质生活资料生产的人，那种先于人的原生态的自然界就分化为自在自然和人化的自然，整个物质世界被分成自在世界和属我世界（人类社会和人化的自然界）。我们就生活在我们自己的（工程）实践活动所创造的人化的自然界和属我的世界中，而且这个世界不是开天辟地就有的、凝固不变的现成的东西，而是对人来说是不断生成着的，是世世代代的人们活动的结果。那个时间在先的与我们生存无关的原初的自然界，对于我们来说等于"无"。这里，"无"不是否认它的存在，而是对人们的生存没有任何意义。正是基于此种考虑，马克思在批判费尔巴哈时指出："他没有看到，他周围的感性世界决不是某种开天辟地以来就直接存在的、始终如一的东西，而是工业和社会状况的产物，是历史的产物，是世世代代活动的结果，其中每一代都立足于前一代所达到的基础上，继续发展前一代的工业和交往，并随着需要的改变而改变它的社会制度。"[1] 从根本上说，现实的人的现实的感性活动，包括工程实践，是感性世界最为切近的基础。因为"这种活动、这种连续不断的感性劳动和创造、这种生产，正是整个现存的感性世界的基础，它哪怕只中断一年，费尔巴哈就会看到，不仅在自然界将发生巨大的变化，而且整个人类世界以及他自己的直观能力，甚至他本身的存在也会很快就没有了。当然，在这种情况下，外部自然界的优先地位仍然会保持着，而整个这一点当然不适用于原始的、通过自然发生的途径产生的人们。但是，这种区别只有在人被看作是某种与自然界不同的东西时才有意义"[2]。在承认了自然界的优先地位的同时，马克思紧

---

① 《马克思恩格斯选集》，第 1 卷，北京，人民出版社，1995，第 76 页。
② 《马克思恩格斯选集》，第 1 卷，北京，人民出版社，1995，第 77 页。

接着强调："先于人类历史而存在的那个自然界，不是费尔巴哈生活其中的自然界；这是除去在澳洲新出现的一些珊瑚岛以外今天在任何地方都不再存在的、因而对于费尔巴哈来说也是不存在的自然界。"①

不仅如此，马克思早在《1844年经济学哲学手稿》中就指出，通过人的感性实践活动，特别是工业，不仅自然界对人是生成着的，而且人也是生成着的。同时，人把不断生成的人化的自然界作为人的对象性存在。它丰富着人的五官感觉，确证、提升着人之为人的本质力量。用马克思的话说："工业的历史和工业的已经生成的对象性的存在，是一本打开了的关于人的本质力量的书，是感性地摆在我们面前的人的心理学。"②"因此，如果把工业看成人的本质力量的公开的展示，那么自然界的人的本质，或者人的自然的本质，也就可以理解了……在人类历史中即在人类社会的形成过程中生成的自然界，是人的现实的自然界；因此，通过工业——尽管以异化的形式——形成的自然界，是真正的、人本学的自然界。"③虽然，此时马克思还沿用传统哲学，特别是费尔巴哈的人本学的方式来看待人，但对感性实践活动所创造和生成着的人化的自然界——现实的自然界及它对人的意义的强调远远地超出了其他德国哲学家的视野。

海德格尔则径直地把世界作为人之生存的存在论基本建构，即"在世界之中存在"被作为此在生存的基本建构和存在规定。也就是说，"在世界之中存在"必然是此在的先天建构。人总是被抛在世，这是一个不争的事实性问题。但被抛在世，又决定此在筹划着"去存在"的可能性。"人的生存方式不是由物种本能决定的，而是历史地生成的。这就决定了人只能在历史的可能性中生存和生活。历史是人的可能性的空间，也是人的可能性的时间。在空间上，人始终面对着多种可能性，在时间上，人的未来始终是一种不确定的未知数。因此，人是一种'生成性'的'未完成'的存在。"④这种可能的存在方式是与其在世存在的时间性与历史性相关的。对此，海德格尔特别阐释了"在之中"现象，认为"'在之中'意指此在的一种存在建构，它是一种'生存论性质'。但却不可由此以为是一个身体物（人体）在一个现成存在者'之中'现成存在。'在之中'不意味着现成

① 《马克思恩格斯选集》，第1卷，北京，人民出版社，1995，第77页。
② 〔德〕马克思：《1844年经济学哲学手稿》，北京，人民出版社，2000，第88页。
③ 〔德〕马克思：《1844年经济学哲学手稿》，北京，人民出版社，2000，第89页。
④ 刘福森：《从本体论到生存论——马克思实现哲学变革的实质》，《吉林大学社会科学学报》2007年第3期。

的东西在空间上'一个在一个之中'；就源始的意义而论，'之中'也根本不意味着上述方式的空间关系"①。经过仔细的词源学分析，海德格尔把"在之中"解读为"此在存在形式上的生存论术语，而这个此在具有在世界之中的本质性建构"，而"'依寓'世界是一种根基于'在之中'的存在论环节"②。因此，"'依寓于'是一个生存论环节，绝非意指把一些现成物体摆在一起之类的现成存在。绝没有一个叫作'此在'的存在者同另一个叫作'世界'的存在者'比肩并列'那样一回事"③。严格来说，两个现成的存在者都是"无世界的"，"它们没有一个能'依'另一个而'存'"。"只有当世界这样的东西由于这个存在者的'在此'已经对它揭示开来了，这个存在者才可能接触现成存在在世界之内的东西。因为存在者只能从世界方面才可能以接触方式公开出来，进而在它的现成存在中成为可通达的。"④实际上，此在在世界中存在，也总是在操劳之际，才使世内的现成存在者前来照面和得到揭示。只有当操劳断裂时，认识才得以可能。接着，海德格尔阐释"世界之为世界"⑤。它不是能够现成存在于世界之内的存在者总体；它不是包括形形色色的存在者在内的一个范围的名称；它被理解为一个实际上的此在作为此在"生活""在其中"的东西。此在具有世界性（世界是此在的存在方式），而非此在的存在者——世界之内现成存在者则属于世界的或世界之内，有待于操劳着依寓于世界而存在的此在得到揭示，显现出对此在生存的功用、价值和意义。

　　总之，此在是在世界中的存在，其各种生存论建构的环节和生存论性质，都是在世界中得到组建和说明的。"只要此在存在，它就总已经让存在者作为上到手头的东西来照面。此在以自我指引的样式先行领会自身；而此在在其中领会自身的'何所在'，就是先行让存在者向之照面的'何所向'。作为存在者以因缘存在方式来照面的'何所向'，自我指引着的领会的'何所在'，就是世界现象。而此在向之指引自身的'何所向'的

① 〔德〕海德格尔：《存在与时间》（修订译本），陈嘉映等译，北京，生活·读书·新知三联书店，2012，第63页。
② 〔德〕海德格尔：《存在与时间》（修订译本），陈嘉映等译，北京，生活·读书·新知三联书店，2012，第64页。
③ 〔德〕海德格尔：《存在与时间》（修订译本），陈嘉映等译，北京，生活·读书·新知三联书店，2012，第64页。
④ 〔德〕海德格尔：《存在与时间》（修订译本），陈嘉映等译，北京，生活·读书·新知三联书店，2012，第65页。
⑤ 〔德〕海德格尔：《存在与时间》（修订译本），陈嘉映等译，北京，生活·读书·新知三联书店，2012，第76~77页。

结构，也就是构成世界之为世界的东西。"① 因此，存在的意义的通达不能绕开此在的在世生存这一基本的生存论存在论建构。

在拒斥形而上学的旗帜下，作为现当代思想家的马克思和海德格尔，立足于历史视域与时间视野，在与理论形态的哲学根本不同的实践哲学形态下，先后对西方传统形而上学发动了哲学变革。虽然二者最终的哲学旨趣殊异：一个是重建存在论——生存论存在论，一个是解构存在论的历史生存论，但对人和人的世界，以及人去存在的实践等问题的关注，特别是在哲学的解释原则上，实现了视界的融合，并突出体现在以下几个方面：第一，对西方传统形而上学的颠覆；第二，对生存论解释原则的彰显；第三，对人之存在的生存活动的观照；第四，对世界之存在意义的解读。因此，他们都不同程度地开显出工程现象学、工程诠释学及工程生存论之维。可以说，正是二者的哲学变革，才使自亚里士多德以来被遗忘已久的"创制"活动——工程、技术得到反思。②

二、生存论转向及其对工程解读的意味

现当代哲学（在中国的语境下）的生存论研究范式的转向及其确立，为当下工程哲学的研究提供了新的解释原则。它不仅开辟了工程研究的新视角，提供了新的方法论，而且有利于将工程的知识论乃至工程的价值论、工程美学、工程伦理学、工程的社会哲学和工程的文化哲学研究放置在生存论基地之上，进而使澄明工程的丰富本性及探究工程的存在论意义成为可能。

（一）现当代哲学的生存论转向

相对于近代哲学，现当代哲学发生了哲学转向，这已成为学界的共识。所谓哲学转向，一般是指哲学的解释原则、形态或范式的根本转换，表现为哲学关注的主题、话语方式和理论趣味的变化。关于哲学如何转向，目前学术界流行着多种说法，但为大多数人所接受的关于哲学史的

---

① 〔德〕海德格尔：《存在与时间》（修订译本），陈嘉映等译，北京，生活·读书·新知三联书店，2012，第 101 页。

② 马克思在唯物史观的解释原则下，较早地关注了工业、技术和科学问题，其科学技术学是马克思主义的组成部分之一，而他对工业、人化的自然的考察可以看作工程哲学的奠基性工作。因为工业不过是工程的集聚，工程实践活动创造了人化的自然界和属我世界。海德格尔依循生存论存在论的解释原则，对技术予以追问，并考察了以"栖居"为指归的"筑居"何以可能这一工程建造问题。后面将分别讨论马克思与海德格尔就工程的人文观照所做的奠基的

重大转向主要是：从古代本体论到近代认识论转向；从近代认识论到现代实践论或语言学转向。后一转向因观察者角度的不同，常有些微差异，但如果从更宽泛的意义上说，它们都可归结为"生存论"的转向。因为就当代哲学的总体状况而言，生存论无疑是其主要形态。

"生存论"与"生存主义"或"存在主义"的英文单词是相同的，即 existentialism，但二者又有不尽相同的哲学内涵。存在主义自认为是属于生存论的，而严格来说，二者的差异是根本性的。因为存在主义的生存哲学同传统哲学一样未能给出存在者与存在的存在论差异。海德格尔晚期的著作正是基于"存在学差异"，将存在学与存在主义明确区别开来，并批评存在主义者雅斯贝尔斯（Karl Jaspers）的思想"没有遭遇'存在'（在一种大混乱中意指存在者之为存在者）""在一种最大的混淆中谈论存在与存在者"①。

"生存论"一词最早见于海德格尔的《存在与时间》中对生存论存在论的阐释。由于其理论旨趣是通过对此在的生存论性质的分析来通达存在的意义，因而正是从该种意义上说，海德格尔的生存论存在论仍然属于本体论或存在论哲学，只不过是基础存在论或生存论的存在论。

尽管如此，必须承认存在主义开启了现代人之生存研究的新范式。没有存在主义哲学，尤其是海德格尔的生存论存在论，就没有生存论在中国语境下的阐释，也就无法在新旧视界的融合中澄明马克思哲学本身所实现的生存论变革。

作为一种新的哲学解释原则的当代生存论，是 20 世纪 90 年代以来的中国哲人适应时代的需要，立足对现代化进程中人类生存危机的反思与生存意义的寻求，对现代西方哲学，特别是对存在主义哲学、基础存在论的继承、批判与超越，以及对马克思主义哲学的一种新诠释。（或者说，生存论是在中国语境下，对现当代西方生存哲学、海德格尔哲学及马克思哲学的当代解读。）这一点反映在国内学者的哲学研究中。正如张曙光教授在其《生存哲学——走向本真的存在》一书的导论中所梳理的那样，这里不必重述。（不过需要说明的是，继该书出版后，又有《人学的生存论基础——问题清理与论阈开辟》《历史生存论的观念》《西方文明的危机与发展伦理学——发展的合理性研究》《生存论研究》等成果问世。）

对什么是生存论，目前尚无统一界定。

有的学者从存在主义出发，在海德格尔的生存论存在论分析的基础

---

① 〔德〕马丁·海德格尔：《哲学论稿（从本有而来）》，孙周兴译，北京，商务印书馆，2012，第 215 页。

上认为，一般可以从两个方面理解生存论：一是生存论的概念基于对生存的理解（生存就是向着存在的方向超越存在者）。它区别于人们谈论一般存在者或事物的存在样式的那些基本概念的范畴。"范畴"是对事物现成的共性的概括，而生存是对现存的超越。二是生存论与存在论的关系。海德格尔认为传统存在论的根本问题是不把存在意义的澄明作为自己的基本任务，要害在于没把存在与存在者区分开来。海德格尔首先用生存论重释本体论或存在论。他通过对此在的生存样式的所谓生存论分析，发现其中的存在即去存在，从而否定、消除传统本体论的实体性，确立基本存在论。因此，"现代哲学的'生存论'指的是人的生存在哲学中的自觉表达以及由此所形成的自批判自超越的辩证思维及精神气质"①。"哲学的生存论维度则维系于人的生存的生命向度，以人的生存的自我创生、自我确证、自我理解为其理论坐标和视界。"②

有的学者从人类的可持续发展着眼，主张生存论是一种新的发展哲学，即"发展伦理学"，是建立在以人类的可持续生存和发展为终极尺度的价值论基础上的，因此，它实质上是关于可持续发展的伦理学。它的社会功能是：第一，它要立足于可持续发展的价值观，对旧的发展道路和模式进行反省和重新评价。第二，对新的（可持续的）发展模式和人类的实践行为进行规范，以保证人类的可持续生存和发展。因此，发展伦理学就是人类社会当代发展的一种自我约束、自我节制、自我评价、自我规范机制，即发展的自我免疫机制；是人类合目的的选择的理智力量；其目的就是要实现人类社会发展的可持续性。生存论内含着本体论（存在论）和实践论。生存论本体论（存在论）不同于存在论或本体论。存在论仅仅把人看成是动物的普通一员，但它也不同于实践论。实践论把自然仅仅看成是一种"工具理性价值"（消费性价值）；生存论把自然看成是具有生态的、生存的价值，是人类的家园。生存论在前两个基础上使人和自然达到了更高层次上的统一。生存论哲学不同于只是在存在论意义上强调人与自然统一的生态哲学，而是超越了生态论，从人的生存出发，立足于人类本身的可持续生存。生存论也超越了实践论，实践论仅仅把人对自然界的改造、征服、占有看成是人与自然统一的唯一形式。生存论既看到了存在论上人与自然的统一，也看到了人与自然界的实践关系：人如果不实践，就不能生存。但生存论反对无限度地改造自然，反对工

---

① 张曙光：《生存哲学——走向本真的存在》，昆明，云南人民出版社，2001，第 57 页。
② 张曙光：《生存哲学——走向本真的存在》，昆明，云南人民出版社，2001，第 58 页。

业社会中的挥霍性地消费自然，主张以满足人类的基本健康生存为目的，反对消费主义，主张人的全面发展，是一种"规范实践论"，是自然原理和人道主义的统一。①

有的学者立足于实践的生存论观照，把马克思主义哲学解读为实践生存论，明确提出："所谓生存论，即对于人的自由自觉的生命活动的理论阐释与自我批判活动，是关于人生存的根本理论，它要求把经验的、感性的生活作为哲学活动的直接出发点，要求超出对人生存的流俗性的和实存性理解，自觉地把人的生存看成是一种既超越于一般存在物，又与周围世界关联着的意义性存在。生存论既强调个体生命存在的意义，同时这种理解本身就内含着对于生存的整体性的和历史性的理解，生存论本身就表达着一种关于人的应然生活的追求、理解与引导。作为对应然生活的构想，生存论也应当是某种类型的形而上学，传统哲学的本体论仅仅只是漠视生活世界的抽象形而上学，而生存论本体论则直接就是由生活世界承蕴起来的，并内在地超越于生活世界的形而上学，是通过倾听和阐释自身生存实践活动从而开显出的生存论形而上学。反过来说，生存论形而上学不过就是人自身生存实践活动的深层意蕴与结构。"②

还有的学者基于对哲学本身的理解，富有理论勇气地表明不存在生存论转向问题，"哲学就是生存论"。由于在人类学意义上，生存表现为不同主体的"生存形态"，"生存形态"是生存论的哲学人类学基础，因而"生存论"就是关于某种生存形态的"哲学"，即生存论哲学是以某种生存形态为根基的。一种生存论哲学是与人的某种生存形态相关，并决定于该种生存形态的。考虑到生存因其主体的不同而不同，进而生存被区分为存在的生存——超验性生存，生物的生存——直接性生存，以及人的生存——历史性生存。与三种生存形态相对应，分别形成了"超验生存论"（希腊哲学、古典哲学和海德格尔的生存论存在论哲学），"直接生存论"（由尼采为直接性生存确立的形而上学基础和资本主义工业革命以来的物化精神）和"历史生存论"（马克思的历史唯物主义）。③

上述种种对生存论的界定虽说法不一，但有其共同点，即把对事物、世界和人的理解建立在"生存"的理解与意义的形上观照之上，也就是对现实的人的生存方式、境遇等实然状态和如何实现理想的人的应然状态

---

① 刘福森：《生存论：一种新发展哲学》（讲稿）。

② 邹诗鹏：《人学的生存论基础——问题清理与论阈开辟》，武汉，华中科技大学出版社，2001，第6～7页。

③ 吴宏政：《历史生存论的观念》，吉林大学博士学位论文，2004，第17～22页。

的哲学探究。因此，可将生存论简要地概括为：从作为特殊存在者的人之生存出发，探究人的存在，并借此追问其他存在者之存在的意义，进而以生存价值和意义为根本尺度去规范人类社会实践和现实生活的哲学解释原则。

（二）生存论转向之于工程研究的意义

哲学的生存论转向对工程研究具有非凡的意义。这不仅表现在它给工程的哲学思考开启了新视域和新解释框架，通过提供应答途径和方法论，使工程的本体论或工程的存在论追问得以可能，而且为工程的知识论或认识论研究提供了深层的生存论存在论基础，进而使工程的认识论研究建立在工程的生存论考察的基地之上。

哲学的生存论转向开启了工程研究的新视域。传统的本体论试图说明世界的本原基质，是关于"存在之存在"的学说。它"总是从现成的，被规定了的东西——'在'者入手去谈本体论"①。因此，传统哲学家们习惯用"在是什么"的提问方式，这样势必把存在本身给确定化、持存化了，而使对存在的追问变成对某种存在者，如理念、实体、上帝和绝对精神等存在者层次上的考察，以至于出现这样的悖论：致力于存在问题研究的传统本体论与其目标背道而驰，考察起存在者来，根本就没有触及存在本身。为什么会出现如此状况？在海德格尔看来，传统哲学对存在问题的遗忘，关键在于没能区分存在和存在者。"作为哲学的基本课题的存在不是存在者的族类，但却关涉每一存在者。须在更高处寻求存在的'普遍性'。存在与存在的结构超出一切存在者之外，超出存在者的一切存在者状态上的可能规定性之外。存在地地道道是 transcedens［超越者］。"②这就突出了他的"存在论差异"。尽管存在总是存在者的存在，但存在者是确定的，有规定性的。不同于存在者，一方面，存在不可定义，也无法定义，因为存在不是某种实体，而是一种超越者；另一方面，存在又不能离开存在者而存在，表现为最为原始、绝对的可能性，作为存在者的规定性。这么说不是在定义存在吗？这或许是理论自身表达的无奈。总之，传统本体论由于不能够很好地区分存在者和存在，误将存在者当作存在本身，而错过对存在的真正追问与揭示，实际上找到的是作为存在者根据的最高存在者，仍然没有脱离以存在者为中心的"主导问题"，没能来到"基础问题"这里。这当然也该归结为对存在的不当的提问方

---

① 刘安刚：《意义哲学纲要》，北京，中央编译出版社，1998，第 76 页。

② 〔德〕海德格尔：《存在与时间》（修订译本），陈嘉映等译，北京，生活·读书·新知三联书店，2012，第 44 页。

式——存在是什么？显然，在传统本体论的解释框架内，"工程是什么"或"什么是工程"的发问方式与知识论的考察视角也就是理所当然的了。然而，问题是如此对工程的提问方式，只能把工程作为具有确定性的、客观的对象性事物去认识。也就是说，只能停留在工程的认识论或知识论向度来界定工程，仅限于用实证的、技术的眼光来看工程，不能触及工程的人文向度，也就无法全面地理解工程的丰富内涵。对工程的意义与价值的考察，必然为工具理性和技治主义工程观所遮蔽，更谈不上工程的生存论存在论的问题，因为这是传统本体论和认识论的局限。

值得庆幸的是，现当代哲学的生存论转向所确立的生存论存在论解释原则，把存在和存在者区分开来，以追问存在的意义本身作为存在论哲学的旨趣。用海德格尔的话说："使存在从存在者中崭露出来，解说存在本身，这是存在论的任务。"① "任何存在论，如果它不曾首先充分澄清存在的意义并把澄清存在的意义理解为自己的基本任务，那么，无论它具有多么丰富多么紧凑的范畴体系，归根到底它仍然是盲目的，并背离了它最本己的意图。"② 于是哲学的提问方式发生了重大变化，即由传统哲学家们的"在是什么？"的提问方式转变为"在为什么在？""在怎样在？"。至此，在的问题就真正提出来了。"在的问题的提出意味着提出这个问题的在者关心自己的存在，只有关心自己存在的在者，才会去询问在的意义。"③ 这个关心自己存在的特殊存在者不是别的，正是人的此在——询问存在的意义，并通过自身对生存境遇的理解来通达一切世内存在者存在的意义。于是，存在的意义问题就天然地与人的生存及其生存活动所组建的生存论建构关联在一起。换句话说，对存在的追问的一切存在论所原初的基础存在论必须在对此在的生存论分析中寻找。"在解答存在的意义问题的基地上，应可以显示：一切存在论问题的中心提法都植根于正确看出了的和正确解说了的时间现象以及它如何植根于这种时间现象。"④ 这里的时间现象是属于人的，它揭示出人是历史性的存在。正是人的有限历史性生存，人才寻求无限存在的意义。因此，存在的意义问题的提出与通达本身就是此在的存在方式，是蕴含在此在的生

① 〔德〕海德格尔：《存在与时间》（修订译本），陈嘉映等译，北京，生活·读书·新知三联书店，2012，第 32 页。

② 〔德〕海德格尔：《存在与时间》（修订译本），陈嘉映等译，北京，生活·读书·新知三联书店，2012，第 13 页。

③ 刘安刚：《意义哲学纲要》，北京，中央编译出版社，1998，第 79 页。

④ 〔德〕海德格尔：《存在与时间》（修订译本），陈嘉映等译，北京，生活·读书·新知三联书店，2012，第 22 页。

存论建构之中的"生存论性质"或特性。这样就为工程研究开启了从生存论存在论追问的新视野，使我们能够以生存论存在论的提问方式——"为什么工程""应该怎样工程"来考察工程的存在论(科技哲学界通常称之为"工程的本体论")，追问工程存在的意义，而这正是工程生存论研究的主要任务。可以说，没有哲学的生存论转向，就没有对工程的存在论或者工程的生存论存在论研究的视野。因为传统本体论和知识论无法开显出工程对于人的本真的意蕴和意义，而陷于功利的价值判断与实证分析的泥潭中。

　　生存论的运思方式使工程的存在论追问得以可能。由于生存论是对人的生存的形上之思，是关于人的存在的存在论追问与建构，所以，它自身具有独到的运思方式和方法论，即现象学的方法，解释学或诠释学的方法，以及意义论(也可以叫价值论)的方法。前两种方法在海德格尔的《存在与时间》中已做了很好的说明，而后一种方法虽然没被直接提及，却是蕴含在前两者之中，是未经挑明的应有之义。这些方法对工程的生存论存在论考察是至关重要、不可或缺的。这里所说的现象学的方法，并非指胡塞尔作为哲学形态的现象学，而是指其通过现象学还原或现象学悬置来"面向事情本身"，以寻求哲学解释原则最为可靠的阿基米德点——先验自我的方法。正是在这个意义上，海德格尔发展了现象学的方法(用"此在"，即 Dasein 代替了先验自我)，并将现象学界定为"凡是如存在者就其本身所显现的那样展示存在者，我们都称之为现象学"①。在海德格尔看来，现象学的方法是研究存在问题、通达存在意义的基本方法。没有胡塞尔开辟的现象学道路，研究超验的存在与存在的结构这一存在论的基本问题是不可能的。用海德格尔的话说："随着存在的意义这一主导问题，探索就站到了一般哲学的基本问题上。处理这一问题的方式是现象学的方式。但这部论著却并不因此误把自己归入某种'立场'或某种'流派'。'现象学'这个词本来意味着一个方法概念。它不是从关乎实事的方面来描述哲学研究的对象是'什么'，而描述哲学研究的'如何'。而一种方法概念愈真切地发生作用，愈广泛地规定着一门科学的基调，它也就愈源始地植根于对事情本身的分析之中，愈远离我们称之为技术手法的东西，虽说即使在这些理论学科中，这类技术手法也很不少。"② 根据海德格尔对现象学的上述理解，以及基础存在论的题中之

---

　　① 〔德〕海德格尔:《存在与时间》(修订译本)，陈嘉映等译，北京，生活·读书·新知三联书店，2012，第 41 页。

　　② 〔德〕海德格尔:《存在与时间》(修订译本)，陈嘉映等译，北京，生活·读书·新知三联书店，2012，第 32 页。

义——"因而其它一切存在论所源出的基础存在论［Fundamentalontolo-
gie］必须在对此在的生存论分析中来寻找"①。很显然，对工程的生存论
存在论研究也不能避开或脱离这种作为方法论的现象学。因为对工程之
存在的追问就是对工程这一存在者的存在意义的考察，而通达任何存在
的意义都必须通过人的此在。换句话说，对工程的存在论研究只能建立
在人的生存论基地之上，进而把人类的工程行动、为什么工程和如何工
程等与人的生存的存在论结构、人的生存论性质本然地关联起来。

　　所谓诠释学的方法，也即海德格尔现象学的解释学，是本体论化了
的方法论，是一切具体学科的解释学方法的基础。由于现象学是存在者
的存在的科学，这就决定了现象学就是存在论，而基础存在论是一切存
在论成为可能的前提。它关涉特殊的存在者——此在的存在论，这样它
就把自身带到了关键的问题，即一般存在的意义这个问题前面来。"从这
种探索本身出发，结果就是：现象学描述的方法论意义就是解释。此在
现象学的逻各斯（让人从话语所提及的东西本身来看）具有诠释的性质。
通过诠释，存在的本真意义与此在本己存在的基本结构就向居于此在本
身的存在之领会宣告出来。此在的现象学就是诠释学［Hermeneutik］。"②
正是在这个意义上，在本体论、方法论上，现象学、存在论和诠释学达
成了一致——此在的生存论存在论分析依赖于此在的现象学道路，而该
种现象学是通过此在的解释学实现的，其共同的联结点不是别的，恰是
海德格尔经过现象学还原所找到的阿基米德点，即此在。因为此在作为
优越的存在者能够发问——提出并追问存在的意义问题。这被海德格尔
表述为："哲学是普遍的现象学存在论；它从此在的诠释学出发，而此在
的诠释学作为生存的分析工作则把一切哲学发问的主导线索的端点固定在
这种发问所从之出且向之归的地方上了。"③　更简洁地说：使存在从存在者
中崭露出来（现象学的），解说存在本身（诠释学的），这是存在论的任务。④

　　生存论的另外一种方法则是由以上现象学和诠释学方法所衍生出来
的意义论的或价值论的方法。在这里被单独提出来，主要基于如下考虑：

———————

　　①　〔德〕海德格尔：《存在与时间》（修订译本），陈嘉映等译，北京，生活·读书·新知三
联书店，2012，第16页。
　　②　〔德〕海德格尔：《存在与时间》（修订译本），陈嘉映等译，北京，生活·读书·新知三
联书店，2012，第44页。
　　③　〔德〕海德格尔：《存在与时间》（修订译本），陈嘉映等译，北京，生活·读书·新知三
联书店，2012，第45页。
　　④　〔德〕海德格尔：《存在与时间》（修订译本），陈嘉映等译，北京，生活·读书·新知三
联书店，2012，第32页。

一是生存论哲学强调人的价值，把人的存在作为哲学理论建构的出发点和根据。例如，克尔凯郭尔把存在作为概念的剩余，突出人的生存的自我根据性和非对象性。海德格尔把基础存在论建基于此在的分析之上，通过此在存在的两重性——去存在和属我的存在的分析，为生存论建构做准备。在他那里，回到事物本身中去，就是以此来探讨人存在的意义。胡塞尔以先验的自我作为科学的哲学理论的阿基米德点。"在胡塞尔看来，外部世界的存在只是纯偶然事实的堆积，它的内在原则与整体图像都是由先验自我所给予的，如果没有先验自我作为对应物，这一世界就没有任何意义。"① 二是生存论存在论本身就是意义论的。在现象学运动的创始人胡塞尔那里，严密科学哲学的两大目标是追求绝对真理和人生价值，并把前者放置在后者的价值预设，即人的先验自我所组建的纯粹意识系统的自明性之上。因为严密的科学哲学必须确保人的价值与人的意义，因而意义论是在先的。用胡塞尔的话说："哲学从最开始就宣称要成为一门严密科学；而且，它宣称要成为一门满足最崇高的伦理要求并从伦理——宗教观点出发，使一种由纯理性规范所支配的生活成为可能的科学。"因此，"哲学就其历史目的而言，是一切科学中最伟大、最严密的科学。它如实地描绘出对纯粹的、绝对的认识的不朽要求（与此有关的是对纯粹与绝对的评价与意愿的要求）"② 而在海德格尔那里，生存论的存在论就是通过此在的生存论特性——领悟自身的存在意义，进而通达存在的意义。"任何存在论，如果它不曾首先充分澄清存在的意义并把澄清存在的意义理解为自己的基本任务，那么，无论它具有多么丰富多么紧凑的范畴体系，归根到底它仍然是盲目的，并背离了它最本己的意图。"③ "意义哲学的本体论命题——在"④，一语道破了本体论的提问方式是价值取向的——"在为什么在？""怎样在？"以寻求在之根据和意义。所以，意义论是现象学，也是生存论存在论应有的方法论。应该说，意义论的方法直接构成工程的生存论考察的路向，通过追问工程的意义何在而走向工程的生存论存在论。这种本体论只能是生存论存在论，这为工程伦理学奠定了基础。

---

① 涂成林：《现象学的使命——从胡塞尔、海德格尔到萨特》，广州，广东人民出版社，1998，第71页。

② 转引自涂成林：《现象学的使命——从胡塞尔、海德格尔到萨特》，广州，广东人民出版社，1998，第38页。

③ 〔德〕海德格尔：《存在与时间》（修订译本），陈嘉映等译，北京，生活·读书·新知三联书店，2012，第13页。

④ 刘安刚：《意义哲学纲要》，北京，中央编译出版社，1998，第76页。

当然，工程的生存论研究并不仅仅限于生存论的上述思考方式与方法，但离开了这些方法，工程生存论研究的方向就会迷失。它们在追问方式上具有优先地位。

生存论为沟通工程的本体论或工程存在论研究与工程的知识论研究范式打通了道路。所谓打通道路，是指生存论所奠基的工程本体论研究并不排斥工程的认识论研究，而且主张为工程的知识论研究寻求存在论根基。如果说通过生存论，工程的本体论研究成为可能，对工程存在的意义的通达建筑在人的此在的生存的基本建构和生存论特性之上，那么，生存论存在论也为工程的认识论或知识论研究提供了根由。根据海德格尔对此在的生存论结构的分析，此在"在世界中"是与此在须臾不可分离、结为一体的先验结构。"操心"构成此在在世的基本环节，又为"操劳"与"操持"所组建。此在在世与"周围世界"的器物打交道就是"操劳"，它反映的是"工具与世界现象"。此在是生产的存在者，这就道出此在的工程生存论特性。通过上手状态的工具的"指引"，在操劳之际，此在的行动源始地有它自己的视。操劳的周围世界自然也就被人们通达了。这里的视就是"寻视"。在海德格尔看来，这种寻视相对于只对物做"理论上的"观察是有优势的，因为后者的那种眼光缺乏对上手状态的领会。"使用着操作着打交道不是盲目的，它有自己的视之方式，这种视之方式引导着操作，并使操作具有自己特殊的把握。同用具打交道的活动使自己从属于那个'为了作'的形形色色的指引。这样一种顺应于事的视乃是寻视[Umsicht]。"① 在此基础上，他阐释出实践活动与理论活动的区别与联系："'实践的'活动并非在盲然无视的意义上是'非理论的'，它同理论活动的区别也不仅仅在于这里是考察那里是行动，或者行动为了不至耽于盲目而要运用理论知识。其实行动源始地有它自己的视，考察也同样源始地是一种操劳。理论活动乃是非寻视式地单单观看。观看不是寻视着的，但并不因此就是无规则的，它在方法中为自己造成了规范。"②

由此可见，无论是作为生产实践的工程活动，还是作为理论的认知活动，都在操劳下组建为此在的生存样式。它们有共同的生存的先验基础——此在在世界中操劳。

问题是单纯的工程的知识论研究范式迷失了这个使工程活动甚至认

---

① 〔德〕海德格尔：《存在与时间》（修订译本），陈嘉映等译，北京，生活·读书·新知三联书店，2012，第82页。

② 〔德〕海德格尔：《存在与时间》（修订译本），陈嘉映等译，北京，生活·读书·新知三联书店，2012，第82页。

识活动得以发生的始源性结构，而只是询问"工程是什么"。

生存论所支持的工程存在论就是要在询问"为什么工程""应该怎样工程"的基础之上引入工程的认识论考察，即把工程的知识论研究放置在生存论基地之上。也就是在工程的生存论下诠释工程的内涵、特质、价值结构等问题，以期澄明工程的丰富本性，让工程之"在"在起来，去刻画人之存在或本质，进而来规范现实的工程行动。

实际上，生存论转向不仅为工程的存在论、工程的认识论提供了解释原则和思维方式，而且为工程的价值论、工程伦理，乃至工程的社会哲学和工程的文化哲学等工程的人文反思与批判提供了最根本的解释原则和阐释依据。可以说，没有生存论的解释原则，很难在多视域的理论理路下解决工程的人文解读的统一性问题。

三、"人也按照美的规律来构造"的工程旨趣

马克思的"人也按照美的规律来构造"的命题，揭示了造物的工程实践的旨趣，为"生态文明"建设提供了深刻的生存论存在论根基。这主要体现在：第一，按照美的规律来构造是人去存在的生存方式；第二，按照美的规律来构造呼唤生态文明建设；第三，按照美的规律来构造提供生态文明建设的生存论依据。不同于外在化人与自然关系的阐释，而导致二者对立的"暴力逻辑"，要么自然奴役人，要么人宰制自然，在马克思那里，人与自然的关系被赋予内在性的解读，寻求人与自然的和谐是"按照美的规律来构造"的逻辑前提和行动结果。创造对象世界的实践——造物的工程活动证明人自身是类存在物，是受动与能动的统一体。人应该"按照美的规律来构造"，这是人之为人的类生活，也是人与自然和解之根本途径。但在资本主义制度下，劳动异化了，人与自然的关系也外在化了。不过，随着人类实践的深化和生产力水平的提高，扬弃异化就有了现实的经验基础，人终将能够"按照美的规律来构造"，因此，人与自然、人与人、人与自身关系的和解成为可能。

（一）"按照美的规律来构造"是人去存在的生存方式

马克思在《1844年经济学哲学手稿》中，着眼于生命活动的性质，在区分了人和动物的"两种生产""两种尺度"后，指出"人也按照美的规律来构造"[①]。在他看来，人不仅是自然存在物，人还通过实践创造对象世

[①]　〔德〕马克思：《1844年经济学哲学手稿》，北京，人民出版社，2000，第58页。

界，即改造无机界，证明自己是有意识的存在物——类存在物、社会存在物。因此，如果动物与其生命活动是直接同一的，那么人的活动性质就表现为自由自觉的有意识的活动。"诚然，动物也生产。它也为自己营造巢穴或住所，如蜜蜂、海狸、蚂蚁等。但是，动物只生产它自己或它的幼仔所直接需要的东西；动物的生产是片面的，而人的生产是全面的；动物只是在直接的肉体需要的支配下生产，而人甚至不受肉体需要的影响也进行生产，并且只有不受这种需要的影响才进行真正的生产；动物只生产自身，而人再生产整个自然界；动物的产品直接属于它的肉体，而人则自由地面对自己的产品。动物只是按照它所属的那个种的尺度和需要来构造，而人懂得按照任何一个种的尺度来进行生产，并且懂得处处都把内在的尺度运用于对象；因此，人也按照美的规律来构造。"① 也就是说，"按照美的规律来构造"的造物活动，即工程实践是人区别于动物的生命活动，是专属于人的"类生活"。因为这种活动使人从自然界中超拔出来，不再像动物那样仅服从于自然的必然律——作为外在尺度的他律，单纯表现为依赖自然的受动性，而是具有超越自然本性的"受动性与能动性的统一"，能按照自己的目的、需要和自由意志——内在尺度或自律重新安排世界。因此，人具有了超越肉体生命的生命——人"是人的自然存在物"②。这里，马克思的所谓美的规律不是一般美学和审美的规律，而是从本体上赋予人自由之本性的大美，认为实现并促进人之自由本性的活动才符合美的规律。正是如此，马克思和恩格斯在《德意志意识形态》中明确阐明，人开始生产自己的生活资料的时候，就与动物区别开来，而且人们"生产什么"和"怎样生产"，就是怎样的人。③ 进而，马克思和恩格斯详细描述了在"自然产生的生产工具"和"文明创造的生产工具"下的人们的生产及生产所决定的所有制形式和生产关系乃至社会形态，直接把人的生存境遇和生存状况与物质的生产力关联起来。④ "随着新生产力的获得，人们改变自己的生产方式，随着生产方式即谋生的方式的改变，人们也就会改变自己的一切社会关系。手推磨产生的是封建主的社会，蒸汽磨产生的是工业资本家的社会。"⑤ 也正是在这个意义上

---

① 〔德〕马克思：《1844 年经济学哲学手稿》，北京，人民出版社，2000，第 57～58 页。

② 〔德〕马克思：《1844 年经济学哲学手稿》，北京，人民出版社，2000，第 107 页。

③ 参见《马克思恩格斯全集》，第 3 卷，北京，人民出版社，1960，第 24 页。

④ 《马克思恩格斯全集》，第 3 卷，北京，人民出版社，1960，第 73 页。

⑤ 《马克思恩格斯选集》，第 1 卷，北京，人民出版社，1995，第 142 页。

说，在其现实性上，人的本质"是一切社会关系的总和"①。而所有关系都是属人的关系，是人们的实践活动建构的结果。沿此思路，马克思把社会关系归结为物质的生产关系，又把生产关系归结为物质的生产力。

因此，按照美的规律来构造的物质生产——造物的工程（实践），构成了人的最为切近的存在方式。尽管在资本主义制度下，这种自由自觉的人的活动仅仅沦为工人维持肉体生命需要的手段，而处于异化状态，但异化劳动所成就的现代工业却是人的本质力量的现实化。用马克思的话说："工业的历史和工业的已经生成的对象性的存在，是一本打开了的关于人的本质力量的书，是感性地摆在我们面前的人的心理学。"② "在人类历史中即在人类社会的形成过程中生成的自然界，是人的现实的自然界；因此，通过工业——尽管以异化的形式——形成的自然界，是真正的、人本学的自然界。"③ 人就生活在自己实践活动所建造的世界——人化的自然界中，表现为自然界与人的本质的不断生成过程，标画着人怎样去存在，以及具体的生存样式。迄今为止，人类先后经历了：依顺自然逻辑的前工业社会，以农业为主导的自在工程；遵循资本逻辑的工业社会，以工业为主导的自为工程；正在步入后工业社会，走向寻求自由逻辑的以信息工业为主导的自在自为的后工业工程。而这与马克思所描述的人类社会形态理论大体是一致的。在《1857—1858 年经济学手稿》中，马克思指出："人的依赖关系（起初完全是自然发生的），是最初的社会形式，在这种形式下，人的生产能力只是在狭小的范围内和孤立的地点上发展着。以物的依赖性为基础的人的独立性，是第二大形式，在这种形式下，才形成普遍的社会物质变换、全面的关系、多方面的需要以及全面的能力的体系。建立在个人全面发展和他们共同的、社会的生产能力成为从属于他们的社会财富这一基础上的自由个性，是第三个阶段。第二个阶段为第三个阶段创造条件。"④ 人类唯有步入第三个阶段，才能真正实现实践活动的合目的性与合规律性的统一，按照美的规律来构造，实现人与自然的和解也才有了现实的制度保障。尽管"按照美的规律来构造"是人应有的存在方式，但在其历史地展开过程中，通过实践这个途径，自由自觉的劳动异化了，这种异化也必将通过实践的深化而最终被

---

① 〔德〕马克思：《马克思关于费尔巴哈的提纲》，转引自〔德〕恩格斯：《路德维希·费尔巴哈和德国古典哲学的终结》，北京，人民出版社，1997，第 54 页。

② 〔德〕马克思：《1844 年经济学哲学手稿》，北京，人民出版社，2000，第 88 页。

③ 〔德〕马克思：《1844 年经济学哲学手稿》，北京，人民出版社，2000，第 89 页。

④ 参见《马克思恩格斯全集》，第 30 卷，北京，人民出版社，1995，第 107～108 页。

扬弃，把属于人和不愧于人的建造——"按照美的规律来构造"复归人自身。如果说在这里，马克思还没有摆脱德国古典哲学，尤其是费尔巴哈的人本学唯物主义的局限，那么，他在《德意志意识形态》以后的著作则诉诸生产力发展基础上的强制分工的扬弃。

然而，无论怎样，"按照美的规律来构造"是人去存在的生存方式已确定无疑，并且它揭示了造物的工程实践的指归，即在按照人的自由意志重新安排世界——改变对象世界、创造属我世界的过程中，应该始终尊重客观规律，并自觉寻求人与自然和谐的内在关系。也只有如此，才不愧是人的行动。因为"社会生活在本质上是实践的"①，人就生活在自己所建造的人化的自然界、属我的世界中。这个现实的世界作为对象性存在，现实地确证着人之本质力量，塑造着人的生活和人类文明。

（二）"按照美的规律来构造"呼唤生态文明建设

在马克思看来，"按照美的规律来构造"是有条件的。一方面，必须从人的内在尺度出发，即从人的现实生存需要出发，建造的结果——劳动对象化及工业的对象性存在，作为人的感性对象确证、肯定着人的本质力量，进而不断地丰富人的感觉，提升人的本质力量。另一方面，人们的建造不是盲目的和主观随意的建造，而是在把握对象客体的尺度，即自觉地认识和服从"他律"的基础上的建造。因此，应该是合目的性与合规律性的建造。然而，在资本主义制度下，人们遵循的是资本的逻辑，不仅自然成为主体征服、宰制的客体对象，而且人仅作为非人的"商品人""工人"而存在。人们对自然界占有得越多，越是丧失自己的对象——人们感性的对象。用马克思的话说："我们已经看到，对于通过劳动而占有自然界的工人来说，占有表现为异化，自主活动表现为替他人活动和表现为他人的活动，生命的活跃表现为生命的牺牲，对象的生产表现为对象的丧失，转归异己力量、异己的人所有。"② 这就使得人与自然的关系成为有待和解的问题。

以上是资本主义制度下，"按照美的规律来构造"的异化，是一种实然状态。但是，从应然的角度看，马克思认为，无论是自然界还是人们自己劳动所建造的感性对象，都是内在于对象性存在物——人的关系。因为它们都确证、肯定着人之为人的存在和人的本质力量，而不是相反。自然界对于作为"人的自然存在物"来讲，"从理论领域来说，植物、动

---

① 〔德〕马克思：《马克思论费尔巴哈》，转引自〔德〕恩格斯：《路德维希·费尔巴哈和德国古典哲学的终结》，北京，人民出版社，1997，第58页。
② 〔德〕马克思：《1844年经济学哲学手稿》，北京，人民出版社，2000，第64页。

物、石头、空气、光等等，一方面作为自然科学的对象，一方面作为艺术的对象，都是人的意识的一部分，是人的精神的无机界，是人必须事先进行加工以便享用和消化的精神食粮；同样，从实践领域来说，这些东西也是人的生活和人的活动的一部分。人在肉体上只有靠这些自然产品才能生活，不管这些产品是以食物、燃料、衣着的形式还是以住房等等的形式表现出来。在实践上，人的普遍性正是表现为这样的普遍性，它把整个自然界——首先作为人的直接的生活资料，其次作为人的生命活动的对象（材料）和工具——变成人的无机的身体"①。 因此，"自然界，就它自身不是人的身体而言，是人的无机的身体。人靠自然界生活。这就是说，自然界是人为了不致死亡而必须与之处于持续不断的交互作用过程的、人的身体。所谓人的肉体生活和精神生活同自然界相联系，不外是说自然界同自身相联系，因为人是自然界的一部分"②。

　　不仅如此，马克思还把人类社会看作人与自然的统一。他主张人是社会的存在物，"自然界的人的本质只有对社会的人来说才是存在的；因为只有在社会中，自然界对人来说才是人与人联系的纽带，才是他为别人的存在和别人为他的存在，只有在社会中，自然界才是人自己的人的存在的基础，才是人的现实的生活要素。只有在社会中，人的自然的存在对他来说才是自己的人的存在，并且自然界对他来说才成为人。因此，社会是人同自然界的完成了的本质的统一，是自然界的真正复活，是人的实现了的自然主义和自然界的实现了的人道主义"③。在扬弃了异化的未来共产主义那里，"作为完成了的自然主义＝人道主义，而作为完成了的人道主义＝自然主义，它是人和自然界之间、人和人之间的矛盾的真正解决"④。尽管这里马克思的表述仍然留有费尔巴哈人本主义的痕迹，但该想法被后来的自然的历史和历史的自然的统一做了进一步说明。

　　可见，马克思已经把人、自然、社会作为一个整体来考察了。历史不过是有目的的人的活动而已，是人的实践活动在时间中的展开，"整个所谓世界历史不外是人通过人的劳动而诞生的过程，是自然界对人来说的生成过程"⑤。这样，建设生态文明就是人"按照美的规律来构造"的应有之义。也只有自觉地建设生态文明，正像建设物质文明、精神文明和

① 〔德〕马克思：《1844年经济学哲学手稿》，北京，人民出版社，2000，第56页。
② 〔德〕马克思：《1844年经济学哲学手稿》，北京，人民出版社，2000，第56～57页。
③ 〔德〕马克思：《1844年经济学哲学手稿》，北京，人民出版社，2000，第83页。
④ 〔德〕马克思：《1844年经济学哲学手稿》，北京，人民出版社，2000，第81页。
⑤ 〔德〕马克思：《1844年经济学哲学手稿》，北京，人民出版社，2000，第92页。

政治文明那样，人的建造才不愧为人之为人的行动。因此，"建设生态文明"作为建设中国特色社会主义理论体系的新生长点，与"科学发展观"和"构建和谐社会"理论相互阐释，相互支撑，共同统一于建设中国特色社会主义的实践。而这些理论命题又有着共同的深层理论基础，即马克思关于人、世界，以及人与自然、人与人、人与自我意识的关系的理解，并集中体现在"人也按照美的规律来构造"的命题中。具体地说，"人也按照美的规律来构造"要求扬弃现代性所成就的宰制自然、控制自然的现代工程，因为在这种工程范式下，不仅自然丧失存在的内在根据和存在论意义，而且人本身也丧失了作为人之存在的现实基础和存在论根基。人与自然的关系被外在化了，自然作为客体的一方，人作为主体的一方，二者统一的结果只能是：要么自然奴役人，要么人统治自然。前者表现为"自然的逻辑"，后者表现为"资本的逻辑"，总体来说都是"暴力的逻辑"。它们可做如下表述。

大体上看，在前工业社会，工程共同体所进行的以农业为主导的"自在工程"，因其力量的弱小，它给人的是依顺自然、效仿自然，日出而作，日落而息，春种秋获的田园生活方式；对应的是"总和为零的博弈"——自然经济模式。在自然观上，它是一种有机论、整体论和给自然附魅的自然观。自然在耕田人的眼里几乎可以说是效仿的榜样，是阐释人生的模式。在思维方式上，它是一种向后看的本体论思维、还原思维。因此，其文化的价值取向是"自然的逻辑"，成就的是农业文明。

在工业社会，工程共同体所从事的以工业为主导的"自为工程"，因其力量的强大，打断了自然时间的链条，按照人的意志和需要重新安排世界，不是等待、效仿，而是促逼、宰制，塑造的是资产阶级生活方式，发展的是商品经济。在自然观上，自然界成为一架运转着的机器，即崇尚机械的自然观，自然被祛魅了，成为"工业人"随时开发和用之不尽的大资源库。自然丧失了其自身存在的本体论根据，从"自在之物"变为"为我之物"，成为被征服、宰制的对象。在思维方式上，它是一种知识论的二元对立的思维，人与自然的关系成为统治与被统治、征服与被征服的对立关系。与此同时，人与人之间的关系也变成人与物之间的关系，人被当成物来对待。这几乎伴随着整个由现代工程共同体所从事的现代工程活动，成就的是以资本的逻辑为价值取向的工业文明。

由此可见，必须重新诠释人与自然的关系，变外在关系为内在关系，而这需要回到马克思关于人与自然关系的内在化解读的道路上来。"按照美的规律来构造"，恰恰是马克思在阐释了人与自然的内在性关系的基础上得出的结论。自然不仅是人的精神食粮，而且是人的无机身体。"所谓人的肉体生活和精神生活同自然界相联系，不外是说自然界同自身相联系，因为人是自然界的一部分。"① 自然界与人是互为对象的对象性关系。正是在改造无机界、对象性存在的过程中，人的生命活动性质——类特性、自由的有意识活动，也是区别于动物的生命特性才表现出来并得以确证，因而人是有意识的类存在物，其生产是全面的生产。"人懂得按照任何一个种的尺度来进行生产，并且懂得处处都把内在的尺度运用于对象；因此，人也按照美的规律来构造。"② 紧接着，马克思强调："正是在改造对象世界中，人才真正地证明自己是类存在物。这种生产是人的能动的类生活。通过这种生产，自然界才表现为他的作品和他的现实。"③ 然而，异化劳动"从人那里夺走了他的无机身体即自然界"。

可见，在马克思那里，寻求人与自然的和谐是"按照美的规律来构造"的逻辑前提和行动的结果。这就为生态文明建设留下了理论根苗。

（三）"按照美的规律来构造"提供生态文明建设的生存论依据

"按照美的规律来构造"作为人区别于动物的生命活动方式，即人之为人的生存方式，就表明生存是人类建造——工程实践的根本维度，生存价值是创造价值的工程活动的根本价值。建设生态文明不是为了别的，恰恰是确保人类社会的可持续生存与可持续发展的终极价值目标而对人的建造活动的规范。它与人"按照美的规律来构造"在根本的价值取向上是一致的。或者说，"按照美的规律来构造"直接为"建设生态文明"提供了生存论根据。

"按照美的规律来构造"作为人去存在的生存方式，是说这种建造活动——工程，是与人的生存内在关联着的，"人·工程·生存"构成互蕴共容的整体的生存论存在论结构。它的具体内涵可表述如下。

从人的视角看，人总是以工程的方式去存在。或者说，人以工程的方式生存着。工程活动的终结将意味着人类的终结，而且人的生存处境和状况只能通过人类所达到的工程活动的层次和境界来说明。

从工程的视角看，工程是人最为切近的生存方式。或者说，我以我造物的方式去生存——"我造物故我在"④。"按照美的规律来构造"的工程行动是属于人的生存活动。动物也建造，但最蹩脚的工程师也要比蜜

① 〔德〕马克思：《1844 年经济学哲学手稿》，北京，人民出版社，2000，第 56～57 页。
② 〔德〕马克思：《1844 年经济学哲学手稿》，北京，人民出版社，2000，第 58 页。
③ 〔德〕马克思：《1844 年经济学哲学手稿》，北京，人民出版社，2000，第 58 页。
④ 李伯聪：《工程哲学引论——我造物故我在》，郑州，大象出版社，2002。

蜂高明得多，因为建造要达到的结果早已在工程师的头脑中作为目的先行地存在着了。这种观念先行的工程活动，是从形而上到形而下，体现着人对现实的超越性。

从生存的视角看，生存是人工程行动的根本维度，疏离了生存的工程只能是压抑人、奴役人的异化的工程。为了建造而建造，不顾及人们生存状况和生存环境的现代工业工程，虽然成就了丰厚的物质文明，却是以过度消耗自然资源、环境污染、生态恶化乃至人的生存危机为代价的。因为人类每一次征服自然的胜利，都会或迟或早地遭到自然界的报复。① 只有"按照美的规律来构造"，才能使人与自然的关系得到和解，才能确保人类的工程是为着人更好地生存的美的建造。

实际上，不只是"人·工程·生存"构成互蕴共容的整体，而且"自然·工程·人"也同样构成了互蕴共容的整体，彰显着生存论存在论结构。因为在"人也按照美的规律来构造"的命题下，当自然界有了人，人就以工程的方式与自在的自然区别开了。人通过工程的（自为的）方式创造人类社会所需要的一切。不仅如此，人以工程的方式不断确证、提升着人之为人的本质力量，丰富着人的感觉，延伸着人体的自然器官。同时，人以工程的活动方式，使自在的自然不断转化为人化的自然界，而表现为自然界对人来说的不断生成过程。因此，也可以说，"自然·工程·人"是在历史的工程实践中相互生成着的，并且它们及它们生成的结果共同构成大的生态系统。地球上有了从事着工程活动的人，这个系统不再是天然自在的天工开物的结果——原生态的自然界，而与人工开物之工程活动所建造的人化的自然界休戚相关。但无论怎样，人化的自然界总是自然总体的一部分，"因此我们每走一步都要记住：我们统治自然界，决不像征服者统治异族人那样，决不是像站在自然界之外的人似的，——相反地，我们连同我们的肉、血和头脑都是属于自然界和存在于自然之中的；我们对自然界的全部统治力量，就在于我们比其他一切生物强，能够认识和正确运用自然规律"②。不过，由于理性的局限性，我们的行动会伴随或引发种种社会风险，需要我们审慎决策并自觉负起预见风险、规避风险的责任，以及对行动后果负责的实践伦理态度与作为。因此，这就使自觉地建设生态文明成为必要，否则，人类将在自己建造的世界里走向死亡。

---

① 《马克思恩格斯选集》，第4卷，北京，人民出版社，1995，第383页。
② 《马克思恩格斯选集》，第4卷，北京，人民出版社，1995，第383～384页。

　　同时，更重要的是，人能够"按照美的规律来构造"，又使"建设生态文明"成为可能。"按照美的规律来构造"的最高境界在于实现天人和谐。可以说，"自在工程"的顺应自然是工程活动中处理人与自然关系的最初形式。"自为工程"的征服、控制自然，以服务于人和社会的生存与发展需要为目标，是工程活动处理人与自然关系的第二个阶段。"自在自为的工程"阶段，把人与自然看作一个"生命共同体"，自觉地寻求人与自然的和解，追求生态友好和天人合一，让人工世界"自然而然"地镶嵌到大自然中去，达到不是天工却胜似天工的效果，这是工程活动处理人与自然关系的新境界。它标志着人类工程建造活动所要实现的关爱自然、呵护环境的生态文明"新时代"。

　　实践证明，人类已经开始反思并规范现代以工业为主导的自为工程样式，正在走向人与自然和谐的自在自为的后工业工程，① 有机工程、绿色工程及循环经济的尝试正在成为新一代工程人的新工程理念。因此，"建设生态文明"就有了生存论根基。问题是我们应如何"按照美的规律来构造"的原则去建设生态文明，这不仅是理论问题，更是实践问题。它涉及观念的变革、技术的选择、政策和制度的调整、实践规范等诸多环节的有效整合。中共十九大报告提出的新时代中国特色社会主义思想，把建成富强民主文明和谐美丽的社会主义现代化强国作为 21 世纪中叶要完成的历史使命，并提出了解决人与自然关系的"生命共同体"和处理好人与人关系的"人类命运共同体"概念，这必将为推动世界范围内的生态文明建设、人类的可持续发展做出贡献。

四、"以栖居为指归的筑居"之工程理想

　　目前学界多从"自然""实践""造物""实体""技术""人"及其"建构"活动等角度界定工程。应该说，这些理解都是正确的。但正如海德格尔所说："单纯正确的东西还不是真实的东西。唯有真实的东西才把我们带入一种自由的关系中，即与那种从其本质来看关涉于我们的关系中。"② 这就需把对工程的认识论理解放置在生存论的地基之上，因为工程不只是主体的建构、造物活动及其成果，更是以"栖居"为指归的"筑居"（包含建构和培育），是生存主体筹划着去存在的能在的生存方式。换言之，工程

---

　　① 后面会对该问题做进一步阐发。

　　② 〔德〕海德格尔：《海德格尔选集（下）》，孙周兴选编，上海，生活·读书·新知上海三联书店，1996，第 926 页。

作为此在"在世界之中"的特定实践和建构方式，是人的"自为本性"、自我超越与自我实现特质所决定的人的生存方式——类存在，是工程主体自为的存在。即通过"知道的做"或行动，将意识中的理想、目标等形而上的东西，对象化为持存的存在——主体客体化，展示人自身的本质力量，同时通过非对象化活动——客体主体化，来丰富、提升人的类本性。因此，工程不只是工程学的概念，也不只是认识论的知性范畴，还应是此在存在和人类存在的"生存论性质〔Existenzialien〕"（海德格尔语），是人的存在方式。此即海德格尔所说的"筹划"着"去存在"的存在方式或"以栖居为指归的筑居"。正是在这种意义上，我们说海德格尔哲学不仅是生存论的，而且具有工程生存论的线索。

（一）此在的生存论分析开显了工程存在论视域

不能否认，海德格尔著作的核心主题是"存在问题"，正如法国阿兰·布托所说：海德格尔的著作完全是针对一个唯一的和同样的问题，即存在问题（die Seinsfrage），该问题赋予了海德格尔著作的基本统一体。不断地萦绕着他的问题是：何谓存在的意义？或存在意味着什么？[1] 在《存在与时间》中，海德格尔明确指出："在这个有待回答的问题中，问之所问是存在——使存在者之被规定为存在者的就是这个存在；无论我们怎样讨论存在者，存在者总已经是在存在已先被领会的基础上才得到领会的。"[2] 而且，他接着强调了"存在问题在存在论上的优先地位"，以及"存在问题在存在者层次上的优先地位"。或许正因为此，学界一般认为海德格尔哲学是存在论或本体论哲学，但我们不能将其等同于传统的本体论哲学。他是在与传统的对话、对传统的解构中寻求"非思"，而使自己的本体论成为有根的本体论或基础存在论——生存论存在论。因此，我们不能忽视海德格尔对存在的意义追问与通达是通过特殊的能发问之存在者——"此在"（Dasein）来实现的。此在何以能通达存在的意义？于是，海德格尔把其可能性和现实性建立在规定此在存在的结构——此在生存论基本建构的分析的基地之上，而且言明"对存在的领会本身就是此在的存在的规定"[3]。此在总是在领悟着自身存在境遇时筹划，进而筹划着"去存在"（Zu-sein）。由于此在是有限的存在者，是会死的，因此，海

---

① 〔法〕阿兰·布托：《海德格尔》，吕一民译，北京，商务印书馆，1996，第18页。
② 〔德〕海德格尔：《存在与时间》（修订译本），陈嘉映等译，北京，生活·读书·新知三联书店，2012，第8页。
③ 〔德〕海德格尔：《存在与时间》（修订译本），陈嘉映等译，北京，生活·读书·新知三联书店，2012，第14页。

德格尔依循时间性阐释此在，并解说时间之为存在问题的超越视野。这样的工作，他是利用现象学的方法，通过此在与日常性来展示此在的存在论构成，通过此在与时间性来廓清此在存在的意义。

在此在的生存论构成上，海德格尔首先给出此在"在世界之中"的基本结构：它原始地、始终地就是一个整体结构——"先天结构"。该结构决定此在在世具有两重性：一是事实性，是说此在被抛在世这一无选择性，表明此在与世界的必然关联；二是可能性，在两种生存变式，即本真与非本真生存或有根与无根生存中选择、获得并推动自身。他指出，对此在"这种存在者来说，关键全在于［怎样去］存在"[①]。因此，此在有两个主要特征：一是这种存在者的本质在于他去存在（Zu-sein）。这包括三层含义：①此在的存在（"本质"）乃生存。②此在的可能性，即筹划着的能在。③此在表达存在，非是什么而是怎样去是。二是这个存在者在其存在中对之有所作为的那个存在，总是我的存在。这也有三层含义：①此在的向来我属性。②此在总作为他的可能性来存在。③此在的存在有两种样式：本真状态与非本真状态。海德格尔同时区分了存在性质的两种基本可能性：作为此在的存在特性的生存论特性与作为非此在式的存在者存在的范畴。在发问方式上，前者对应"是谁（生存）？"，而后者对应"是什么？"。此在"在世界之中"表明此在的存在是一种关系的存在，进而道出它的另一个基本结构是"操心"，它构成此在的生存论意义。在海德格尔的中期著作《形而上学导论》中，他再次批判传统形而上学，提出"为什么存在者在而无反倒不在"[②]。在《哲学论稿（从本有而来）》[③]中，他再次强调存在学差异，区分了"主导问题"与"基础问题"，从存在者中心转向本有中心、存在、存有中心，突出了此-在的奠基作用——时间空间游戏，从认识论真理观转向存在学存有之真理的真理观。

实际上，按照海德格尔的阐释方式，工程的生存论和工程存在论研究必然采用现象学的方法。或者说，工程生存论（存在论）就是工程现象学和工程解释学。用海德格尔的话说："无论什么东西成为存在论的课题，现象学总是通达这种东西的方式，总是通过展示来规定这种东西的方式。存在论只有作为现象学才是可能的。"[④] 因为"存在论与现象学不

---

① 〔德〕海德格尔：《存在与时间》（修订译本），陈嘉映等译，北京，生活·读书·新知三联书店，2012，第49页。

② 〔德〕海德格尔：《形而上学导论》（新译本），王庆节译，北京，商务印书馆，2015，第1页。

③ 〔德〕马丁·海德格尔：《哲学论稿（从本有而来）》，孙周兴译，北京，商务印书馆，2012。

④ 〔德〕海德格尔：《存在与时间》（修订译本），陈嘉映等译，北京，生活·读书·新知三联书店，2012，第42页。

是两门不同的哲学学科，并列于其它属于哲学的学科。这两个名称从对象与处理方式两个方面描述哲学本身。哲学是普遍的现象学存在论；它从此在的诠释学出发，而此在的诠释学作为生存的分析工作则把一切哲学发问的主导线索的端点固定在这种发问所从之出且向之归的地方上了"①。也就是说，一般意义的哲学不外是研究存在者之存在——超越者的学问。因此，作为超越者的存在，其本身构成该种哲学的研究对象。现象学是追问存在的存在论哲学让真理开显（表现为存在的自我展开状态）的路径和方式。毫无疑问，当我们说海德格尔开启了工程的存在论视野时，也就必然意味着他开辟了工程现象学之维。然而，无论是工程存在论，还是工程现象学，都必须建基在工程的生存论之上。

（二）"以栖居为指归的筑居"是人的应然存在方式

"以栖居为指归的筑居"思想主要体现在海德格尔的《诗·语言·思》之中，整个第四章专门论述了"筑居·栖居·思"。国内学界在探讨建筑、空间等问题方面不乏引述，但尚未意识到海德格尔仍然是从现象学的视野考察存在问题。正如他在书中所说："这里关于筑居的思考并不是企图发明什么建筑方法，更不是打算制订什么建筑规程。这一思的历险并不是把筑居当作一门艺术或一种建筑技术来考察，而是穷本溯源，阐明筑居的含义，一直追溯到任何在之者都归属于其中的那种居所。我们要追问的问题是：一：何为栖居？二：筑居如何进入栖居？"②

在作答中，海德格尔首先挑明我们似乎仅仅通过筑居而得以栖居，前者以后者为指归。可是，尽管我们栖居的领域延及这些建筑物，但并非仅限于这些实际住所。不错，作为住宅的建筑物的确为人提供住所，尤其是现代化的设计和精巧、舒适的住房，但是能保证它们自身里面有栖居发生吗？所以，栖居在任何方面都是制约筑居的最终目的。然而，海德格尔又说，筑居并非仅仅是达到栖居的一种手段与途径，"筑本身就已然是栖"。为什么？他解释道：是语言。只要我们尊重语言自身的本质，语言就会把事物的本质告诉我们。的确，海德格尔通过细致的词源学考察，指出：就 bauen（筑居）一词而言，如果我们能聆听语言之所言，我们将听到如下三点：第一，筑居的确是栖居；第二，栖居是人们在大地上在的方式；第三，作为栖居的筑居展开为养育有生物的筑居与修筑

---

① 〔德〕海德格尔：《存在与时间》（修订译本），陈嘉映等译，北京，生活·读书·新知三联书店，2012，第 45 页。

② 〔德〕马丁·海德格尔：《诗·语言·思》，张月等译，郑州，黄河文艺出版社，1989，第 149 页。

建筑物的筑居。紧接着，海德格尔强调，只要我们驻思于这三种事实，我们就会得到一个线索并注意到这一点：如果我们心中事先没有"筑居本身就是一种栖居"的信念，我们就会甚至不能对建造性筑居的本质做出恰当的追问，更不用说做出什么适宜的解答。他进而说明："我们是栖居者，我们才建造并有所建造。"问题是栖居的本质何在？海德格尔再次回到语言、聆听语言的谕示：栖居的本质特征就是使某物获得自由的解放与保护。只要我们陷入冥思，了悟到人在本质上乃是存在于栖居，而且是人在大地上居留意义上的栖居——之中的人时，栖居的领域就会立刻向我们将自身敞开。然而，"在大地上"已意味着"在苍穹下"，同时，这二者又意味着"留驻于神面前"，并包含"与他者共同归属于人类的在"的意思。因为大地与苍穹、众生与诸神是四重整体，由元初的一者性而统归于一。栖居通过把四重整体的在场带到万物中来对它进行保护，但对万物自身来说，只有当它们作为物而自由地在场时，它们才能起到保护四重整体的作用。而这一点要通过人的养育生物，尤其是建造非生物的活动来实现。不过，养育和建造只是狭义的筑居，由于栖居把四重整体保持或保护在万物之中，所以栖居才是筑居。

那么，筑居如何进入栖居呢？海德格尔先是从作为建筑物的桥入手，桥以自己的方式把大地、苍穹、诸神、众生摄聚到自身中来，而摄聚或聚集在古语中被称作"物"，于是桥就是一种物。像桥这样的物能够为四重整体提供居留之所，提供空间，从而容纳居留之所。在桥存在以前，其所造成的场所并不存在。以桥这种方式成为场所的物才能提供空间。而只有为四重整体提供空间的建筑场所和建筑物才是物。物就是诸场所与诸建筑物的东西。可见，物不是指一般的自然物，而是人工物——人类工程实践活动的产物。筑居通过建造场所，就成了对诸空间的开拓与合成。在海德格尔看来，只有让人类的建筑物保护四重整体，拯救大地，悦纳苍穹，期待诸神，引导众生，让万物之存在是其所是，筑居才能进入栖居，筑居才有意义。因为这四重保护是栖居的源始本质，是栖居存在、在场的方式。也正是在对存在的意义的追问与求索中，海德格尔道出了"筑居的本质是给定栖居""只有去栖居，我们才能有所建造""栖居是存在的本质特征，而众生正是依赖这一特征而存在"[①] 等工程生存论命题。同时，海德格尔还指出作为人的生存之基本样式的思与行之间的关

---

① 〔德〕马丁·海德格尔：《诗·语言·思》，张月等译，郑州，黄河文艺出版社，1989，第163~164页。

系，以及使人达到整全生存的本真生存的栖居之境界的可能。用海德格尔的话说："筑居与思必然以各自的方式进入栖居，并作为栖居的存在。然而，如果它们二者相互隔离，不去互相倾听而是各自忙碌于自身的营生，那么它们就没有资格进入栖居。"① 最后，海德格尔把对栖居本质之思，延伸到对我们所处的困乏时代栖居的状态的追问。从住房的建设与短缺困境引出现时代人类真正的困境是栖居的困境。确切地说，真正栖居的困境先于给人类带来毁灭性厄运的世界大战而存在，也先于地球上人口的恶性膨胀，以及产业工人工作条件的不断恶化而存在。当人们去思他们无家可归的状态时，这种思就成为一种呼吁人们进入栖居的召唤，也就不再是什么不幸了。尽管海德格尔对思的寄寓未必能真正解决人类面临的无根、无家的生存困境，但他的确看到了我们时代盲目的急功近利的工程行动是缺乏思及价值与意义审视的，是偏离了建造之生存本根的，所以，我们必须让人类筑居的工程行动回归到栖居主旨上来，从而去实现荷尔德林所说的我们充满劳绩，但我们诗意地栖居在大地上。正像《诗·语言·思》的英译本导言对《筑居·栖居·思》给予的精当的概述："在《筑居·栖居·思》中，——请注意其间没有逗号，其意在于加强三者的一致性——海德格尔阐发了存在、筑居、栖居和思的本原的一致性，语言为我们将三者联为一体：bauen，筑居，与 buan，栖居联结为一，同时又与 bin、bist，存在一词联为一体，语言告诉我们：成为人就是作为世人存在于大地之上。去栖居，去从事那些隶属于栖居的'筑居'；培育生长的万物，建造需要被建造的事物，并在世人的领域中从事所有这一切活动，世人生活在大地之上，并热爱大地，他们仰望上苍和诸神，寻找他们栖居的尺度。如果人的生存是栖居，如果人必须关注世界融为一体的方式，以找到尺度，并依据这一尺度确立自己的栖居生活，那么人必须诗意地栖居。"②

（三）唯栖居式之筑居才能实现人与自然的和谐

人们一般认为海德格尔的哲学是存在论哲学，关注的是存在而非人，用"此在"对抗"主体"，用现象学的方法消解主客二分的二元论，并就此推断海德格尔是主张非人类中心主义的，进而将其视为后现代主义的先驱。这作为一种诠释，必定有其道理。但在与海德格尔文本的对话中，

---

① 〔德〕马丁·海德格尔：《诗·语言·思》，张月等译，郑州，黄河文艺出版社，1989，第 164～165 页。

② 〔德〕马丁·海德格尔：《诗·语言·思》，张月等译，郑州，黄河文艺出版社，1989，第 7 页。

我们分明倾听到了另一种声音——人在世界中是与周围世界的万物相关联的，天、地、神、人是不可分的四重整体，是与他人共同在世生存，因而是众生而不是孤立的人。也就是说，海德格尔既不是人类中心主义者，也不是非人类中心主义者，而是超越了二者之上的生存论存在论和整体论的辩护者。实际上，在《存在与时间》中，海德格尔就把追问存在问题与考察"人是什么"当成两个同等重要的任务，而且试图通过对此在先验的生存论结构的分析来完成。用他的话说："在导论中已经提示过：在此在的生存论分析工作中，另一个任务也被连带提出来了，其迫切性较之存在问题本身的迫切性殆无逊色。要能够在哲学上对'人是什么'这一问题进行讨论，就必须识见到某种先天的东西。剖明这种先天的东西也是我们的迫切任务。此在的生存论分析工作所处的地位先于任何心理学、人类学，更不消说生物学了。"① 他正是通过对此在的生存论分析，才得以洞见此在的本质是去存在，是不性的——是其所不是，而一切非此在的存在者的存在是通过此在对自身存在意义的理解来通达的。此在之存在得到理解的同时，世内其他存在者的存在也是其所是地在起来。

在《诗·语言·思》中，海德格尔认为，人的本质是生存（实际上，海德格尔在《存在与时间》中就摆明"此在的'本质'在于它的生存"），而且是以在人们所建构的周围世界中有所生产、有所建造的方式去生存，但筑居式的生存必定以栖居为指归。栖居的前提是人有所筑居，属人的建筑物或场所的目的是安置、接纳、保护"四重整体"，即拯救大地，悦纳苍天，期待诸神，引导众生。这里，"大地是公仆式的担待者，它不断地萌生发育，春华秋实，它扩展为岩石与水，升发为动物与植物"②。苍穹是太阳巡游的拱形广轨，是圆缺隐露的月亮运行的弧形航道，是星辰闪烁的光辉，是四季有序的变化，是白昼的光明与昏黄，是黑夜的阴暗与启明，是气候的温暖与寒冷，是太空飘浮的云霓与蕴蓄的湛蓝。诸神是具有感召力的神性传播者。神性神圣地支配着神，神或从这一支配中站出来，从而在自己的在场中现身或抽身而去，隐入它的隐匿性中。众生即作为人的诸在者。称之为众生，是因为他们能够死去，是必死者。死去意味着敢于死亡，敢于把死亡作为死亡来对待。如果人是居留于大地之上，苍穹下，神的面前的，那么只有人才死亡，而且是不断地死亡。当

①　〔德〕海德格尔：《存在与时间》（修订译本），陈嘉映等译，北京，生活·读书·新知三联书店，2012，第53页。

②　〔德〕马丁·海德格尔：《诗·语言·思》，张月等译，郑州，黄河文艺出版社，1989，第153页。

我们说到上述任何一个时，我们已伴思着其他三者了。"众生以栖居的方式在这四重整体中在着。"① 栖居的本质特征是解放、保护，因此，众生以保护着四重整体的本真的在——它的在场、存在——的方式栖居。于是，海德格尔描述了众生如何保护着四重整体而得以栖居。

众生因拯救大地而栖居。拯救的真正含义是把某物放入其自身的存在之中，从而使其自由。拯救大地远非开发利用它，甚或把它盘剥殆尽。拯救大地不是役使它，征服它，役使与征服的后面只能是掠夺。

众生把苍穹作为苍穹来接受而栖居。他们听任太阳与月亮自由自在地周行，听任星辰无拘无束地出没，也听任太阳让四季寒暑易节，一任天然。他们不去把黑夜颠倒为白昼，也不去把白昼颠倒为一片扰人的骚乱。

众生因把诸神作为诸神来期待而栖居。他们满怀希望，把希冀意外收获的企盼展示给诸神。他们期待着诸神到来的谕示而又从不错勘其隐退的迹象。他们决不会自我造神，也不去盲目崇拜什么偶像。②

这是非人类中心主义吗？显然不是，因为海德格尔是从众生出发来谈其他三者的。那不就是人类中心主义了？也不是，海德格尔是把众生放到四重整体的关系中来寻求栖居的。实际上，尽管海德格尔关注存在，包括天、地、神、人和万物的存在，但存在何所在是由人的生存境遇来通达的。根据海德格尔对此在生存论结构的分析，人在世生存，是与世界、他人和其他存在者的关联性生存，是非实体性的整体性存在。人就在世界中与天、地、神融为一体，是四方游戏的一方。人"本然"地存在着，而且"让存在者是其所是"。也就是说，使存在者本然（自然而然）地存在。由此看来，人是关联各方的行为的主动者。人不仅给自身存在赋义，而且给其他在者的存在赋义。在这一过程中，人之生存的最高境界乃栖居，而实现栖居也就使四重整体和万物有所栖居，达到天、地、神、人各就其位的"本然"的和谐状态。这不就是海德格尔笔下的桥和黑森林中的农舍所体现的人与自然的和谐吗？

显然，海德格尔上述关于天、地、神、人作为关联着的整体存在的论述是深刻的。它既是对那种为改造自然、征服自然的现代工业工程实践辩护的传统主客二分的主体性哲学和实践哲学的校正与消解，同时也

---

① 〔德〕马丁·海德格尔：《诗·语言·思》，张月等译，郑州，黄河文艺出版社，1989，第 154 页。

② 〔德〕马丁·海德格尔：《诗·语言·思》，张月等译，郑州，黄河文艺出版社，1989，第 154～155 页。

是试图走出当代人类所面临的生存危机的一种理论诉求。尽管有其考察视野的局限，但他的思想让人这种创造性的存在富有诗意。在建造的过程中，人总要有所敬畏、有所依归、有所观照，就是以人和万物的"栖居"为指归的"筑居"，只有如此，才是富有诗意的、本真的生存。海德格尔对这样一种生存样式的期盼，还反映在他对荷尔德林诗篇，尤其是对"功德圆满，而人却诗意地栖居在这个大地之上"两句的评析与诠释中。在海德格尔看来，所谓"功德圆满"，是指人在其栖居中的非凡成就："因为他培养哺育大地上生长的万物并关心自身的成长。哺育和关心（colere，cultura）是一种形式的筑居。但是，人不仅仅只培育从其自身生长出来的生命；而且他也从建筑（aedificare）的意义上进行筑居……在这种意义上被创建的事物，不仅包括建筑物，而且也包括通过人的手，通过他的整理排列而制作的一切作品。"[①] 也就是说，一切凝结着人的操劳的人工开物活动及其产品——人工物，都是筑居。"然而，源于这种建造筑居的功德，永远不可能圆满实现栖居的本质。"甚至当人单纯地追求它们时，反而会否定栖居自身的本质。"只有当人已经建筑、正在建筑，同时又以另一种方式依然倾向于去建筑时，人才能够栖居。"[②] 这里再次说明人的本质是去存在，而且是以建造的方式（工程方式）去存在。唯有如此，作为筑居的人诗意地栖居在大地上才是可能的。所以，我们说海德格尔的生存论是已然开显的工程之思。但关键是人能否拥有此-在这种生存方式，因为只有"在此-在的这个基础上，人〈乃是〉：1. 存有（本存）寻求者；2. 存在之真理的保护者；3. 最后之神的掠过之寂静的守护者"[③]。也就是说，人唯有赢获了此-在，才能被改变，自觉归居于本有，并被本有所居有，使存有之真理得以生发，"把〈时间和空间〉收回到争执之中，即世界与大地——本有之中"[④]。

总之，工程的生存论解读突出了工程作为人的存在方式，这可从海德格尔处找到相应的思考线索。海德格尔不仅在对此在的生存论分析中赋予生产的工程以"生存论性质"，开显了工程的存在论视域，而且阐明

---

① 〔德〕马丁·海德格尔：《诗·语言·思》，张月等译，郑州，黄河文艺出版社，1989，第215页。

② 〔德〕马丁·海德格尔：《诗·语言·思》，张月等译，郑州，黄河文艺出版社，1989，第215页。

③ 〔德〕马丁·海德格尔：《哲学论稿（从本有而来）》，孙周兴译，北京，商务印书馆，2012，第310页。

④ 〔德〕马丁·海德格尔：《哲学论稿（从本有而来）》，孙周兴译，北京，商务印书馆，2012，第274页。

"以栖居为指归的筑居"才是人的应然存在方式，应当作为人的工程行动的理想。因为只有"栖居"式的"筑居"才能使人类建造的工程和谐地融入自然，让人诗意地生存。

五、工程的生存论诠释

现代工程作为现代化运动的承担者和现代性的最高成果，既给人类带来了巨大福祉，也引发了前所未有的生存困境。这使得对工程的反思与追问在 21 世纪初成为显学，工程哲学也由于此种历史性境遇，引起国内外学界的重视。学界不仅成立了工程哲学学会，创办了专门学术期刊，而且已有较丰厚的研究成果，遍及伦理学、科学技术哲学、马克思主义哲学、美学、社会学、政治学、史学等多学科，形成了工程认识论、工程价值论、工程生存论（工程存在论）、工程现象学、工程伦理学、工程美学、社会工程哲学、工程社会学等众多研究视角和问题域，并且呈现出不同旨趣的研究进路。但要实质性地推进工程哲学的研究，首要问题是如何界定和诠释作为哲学范畴的工程。

（一）工程的生存论界定

基于不同的学术资源、研究理路，我们可以从"自然""实践""造物""实体""技术""人"及人的"建构"活动等多个角度界定工程。例如，工程就是按照人类的目的而使自然人工化的过程，是"组织设计和建造人工物以满足某种明确需要的实践活动"[1]；工程是人们综合运用科学理论和技术手段去改造客观世界的具体实践活动，以及所取得的实际成果；[2] "凡是自觉依循虚体完形，通过利用现成实体完形，以创造新的实体完形来满足人的需要的活动及其成果的，就是本书所谓工程"[3]；"工程是实际的改造世界的物质实践活动"，即"造物"[4]；工程是技术的系统，技术是工程的要素，一种技术的研究与实现过程就构成了工程；[5] "工程就是人

---

[1]　王沛民、顾建民、刘伟民：《工程教育基础——工程教育理念和实践的研究》，杭州，浙江大学出版社，1994，第 21 页。

[2]　朱高峰：《工程与工程师》，转引自〔美〕李政道、〔中〕杨振宁：《学术报告厅：科学之美》，北京，中国青年出版社，2002，第 162 页。

[3]　徐长福：《理论思维与工程思维——两种思维方式的僭越与划界》，上海，上海人民出版社，2002，第 59 页。

[4]　李伯聪：《工程哲学引论——我造物故我在》，郑州，大象出版社，2002。

[5]　王宏波：《工程哲学与社会工程简论》，首次全国自然辩证法学术发展年会会议论文，2001。

的物化，就是人的社会建构，工程的本质就是人的自我实现"①；"工程是艺术或使纯粹科学知识获得实际应用的科学"②；等等。

应该说这些理解都是正确的，但正如海德格尔所说："单纯正确的东西还不是真实的东西。唯有真实的东西才把我们带入一种自由的关系中，即与那种从其本质来看涉于我们的关系中。"③

因此，要获得工程的真意，还有待依循现象学的方法和立场，对既有关于工程的考察悬搁不论。这不是说它们不重要，而是试图表明，要"面向事实本身"，并开启工程的始源性本质追问。也就是要将其与我们自身的在世生存和发展关联起来，在"为我的"现实世界澄明工程存在的意义和价值。而完成这一任务的必由之路就是诉诸工程现象学和以生存论为解释原则的工程解释学。前者能够让我们面向事实——工程存在和工程现象本身；后者让我们在与本己生存休戚相关的关系中理解和阐释工程的存在论意义。离开了生存论的解释原则，任何存在论问题都是不可能的，将处于无根状态。

正是基于此，从硕士学位论文《生存论视野中的工程范畴》到博士学位论文《工程的生存论研究》，笔者开辟并一直坚守在工程生存论、工程现象学、工程解释学的工程存在论研究路向，主张把对工程的认识论解读放置在生存论的基地之上。这不仅在空间的坐标下界定工程，而且在时间的视野中诠释工程，凸显了工程作为人的生存方式及其历史生成性。

狭义地说（实证地看），工程是作为有价值取向的主体，为了满足其特定需要，以一定经验知识或科学理论为基础，以一定技艺或技术为手段，以一定程序或规则为运作机制，变革现实的建构性的对象化活动及其成果。

广义地看（在生存论视域下），工程不仅是主体的建构、造物活动与活动成果，而且是以"栖居"为指归的"筑居"（包含建构和培育），是生存主体筹划着去存在的能在的生存方式。换句话说，工程作为"此在""在世界之中"的特定实践和建构方式，是人的"自为本性"、自我超越与自我实现特质所决定的人的生存方式——类存在，是工程主体自为的存在，即

---

①　安维复：《我建构故我在：工程哲学何以可能的判据——从社会建构主义的角度看工程哲学的合法性》，转引自杜澄、李伯聪：《工程研究（第1卷）：跨学科视野中的工程》，北京，北京理工大学出版社，2004，第69页。

②　S. C. Florman：*The Existential Pleasures of Engineering*，New York，St. Martin Press，1976，p. X.

③　〔德〕海德格尔：《海德格尔选集（下）》，孙周兴选编，上海，生活·读书·新知上海三联书店，1996，第926页。

通过"知道的做"或行动，将意识中的理想、目标等形而上的东西，对象化为持存的存在——实在，实现人的本质力量（主体客体化），同时通过非对象化活动（客体主体化）丰富、提升人的类本性。

因此，如果把工程理解为"造物"，即广义上的造物，不仅指创造物质产品，而且包括精神产品，乃至社会体制、制度模式的设计与选择，那么，"我以造物方式'去存在'"就集中地表达了工程的生存论内涵和本性。

如此，在空间的坐标下——共时地看，工程在结构上可区分为不同的层次，即以工程意识为先导的"工程行动方式""人工世界"和"实存工程"。在工程的现实运行中，三者之间是双向互动、互为支撑的，共同组成工程活动不可或缺的环节。具体地说，生存主体以前验的工程文化为根基，以工程意识为先导，以工程方式去存在，进而通过工程行动组建人工世界，创造各类实存工程。

在时间的视野中——历时地看，工程是一个历史范畴，是与人的历史性生存相关联的历史的生成与展开。其纵向结构可分为"自在的工程"①（古代工程或农业工程）、"自为的工程"（近现代工程或工业工程）、"自在自为的工程"（后现代工程或后工业工程，也叫反思性工程）。它们分别标志着顺应自然的农业文明、改造自然的工业文明、寻求与自然和解的后工业文明——生态文明。

可以说，人总是在改变对象世界的过程中改变自身，这就意味着工程的生成就是人的生成，人的生成就是工程的生成。因为从开始以工程的方式创造和满足生活需要时起，人就与动物区别开来，并从自然界中超拔出来。而一旦人猿相揖别，人就以工程的方式去存在，开始了意识在先的培育、养殖与建造活动，即原始的工程。随着工程活动的复杂性与层级的提升，人不断地从狭隘的地域中、单一的农业劳作中走出，开辟新的生活空间、新产业、新行业、新职业和新的生活方式。在这一过程中，因工程样式的变换，人由敬畏自然到宰制自然，再到努力协调与自然的关系，让祛魅了的世界重新附魅，展示着人的本质力量和生存境界的提升，以及人之不断生成。

（二）工程的生存论本性

按照生存论的解释原则，上文对工程的界定包含着多方面的内容。

第一，工程的属人性。工程不只是造物的手段、工具，也不限于造

---

①   工程都是人类自为的活动与活动成果，说古代是"自在的工程"，主要是由于其顺应自然的建造和生产方式，相对于近代改造自然、征服自然的"自为的工程"而言，其自为程度较低。

物的功能。它既是人生存的边界，又是人工世界的脚手架。可以说，人怎样工程（作为动词）也就怎样存在；人总是以工程的方式存在着，工程的存在恰恰显明我以我的方式"去"生存；生存构成人类工程的根本维度。正如弗洛尔曼（S. C. Florman）所看到的："工程的核心在于生存的快乐。"[①] "凡是把工程和生存对立起来的看法，都是对工程的经验本质的误解。"[②] 但他局限于讨论工程师对他们所作所为的思考与感受。实际上，工程师的工程行动不仅关涉工程师自己的体验，而且关涉整个工程共同体，关涉人之存在的当下境遇。工程对人之生存有本己性，"人·工程·生存"是互蕴共容的。它们作为相互关联的整体，直接组建为工程的生存论建构，开显工程的生存论意蕴。

中国工程哲学的奠基者李伯聪教授的"我造物故我在"，不仅表明工程就是造物的生产实践活动，而且依循生存论的生存分析可释为"我以我造物的方式'去存在'（Zu-sein）"。也就是"我以我工程的方式'去存在'"，即现实的人总是"以造物方式'去存在'"。所以，工程的本性是属人的，是人的在场。

第二，工程的主体性与聚集性。一方面，工程活动总是有主体的，或者说，任何一个工程都是由工程共同体来完成的。因此，工程的运行必然体现主体性原则，关涉工程主体的理想、目的、兴趣、能力、审美、伦理和利益等问题。另一方面，由于工程活动包含众多因素，如人流、物流、资金流、信息流，以及科学、技术、人文等要素，这就客观地决定了工程的"集成性"或整合性、聚集性特征。如果说狭义的工程界定更体现了这两方面特征的话，那么广义的工程理解则从本根上表达了工程的主体性与整体性。因为作为"栖居"的"筑居"——工程存在方式，不仅使人成为真正的主体，而且在富有"意蕴"的内在关联中，让一切在者"在"起来，是其所是，让从事着工程这一对象化活动的主体——"成人"，在以工程实践的方式改变对象世界的过程中也改变和成就自身，提升人之为人的类本性和本质力量。

同时，工程的主体性、整合性和聚集性特征，也使工程具有了复杂性、风险性。

第三，工程的规定性和架构性。也就是说，工程作为实践的骨架或

① S. C. Florman：*The Existential Pleasures of Engineering*，New York，St. Martin Press，1976，p. 101.

② S. C. Florman：*The Existential Pleasures of Engineering*，New York，St. Martin Press，1976，p. 11（preface）.

格，对人之实践具有规定和架构作用。兼具规范性和工具性于一身的实践范畴① 体现了人类物质的感性活动的一般规定性，揭示的是人类特有的主观见之于客观的对象性活动和类本性；而工程是实践的、历史的、具体的结构化规定，是实践的自我规定。倘若离开了具体意义上的工程范畴，实践就被抽象化了，也就无法彻底贯彻从人类主体的感性活动看世界的实践哲学原则。

如果说从实践出发只能看到抽象的或一般的"做"的话，那么从工程出发就能看到具体的或个别的"做"。因为工程总是具有当时当地性，是异质性思维，即追求个性，表现为"这一个工程"或"那一个工程"。所以说工程不仅具体地规定实践，而且赋予实践以面向人的生存的意义和功效。

第四，工程的未来性。未来作为时间的一种状态，是人所专有的。动物没有未来，这是由其本能的生存和本质的先定性所决定的。人是"不性的"、否定性的存在者，其本质不是预成的，而是后天生成着的，即在其生存的实践活动中生成的。正是如此，我们说未来不是虚无，以其自身作为时间的超越性视野，它就在我们建造现实世界的工程活动中得以确认。因为工程与未来有密切的关系。从外在关涉来看，工程与未来二者都统一在人之生存这一事实之中。从内在的关涉来看，一是拥有未来的存在者——生存着的人才把工程作为其存在方式；二是工程活动总是面向未来的行动，其价值承诺是让人生活得更美好；三是工程活动实际上是植根于未来的。总之，工程是从理想、观念出发的形而上到形而下的过程，因此，是有着未来向度的，是把未来理想当前化、现实化的过程。同时，这也表明一部人类社会的历史就是一部工程的现象学史。

第五，工程的人文性。这是上述工程特性的集中表达。任何工程都

---

① 实践范畴是一个历史范畴，在历史的演进过程中被赋予了不同的规定性内涵。例如，亚里士多德把实践（praxis）界定为目的在自身的活动，包含理论的、伦理的、政治的活动。犹太-基督教肯定物质劳动，认为上帝是第一个工程师，特别是经西方宗教改革，世俗劳动神圣化。近代文艺复兴和科学革命、技术革命及其所成就的工业化和现代化，再次凸显了科技活动、工业活动中劳动的作用和价值。黑格尔通过主奴关系的思辨的辩证法阐释，使得被希腊人歧视的劳动、创制活动具有了创造人本身的意义。马克思的唯物史观使劳动、生产等成为感性的实践活动，是人的类生活，是体现人的创造性类本质的自由自觉的活动，因而劳动、生产不仅使人和动物区别开来，而且生产了什么和怎样生产，就表明你是怎样的人，即使异化劳动也是人类实践活动的历史进程中的一个阶段，并相信随着资本主义制度的扬弃，人必将超越异化劳动，最终获得人的解放，而使劳动、生产成为人的第一需要，不愧为人的生产——"按照美的规律来构造"。至此，马克思把从 praxis 中剥离出去的 practice 最终统一起来，并让物质生产和劳动成为现实的人的最切近的实践样式和最基础的实践活动，一切政治、伦理和精神实践都建立在其上，受物质生产方式的制约。在这个意义上，实践作为人们的存在方式，具有了工具性与规范性的双重含义。

是人类实践活动，都是合规律性与合目的性的统一，真理性与价值性的统一，必然与自由、实然与应然的统一。显然，工程的内在矛盾本身凸显了人文和价值要素的主导作用。一般来说，满足人的正当需要的工程本身就直接表达着人文关怀。

不难看出，工程的确是属人并为了人的。它不仅组建、规约人之生存的当下，表明、确证人是怎样的人，而且以其在场的样式讲述着过去的故事，还在不断展开自身的过程中使人成为拥有未来的能在。但是，这并不意味着要把人之生存给工程化，而是说人之在世存在，有多种把握世界、理解世界的方式。例如，哲学、道德、艺术、宗教等的体悟、理解、阐释和表达世界的方式，还有科学、技术和工程的认识、建造和改变世界的方式。从人就生活在人自己所建造的世界——人工世界、现实世界来说，工程是人最为切近的存在方式。

因此，对工程的理解和阐释也必须回到人之生存的这一事实，放置到生存论这一基地之上，自觉进入人的生成与工程生成的解释学循环，这样才能洞悉工程的存在论意义，彰显对工程的应然追问与伦理规范的价值。从上述分析还不难看出，工程之于人不仅具有存在论意义，而且二者的互动也生成着人工世界、人类社会和不同时代的文化。这就决定了在工程的生存论解释原则下，有必要将工程的人文批判拓展到社会和文化领域，进而在实践哲学范式下，将生存论解释原则贯彻到底。这不仅要探究工程存在论、工程认识论、工程价值论、工程伦理的形上基础，而且要将理论的目光投向至今尚未开发的处女地，开展工程的社会哲学和工程的文化哲学或工程文化论研究。

第二章　现代工程的形而上学追问

　　以工程的哲学考察为理论界限的人文批判，正如上文所揭示的，不仅首先要追问工程的生存论存在论之人文诠释根基，而且有待建立在这一基础之上的认识论和价值论的阐释，同时还应该对既有工程伦理本身给予形而上学的奠基。诸研究向度被统摄在形而上学的旗帜下，但这里的形而上学不是传统的本体论或知识论形而上学，而是以生存分析、行动分析为主的新形而上学——以生存论为解释原则的感性活动现象学、历史生存论——现代实践哲学，某种程度上也可以叫作以人如何去存在为问题域的关于"做"或"行"的存在论。因此，尽管也叫工程本体论（工程存在论）、工程知识论、工程价值论等，却是在不同的形而上学范式下给出的不同的解。虽然在中国语境下的现代哲学在其开端那里，一致拒斥以往实体论或世界论与意识哲学的形而上学，但正如赵汀阳所说："在形而上学经受了各种质疑或背弃之后，人们却又发现，各种哲学问题终究不得不回归形而上学，因为任何思想都必须依靠某些形而上学假设，也就无法回避形而上学问题。与其暗中暧昧地偷用可疑的形而上学假设，还不如重新反思形而上学问题。"① 如果说"形而上学不可能去追求一切事物之存在原理的那种僭越目标，不能替造物主去反思世界的存在"，那么"形而上学需要做的是反思人所做的事情"。而作为人的存在方式的工程行动——"造物"，既关涉"物的世界"，也关涉"事的世界"，不仅触及人与自然世界的关系，而且时时刻刻与共在的他者互动。这就有一个在工程的世界中如何处理与"真实的超越者"——自然世界与他人的关系问题，也就是人的存在论问题。同时，也就有了工程存在论、工程知识论、工程价值论、工程伦理等问题。由于存在论问题总是先于任何知识论、伦理学、价值论、政治学的观念、原则，而且只要人类不终结，它就具有永恒的在场性。因此，这就决定了必须首先澄清工程的存在论问题，并以此为基础，展开工程认识论、工程价值论和工程伦理等的形而上追问。

---

　　① 赵汀阳：《第一哲学的支点》，北京，生活·读书·新知三联书店，2013，第 196 页。

一、工程的存在论判明：作为人的存在方式的工程

借助于感性直观，我们能够明见到：自然世界在其演化的过程中靠的是天工开物，而一旦有了人和人的实践活动，世界就二分化为自在的原生态的自然界和属我的人化的自然界。后者又随着人们生产能力和生产力水平的提高，特别是现代科学、现代技术和现代工程的出场，不断生成和扩展着自身。今天，人类的生存领域已由陆地拓展到海洋，由地球进入太空。那么，如何理解创造这一切的人？显然，仅仅按照主谓逻辑和种加属差的方式来定义人是不够的。只有在历史的逻辑下，透过众多背景直观，而借助本质直观，直接析出的把握人是如何生存、如何去存在的感性活动自身，才能摆脱以往在抽象的、科学的逻辑下对"人是什么"的追问与考察方式。实际上，正是打破天工开物垄断地位的人工开物，即人类的工程活动，是人告别动物界、人猿相揖别的感性的、现实的明证。人之所以为人，始于人类有意识、自觉地生产生活资料的原始工程活动。也就是说，工程是人的生成方式，主要体现在工程使人成为人。不仅如此，人类的工程活动本身不断确证、提升着人之为人的类本性，甚至从某种意义上说，人类历史就是工程的现象学。这同时也表明，"人·工程·生存"是互蕴共容的，工程是人的存在方式。

（一）工程与人的生成

1. 工程使人成为人

这里所说的工程并非现代大规模生产实践所从事的工业工程，而是指人类作为类存在物之初，以群体的方式，以人工造物的形式所进行的生产劳动或生产实践。这样一来，工程与实践、生产、劳动等概念就密切地联系在一起，但它们又不尽相同，因为这些范畴的提出和使用都有着独特的着眼点和内涵。

工程与实践的关系可简要地概括为：实践是工程的上位概念，工程是实践范畴的演进；实践比工程更为基本和抽象；工程是实践的格，离开了工程的实践是没有具体内容的实践，也就是说，工程是实践的规定。

从工程与生产的关系来看，人类最初的工程活动首先并主要是生产生活资料的生产活动。从这个意义上说，工程与生产的内涵是一致的，但问题是工程作为实践的格，随着人类实践活动向精神领域和社会领域的扩展，工程有了新的内容。它不仅是从事生产的造物工程或自然工程，

而且有理论研究领域的精神创造工程和变革社会的社会工程。因此，在物质生产领域，工程活动是社会物质生产的主要形式，而工程又不只是生产，还有更丰富的其他内涵。

从工程与劳动的关系来看，工程活动离不开劳动，没有劳动也就没有工程可言，但工程中的劳动并非单纯的与他人无关的个体或个别劳动，更多的是指有目的、有组织的集体劳动或社会劳动。一旦劳动被组织起来，即有目的、有程序和有步骤的协作劳动就可视之为工程活动。当然，严格来说，由于人是社会存在物，是关系的、对象性存在物，因此，任何劳动都可理解为社会劳动。工程活动具有社会性，一方面是说工程活动中劳动的非个体性、集体性和协作性；另一方面是强调工程中投入劳动的社会实现性。

综上所述，在物质生产领域，在造物的意义上，工程与实践、生产、劳动达成了一致性，以至于无论是在学术著作、报刊上，还是日常生活语言的言说中，都常能看到、听到"生产劳动""生产实践""劳动实践""工程实践"等词语。

一提到"工程使人成为人"，就会自然让人联想到恩格斯的著名论断："劳动创造了人本身。"① 在恩格斯看来，一方面，从类人猿向人的转变过程中，劳动起到了关键性作用。当类人猿开始直立行走，完成了从猿转变到人的具有决定性意义的一步之后，"手变得自由了"，这是"劳动的产物"。② 而随着手的发展，随着劳动而开始的人对自然的统治，在每一个新的进展中扩大了人的眼界。劳动中交流的需要，语言从劳动中并和劳动一起产生出来。在劳动和语言的影响下，猿的脑髓就逐渐地变成人的脑髓，同时，各种感觉器官随之完善起来，完全形成的人的出现又产生了新的因素——社会。另一方面，劳动是人类社会区别于猿群的特征。这里所说的劳动不是动物式的获取食物的活动，而是指从制造工具开始并利用工具——即便是最粗陋、最简单的野蛮人时代的工具的劳动，像利用打磨的石器打猎、捕鱼等都是人类最初的劳动。随着劳动本身一代一代地变得更加不同、更加完善和更加多方面，除了打猎和畜牧外，又有了农业，农业以后又有了纺纱、织布、冶金、制陶器和航海。同商业和手工业一起，最后出现了艺术和科学；从部落发展成了民族和国家。法律和政治发展起来，并且和它们一起，人脑关于事物的幻想的反

---

① 《马克思恩格斯全集》，第 20 卷，北京，人民出版社，1971，第 509 页。
② 《马克思恩格斯全集》，第 20 卷，北京，人民出版社，1971，第 510～511 页。

映——宗教，也发展起来了。而且"人离开动物愈远，他们对自然界的作用就愈多的具有经过事先考虑的、有计划的、向着一定的和事先知道的目标前进的行为特征"。"一句话，动物仅仅利用外部自然界，单纯地以自己的存在来使自然界改变；而人则通过他所作出的改变来使自然界为自己的目的服务，来支配自然界。这便是人同其他动物的最后的本质的区别，而造成这一区别的还是劳动。"①

以上是恩格斯对劳动在人的生成过程中所起的作用的人类学考察，其结论是劳动创造了人。从恩格斯对真正的劳动始于制造工具并利用工具的生产活动的理解，我们可以说，当真正的劳动开始的时候，以群体的方式一同进行的组织化了的、事先知道目标的劳动，也就是人类原始的初级的工程活动。而工程活动一经开始，就作为人的生存方式固定下来，并在工程的存在中表现、确证着人的类本性，即人是有意识的、自为的、对象性的类存在物或社会存在物。因此，我们说"劳动创造人本身"，也意味着"工程使人成为人"这一命题的成立，即"做"以成人。

马克思在《1844年经济学哲学手稿》中指出："通过实践创造对象世界，改造无机界，人证明自己是有意识的类存在物，就是说是这样一种存在物，它把类看作自己的本质，或者说把自身看作类存在物。"② 在比较了人的生产与动物的生产后，他得出结论："因此，正是在改造对象世界中，人才真正地证明自己是类存在物。这种生产是人的能动的类生活。通过这种生产，自然界才表现为他的作品和他的现实。因此，劳动的对象是人的类生活的对象化：人不仅像在意识中那样在精神上使自己二重化，而且能动地、现实地使自己二重化，从而在他所创造的世界中直观自身。"③ 这里，马克思是在变革自然界的活动的意义上使用实践、生产和劳动概念的，它们与造物的工程是一致的。所以，上述论述可解读为：作为变革自然的工程实践活动是人的能动的生产活动，它直接是人的本质——类本质，即自由自觉的活动（劳动）的、感性的、现实的体现。工程活动不仅实现了人的自我意识与对象意识的分化与统一，而且使世界二重化为自在世界和属我世界，并在属我世界——人工世界中确证自我的本质力量。也就是说，工程活动本身现实地、感性地肯定着人之为人的存在方式，即"工程是人的存在方式"。

---

① 《马克思恩格斯全集》，第20卷，北京，人民出版社，1971，第518页。
② 〔德〕马克思：《1844年经济学哲学手稿》，北京，人民出版社，2000，第57页。
③ 〔德〕马克思：《1844年经济学哲学手稿》，北京，人民出版社，2000，第58页。

2. 工程提升着人之为人的类本性

工程是人的存在方式，这种方式不是一成不变的，而是随着人的认识能力和实践能力的提高不断改进的。在时间的视野中历时地看，到目前为止，人类工程的主导形态经历了最初的自在的农业工程，到自为的工业工程，又到正在发生着的自在自为的后工业工程。它们分别开创和建构了人类社会的农业文明、工业文明和后工业文明。与之相对应，人自身也经历了人对人的依赖性（"神化的人"）、以物的依赖性为基础的独立个性（"物化的人"），以及以人的解放和全面发展为基础的自由个性（"人化的人"）。人的类本性——自由自觉的活动或自为本性不断提升。也就是说，工程自身的发展，不仅作为社会发展的台阶，直接影响社会的物质文明和精神文明，而且工程的发展还直接表征和确证着人类自身的类本性的提升与不断完善的过程。正是在这个意义上，我们可以说，工程的发生、发展直接塑造着人本身，决定着人类的历史进程。

马克思、恩格斯是有先见之明的。在《德意志意识形态》中，他们从生产工具（人工所开之物或人工物，也叫实存的工程）出发，在区分了自然产生的工具和文明创造的工具之后，把工具的发展与人类社会所有制形式的变迁联结起来，因而也与人的生存状态、人的本性联系起来。一是在自然产生的生产工具（耕地、水等）的情况下，各个个人受自然界的支配；在文明创造的工具的情况下，他们受劳动产品的支配。二是在自然产生的生产工具的情况下，财产（地产）也表现为直接的、自然产生的统治；在文明创造的工具的情况下，则表现为劳动的统治，特别是积累起来的劳动即资本的统治。三是自然产生的生产工具的前提是各个个人通过某种联系——家庭的、部落的或者甚至是地区的联系结合在一起；文明创造的工具的前提是各个个人互不依赖，联系仅限于交换。四是在自然产生的生产工具的情况下，交换主要是人和自然之间的交换，即以人的劳动换取自然的产品；在文明创造的工具的情况下，主要是人与人之间所进行的交换。五是在自然产生的生产工具的情况下，体力劳动和脑力劳动彼此还未完全分开，只要具备普通常识就够了；在文明创造的工具的情况下，体力劳动和脑力劳动之间实际上已经必须实行分工。六是在自然产生的生产工具的情况下，所有者可以依靠个人关系，依靠这种或那种共同体来统治非所有者；在文明创造的工具的情况下，这种统治必须采取物的形式，通过某种第三者——货币。七是在自然产生的生产工具的情况下，存在着一种小工业，但这种小工业是受对自然产生的生产工具的使用支配的，因此，这里没有不同个人之间的分工；在文明创造的工具的情况下，工业以分工为基础，而且只有依靠分工才得以存在。① 因此，马克思、恩格斯得出结论：工业发展到一定阶段必然会产生私有制。在小工业中，以及到目前为止的各处农业中，所有制是现存生产工具的必然结果。在大工业中，生产工具和私有制之间的矛盾才第一次作为大工业所产生的结果表现出来。这种矛盾只有在大工业高度发达的情况下才会产生。因此，只有在大工业的条件下才有可能消灭私有制。② 因为"在大工业和竞争中，各个个人的一切生存条件、一切制约性、一切片面性都融合为两种最简单的形式——私有制和劳动"③。于是，工人的劳动异化了，但大工业的发展又为扬弃私有制和异化准备了条件——物质财富，即生产力、工人阶级和他们的革命意识或"共产主义的意识"等。只有到了共产主义阶段，"自主活动才同物质生活一致起来，而这点又是同个人向完整的个人的发展以及一切自发性的消除相适应的。同样，劳动转化为自主活动，同过去的被迫交往转化为所有个人作为真正个人参加的交往，也是相互适应的。联合起来的个人对全部生产力总和的占有，消灭着私有制"④。也就是说，作为现实生产力的工业工程的发展是消除工人阶级的异化生存、获得解放和自由，以及全面发展的必要前提。

3. 人类历史就是工程现象学

这是来自上面论述的结论。李伯聪教授在《社会形态的三阶段和工具发展的三阶段》一文⑤ 中，把工具发展的三个阶段与人类社会发展的三种形态联结并统一起来，这是很有见地的。但如果把工具理解为人工开物的人工物，就可将工程发展的三阶段与社会发展的三形态说统一起来。人类的工程活动在时间中展开与生成，直接影响、决定着人本身和人类社会的生成与发展。理解、展开人类的工程史，并从存在论、意义论上把捉工程的内涵，也就呈现了人类史的基本画卷。这就等于说人类历史就是工程现象学。根据海德格尔的理解，现象学是说"让人从显现的东西本身那里如它从其本身所显现的那样来看它。这就是取名为现象学的那门研究的形式上的意义"。现象学就是要"面向事情本身"，因而"凡是如

---

① 《马克思恩格斯全集》，第 3 卷，北京，人民出版社，1960，第 73～74 页。

② 《马克思恩格斯全集》，第 3 卷，北京，人民出版社，1960，第 74 页。

③ 《马克思恩格斯全集》，第 3 卷，北京，人民出版社，1960，第 74 页。

④ 《马克思恩格斯全集》，第 3 卷，北京，人民出版社，1960，第 77 页。

⑤ 李伯聪：《社会形态的三阶段和工具发展的三阶段》，《哲学研究》2003 年第 11 期。

存在者就其本身所显现的那样展示存在者，我们都称之为现象学"①。工程现象学是说，按工程本身所是的那样展示工程本身。工程现象学之可能，在于对工程的存在论诠释。它要求把对工程之存在的理解放置到生存论存在论——基础存在论之上。当然，即使从实证的角度来看，也就是从感性的经验来看，只要面向事情本身，就不难看出：人类的工程活动状况直接影响或决定着社会的政治结构、经济结构与文化结构，而社会的政治、经济与文化状况又总是作为前提条件，规约着工程活动的方向与水平。

马克思、恩格斯坚持面向事实本身的理论原则，即"只要按照事物的本来面目及其产生根源来理解事物，任何深奥的哲学问题（后面将对这一点作更清楚的说明）都会被简单地归结为某种经验的事实"②。在批判费尔巴哈时，他们指出：

"他没有看到，他周围的感性世界决不是某种开天辟地以来就已存在的、始终如一的东西，而是工业和社会状况的产物，是历史的产物，是世世代代活动的结果，其中每一代都在前一代所达到的基础上继续发展前一代的工业和交往方式，并随着需要的改变而改变它的社会制度。甚至连最简单的'可靠的感性'的对象也只是由于社会发展、由于工业和商业往来才提供给他的。"③

"工业和商业、生活必需品的生产和交换，一方面制约着不同社会阶级的分配和彼此的界限，同时它们在自己的运动形式上又受着后者的制约。这样一来，打个比方说，费尔巴哈在曼彻斯特只看见一些工厂和机器，而一百年以前在那里却只能看见脚踏纺车和织布机；或者他在罗马的康帕尼亚只发现一些牧场和沼泽，而奥古斯都时代在那里却只能发现到处都是罗马资本家的茂密的葡萄园和讲究的别墅。"④

"这种活动、这种连续不断的感性劳动和创造、这种生产，是整个现存感性世界的非常深刻的基础，只要它哪怕只停顿一年，费尔巴哈就会看到，不仅在自然界将发生巨大的变化，而且整个人类世界以及他（费尔巴哈）的直观能力，甚至他本身的存在也就没有了。当然，在这种情况下外部自然界的优先地位仍然保存着，而这一切当然不适用于原始的、通

---

① 〔德〕海德格尔：《存在与时间》（修订译本），陈嘉映等译，北京，生活·读书·新知三联书店，2012，第41页。

② 《马克思恩格斯全集》，第3卷，北京，人民出版社，1960，第49页。

③ 《马克思恩格斯全集》，第3卷，北京，人民出版社，1960，第48～49页。

④ 《马克思恩格斯全集》，第3卷，北京，人民出版社，1960，第49页。

过 generatio aequivoca〔自然发生〕的途径产生的人们。但是，这种区别只有在人被看作是某种与自然界不同的东西时才有意义。此外，这种先于人类历史而存在的自然界，不是费尔巴哈在其中生活的那个自然界，也不是那个除去在澳洲新出现的一些珊瑚岛以外今天在任何地方都不再存在的、因而对于费尔巴哈说来也是不存在的自然界。"①

"历史向世界历史的转变，不是'自我意识'、宇宙精神或者某个形而上学怪影的某种抽象行为，而是纯粹物质的、可以通过经验确定的事实，每一个过着实际生活的、需要吃、喝、穿的个人都可以证明这一事实。"② "因为对社会主义的人来说，整个所谓世界历史不外是人通过人的劳动而诞生的过程，是自然界对人来说的生成过程，所以关于他通过自身而诞生、关于他的形成过程，他有直观的、无可辩驳的证明。因为人和自然界的实在性，即人对人来说作为自然界的存在以及自然界对人来说作为人的存在，已经变成实际的、可以通过感觉直观的。"③

(二)"人·工程·生存"的互蕴共容

所谓互蕴共容，是指事物之间相互关联、相互影响、相互包含、相互促进的关联性存在状态。当说到其中的任何一方，与之有互蕴共容关系的其他各方也随之在场了。说"人·工程·生存"三者是互蕴共容的，就是指三者之间存在着相互关联、相互影响、相互包含、相互促进的生存论存在论上的关联性、整体性关系。这也恰恰构成工程生存论的整体的超验建构。

我们谈论人时，不能回避工程与生存。因为工程使人成为人，工程是人的存在方式。我以我造物的方式去存在，也就是人以工程的方式去生存，工程的发展直接表征、提升着人的类本性。

我们谈论工程时，不能回避人与生存。因为工程总是属人和为着人的工程，工程行动总是生存着的人的活动。人工世界是为了正在生存着的人和未来生存着的人能够更好地生存而准备的。没有生存着的人就不会有工程，即便有了实存的工程，而离开了生存着的人的需要，也无法获得社会实现，因而是无意义、无价值的工程。

我们谈论生存时，不能回避人与工程。因为生存现象或生存问题"总

---

① 《马克思恩格斯全集》，第 3 卷，北京，人民出版社，1960，第 50 页。
② 《马克思恩格斯全集》，第 3 卷，北京，人民出版社，1960，第 52 页。
③ 〔德〕马克思：《1844 年经济学哲学手稿》，北京，人民出版社，2000，第 92 页。

是只有通过生存活动本身才能弄清楚"①。生存是人的本质，而人的生存总是以工程的方式去生存，这是人的生存区别于动物的本能式生存方式的关键之处。没有人的生存，也就没有生存的问题和生存话题了。我们能够把生存作为话题来谈论、分析，那是由于我们生存着，而我们生存着，就会寻求如何更好地生存，就会设计去生存的方案，这本身正是工程的存在方式。

为了详细地探讨"人·工程·生存"的互蕴共容的生存论建构，本书将从以下不同的视角和不同的命题进一步加以说明。

1. 从人的视角看，人以工程的方式去生存

从人的视角看，就是从人出发来看待"人·工程·生存"的关系。它可以描述为：人以工程的方式去生存。或许会遭到这样的反驳：工程并不代表人的全部生存方式。的确，人不仅以工程的方式去存在，人还以科学的、技术的、宗教的、艺术的、哲学的等方式去生存。这里不是要否定或排斥人的其他生存方式，而是要把人以工程的方式去生存这样一种生存样式（而且是人最切近的生存样式）在遮蔽、遗忘的状态下展示出来，使之走向澄明之境。

应该说，与科学、技术相比，工程更贴近人们的现实生活，或者说，人就生活在人自身所建构的人工世界中。但由于人们受希腊哲学那种重思辨、轻工匠传统的影响，自亚里士多德提出造物以来，哲学史对工程的考察迷失久远，直到19世纪才有人问津。它远没有科学、技术那样较早地受到哲学家的青睐，以至于未能发展为科学哲学、技术哲学和在中国语境下的科学技术哲学。以李伯聪教授为首的中国哲学界的学者们试图创立工程哲学这门学科，并在理论上奋力开拓，为工程哲学的合法性辩护。然而，到目前为止，更多的学者立足于工程的知识论研究，从实证的层面追问工程是什么，而且习惯用技术的眼光看待工程，因而就使得对工程的哲学研究沉浸在对存在者的考察上，忽略了对工程之存在的发问，割断了工程的生存论存在论根基，远离了作为意义寻求的工程本体论，无法洞见"人·工程·生存"三者的互蕴共容的生存论建构，也就难以彰显"人以工程的方式去生存"这一命题的本真意义。

人以工程的方式去生存，是说人的生存总是具有筹划、建造的可能性，工程具有生存论特性或"生存论性质"。工程的知识论或认识论从不

---

① 〔德〕海德格尔：《存在与时间》（修订译本），陈嘉映等译，北京，生活·读书·新知三联书店，2012，第15页。

会为工程寻找生存论性质，因此，如此谈论人、工程和生存，只是生存论本体论或生存论存在论的解读。这在海德格尔对此在的生存论分析中已有所展示。正如海德格尔所说："由此可见，凡是以不具备此在式的存在特性的存在者为课题的各种存在论都植根于此在自身的存在者层次上的结构并由以得到说明，而此在的存在者层次上的结构包含着先于存在论的存在之领会的规定性。"① 具体来说，此在的生存论存在论结构的首要和基本的建构是此在"在世界之中"，世界是此在不可分割的先验结构，此在被抛在世是事实性的必然，但此在之生存总是有所领悟、有所筹划、有所选择的，即此在在世生存又具有可能性，是筹划着去存在的能在。而这种筹划着去存在的能在，本身就是人的作为方式的工程。从组建着此在在世生存的基本环节——操心来看，此在与器具或器物打交道的操劳，直接表明作为生产的工程是此在的一种存在方式，此在是从事着生产（工程）的存在者。这为后来海德格尔在《诗·语言·思》中所主张的"以栖居为指归的筑居"留下了根苗，人的生存是有所建造的，有所建造才有所栖居，而有所栖居的建造才是集结了天、地、神、人四重整体的本真的建造。也就是说，"以栖居为指归的筑居"达到了工程的最高境界，因为它不仅使人诗意地生存，而且让其他存在者是其所是、本然地存在着。

此外，海德格尔还挑明此在操劳的工程实践活动对人的生存是在先的，尽管操劳活动也有自己的视——"寻视"，但它不是作为认识的理论活动，理论认知是操劳停止的时候的单纯的"观看"——"非寻视式地单单观看"②。也就是说，工程是比科学和技术更为切近的人的生存方式。

实际上，在《德意志意识形态》中，马克思、恩格斯早已经揭示出物质生产（造物的工程）对人的生存的切近性。在马克思、恩格斯看来，一是物质生产活动是区别人与动物的关键，"可以根据意识、宗教或随便别的什么来区别人和动物。一当人们自己开始生产他们所必需的生活资料的时候（这一步是由他们的肉体组织所决定的），他们就开始把自己和动物区别开来。人们生产他们所必需的生活资料，同时也就间接地生产着他们的物质生活本身"③。二是从人类历史的第一个前提——"有生命的

① 〔德〕海德格尔：《存在与时间》（修订译本），陈嘉映等译，北京，生活·读书·新知三联书店，2012，第16页。

② 〔德〕海德格尔：《存在与时间》（修订译本），陈嘉映等译，北京，生活·读书·新知三联书店，2012，第82页。

③ 《马克思恩格斯全集》，第3卷，北京，人民出版社，1960，第24页。

个人的存在"出发，从满足人的肉体生存需要出发，马克思、恩格斯确立了人类历史的第一个活动——生产物质生活资料的生产实践（工程活动）。"当然，物质生活的这样或那样的组织，每次都依赖于已经发达的需求，而这些需求的产生，也像它们的满足一样，本身是一个历史过程。"① 三是物质活动决定一切其他活动。"生产力与交往形式的关系就是交往形式与个人的行动或活动的关系。（这种活动的基本形式当然是物质活动，它决定一切其他的活动，如脑力活动、政治活动、宗教活动等。）"② 四是科学活动也离不开工业和商业的状况。马克思、恩格斯在批评费尔巴哈时指出："费尔巴哈特别谈到自然科学的直观，提到一些秘密只有物理学家和化学家的眼睛才能识破，但是如果没有工业和商业，自然科学会成为什么样子呢？甚至这个'纯粹的'自然科学也只是由于商业和工业，由于人们的感性活动才达到自己的目的和获得材料的。"③

2. 从工程的视角看，工程组建着人的生存方式

人如何工程、怎样工程，人也就怎样生存着。由于共时地看，工程包括三个向度——作为（行动）方式的工程、人工世界和实存的工程，因而它们从不同侧面或层次规约着人的生存方式。

作为（行动）方式的工程表明人之行动的那么一种筹划、设计、选择等可能的能在状态。

人工世界直接就是人变革自然的造物行动，让自然为我所用的生活世界，因而也可以称为属我的世界。它由工程行动和实存的工程组成，具有开放性、动态性和相对的稳定性。一个区域有什么样的人工世界，人们就有什么样的物质和文化生活水平。

实存的工程是已经获得社会实现的工程，它组建着人工世界。没有已经完成了的实存工程，也就没有人工世界。新的实存工程的出现，又总是为既有的人工世界增加新内容。如果说人工世界在宏观、整体上决定人们以怎样的方式生存或生活着，那么实存的工程则在微观上调整着人们的生活方式。离开了实存工程的调整功能，现存的人工世界也必然失去开放性和发展的可能性，人们的生活方式就会日复一日，缺乏生机。

历时地看，工程是发展着的，是在时间之矢上的持续展开。只要有人类存在，工程行动就不会终结。无论是一个地区、一个民族，还是一个国家，它们在不同的时期或时代所达到或成就的工程层次与境界是不

① 《马克思恩格斯全集》，第3卷，北京，人民出版社，1960，第80页。
② 《马克思恩格斯全集》，第3卷，北京，人民出版社，1960，第80页。
③ 《马克思恩格斯全集》，第3集，北京，人民出版社，1960，第49～50页。

同的。因此，工程的发展表现为阶段性，而不同阶段的工程所塑造的人的生活方式是不同的。这是人们能够在生活经验中可以体认和见证的。

在中国发展的不同时期，曾流行过"几大件"（实际上，它们都是与人们生活密切相关的工业产品或人工物）的说法。从不同时期的"几大件"内容的变换，可以发现人们的生活方式也随之发生了重大变化。从老的"四大件"（缝纫机、手表、自行车、收音机）到新的"四大件"（冰箱、洗衣机、电视机、收录机），人们的生活方式从传统走向现代：妇女摆脱了制衣、洗衣等繁重的家务劳动；人们获取信息的渠道明显拓展；家庭由生产型为主转向消费型为主。实际上，今天人们的家庭生活又有了最新的"四大件"（电话、电脑、录放机、汽车），可以说，在中国城市和一部分发达的农村地区，人们的生活基本上实现了电气化、信息化、数字化。

从世界范围来看，人类的工程经历了自在的农业工程、自为的工业工程、自在自为的后工业工程，人类的生活方式也随之发生了重大的改变，从顺应自然的农业文明，到改造、征服自然的工业文明，再到寻求与自然和解的后工业文明。

3. 从生存的视角看，生存是人之工程行动的前提

人类的工程行动是为了满足人的生存需要，生存是属人的工程的根本维度。

人类工程行动的发生首先是而且主要是解决非专门化的人的最基本生存需要问题，这种对吃、穿、住等生活资料的需要直接导致人工造物的生产。因此，人类历史的第一个前提不是别的，而是人类生存的第一个前提——"人们为了能够'创造历史'，必须能够生活。但是为了生活，首先就需要衣、食、住以及其他东西。"[1] 这就决定了人类的第一个历史活动只能是"生产满足这些需要的资料，即生产物质生活本身"[2]。这里，生产生活资料的生产活动与造物的工程活动是一致的。也就是说，开始生产物质生活资料的人类造物活动也是最初的为了人的生存的人工开物——工程。正是物质生产、满足新的需要（在第一个需要满足的基础上产生的如改进生产工具、产品品质等）的再生产、人口生产和社会关系构成历史发展的四个因素。[3] 这四个因素是彼此关联、不可分割的。物质资料的生产是再生产和人口生产乃至社会关系形成的先决条件。反过来，社会关系也直接制约着其他三者。正如马克思、恩格斯所说："生活的生

---

①　《马克思恩格斯全集》，第 3 卷，北京，人民出版社，1960，第 31 页。

②　《马克思恩格斯全集》，第 3 卷，北京，人民出版社，1960，第 31 页。

③　《马克思恩格斯全集》，第 3 卷，北京，人民出版社，1960，第 31~34 页。

产——无论是自己生活的生产（通过劳动）或他人生活的生产（通过生育）——立即表现为双重关系：一方面是自然关系，另一方面是社会关系；社会关系的含义是指许多个人的合作，至于这种合作是在什么条件下、用什么方式和为了什么目的进行的，则是无关紧要的。由此可见，一定的生产方式或一定的工业阶段始终是与一定的共同活动的方式或一定的社会阶段联系着的，而这种共同活动方式本身就是'生产力'；由此可见，人们所达到的生产力的总和决定着社会状况，因而，始终必须把'人类的历史'同工业和交换的历史联系起来研究和探讨。"①

所以，我们考察工程不能回避人类工程发生史，不能抛开人的生存这一前提。离开了人的生存的工程是不存在的。即使是劣质的"豆腐渣"工程，也是某些人的不正当利益和不合理生存欲求所致，在现实中必然遭到公众的伦理谴责。这恰恰表明那种丧失了人文关怀、偏离工程存在之意义的工程是背离人的生存本根的工程，应该加以限制和规范。这就要求我们在理论上确认生存是人类工程行动的前提这一生存论本体论考察方式，而且在现实的工程运行中，让工程切实成为了人、关注人的生存的工程。

综上所述，我们可以在存在论下判明：工程之于人具有存在论意义，工程是人的存在方式，不仅过去是，现在是，而且未来仍然是。什么时候终止了工程活动，什么时候也就终结了人类自身。也就是说，人的命运与人类的工程实践休戚相关。因此，如何理解和评价工程，如何选择工程方式，如何规范工程实践等问题，也就成为必须关注和回答的问题。这不只是因为它们都属于工程的人文反思的应有之义，更重要的是，对这些问题的解决与现实回应直接关乎处于危机边缘的人类的未来命运。

二、工程认识论初论：从工程的观点看何以可能

与其说人凭借身体器官的进化告别动物界，不如说人依靠自为本性的生成超越动物界。因为始于物质生活资料生产的人类生存活动本身，就意味着人能够从自己的需要出发，通过创造性活动改变世界，让外物为我所用。正是在属我世界的建构过程中，在改变对象的同时，人也改变着自身；人依赖把握世界的各种方式的改进，不仅实现了从自然人到社会人的提升，而且在成人的道路上不断提升着人之为人的类本性。从

---

①　《马克思恩格斯全集》，第 3 卷，北京，人民出版社，1960，第 33～34 页。

实证的视域看，科学、技术和工程是人们把握世界的主要方式和维度。科学解决认识世界的问题，提供知识，给人理想的科学世界图景；技术解决如何做的问题，提供手段和方法，给人潜在的技术世界方案；工程解决做什么的问题，提供新的现实的存在，给人以工程世界——人工世界。由于现代自觉的工程始于近代产业革命和工业化运动，并随着科学、技术的迅猛发展才得以凸显，所以，以往人们习惯用科学的或技术的眼光看待事物，强调分析的、还原的思维，追求逻辑的一致性，忽略了综合的、非逻辑的和价值意义的方面，而这恰恰是工程活动所要求的。因此，本节试图开启从工程的观点看的新视野，初步探讨工程认识论问题。这需要考察下述三个具体问题。

（一）从工程的观点看何以可能

之所以要从工程的观点看，是因为工程有自身独特的内涵、生存论意蕴和特质。

首先，必须明确什么是工程。严格来说，当下还没有一个统一的工程概念，本书主张把对工程的认识论理解放置在生存论的基地之上，不仅在空间的坐标下界定工程，而且在时间的视野中诠释工程，凸显工程作为人的生存方式及其历史生成性。实证地看，工程是作为有价值取向的主体（包括国家、组织和个人），为了满足其特定需要，以一定经验知识或科学理论为基础，以一定技艺或技术为手段，以一定程序或规则为运作机制的变革现实的建构性的对象化活动及其成果。在生存论视域下，工程不只是主体的建构、造物活动与活动成果，而且是以"栖居"为指归的"筑居"①，是生存主体筹划着去存在的能在的存在方式。这里需要说明的是工业、产业、工程几个概念。工业是各类制造、生产产业的总称，相对于农业、服务业，工业可属于一大类产业——工业产业，工业中又包含了众多专业产业——行业，如纺织业、汽车制造业、采矿业等。从外延来看，产业＞工业＞行业＞企业＞工程，而工程的最小单位是项目。工业是区别于农业和服务业而言的，工程的纵向发展就是以工业化为主导的现代化运动；工程的横向拓展则构成经济全球化运动。也就是说，工程结构的历史性跃迁直接依赖于人类工程实践的发展。工程实践的不断发展，一方面，使工程结构的纵向提升成为可能；另一方面，不断提升、确证、展示着人之为人的类本性。

---

① 〔德〕马丁·海德格尔：《诗·语言·思》，张月等译，郑州，黄河文艺出版社，1989，第149～165页。

　　其次，正是这样一个工程概念决定了工程具有生存论的意蕴，内含着自身特质，并主要表现在以下几个方面。

　　(1)实现性。"工程活动的典型特征是创造一个世界上原本就不曾存在的存在物。""工程活动的本质特征是既适应存在，又创造新的存在。"①工程是论"成"的，它追求社会实现。一个好的工程总是综合考虑经济效益、社会效益和生态效益的，并把它作为方案设计和择优的依据及出发点与落脚点。

　　(2)整合性。工程讲科学性，讲技术的合理性，讲规则，讲社会效果，所以，工程是按照一定目标和规则，对科学、技术与社会(STS)的动态系统的整合。或者说，工程就是对科学、技术与社会诸要素的协调与整合。工程的整合性还表现在：不仅求"真"，而且求"善"、求"美"；不仅考虑"所是"，而且更注重"应当"。

　　(3)实践性。工程本身既是实践活动，又是实践活动的结构和规定性，即实践的格。离开了工程的实践是抽象的实践。与实践的三种形式(改造自然的实践——生产生活资料和生产资料的实践，改造社会的实践——变革社会体制和制度的实践，改造主观世界的实践——创造精神文化的实践)相对应，人工世界的工程可分为自然性工程、社会性工程和理论(精神)探索工程。

　　(4)创新性。工程活动是通过各种要素的组合创造新东西。工程本身是创新的，并且创新的观念在某种意义上说就是工程的观念。创新是一个工程范畴，又是工程的核心。可以说由于有了创新思维、创新机制，才使得工程活动表现为从简单到复杂、从低级到高级的不断提升过程，也才使得作为实存的工程具有生物进化的特征。

　　(5)社会性。工程行为就是主体(主要是特定组织)的社会行为，并且制造新的社会存在，带来新的社会后果。工程始于社会需求，终于社会监督与社会评价。它直接关乎社会的政治、经济和文化，决定着特定社会的物质文明和精神文明建设。

　　(6)复杂性。工程不仅是由各种因素组成的复杂系统，而且该系统有许多不确定因素和限制因素，因此，工程方案的设计不是依据单一解的线性函数，而是多个解的非线性函数。这就存在多方案的选择和决策问题。其实，工程的出现正是科学、技术和社会的多因素复杂范式的巨大

---

　　①　王宏波：《工程哲学与社会工程简论》，首次全国自然辩证法学术发展年会会议论文，2001。

转变。因此，必须走出把工程技术化、工具化的单向度的基础主义和还原主义的认知误区，在看到工程的科学和技术维度的同时，也要看到其社会和人文的维度。既要考虑"是"，又要兼顾"应该"；既要思量"可能"，又要顾及现实；既要立足客观的必然，又要发挥人的自由。总之，就是必须以生存论的观点去把握工程的完整内涵与本性。

（7）未来性。工程是面向未来的建构与生成，它的本质是适应生存的创意和创新。无论是个人的生存与发展，还是社会的运行与进步，都是以工程为中介的。也正是在这个意义上，我们才说工程是一个历史的范畴，历史是工程活动在时间中的展开。而作为实存的工程，无论是物质产品的实存，还是精神产品的实存，其不断地进化与生成，均在一定程度上表征着人类物质文明和精神文明发展的水平，并印证着人的本质力量的实现程度。

上述工程的内涵、构成与特质就决定了从工程的观点看，生存论的工程思维在认识论与方法论上具有与二元论不同的独特优势：逻辑与非逻辑、（科学）事实与（人文）价值、科技理性与交往理性的统一；线性思维与非线性思维、自然主义与建构论、个体论与整体论的融合；超越论与进化论、未来主义与现实主义、形而上与形而下的共存；实在论与过程论、唯物论与辩证法、逻辑与历史的一致。

（二）为什么要从工程的观点看

从工程的观点看，不仅是因为工程作为人的存在方式建构着社会的政治、经济和文化生活，提升着人的类本性，而且是因为工程构成我们解释世界的重要方式。

说工程是人的生存方式（从生存论视域理解工程），主要基于工程是因人类的生存需要而产生的，是人自我超越、自我实现、展现自身本质力量的根本方式。因此，工程也和科学、技术一样，构成人的存在方式和生存样态，而且在某种意义上，工程是比科学和技术更为切近的人的存在样式。可以说，当人类从洪荒走出，就开始了以建构活动为主的工程化存在了。正如马克思所说："可以根据意识、宗教或随便别的什么来区别人和动物。一当人们自己开始生产他们所必需的生活资料的时候（这一步是由他们的肉体组织所决定的），他们就开始把自己和动物区别开来。人们生产他们所必需的生活资料，同时也就间接地生产着他们的物质生活本身。"① 这里的"生产"，就是从一定目的出发的建构性的工程实

---

① 《马克思恩格斯全集》，第3卷，北京，人民出版社，1960，第24页。

践活动，只不过这种工程活动刚刚开始，尚处于自发的非自觉的原初阶段。在人类文明史上，随着生产的发展和交往的扩大，以及科学、技术水平的提高，生产结构开始分化，从农业、畜牧业、工场手工业、商业，到以机器为主的现代大工业，再到后工业社会的信息产业和社会化的服务业，人类到目前为止已经历了以第一产业——农业为主的前现代社会（原始社会、奴隶社会和封建社会），以第二产业——工业为主的现代社会（资本主义社会、社会主义社会），以信息产业和服务业为主的后工业社会（发达的资本主义社会）。与之相适应，人的发展在形态上也经历了从人对人的依赖性，到以物的依赖性为基础的人的独立性，再到未来建立在个人全面发展基础之上的自由个性的三个阶段。李伯聪教授有文专门论述社会形态的三阶段和工具发展的三阶段问题。① 在笔者看来，李伯聪教授所说的"工具"的不同发展阶段，恰恰标志着利用不同工具手段的工程（生产）方式，因而可以解读为社会发展三阶段和工程发展三阶段的关系。

　　说工程成为解释世界的主要方式，是因为工程的存在表明人找到了解读世界多种可能性的综合认知模式和实践模式。人可以通过科学、宗教、哲学等观念地解读世界，可以审美地、艺术地解读，也可以实践地解读（通过试验、实验和技术等来领会自然界），而工程地解读则是多种解读方式的整合。也就是说，人对工程的需求，恰如人对艺术、认知、实践的渴求，它们共同构成人的生存方式，所以工程行为集中体现了人的终极关怀。如果说哲学的主题是寻找家园，那么工程的使命则是建造和重建家园。正如李伯聪教授所说："工程活动的一个基本内容就是'建设家园'——建设'自己'的家，建设'集体'的家，建设'社会'的家，建设'国'的家，建设'人类'的家。"② "寻找家园"更多的是"解释世界"，而"建造家园"则是按照人的需要"改变世界"。马克思明确指出："哲学家们只是用不同的方式解释世界，问题在于改变世界。"③ 也就是说，不仅要"解释世界"，更重要的是要"改变世界"，可见马克思更看重付诸行动的、能改变世界的工程地解读世界。因为在他看来，"工业的历史和工业的已经产生的对象性的存在，是一本打开了的关于人的本质力量的书，是感性地摆在我们面前的人的心理学"④。"如果心理学还没有打开这本书即

---

① 李伯聪：《社会形态的三阶段和工具发展的三阶段》，《哲学研究》2003 年第 11 期。
② 李伯聪：《工程哲学引论——我造物故我在》，郑州，大象出版社，2002，第 438 页。
③ 《马克思恩格斯选集》，第 1 卷，北京，人民出版社，1995，第 4 页。
④ 《马克思恩格斯全集》，第 42 卷，北京，人民出版社，1979，第 127 页。

历史的这个恰恰最容易感知的、最容易理解的部分，那么这种心理学就不能成为内容确实丰富的和真正的科学。"① 其实，改变世界的活动本身包含着对世界的解释，是人从自己的需要和目的出发，建构属我世界的知与行的统一，体现着人的自为本性和不断超越的类本性。恩格斯也曾指出工业活动使"自在之物"变成"为我之物"，实现了思维与存在的最高统一，一切不可知论都成为不可能的了。但是人的知总是有限的，是"有学识的无知"②。

另外，马克思对社会发展的唯物史观，是采取生产力这一解释原则的（把社会关系归结为生产关系，生产关系又归结为生产力），即生产力推定的方法。科学技术被看作决定生产力水平的重要因素，被视为潜在的生产力。如果说科学技术是潜在的生产力，那么工程则是现实的生产力。所以，马克思关于生产力的解释原则，实际上就是科学、技术与工程或者说工程的解释原则。这可以从马克思关于科学、技术、工业，以及它们之间的相互关系的大量论述中得以印证。例如，马克思深刻地阐发了自然科学同工业（工程），以及它们同人和自然界的关系。"自然科学却通过工业日益在实践上进入人的生活，改造人的生活，并为人的解放作准备，尽管它不得不直接地完成非人化。工业是自然界同人之间，因而也是自然科学同人之间的现实的历史关系。"③ 在马克思看来，作为农业、工业、商业的工程实践活动的历史展开构成了人的解放的现实基础。"只有在现实的世界中并使用现实的手段才能实现真正的解放……'解放'是一种历史活动，不是思想活动，'解放'是由历史的关系，是由工业状况、商业状况、农业状况、交往状况促成的［……］"④ 这里的"工业状况、商业状况、农业状况、交往状况"就是指生产力与生产关系——生产方式的状况，由各类产业（工程的集聚）所表明的生产力与交往（生产关系）的矛盾运动推动着人类社会的发展，并直接决定着一定社会的发展水平和人的解放程度。尽管工程的发展在一定历史时期会造成人的异化，但这是历史的逻辑，同时也意味着通过工程活动的进一步发展——历史性跃迁，而扬弃工程所造成的人的异化，最终在未来的共产主义社会实现人的自由与全面发展。

因此，我们说工程不仅是人的最切近的生存方式，而且是解释世界

---

① 《马克思恩格斯全集》，第 42 卷，北京，人民出版社，1979，第 127 页。
② 〔德〕库萨的尼古拉：《论有学识的无知》，尹大贻等译，北京，商务印书馆，1988。
③ 《马克思恩格斯全集》，第 42 卷，北京，人民出版社，1979，第 128 页。
④ 《马克思恩格斯选集》，第 1 卷，北京，人民出版社，1995，第 74～75 页。

的根本方式。这就决定了我们应该,而且必须从工程的观点出发,看待事物,解决问题。

(三)怎样从工程的观点看

由于工程具有生存论意蕴、内涵和特质,人不仅工程化地生存着,而且以工程的方式理解、解释和建构着世界,因此,从工程的观点看已成为必然。问题是我们应该怎样从工程的观点来看。这是一种认识论、方法论。如前文所述,在时间之矢上,人们对工程的认识经历了从自发到自觉的过程,严格地讲,直到今天,大多数人还没有意识到或者还不习惯用工程的观点看问题,更谈不上如何从工程的观点看。这就需要在理论上加以探讨和引导。

根据工程的本性、特点、结构和功能,从工程的观点看,就要求我们站在实在论、建构论、整体论、生存论的立场,主动地采取系统论、复杂性方法,以及实践性、社会性、创新性、整合性、未来性的工程思维,在工程的视域和范式下来考察事物、处理问题。这里不打算谈从工程的观点看的每一种具体方法,仅用工程的观点剖析几个问题。

1. 创新

自熊彼特(J. A. Schumpeter)在《经济发展理论——对于利润、资本、信贷、利息和经济周期的考察》[①] 一书中首先提出"创新"的概念以来,学界从不同的视野重新解读创新。立足科学视角的,把创新理解为科学创新,主要指以科学发现为核心的原创性理论成果的获得;立足技术视角的,把创新解释为技术创新,强调技术发明、技术创造和改革;立足管理视角的,把创新理解为制度创新;等等。应该说,这些从不同视角和领域对创新概念的界定,都有其自身价值与合理性,但问题是缺乏对创新理解的全面性,难以澄明其丰富内涵和本质特征。严格来说,创新既不是一个科学范畴,也不是一个技术范畴。创新不局限于科学发现,也不等同于技术发明,更不能与制度创新等价。创新问题是一个工程问题、应用问题。一方面,创新的核心是价值的实现过程,发明与发现的创造物虽然有价值,但不等于价值实现。另一方面,价值实现需要一些条件和机制,因此,创新总是力图形成所需要的条件和机制,进而使发明和创造的成果得以有效实现。如果说发现对应的是规律,是基础科学问题,发明对应的是规则,是应用科学的问题,那么,创新对应的则是

① 〔美〕约瑟夫·熊彼特:《经济发展理论——对于利润、资本、信贷、利息和经济周期的考察》,何畏等译,北京,商务印书馆,1990。

技术规则与科学规律在特定条件下的组合，即制度。为了说明这一点，我们有必要重新回到熊彼特的理论。他赋予创新五个方面的内涵：一是采用一种新产品或一种产品的一种新的特性；二是采用一种新方法；三是开辟一个新市场；四是掠取或控制原材料或半制成品的一种新的供应来源；五是实现任何一种工业的新的组合。由此不难看出，熊彼特是在经济发展和经济运行的背景下提出创新概念并加以考察的，突出了创新的目的性和实现性，以及系统的要素创新和系统与整体创新，使创新具有了超技术内容。正如有的学者考察的那样，无论是熊彼特还是马克思的创新理解，都是包含了科学、技术与制度等因素的综合创新模式。所以，我们应冲破技术创新和科学创新的局限，以更大视野去洞察创新。考虑到上述工程自身的特质与本性，尤其是工程构成的三大维度——科学、技术和制度的维度，即作为对科学、技术的选择、应用与整合，科学、技术一经应用就转换为工程问题。工程比科学、技术多了一些社会牵挂或对条件的连带，其在运行中总是内含着相应的制度与规则，这就使得从工程角度来理解创新成为必要和可能。实际上，创新属于工程范畴，是作为工程范畴的创新。只有在工程范式内或从工程的观点来看，才能洞悉创新的真正本性与内涵。

2. 发展

根据《辞海》，"发展"一词的其中一个解释是：作为哲学名词，发展指事物由小到大、由简到繁、由低级到高级、由旧质到新质的运动变化过程。事物的发展是事物内部矛盾斗争的结果。[①] 据《英华大词典》，作为名词的发展（development）有发达、进化，展开、扩充、开发，发达物、新事物、发展阶段等意思。可见，发展表现为过程，是在时间之轴上的变量，是量变与质变的统一，是连续性与间断性的统一。发展的实质是事物自身整体的提升。离开了作为整体或整全性的个体事物，也就缺乏了表现发展的载体。考虑到工程恰恰具有个体性（任何工程都是指这一个或那一个工程）、整体提升等特性，所以说发展是工程的又一核心范畴。如前文所述，工程的发展不仅在于每一个工程所追求和实现的创新上，而且在于一定时期某一社会工程活动的整体提升上。所谓整体提升，是指：一方面，个别的工程活动总是包含着许多因素，不仅关涉科学、技术、制度和人文等维度，而且关涉一定时期社会的政治、经济和文化状况，因此，任何工程的实现与成败都是由工程活动系统的总体运作的

---

① 《辞海》（缩印本），上海，上海辞书出版社，2010，第 453 页。

优劣所决定的。另一方面，个别的工程的基本单元是项目。企业的经济活动正是由多个工程项目的先后衔接实现的，而同类工程项目的集合或集聚又形成产业或行业，各个产业或行业的集合便构成一个国家或地区的宏观经济。从外延来看，它们之间形成一种构成与被构成的关系，即"工程项目＜企业＜产业"或"行业＜宏观经济"。也就是说，作为社会的工程活动，不仅能形成社会的产业链，而且是微观经济和宏观经济的基础。正是从这个意义上说工程不同于作为潜在生产力的科学和技术，它恰恰构成了现实的生产力。因此，工程的整体提升这一特性就决定了工程的发展直接成为社会发展的台阶。正是一个个工程所决定的人类工程总体结构的提升，使得工程具有历史生成性和发展特征，即从自在的工程到自为的工程，再到自在自为的工程，与之相对应，人类文明实现了由农业文明到工业文明，再到后工业文明的重大进步。工程作为人的生存方式，工程发展的同时也就决定了人的生存状态（社会形态）的跃迁，即从初期的人的依赖性（"神化的人"），到以物的依赖性为主的人的独立性（"物化的人"），再到全面发展基础上的人的自由个性（"人化的人"）。

通常，人们习惯说某人有发展，某项事业有新的发展，殊不知，从科学或技术的观点看发展与从工程的观点看发展，其含义是不同的。从科学的观点看发展，发展仅具有量的积累、增加的含义。因为在时间之矢中考察科学，一个科学理论一经产生就是永生的，有其存在的意义。科学的大厦是不断的理论累积过程，所以科学的发展只是演化过程，表现为空间的扩展。尽管许多科学哲学家在探讨科学发展模式上做了很大努力，例如，卡尔·波普尔（Karl Raimund Popper）的猜测与反驳（试错法），托马斯·库恩（Thomas Kuhn）的范式理论，伊姆雷·拉卡托斯（Imre Lakatos）的科学研究纲领等，而且反对科学发展的累进观，但丝毫没有影响已产生的科学理论的存在。看来科学进步机制的认识论，还有必要建立在科学的本体论之上。从技术的观点看发展，发展有被等同于进化之嫌。在时间的视野中考察技术，技术具有连续性和继承性，表现为社会文化的遗传，而且通过对技术使用的选择，即优胜劣汰，技术呈现出进化性——用进废退。这方面可通过约翰·齐曼（John Ziman）的技术创新进化过程得到说明。只有从工程的观点看，发展自身的完整内涵才得以显现。这主要体现在：在时间的视野中考察工程，工程总是具有当下性和个性（"就这一个"）。任何个性的工程都有自己的使用期限和寿命，这就决定了它是有生命的，是会死的，但工程作为人类文化的组成部分又必然具有遗传性，使得后人能够借鉴前人的成果而不断创新，表现出间断性与连续性的统一。这正是发展的基本特征。也就是说，科学对应演化，技术对应进化，工程对应发展。只有从工程的观点看，才能更好地理解、诠释发展。

3. STS(科学、技术与社会)

众所周知，STS 是"Science Technology and Society"或"Science and Technology Studies"的缩写，这里仅就前一种意思——科学、技术与社会来讨论问题。从工程的观点看科学、技术与社会(STS)，我们就可以得出以下结论：第一，科学、技术作为潜在的知识形态与操作方案，只有经过工程的整合才能真正应用于社会。因为工程活动内在地包含了科学、技术、制度等维度，而且在"自然—科学—技术—工程—产业—经济"链条或"自然—科学—技术—工程—产业—经济—社会"大链条中，工程处于关键地位，起着桥梁和纽带作用，一边连着自然，一边连着社会，潜在的科学、技术只有通过工程实践才能转换成现实态。同类工程的实现与集聚就构成产业，不同产业的运行便支撑起社会的宏观经济。由于工程是从一定的社会需要出发，利用科学、技术变革自然，以寻求社会实现的活动，这就内在地整合了科学、技术与社会。因此，谈论科学、技术与社会离不开工程的视野。这可以通过国外科学、技术、社会教育中引进经济学和工业的模式[①] 得到说明。第二，科学、技术对社会的影响包括善与恶，具体影响则主要取决于工程行动。工程是主体尺度与客体尺度、合目的性与合规律性、价值与真理的统一，而且是以主体的目的、价值为主导的从形而上到形而下的过程，这就决定了对科学、技术使用的选择性。这种选择包含了工程主体的价值判断。科学、技术的社会应用关键在于工程活动如何选择它们。如果说科学、技术解决"能不能做"的问题，那么工程则兼顾着"能不能做"和"应不应该做"的问题。如果坚持凡能做的就是应该做的泰勒原则和技治主义的工程观，而不是信奉应该做的才能够做的价值导向，那么科学、技术的工程运用就可能为恶，甚至给人类和自然生态环境带来灾难。正是从这个意义上说科学、技术的异化问题，实际上是工程的异化。第三，社会公众不仅应关注科学、技术的伦理问题，更应该关注工程的伦理问题。前者主要涉及科学界、技术界中科学家和技术家的社会责任和伦理问题，其利益相关性往往是间接的；而后者则不仅包括工程家的责任和伦理问题，而且涵盖对科学、

---

① 〔英〕琼·所罗门：《国外中小学教育面面观：科学—技术—社会教育》，郭玉英等译，海口，海南出版社，2000，第 17 页。

技术应用的工程行动本身所导致的包括社会公众、多种利益主体、自然环境、地区之间、国与国之间、代际的众多方面的公平、正义、尊重、安全等伦理问题。所以，社会公众不但要学习科学、技术知识，关心科学、技术的走向，理解科学家、技术专家，还要了解工程知识。从理解工程到批评工程，通过追问工程的价值和意义，自觉地参与到工程决策中来，进而把工程置于社会的关注之下，使其成为有利于我们在大地上栖居的工程。只有这样，才能让科学、技术造福于人和社会。因此，对科学、技术与社会的考察可能也有必要纳入工程的视域。

此外，战略、筹划等问题都有待从工程的观点加以诠释和说明。由于篇幅所限，这里不再展开来谈。

简言之，以往人们习惯用科学的或技术的眼光看待事物，强调分析的、还原的思维，追求逻辑的一致性，忽略了综合的、非逻辑的和价值意义的方面，而这恰是工程实践的内在要求。考虑到建立在生存论基地之上的认识论的工程具有独特的内涵、特质、构成及运行方式，这就使得从工程的观点看问题成为可能，并具有解释世界的相对优势，以至于只有把创新、发展、STS和战略等问题置于工程的视域下，才能使其得到合理的诠释与说明。

三、工程价值论审视：工程价值及其评价

由于工程行动是人有目的地筹划与选择的自由意志驱使的活动，一旦发生，就必然创造新的存在，而这个存在对人或者具有经济、政治、军事的实际用途，或者具有审美功能，但从根本上说是为了满足生存需要，因而具有价值。尽管它所产生的价值有正价值，也有负价值，但是不管何种价值，它们都源于创造性的工程行动这一存在论基础。

(一)工程价值与构成类型

工程活动是合目的性与合规律性的统一，而且是从工程主体的需要和目的出发，即价值先导的合规律活动。也可以说，工程活动就是从价值目标出发，创造价值和实现价值的过程。因此，研究工程价值是一个非常重要的课题。

1. 工程价值在价值中的地位与作用

一般认为价值是一种关系范畴，反映的是主体与客体之间的意义、效用关系，其基础是主、客体的相互作用，它来源于人的生产和生活实践，即人的需要。因此，简单地说，价值是客体满足主体需要的一种关

系。根据客体满足主体需要的状况和程度，价值被区分为正价值、零价值和负价值。

工程价值是指工程活动及其成果满足人的需要一种关系。与一般的价值范畴相比，工程价值是一种特殊的价值，是在工程活动领域创造和实现的。可以说，没有工程行动就没有工程价值，而没有工程价值的工程是不可能发生的。人们总是从工程价值的预期目标出发，展开工程活动，进行工程评价。工程活动的复杂性决定了任何一项工程都具有正价值和负价值，只是工程主体尽量规避或减少负价值，以获得更大的正价值。人类的活动是多种多样的，实证地看，人们掌握世界的方式主要有工程、技术和科学三个维度。它们都是满足人的不同需要，创造价值的活动，分别表现为：满足人的生产生活需要，创造财富（包括物质财富和精神财富）的工程价值；满足人的改进生产生活手段、方式与能力需要的技术价值；满足人的认知与解释世界需要的科学价值。历史地看，人类要想生存，首先需要衣、食、住、行，工程活动始于人类生产物质生活资料的生产实践。也就是说，人类从洪荒走出就开始工程实践了，尽管是原始的、粗糙的物质生产。也正是这种初级的工程活动本身，使人成为人。用马克思的话说："可以根据意识、宗教或随便别的什么来区别人和动物。一当人们自己开始生产他们所必需的生活资料的时候（这一步是由他们的肉体组织所决定的），他们就开始把自己和动物区别开来。"①可见，工程活动是最基本的人类活动，是人最切近的生存方式。因此，工程活动所创造的工程价值也是最基础或最基本的价值，当然，也是最重要或最根本的价值。因为没有创造和实现工程价值的工程活动，就没有创造技术价值的技术行动的社会拉动与社会实现，也就没有创造科学价值的科学活动的必要物质手段与社会支撑。实际上，离开了创造工程价值的工程行动，人类就无法立足于自然界，无法以人的方式生存。

2. 工程价值的构成和类型

工程价值在构成上是分层次的，有功利价值（工具性价值）和超功利价值（人学价值）。前者凸显了工程的实用性和实效性，是工程得以实现的前提和基础；后者反映出工程的人性表达和人文价值——满足人的真、善、美的需要，以及对自由的欲求，是衡量、评价工程品位与档次的尺度。日常生活中，人们对某个工程进行评论或评价，经常说"这个工程缺乏人性""那个工程很人性化"，就是从工程的人文价值出发来考量工程的好与坏的。

①　《马克思恩格斯全集》，第3卷，北京，人民出版社，1960，第24页。

考虑到工程价值是工程实践的产物，工程实践所介入的领域不同，工程的目的，即满足主体需要的不同，就会产生不同的工程价值，例如，工程的经济价值、工程的政治价值、工程的生态价值、工程的军事价值、工程的社会价值，以及工程的人学价值等。一般一项工程总是包含着多种价值，这也是由工程活动中利益主体的多元化及工程的内在要求决定的，但不同领域的工程活动都有其主导的价值。经济领域的工程，如涉及农业生产与工业生产的工程，主要追求工程的经济价值；政治领域的工程，是为了达到某种政治目的，强调工程的政治价值；环保领域的工程，如造林绿化工程、防沙治沙工程、污水治理工程等，目的是改善生态环境，追求的是生态价值；军事领域的工程，如制造原子弹的曼哈顿工程、"两弹一星"工程等，其目的在于增强打击与防卫能力，首先着眼于军事价值；社会领域的工程，如致力于解决住房困难问题的安居工程，缓解城乡居民用水难的引水工程等，实现的是社会价值。对人本身而言，工程具有生存论价值或人学价值，表现为工程充满着人文关怀。工程属于人，而且是为了人的工程。工程不仅使人成为人，而且不断提升、确证着人之为人的类本性——自为本性和自由自觉的活动。

相对于工程的功利价值，工程的人学价值往往容易被忽视，这也是造成工程异化的主要原因，所以，下面着重探讨工程的超功利价值或生存论价值（也称人学价值）。它主要体现在以下方面。

一是工程的人学价值突出了生存的意识性。人的生命与动物单一的种生命不同，人具有两重性，不仅有自在的肉体生命，而且有区别于动物的自为生命——类生命，从而表现出人的"自为本性"、超越性，也就是人所特有的"形而上学"本性，也称类本性——人的自由自觉的活动。这就决定人的生存的意义和价值不只是满足肉体的生命需要，更重要的是通过自主活动，不断创造和丰富自身的个性和类本性。用高清海教授的话说，人之不同于动物的本性就表现在这点上：他作为形而下的存在，却要不断去追求并创造形而上的本质；对理想世界的追求与渴望，是蕴含在人类本性中的永恒冲动。[①] 工程作为实现人的类本性的有效途径，凸显了生存的自由自觉和不断创造属我世界的生命价值意识，服务于生存的最高目标，是理想的现实化。任何一个工程（主要指实际存在的工程）都是为人的，为人的生存服务的，而且在它实现以前，就早已在工程师的头脑中作为目的以观念的形式存在着。如马克思所说："这个目的是他

①   高清海：《"人"的哲学悟觉》，哈尔滨，黑龙江教育出版社，2004，第23页。

所知道的，是作为规律决定着他的活动的方式和方法的，他必须使他的意志服从这个目的。"① 也就是说，工程是"知道的做"，是工程主体自我意识——类意识的对象化过程，是人的"自为本性"的自觉实现方式。工程是从形而上的理想、目标到形而下的现实转换过程，工程意识与工程理念总是在先的。

如果说人与动物的本质区别在于动物不把自己同自己的生命活动区别开来，人使自己的生命活动本身变成自己的意志和意识的对象，进而使自己成为类存在物，也即有意识的存在物，那么，工程活动则尤其突出了人的这一生命特性。因为工程作为实践活动，即工程实践，是主观与客观、思维与存在辩证统一的最高体现，是主观见之于客观的过程。也就是说，工程是意识或观念先行的。从"自在之物"到"为我之物"，恰恰凸显了工程主体的意志、目的性和意识的主观能动性，使得工程成为自觉的活动。有马克思关于蜜蜂与建筑师的差异的论述为证："但是，最蹩脚的建筑师从一开始就比最灵巧的蜜蜂高明的地方，是他在用蜂蜡建筑蜂房以前，已经在自己的头脑中把它建成了。劳动过程结束时得到的结果，在这个过程开始时就已经在劳动者的表象中存在着，即已经观念地存在着。"② 它点出了人的类本性——自由自觉的活动，强调了意识的能动性和主观目的性。如同观察中渗透着理论一样，在马克思看来，实践中也渗透着理论，工程中也渗透着在理论指导下的设计。这是人的主观能动性的集中体现。就其实质而言，工程不过是一种理论观念的组织实施或实践过程。在实施工程的实践活动中，其基本的程序是：工程过程的计划阶段—工程过程的实施阶段—用物和生活阶段。③ 工程活动第一阶段的主要任务是计划，它包括筹划与运思、设计方案、选择和决策等方面，而所有这一切都是在思维和观念中进行并完成的。美国学者克劳斯(P. A. Kroes)认为："工程设计的过程可以理解为一种解决问题的过程，在这一过程中，一种功能被翻译或转换成另一种结构。这一过程通常是从收集关于所渴望的功能的知识开始的，而用一个设计作为结束。这个设计是一个关于可实现所渴求功能的物理客体、系统或过程的描绘蓝图。"④ 离开了这种观念的建构，工程就无法进行。因此，只有立足于

① 《马克思恩格斯全集》，第 23 卷，北京，人民出版社，1972，第 202 页。
② 《马克思恩格斯全集》，第 23 卷，北京，人民出版社，1972，第 202 页。
③ 李伯聪：《工程哲学引论——我造物故我在》，郑州，大象出版社，2002，第 89～297 页。
④ P. A. Kroes："Technical Functions as Dispositions：A Critical Assessment"，*Techné Research in Philosophy & Technology*，2001，5(3)：105～115.

科学的观念和图式，才能指导工程进入实施阶段，即由形而上的构思进入形而下的操作，由应然到实然。可以说，作为实践形式之一的工程活动，既是以认识活动在观念上否定世界的现存状态，并在观念中建构人所要求的可能状态，从而为实践活动提供目的性要求、理想性图景和理论性指导的过程；又是以实践活动现实地否定世界的现存状态，把观念形态的目的性要求和理想性图景变成人所要求的现实，让世界满足人的需求的过程。①

二是工程的人学价值实现了生存结构化。工程是按一定生存目标，使生存进一步有序化的过程。工程（engineering）作为名词，指称具体的"实存的工程"，而这些"实存的工程"本身对人的生存或生活有定向作用。可以说，什么样的工程，就决定了什么样的生活方式，甚至决定了你在社会中的地位，决定了你是什么样的人。因为现实的工程是由人的生存目标规定的。马克思指出，人是由物质生产决定的。"人们生产它们所必需的生活资料，同时也就间接地生产着他们的物质生活本身。"②"他们是什么样的，这同他们的生产是一致的——既和他们生产什么一致，又和他们怎样生产一致。因而，个人是什么样的，这取决于他们进行生产的物质条件"③，以及他们的生产方式。一般而言，作为实存的工程，历时地看，是按照从无到有、从简单到复杂的方向发展的，这也就规定了人们的生存状况和生活质量不断改善与不断提高的基本趋向。前一代人留下的实存工程作为本代人生存的必要的人工世界和物质、文化条件，使本代人开始在这些客观条件基础上进行新的工程实践，并通过不断创新和创价，为下一代人的工程化生存提供了发展平台。正是从这个意义上说，工程就是生产力，其核心是发展。而发展就意味着秩序化、结构化，这主要表现在：工程不仅把生存世界二重化为自在世界（天然自然）和属人世界（人化自然和人类社会的统一）、自然界和人工世界，而且由于工程的规模和水平不同，人工世界也分为不同的层次，这就是农业社会的工程、工业社会的工程和信息社会的工程，从而使得工程的发展与推进成为人类生存质量提高的标志。

此外，"工程"作为动词，有设计、筹划之意，是作为方式的工程，表明人的生存（无论是个体的生存，还是类的生存）是面向未来，对当下的筹划与设计，具有本体论的意义。"设计是人的基本技能，它产生于人

①　杨耕等：《马克思主义哲学研究》，北京，中国人民大学出版社，2000，第118页。
②　《马克思恩格斯全集》，第3卷，北京，人民出版社，1960，第24页。
③　《马克思恩格斯全集》，第3卷，北京，人民出版社，1960，第24页。

类发现和创造有意义的生活秩序和生活方式的需要，是人基于生活的需要而对事物在观念上和实际地加以组织和改造的过程。在观念的层面来说，设计是指人的意识和思想中指向行动的方面，包括筹划、规划和决策等活动；而就行动的过程来说，设计又是指行动过程中的理想性的方面和环节……行动并不就是'做'，一定包含对行动的价值上的，即道德和艺术上的掂量、考虑、思谋。"① 可以看出，设计是与人的"思"和"行"相伴随的。所以，工程使"人类的实践转化为一种'设计的实践'，它以巨大的创造性为自己的前导，以人类自身迅速爆炸着的'小宇宙'——'思维空间'进行理想化的建构，以可经验性、可操作性、可选择性作为自己的可能性的证明"②。

　　三是工程的人学价值强化了生存的终极关怀。工程是人的在场，工程的出现突出了人把自身当作行动和价值中心的倾向。这表明工程是为人自己的，是为人的生存的。工程总是自为的，是从人的需要和现实目的出发的。它集中体现了工程主体的价值标准和原则。工程是合规律性与合目的性的统一，既受制于客体的规律，又受制于主体的目的和需要，这构成了工程评价的双标尺——客观尺度和主观尺度，或者说是对象尺度和主体尺度。马克思认为："动物只是按照它所属的那个种的尺度和需要来构造，而人懂得按照任何一个种的尺度来进行生产，并且懂得处处都把内在的尺度运用于对象；因此，人也按照美的规律来构造。"③ 这里所说的尺度是指规定性和规律性。"任何一个种的尺度"是指任何对象、客体的规定性和规律；"内在尺度"则是指人、主体自身的规定性和规律。也就是说，人能够认识对象的本性和规律，同时又能认识、掌握自身的本性与规律。人之所以高于动物，是因为能掌握这两个尺度，并在行动中自觉地把二者结合起来，做到既遵循客观真理，又兼顾主体价值。因此，工程本身就是主体人的生存需要和价值的直接体现。用李伯聪教授的话说："工程活动是价值——这里所说的价值是指广义的价值而不是狭义的经济价值——定向的活动和过程……在工程活动的主体眼中和心目中，外部世界是一个有'价值色彩'和'价值负荷'的世界，工程活动的目的是要形成一个'更有价值'的世界……人类的工程活动的过程则是一个创造和'提升'价值的过程，它是一个以价值性为进步尺度和指标的

---

① 朱红文：《从哲学看工业设计的问题及其出路》，《哲学动态》2000 年第 5 期。
② 杨耕：《杨耕集》，上海，学林出版社，1998，第 127 页。
③ 〔德〕马克思：《1844 年经济学哲学手稿》，北京，人民出版社，2000，第 58 页。

过程。"①

　　工程的存在表明人找到了解读世界多种可能性的综合认知模式和实践模式。工程作为人的"自为本性"的综合实现方式，其根本意义和最终指向在于不断地创造人的生命的生存价值和类本质，使人成为更完善的人——自由和全面发展的人。人不仅从"群体本位"阶段人的依赖关系形态的"神化的人"，发展到"个体本位"阶段以物的依赖性为基础的人的独立性形态的"物化的人"，还要通过不断自我超越去实现"类本位"阶段那种人的自由个性联合体形态的"人化的人"。②

　　工程的存在还表明，人可以在宇宙最深、最基本的层面上与世界沟通，从而揭开宇宙的真正秘密，走向宇宙的深处。工程的进展情况是与人对世界的理解、把握和建构有直接对应关系的。换句话说，人类对世界和宇宙的认知及把握程度，是通过工程活动的水平、规模和种类体现出来的。航天工程使人类的视野从地球转向太空，并使人类谋求更大的生存空间成为可能；核能开发工程使人类从更深层次超越物理能和化学能，扩大新的能源；基因工程使人类对生命的了解和研究达到前所未有的高度，也为改善人自身的健康创造了条件；信息工程极大地缩小了人们交往的空间，使地球成为一个村落，尤为重要的是，它打破了生存的封闭状态，实现了信息共享和交往的立体化；纳米技术的应用工程不仅可以优化材料的品质和性能，而且能够创造人们所需要的新物质。以上种种工程表明，人类不仅从宏观上把握世界，而且从宇观和微观上认识和操纵着世界。工程真正成为人的生存方式，成为人类世界不断生成着的实践。所以，工程是人类走向自由的途径。

　　3. 工程价值的冲突与协调

　　工程的价值冲突分为工程中的价值冲突和工程价值与其他价值的冲突。所谓工程中的价值冲突，是指工程活动所涉及的多种价值需求或价值目标之间的不一致，甚至相互矛盾与背离。这是由工程活动中利益主体多元化（决策者、投资人、经营者、工程师、工人、消费者、社会公众、政府管理部门）③，以及价值观不同造成的。客观地说，工程的价值冲突是在所难免的，问题是如何协调、化解冲突。如果一项工程的价值冲突得不到及时、有效的协调，就会导致冲突的升级，并最终造成工程计划的破产。对于一项确实该废止的工程项目，这样的结果是可喜的；

---

① 李伯聪：《工程哲学引论——我造物故我在》，郑州，大象出版社，2002，第402页。
② 高清海：《"人"的哲学悟觉》，哈尔滨，黑龙江教育出版社，2004，第73页。
③ 这些主体可能交叉。

然而，对于一项有前景、应该上马的工程，这无疑会错失良机，甚至造成不可挽回的损失。因此，如何协调工程的价值冲突就尤为重要。严格地说，协调工程中的价值冲突并非达成各类利益主体理想的价值需要，而是以工程的价值认识与评价为前提，通过一定价值规范或共同认可的价值原则去约束各种价值需求，使各类利益集团在公开、平等对话的民主决策氛围中实现互利互惠、共生共荣的价值认同。也就是说，协调工程中的价值冲突有多种途径：进行工程的价值评价；引入民主决策机制；制定工程行动的一般原则或规范；形成价值认同。

从工程的民主决策机制来看，民主决策就是要让与工程相关的各方人士，如投资人、经营者、工程师、工人、消费者、社会公众、政府管理部门等，参与到工程决策中来，有机会表达其目标价值或利益需要；同时也使他们了解工程的整体价值追求与总体价值目标（对工程的正价值与负价值或代价的考量），以及实施的可能方案，广泛征求各方面的意见和建议，以对话与博弈的方式，在比较、择优中形成大家认可的最终决策，进而积极、主动地化解价值冲突，在共同的价值目标下形成整体的合力，促进工程的实施与社会实现。否则，离开民主决策机制，就会导致强权或强势（在场）决策，利益失衡就会是在所难免的，必然引发价值冲突，影响工程本身的价值实现，也给社会带来不稳定因素。这样的案例不胜枚举。

制定工程行动的一般规范，就是适应时代主题和人类社会发展的需要，制定具有一定指导和约束作用的工程行动原则或价值规范，为工程行动价值定向，发挥导航的作用。这种具有普遍意义的工程行动原则或价值规范对各利益主体的价值寻求形成价值约束，自觉地调整与该总体原则相背离的价值目标，达到整合、协调工程中各种"价值元"（各类不同的子价值目标）的目的，避免价值冲突。那么，究竟应建立怎样的工程规范呢？后面将具体阐释。

工程的价值认同既可以看作解决工程的价值冲突的一个途径，也可视为协调工程中的价值冲突的结果。说它是途径，是把实现认同本身作为过程。比如，让社会公众了解工程，参与工程决策，就会使公众由猜疑工程、拒斥工程到理解工程，乃至将工程的目标价值内化为自身的价值需求，从而实现价值认同。对工程活动中的其他利益主体，也可以通过寻求价值认同的方式化解价值冲突，由对立走向融合。说它是结果，是指通过上述种种努力，最终可达成价值认同与相互理解。

然而，无论哪一种协调工程中价值冲突的方式或途径，都伴随和凭借价值评价。只有通过价值评价，才可以做出价值判断，确认哪种价值目标是合理的，哪种工程方案是可行的。对此，赫伯特·西蒙（Herbert Simon）说："就决策导向最终目标的选取而言，我们把决策称为'价值判断'；就决策包含最终目标的实现而言，我们把它称作'事实判断'。"①可以说，缺少工程的价值评价，就等于丧失了协调工程中的价值冲突的根据与可能，使工程决策陷入两难的尴尬境地。

工程价值与工程外部的冲突涉及：工程价值追求与自然环境的冲突；工程共同体价值目标与社会公众的利益冲突；不同工程共同体之间的集团利益冲突；工程共同体所在的经济实体组织与非实体组织，如社区和政府管理部门的冲突等。因此，能否协调各种冲突，成为工程共同体能否与外部自然环境及外部社会环境和谐共存的问题，也涉及工程活动能否顺利开展和可持续的问题。这也就要求我们必须进行工程价值评价，并通过有效规范来优化工程决策，约束工程行动。

（二）工程价值评价及其规范

工程活动是价值定向的活动和过程，工程活动的目的是要形成一个更有价值的世界。② 更进一步说，工程活动就是从人类生存的现实出发，自觉依循主体尺度与客体尺度，变革现存世界，创造价值，并通过价值评价进而规范工程行动、实现价值的过程。它不仅是合规律的活动，离不开事实判断，而且是合目的的活动，需要价值判断，并通过价值评价形成工程活动规范——工程伦理和工程法律规范。也就是说，工程活动必然关涉"是"与"应当"，如何从"是"过渡到"应当"，工程价值评价是不可或缺的桥梁。因此，有必要探究工程价值、评价、规范，以及三者关系问题，以更好地指导作为人的生存方式的工程实践。

1. 工程价值评价

工程价值，就是通过工程活动创造出来的一种特殊价值。它反映了工程活动及其成果究竟在何种程度上满足了人类的需要。事实上，人们总是从自己对工程的价值预期出发，开展特定工程活动的，而当工程完工之后，又总要进行事后的工程价值评价。因此，没有价值的工程不可能发生，已经丧失了任何价值的工程也不可能存在。根据工程满足主体需要的层面不同，可以将工程价值分成若干类型，例如，工程的经济价值、工程的政治价值、工程的生态价值、工程的军事价值、工程的社会

---

① 〔美〕赫伯特·西蒙：《管理行为》，杨砾等译，北京，北京经济学院出版社，1988，第6页。

② 李伯聪：《工程哲学引论——我造物故我在》，郑州，大象出版社，2002，第402页。

价值、工程的人文价值，等等。通常而言，一项工程总是包含着多种价值，这是由工程活动的跨领域特性，以及利益主体多元化的现实所决定的。尽管如此，不同领域中的工程活动都有其主导价值。

过去人们往往只看到经济价值，而忽视了文化价值、生态价值和审美价值这类超功利的价值。这种对工程的人文价值的忽视，是造成工程异化的主要原因。

如果说工程活动是创造价值、实现价值的过程，那么工程的价值评价就是工程活动的内在环节。所谓价值评价，是主体关于客体有无价值及价值大小所进行的主观判断。[①]所谓工程价值评价，就是评价者对工程涉及的各种价值关系及工程的总体价值所做出的判断。工程价值评价在工程活动中具有重要作用，不仅揭示、呈现工程价值，而且规约工程共同体的行动规范。可以说，从工程理念中的价值预设，工程决策中的价值判断，到工程实施和工程消费环节的价值实现，都贯穿着作为前提条件和依据的工程的价值评价。一般来说，工程价值评价可分为事前评价和事后评价。事前评价是对计划中的工程进行的价值评价，是在工程方案实施之前，对不同工程方案的经济效率、效益与安全的比较分析，着眼于工程项目的可行性分析，其实质是不同方案之间的优劣比较。即使是一套方案，那也是此方案与零方案（即不实施）之间的比较。事前评价的主要目的是论证工程建设的可行性。事后评价则是在工程完工后进行的比较全面的价值评价，其主要目的是评估工程是否达到了预期目标，以及存在哪些未曾预料到的良性结果或者不良后果，从而为今后的工程活动提供经验或者教训。

工程价值评价的根本尺度是人的需要、兴趣和偏好。工程价值评价主要依据特定时代特定社会认同了的一般价值原则，以及工程活动的基本规范。凡是符合这些原则和规范的，就说它是好的、可行的工程；反之，则被认为是差的、不可行的工程。由于工程活动的复杂性，也由于工程评价主体的多元性，任何一项工程都不可避免地同时具有正面价值和负面后果。从这个意义上说，工程活动的价值评价必然是一个复杂的过程。孟姜女眼中的长城与秦始皇眼中的长城就具有完全不同的意义，因而也就有了完全不同的价值。不仅如此，随着时间的推移，工程价值的评价结果也会发生很大变化。长城在秦汉时代的"国防"价值，就十分不同于它在今天的"文物"价值。从这个意义上说，并不存在"完全客观"的工程价值，工程价值的

①　袁贵仁：《价值学引论》，北京，北京师范大学出版社，1991，第207页。

评价也就必然是一个"主体间"的"建构过程"，具有历史性。

目前，受大众青睐的工程的经济价值评价尽管有许多积极的功能，例如，工程的经济价值评价可以使工程建设理性化，是工程方案取舍与变更的主要依据，使社会的有限资源得到最优利用，有助于全面提高人民的福利水平等，但单纯的经济价值评价往往具有内在的局限性，对此，需要有充分认识。

首先，流行的关于工程的经济价值评价往往忽视了工程活动所内含的各种价值冲突——经济利益与环境保护之间的冲突、功利价值与人文价值之间的冲突、集团利益与社会利益之间的冲突，以及当代人的需求与后代人的需求之间的冲突等。这些价值冲突直接源于工程活动涉及的利益相关者之间价值追求的不一致——介入工程活动中的决策者、投资人、经营者、工程师、工人、消费者、社会公众乃至政府管理部门等，通常都拥有十分不同的价值观和工程目标。然而，在现实社会，从事经济价值评价的主体往往只是工程的投资者与经营者，而不包括工程活动所涉及的所有价值主体，其结果就是有关工程的经济价值评价难免失之偏颇，因而不能反映工程的完整价值。

其次，目前关于工程的价值评价通常停留在纯粹经济层面或者功利层面的价值评价，严重忽视了非经济价值，尤其是人文价值的评价，忽视了工程活动导致的生态成本的补偿问题，结果，工程的价值没有得到真实考量，不少工程不可避免地走向了人性和生态保护的对立面。在这种情况下，可持续发展的理念也就难以落到实处。

最后，现有的工程经济价值评价常常简单地将定量评价等同于客观评价，将定性评价混同于主观评价，过于偏向定量评价而排斥定性评价，致使一些貌似严密、客观的评价结果，实际带来的可能是一种误导。这是因为工程的经济价值的评价标准及有关计算参数往往是主观设定的，如标准收益率、社会折现率等，这样，如果评价标准的设定出现了问题，如果所选参数不能反映资源的真实经济价值，那么，工程的经济价值的定量评价就很有可能差之毫厘，谬以千里，从而导致工程投资的重大失误。与此相比，在承认价值评价本身就具有主观性的基础上，只要运用恰当，定性评价也有可能得出更加真实的符合实际的结果。

鉴于上述局限性，很有必要完善工程价值的经济评价。一是扩大评价主体范围，减少工程评价失误。① 二是完善市场机制，使工程的经济

---

① 李伯聪：《工程哲学与科学发展观》，《自然辩证法研究》2004 年第 10 期。

价值更具有可测性。三是充分认识工程评价的复杂性与可错性，强化工程的事后评价。换言之，需要超越工程的经济价值评价，对工程价值进行系统评价。不仅要看到工程的经济价值，而且要看到工程的非经济价值；不仅要站在投资者和管理者的角度评价工程价值，而且应该站在全社会的角度完整地评价工程的价值，包括负面价值；不仅要追求工程价值的定量评价，而且要辅之以定性评价，做到定性评价和定量评价相结合。

与单纯的工程的经济价值评价相比，工程价值的系统评价具有重要的现实意义。一方面，工程价值的系统评价有助于协调工程活动中的价值冲突。因为要进行系统评价，首先就要确认工程活动涉及的不同价值，识别可能的价值冲突。让所有利益相关者，尤其是公众，了解工程，参与工程，表达各自的价值偏好，有可能创造一种公开交流、平等对话和积极磋商的机制，促成利益相关者之间的互惠性和价值认同，就有可能使普通公众由猜疑工程、拒斥工程走向理解工程，甚至将工程目标内化为自身的价值需求。这种价值协调对工程活动的顺利开展是很有必要的。如果一项工程引发的价值冲突得不到协调与及时化解，就势必带来价值冲突的不断升级，并最终造成工程计划的破产。另一方面，工程价值的系统评价还有利于可持续发展目标的实现与和谐社会的建设。当前，促进人与自然、人与社会、人与人的和谐是各类实践活动的普遍追求，可持续发展已经成为世界性主题。工程价值的系统评价有助于将生态成本补偿思想贯穿到工程建设活动中，从而推动有利于可持续发展的绿色工程建设。工程建设的系统评价要求关注工程安全和工程伦理问题，从而有力地推动和谐社会的建设。总之，只有通过系统的工程价值评价，才能确认存在着哪些价值目标，才能找到协调这些价值目标的可能途径，才能使工程活动真正服务于可持续发展与和谐社会的建设目标。

目前，关于工程价值的系统评价方法还处在发展的初级阶段，迫切需要工程界和学术界有关人士的进一步研究。这里，只尝试性地提出工程价值系统评价需要注意的若干事项。

第一，注重评价的整体性。工程系统是一个复杂系统，工程所涉及的价值关系十分庞杂，为了尽可能全面地反映工程的价值，价值评价就应该超越传统的单一经济评价视角，超越功利主义的价值尺度，走向涵盖人文尺度和环境尺度的整体性评价，从而真正衡量出工程的整体价值。这就意味着工程评价的实施主体必须兼顾多元利益主体的价值偏好，综合考虑工程的经济价值、工程的政治价值、工程的环境与生态价值、工程的军事价值、工程的社会价值及工程的人文价值，尽可能全面衡量工程的正效应和负效应、短期效应和长期效应，从而对工程做出系统的整体性价值评价，并把它作为工程方案设计和择优的出发点和落脚点，作为今后工程改进的基本依据。

第二，坚持真、善、美的统一。工程不仅是一种受制于客观规律的功利性活动，而且是一种受制于人类价值追求和审美理想的人文活动。可以说，工程不只是真理性原则与功利性原则的统一，而且是真、善、美的协调和统一。缺失了道德向度的工程，自然不是一项好的工程；缺失了审美功能的工程，同样也是丧失了人文关怀的工程。换句话说，如果工程中没有考虑人的道德和审美向度，就会疏离人的终极关怀，工程势必成为束缚人、压迫人的工程。因此，任何工程实践和工程价值评价主体，都应自觉地从真、善、美统一的高度来设计工程、实施工程、评价工程。只有这样，才能使工程不仅拥有功利价值，而且充满人文价值，也才能使工程的利益相关者分享到工程的功利价值和人文价值。[①]

第三，鼓励民主参与。从利益相关者的角度来看，工程价值的系统评价需要民主参与。为了对工程价值进行全面、系统的评价，首先需要识别出工程活动的不同利益相关者及其各不相同的价值追求，而后才能权衡不同的利益关系。为此，工程活动的民主参与——工程活动涉及的各类利益相关者，如投资人、经营者、工程师、工人、消费者、社会公众、政府管理部门等，都应该以某种方式参与到工程价值的评估之中。他们有权利了解工程的整体设计目标乃至具体设计与实施方案，有权自由表达其价值和利益偏好。只有在利益相关者理性交流和平等协商的氛围中，才有可能比较全面地评价工程价值，也才能在工程利益相关者之间形成合力，促进工程活动的顺利实施与实现。反之，如果离开民主参与机制，就会导致强权决策，压制某些利益相关者的声音，从而影响工程本身的价值实现，给社会带来不稳定因素。实际上，是否引入民主参与机制，让公众参与工程评价与决策，也是工程是否体现人文价值的一个重要指标。

第四，讲求效率。在进行工程价值的系统评价时，既要考虑工程实现的价值量的大小，又要考虑实现这些价值所耗费的人力、物力和财力资源。这一点，其实也是"价值工程"的起码要求。不过，与通常的价值工程评价方法不同的是，根据上述整体性要求，这里的功能价值和成本

---

①　李永胜：《工程设计和评估中的价值问题》，《科学技术与辩证法》2005 年第 3 期。

计算的范围都需要大大扩展。不仅要考虑功利价值，而且要考虑人文价值；不仅要考虑经济成本，而且要考虑人性成本和环境成本。在实践过程中，不仅要评价总体价值，而且要评价工程实施手段、方式或途径的有效性与合理性，它主要涉及技术手段、运行规程、奖罚措施与管理模式的合理性等评价。其中，技术手段评价主要衡量技术的类型、先进性、可靠性、可行性、风险性、安全性、投入成本、产出效果；对工程运行规程的评价，主要考察其简约性、可操作性、合理性、有效性；对奖罚措施的评价，就是对工程活动中的激励与约束机制的评价，主要看其奖罚是否适度，以便协调工程行动者的步调，减少内耗；对管理模式的评价，就是评价工程活动的管理模式，包括决策方式，看其是否有利于工程目标的最终实现。这样，就能够将效率原则贯穿于工程活动的各个具体环节中。

第五，合理补偿生态成本。传统西方哲学将自然视为一个对象性存在，自然既是认识的对象，也是改造的对象，而工程活动就是人类改造自然的具体方式，致使工程活动主体仅仅将工程理解为改造自然的工具，一味向自然无限制地索取，从而使工程活动成为破坏人与自然关系的直接力量。当人类社会总体上还处于物质条件比较匮乏的时期，这种工程观还有其合理价值，而当工程越来越复杂，工程对生态环境的影响越来越大的时候，仍然坚持这种工程观就很成问题了。当前，可持续发展已经成为世界性主题。它要求在满足当代人的需要的同时，不对后代人满足其需要构成危害。在这种情况下，需要树立生态补偿的工程建设理念，并将这种理念渗透到工程价值的系统评价中去，将工程对生态环境的负面影响视为工程成本的重要组成部分。[①] 坚持对工程进行生态环境评价或评估，只有这样，才能完整反映工程的价值，推动有利于可持续发展的绿色工程建设，确保人类生存质量的不断提高，满足人们对美好、美丽生活的需求。

第六，定性评价与定量评价相结合。在工程价值的系统评价中，虽然定量评价极为重要，但定性评价也同样不可缺少。在实践过程中，应该根据工程价值评价的具体维度，相应采取适当的定量评价方法和定性评价方法，做到定性评价和定量评价的互补与统一。在定量评价中，需要讲究数据的真实性和可靠性，需要恰当设定有关计算参数，使之能够反映资源的真实经济价值；在定性评价中，需要通盘考虑利益相关者的

---

① 张帆、夏凡：《环境与自然资源经济学》，上海，格致出版社，2016，第 3 版。

主观价值评价排序，以及非功利价值的主观排序。在此基础上，通过价值评价检验环节，确保综合价值评价能够得出符合实际的结果。

　　2. 工程规范

　　徐梦秋在《规范何以可能》① 一文中不仅给出了规范的界定，而且阐明了规范形成的必要条件。规范属于社会生活的应然领域，它告诉人们应该做什么，不应该做什么，可以做什么，不可以做什么，因此，规范是指导、鼓励、制止、调控人们行为的指示系统。但是，并非所有的指示都能够成为规范。严格来说，"规范是调控人们行为的，由某种精神力量或物质力量来支持的，具有不同程度之普适性的指示或指示系统"。规范之所以可能，即从无到有，其必要条件是对因果必然性的把握和对行为后果的评价，二者缺一不可。"而从逻辑的角度看，规范判断以事实判断和价值判断作为前提，是调控人们行为的具有不同程度普适性的指示或指示系统。"

　　由于工程的社会属性，以及工程行动的合目的性与合规律性要求，不同时期、不同地域和不同文化的工程活动共同体在创造价值的工程实践中，必须进行事实判断以合乎规律，必须面对价值判断以合乎目的，因而必然形成规范判断以规范工程行动。比如，根据"自然资源是有限的"这一事实判断，我们会自然推出命题："在工程活动过程中，合理地利用和开发自然资源是至关重要的。"在这个价值判断的基础上做出规范判断："工程活动必须确保自然资源的永续性，禁止过度开发。"这也恰好是工程伦理形成的基本机制，但严格意义上的现代工程伦理规范始自20世纪初，随着工程师协会的诞生而出现。

　　如果说工程的价值评价使工程价值得以呈现和揭示，那么，工程评价必然同时引发、促成工程规范。而工程规范本身又构成工程评价的依据，引导合理的工程价值取向，并有效地规避多元价值追求的利益冲突。

　　根据价值学理论，价值评价或价值认识的根本尺度或标准是人的需要，以及兴趣、偏好所组成的复杂系统，但在实际的价值认识活动中，并非时时、处处直接按照某种需要去评价客体，更多的情况是以某种具体的"范型"或"模式"来衡量和判断客体，这种"范型"或"模式"被作为价值认识或评价的参照尺度。今天，人类的实践越来越意识到不仅要效率、效益，而且讲公平、公正；不仅看实用功能，而且重审美维度；不仅求发展，而且保永续性。因此，当代工程行动及工程的价值评价一般应遵

① 徐梦秋：《规范何以可能》，《学术月刊》2002年第7期。

守以下基本规范和原则。

一是实现性原则。这是对工程的结果性评价，看"效果"。"实现性"是与人的生存需要关联着的，没有对工程的"需要性"，也就无所谓工程的"实现性"。同时，没有对工程的"实现性"的追求，也就无法真正满足人的需要。工程活动就是从满足人的生存、享受和发展的需要，创造价值的目的出发，通过实际的工程操作与建构，最终为社会和公众所消费、享用，进而获得价值实现的。也就是说，工程活动创造的价值是可能的、潜在的价值，只有经过消费、使用的环节，才能获得真正的价值实现——由潜在价值转换为现实价值。否则，工程就会成为无用、无价值甚至有害和有负价值的人造垃圾。由于工程活动的典型特征是创造新的存在，这就决定工程必然追求社会实现，否则，那个新创造的存在就等于无，是对人无意义，甚至是威胁着人的生存的存在。一个新的工程只有获得社会公众的认可，能够为公众所接受，才能获得其社会实现性。实际上，工程的实现性如何，是衡量其可行性的主要依据。我们说一个工程是可行的，不仅指技术上的可操作性，而且指满足社会需要的可实现性。因此，一个好的工程总是综合考虑经济效益、社会效益和生态效益的社会实现问题，即进行"价值工程"——工程的价值分析与评价，并把它作为方案设计和择优的依据及出发点和落脚点。

二是时效性原则。这是重视过程性与手段性评价，讲"效率"。如果说工程的实现性原则主要强调结果的评价，那么工程的时效性要求则着眼于工程活动的过程与手段性评价。它讲求实现工程目标过程中或工程实施过程的时间节约，追求效率。一般在工程决策过程中，要对工程的最终目标和将实现的总体的工程价值进行评价，比较正效应——正价值的大小，衡量负效应或工程的代价——负价值的多少，以便尽可能地增加正价值，减少负价值（降低代价），规避风险；还要评价工程实施手段、方式或途径的有效性与合理性，主要包括技术手段、运行程序和规则（简称"规程"），以及奖罚措施与管理模式（主要是决策方式）等。

三是审美性原则。这是满足美的需要，重"人性的表达"。人们常说工程是科学又是艺术，恰恰表明工程活动不仅应遵循科学原理和客观规律，而且应考虑不同时代的审美理想。从工程的范畴演变也可以看出，审美是人们对工程的内在要求和基本规定。例如，1828年，英国土木工程师协会章程最初正式把工程定义为："利用丰富的自然资源为人类造福的艺术（art）。"1852年，美国土木工程师协会章程将工程定义为："把科学知识和经验知识应用于设计、制造或完成对人类有用的建设项目、机器和材料的艺术。"① 因此，人们对建筑师或建筑工程师做这样的描述：
"建筑师是这样一种人：他把一大堆杂乱无章的材料（有机、无机和金属
等各种材料）按照他的意图整理出一种建筑秩序（Order），一种道，一种
人造空间的美。"② 可见，工程不只是真理与价值的统一，还是真、善、
美的协调和统一。事实上，说一个工程是好的，除了可靠的质量、广泛
的用途外，还要具有一定的审美效果。工程既然是为人的工程，就不仅
要满足人的实用或使用性的需要，而且应该满足人的审美性需要。缺乏
了审美功能的工程，就是丑的、恶的，丧失了人文关怀的工程。换句话
说，如果工程中没有考虑满足人审美的精神需求的向度，也就疏离了工
程对人的终极关怀的价值与意义的向度，必然是非人性化的工程。实际
上，美是一种解放的尺度，美学的改造是解放③。远离美的工程就是束
缚人、压抑人之自由精神的异化了的工程。所以，任何工程主体在进行
工程活动中应自觉地坚持审美原则，要按照美的标准设计工程、实施工
程、评价工程。只有这样，才能使消费者获得美的、舒适的享受，体现
工程为人的品性。

四是创新性原则。这是工程的生命力所在，求"新"立"异"。由于工
程是个体化的事物，要么是这一个工程，要么是那一个工程，这就决定
了工程的生命力在于它的个性和创新性。或者说，创新是工程获得社会
实现的内在要求。然而，一提到创新，人们总是首先想起在技术上如何
创新，实际不然。拥有先进技术的工程，不一定是好的、美的和受到欢
迎的工程。用李伯聪教授的话说：技术上的成功，并不一定导致工程上
的成功。因为技术只是工程活动的要素之一，工程还有超技术的向度。
尽管没有技术的支撑，无论怎样好的创新理念也只能是纸上谈兵，问题
是技术不等于艺术，技术不等于美，技术不等于善，技术不是一切，仅
仅强调技术的因素是不够的。工程的创新不受技术内容的局限，而是具
有超技术性，即人文性。它的核心是效果实现，注重社会性的整体提升，
着眼于组合与搭配，强调人文关怀和社会效益、经济效益、生态效益的
协调发展。因此，"创新是一个工程范畴"，并且构成工程的突出特质，
也是工程得以延展的关键。试想，如果没有人类工程的创新，今天，我

---

① 转引自王沛民、顾建民、刘伟民：《工程教育基础——工程教育理念和实践的研究》，
杭州，浙江大学出版社，1994，第 21 页。

② 赵鑫珊：《建筑是首哲理诗——对世界建筑艺术的哲学思考》，天津，百花文艺出版社，
1998，第 78 页。

③ 〔美〕赫伯特·马尔库赛：《单向度的人——发达工业社会意识形态研究》，张峰等译，
重庆，重庆出版社，1988，第 202 页。

们仍然住在洞穴或茅屋里，穿着兽皮或树叶，吃着猎物或野果，没有高楼大厦、电灯、电话和汽车等现代生活所需要的一切设施及用品，当然也就没有今天用工程活动的人工物全副武装起来的人类。由于工程活动本身就是要创造新的存在物，这就客观地决定了工程活动必须服从创新的原则。没有创新的工程难以获得社会实现，所以任何工程活动均应谋求创新，无论是技术的创新、制度的创新，还是观念的创新，都永远是工程的灵魂和生命。从根本上说，创新不只是工程本身的内在要求，而且是人性的要求。人从不满足于现状，满足了的需要又重新唤醒了新的需要。人类的工程实践在满足现有需要的同时，总是创造着新的需要，去实现自己的价值。

五是可持续性原则。这是维持类生存的根本尺度和最高原则，蕴含着"终极关怀"。"可持续发展"概念的经典定义是在世界环境与发展委员会第八次委员会上通过的《我们共同的未来》报告中提出的："可持续发展是既满足当代人的需要，又不对后代人满足其需要的能力构成危害的发展。"① 以该概念为基础的可持续性原则要求对资源开发和利用的工程活动有节制和限度；要求工程考虑环境的容量，保证人与自然的协调发展，以保持其永续性。可持续性从哲学上说就是天人合一原则。天人合一不在于强调人的自然属性及人与自然的一致性，也不在于传统的生产方式下人对自然的顺从状态，更不在于现代社会人认识自然和改造自然的能力，而是指作为主体的人对待客体和自然的态度——寻求人与自然的和谐相处。世界因人的态度而分为两种：一种是"被使用的世界"（the world to be used）；另一种是"被相遇的世界"（the world to be met）。前者必然导致人对自然的剥夺与宰制；后者是万物一体、天人合一的境界，能带来人与自然的和谐相处。人的活动不仅是使用对象的活动，更重要的是把一切都当成"您"，而不是他，相互尊重，这才是生命的摇篮；人类的不幸不在于都有使用对象的态度，而是把使用当成最高原则。② 沿着马丁·布伯的思路说，人不仅"筑居于'它'之世界"，更重要的是，人应该"栖身于'你'之世界"，因为"人无'它'不可生存，但仅靠'它'则生存者不复为人"③。的确，人们在主客体二元论的思维框架之下，哺育的是工具理性，不仅宰制自然，也宰制他人。这是一种自私的逻辑，根本谈不上

---

① 世界环境与发展委员会：《我们共同的未来》，长春，吉林人民出版社，1997，第52页。
② 张世英：《哲学导论》，北京，北京大学出版社，2002，第275～282页。
③ 〔德〕马丁·布伯：《我与你》，陈维纲译，北京，生活·读书·新知三联书店，1986，第6～9页。

可持续性和天人合一问题。只有在生存论的解释原则下，价值和意义的问题才是可能的。考虑到无论是对可持续性的要求还是天人合一的希冀都不是事实问题，而是价值问题，因此，工程中可持续性原则的确立必须诉诸以生存论为哲学解释原则的发展伦理学。[①] 要对现实的工程实践加以规范，确保人类的生存与可持续发展。由于工程活动主要是解决人与自然的矛盾（当然也要处理人与人，以及人与己的关系），信守天人合一的观念和原则理应成为理想的选择。只有走人与自然和谐相处的可持续发展道路，才能确保人类的生存境界及生存质量不断提高。所以，任何工程主体都应该自觉地引入和遵守工程的可持续性原则，应该自主地担当维护自然生态系统的社会责任，让工程回馈自然。

综上所述，工程价值、工程评价与工程规范之间有着内在的必然联系。工程价值的揭示与呈现需要工程的价值评价，而工程的价值评价导致、形成工程规范。同时，工程规范的形成又为工程评价提供原则依据，进而通过符合规范的工程评价确立合理的工程价值目标系统，确保工程价值系统的整全性与结构的合理性，使工程真正成为满足人们物质与文化需要的，为了人并提升人的本质力量的生存方式，最终让人自由而诗意地栖居在大地上。

四、工程伦理的哲学申辩：生存论解释原则的基础性

对工程伦理学的研究始自 20 世纪 60 年代的西方，在中国引起学术界关注不过是 20 世纪 90 年代末期以来的事。从目前的研究现状来看，中国仍然处于起步阶段，主要探讨什么是工程伦理，工程伦理的内容和研究方法，以及工程伦理学的合法性等基本问题。因此，追问工程伦理的哲学基础也不失为一个考察的课题。

（一）工程伦理的生存论出发点

工程伦理是工程活动中角色行为的规范，包括工程共同体中投资人、管理者、工程师、工人等角色的行为规范，但考虑到工程师在工程行动中角色作用的特殊性，一般工程伦理主要关注的是工程师的角色行为，即工程师的行为规范，以及工程师对社会公众、客户、雇主、用户、其他工程师乃至环境的应尽责任。工程伦理包括工程师的职业伦理和工程

---

① 刘福森：《西方文明的危机与发展伦理学——发展的合理性研究》，南昌，江西教育出版社，2005。

师的环境伦理。前者涉及主体间性，反映的是工程师与道德共同体——社会公众、客户、雇主、用户和其他工程师之间的互惠关系；后者反映的是工程师与环境（自然）之间的关系。从发生学来看，作为职业规范的工程师职业伦理先于工程师的环境伦理。工程师职业伦理最早是由美国土木工程师协会于1914年采用的，工程师的环境伦理则是随着工程师职业伦理规范的演变和工程师的责任范围不断拓展的。

"工程伦理"的概念是随着现代工程实践的发展，尤其是工程实践中遇到的实际问题和解决问题的需要而提出的。这在美国土木工程师协会的伦理规范的历史演变①中可见一斑。正如余谋昌教授在《关于工程伦理的几个问题》一文中所指出的：工程伦理，是从"工程问题"提出来的。把这些问题提到道德高度，既有助于提高工程技术人员的道德素质和道德水平，又有助于保证工程质量，最大限度地避免工程风险。在他看来，一般工程伦理是指工程技术活动中的人际道德研究，包括：①工程技术人员之间、工程技术人员与工人之间的道德原则和规范，例如，平等公正，相互信任，相互尊重，以诚相待，团结友爱。实施这些道德规范，可提高工程技术队伍的生产力。②在工程技术的研究和实践中，追求真理，勇于探索，敢于攻坚，不畏艰险，尊重事实，坚持真理，修正错误，以保证工程设计和建设的质量。③工程技术人员在处理与企业和社会之间的关系时，既要忠诚于雇主，努力工作，对企业负责，又要忠诚于人民和社会，不能以损害他人和社会利益的形式追求企业的利益。当两者的利益发生矛盾时，以人民和社会的利益为重。②鉴于工程技术活动，特别是大型工程技术活动，不仅涉及人类的利益，而且对自然环境产生巨大的影响，涉及生命和自然界的利益，因而提出工程环境伦理（或工程生态伦理），这意味着工程伦理从人际伦理扩展到生态伦理。1986年，美国《工程师环境伦理学》杂志创刊，表明了这种进展。

可见，工程伦理不同于一般的伦理学，而属于实践、境遇伦理，是随着工程实践的展开而开显，随着工程实践的变化发展而不断完善的未完成的，也永远不会完成的伦理规范。按照阿尔内·维西林（P. Aarne Vesilind）等人的说法："环境伦理学仍然处于发展的早期阶段；某个著述者或任何其他人企图为工程师制定一套环境伦理原则的全面清单，这将

① 〔美〕P. Aarne Vesilind, Alastair S. Gunn：《工程、伦理与环境》，吴晓东等译，北京，清华大学出版社，2003，第62～72页。
② 余谋昌：《关于工程伦理的几个问题》，《武汉科技大学学报（社会科学版）》2002年第1期。

会是愚蠢的和专横的。即使有这样一套规则清单，它也不可能是永远全面的，因为会出现新的不可预见的形势，而且总会出现要求选择适当的规则解释它并应用到实际情况以及处理不同规则之间的可能矛盾。"①

肖平认为，作为应用伦理学的工程伦理的着眼点不是建立一套完整、系统的理论，而是具体地探讨和解决工程实践中提出的道德课题。解决这些问题虽然有一些共同的原则和思路可以遵循，但往往又因不同个案具体情况的差异而使人难以做出简单一律的判断。这需要对具体情况开展个案研究。为此，首先需要承认，这将是一项以实证为基础的研究。我们所提出的主要原则和结论，大多不是来自理当如此的逻辑推理，而是来自对大量真实案例的分析与总结。所以，重视例证和从工程实践中提出的问题的讨论将成为本学科的特色。其次，工程伦理面对的问题往往来自不同的科技领域，需要开展多学科配合的交叉研究，从不同的工程领域收集和提出问题，共同探讨解答的方案。这不仅可以将研究引向深处，还将有利于整理出具有广泛适用性的共同原则和方法。②

从这种意义上，我们可以说工程伦理不仅是一种应用伦理，而且是一种境遇伦理。它来源于人类的生存需要，并为了更好地生存而选择的现实实践方式和生存方式——工程方式。这种努力所建立的工程师伦理规范具有民族性和地域性，即文化的差异性。这种文化差异性的最明显表现就是，往往不同的信仰会有不同的工程伦理要求。但这不等于说工程伦理没有普遍的共通性，其共通性的最后根据或基础恰恰是生存本身。因为生存是工程的根本维度。没有人的生存和生存需要，工程不可能发生；没有人的生存和生存方式的寻求，不可能有今天人们实证地把握世界的科学、技术和工程的方式，以及哲学、审美、宗教、道德等人文地理解世界的方式；没有人类的工程实践引发的生存环境危机和人类精神价值的危机，工程伦理也就无从谈起。

因此，我们说工程伦理的出发点不是别的，而恰恰是生存论。

所谓生存论，首先是基于对生存的理解，在海德格尔看来，生存是此在（Dasein）的存在方式，就是向着存在方向对存在者的超越，而存在不同于存在者，此在的存在显现为去生存。一切非此在的存在者之存在的意义只有通过能领悟的特殊存在者——此在才能得以通达。对存在的追问不能等同于对存在者的追问，而对任何之存在的本体论考察或意义

---

① 〔美〕P. Aarne Vesilind，Alastair S. Gunn：《工程、伦理与环境》，吴晓东等译，北京，清华大学出版社，2003，第154～155页。

② 肖平：《工程伦理学》，北京，中国铁道出版社，1999，第33～36页。

论问题必须建立在此在的生存论分析基地之上。① 也就是说，生存是在场的基础，是世界的存在方式的基础。因此，这种生存论可以叫作生存论存在论或有根的存在论、基础存在论。它是把对事物、世界和人的理解建立在"生存"的理解与观照之上的形上之思，是对人的生存结构、方式和境遇的形上观照。

工程伦理就是职业工程师以工程方式"去生存"（Zu-sein）的历史境遇中的自我超越、自我规范。由于这种生存方式更直接的承担者和提供者是工程共同体中的工程师，因而把工程伦理简约为工程师的职业伦理与环境伦理。问题是这种工程伦理建构的生存论依据何在，这正是下文要讨论的问题。

（二）工程伦理建构的生存论根据

从目前的研究来看，工程伦理主要包括两大块：一块是工程师的职业伦理；另一块是工程师的环境伦理。工程师的职业伦理仅仅关注人类内部的伦理（道德）共同体成员间的互惠关系；工程师的环境伦理则关注人与自然的关系，试图把伦理共同体成员扩展到后代和整个生态环境系统。现在的问题是：这种工程伦理的哲学基础是什么？正如《工程、伦理与环境》一书的作者所揭示的，在传统伦理学那里找不到真正的药方，诉诸灵性的各类宗教伦理找到的只是对环境态度的正当性，而作为工程师的职业伦理规范使工程师责任面临两难的非难。被称为牛虻的哲学家约翰·拉德（John Ladd）更是给予了它丧失其存在合法性的致命的否定。至于论证从工程师的职业伦理衍生而来的工程师的环境伦理，就更是困难重重了。②

因为在传统伦理学那里，其哲学基础是近代笛卡儿以来主客二分的主体性哲学，即传统的认识论。这种哲学的时代意义在于确立起人的主体性，把人从宗教神学和自然的控制中解放出来。也正是如此，这种哲学成为文艺复兴以来的思想基础，奠基着现代性，并成为启蒙运动的最高成果。这种成果可简要地概述如下。

被公认为近代哲学创始人的笛卡儿的著名命题"我思故我在"，尽管有跟随柏拉图之嫌（理性是人内在的最高力量，思维着的意识是灵魂的最高部分，把思维创造的理念世界视为本质世界，只有在理念世界才能取

---

① 〔德〕海德格尔：《存在与时间》（修订译本），陈嘉映等译，北京，生活·读书·新知三联书店，2012。

② 〔美〕P. Aarne Vesilind，Alastair S. Gunn：《工程、伦理与环境》，吴晓东等译，北京，清华大学出版社，2003。

得存在与本质的统一），但他强调人的思维特性，并把人的心灵等同于人的意识，把人的意识看作认识的最后根据，通过其主客二分的二元论，确立起思维着的人的主体性。沿着笛卡儿开辟的方向，经唯理论和经验论哲学之争，特别是康德、费希特、谢林、黑格尔、费尔巴哈，他们的哲学都在论证和确立人是人自身的根据，人的本质在人自身当中。

康德从"我能够认识什么""我应该做什么""我能期待什么"和"人是什么"发问并作答，把人的理性划分为理论理性和实践理性。因此，人不仅为自然立法，而且通过自由意志为自身立法，确立了人是人自身的根据。在高清海先生看来，康德"开创了哲学注重高扬人的自由本性的理论趋向"，这为后来的德国哲学家所继承。① 费希特以"绝对的自我"为自己的哲学基点，把哲学归结为关于自我的"知识学"理论，并在其"知识学"中提出"自我建立本身"（正题）、"自我建立非我"（反题）、"自我与非我的统一"（合题）。或许我们会认为这只是荒谬的先验唯心论，但是如果关注费希特的伦理学，就会发现他是在康德之后"进一步推进了从'理论上'解放人的工作"。如果说康德明确地肯定了人不同于物，人以自身为目的，费希特则明确区分了"人性"和"物性"。"物的确定性状态是一种单纯的受动性的状态和表现"，人则是一个"独立的""自己规定自己的""自由存在物"②。费希特在《人的使命》中对人本身发问："我自己是什么呢？""我应该成为什么，我将是什么？"同时明确作答："我发现我自己是一个独立的存在物，自由的存在物""我要自由……这就意味着我自己要把自己造就成我将成为的东西""我完全是自己的创造物""意志绝对自由，是我们生活的原则"。也就是说，我"自己是我的规定性的终极根据"，因此，"我不能设想人类的现状会永远一成不变""我的整个生命都不可阻挡地奔向那未来的更好的事物"③。谢林的同一哲学认为，思维在其自身中就与实体的存在合为一体。他试图消除自笛卡儿以来的思维与存在二元论的鸿沟，认为思维就是存在、实体或本质自身，并提出"自由应该是必然的，必然应该是自由的"。他再次以理论的方式确证人是自由的、自我规定的，只是这种规定仅凭借人的思维活动。黑格尔在前人的基础上使意识哲学达到巅峰。他的概念辩证法把概念看作事物本身，使概念和存在、形式与直观、主体和实体获得统一。思辨概念、逻辑是事物发展的逻辑，

① 高清海：《"人"的哲学悟觉》，哈尔滨，黑龙江教育出版社，2004，第202页。
② 高清海：《"人"的哲学悟觉》，哈尔滨，黑龙江教育出版社，2004，第204页。
③ 参见〔德〕费希特：《费希特著作选集》，第3卷，梁志学主编，北京，商务印书馆，1997，第514～543页，第597～613页。

自我意识以范畴的形式在时间中的展开(肯定)、或通过外化或对象化(否定或异化)、扬弃(辩证地否定或否定之否定)的形式，表现事物自身的辩证发展历程。问题是：不是后者决定前者，而是前者决定后者，或者说前者代替了后者。因此，发展只是自我意识的不断生成、确证自身的过程，意识不再是人的意识，而是无人身的意识。意识自身作为客观的存在、实体和主体，成为人的本质，因而使人仅仅是精神的存在物。精神的自由就等于人的自由，这显然是片面的。但无论如何，黑格尔的哲学是致力于"从理论上充分论证'精神'的自由本性。在他看来，自由的概念是'精神'的最高规定……所谓精神的自由，也就是'于他物中发现自己的存在''在仿佛是他物里面回归于自身'，这也就是精神'自己依赖自己，自己决定自己'的本性。这样，他就把确立精神的自由归结为必须走出主观性局限，解决思想的客观性问题"①。费尔巴哈在对宗教、黑格尔的批判和反动中，把人重新确定为主体。用他的话说："我的第一个思想是上帝，第二个是理性，第三个也是最后一个是人。神的主体是理性，而理性的主体是人。"② 同时，他以人本学观点强调人的生命的超越性和自为本性，主张人是"自我目的""自身根源""自为本性""自由自觉"的存在，指出"神学就是人本学"，上帝是人的本质的异化，"人的本质是感性，而不是虚幻的抽象的'精神'""个体性才是生命的原则、根据""只有集体才构成人类""只有社会的人才是人"，进而提出"类是人的本质"。至此，在德国古典哲学这里，人是人的根据、人具有自为本性的观念被牢固地确立起来。然而，这种旨在解放人的主体性哲学或意识哲学，却仅仅反省人的认识能力的可能性，而不反省人的实践行为的合理性。这样，"知识犹如原始森林中落下来的枯叶，把地面牢牢地遮蔽起来了，人们再也看不见地面本身了"③。结果竟然是：知识规定人的生存而不是相反；人的生存的价值被知识之科学的事实所遮蔽；人肢解为精神和肉体、心与身；生存变成持存的"实存"；理性、绝对精神本身成为主体、实体甚至上帝。这就使得从信仰与宗教遮蔽和奴役下解放出来的人，又再次为知识所遮蔽。一种本应确立人的主体性的哲学走向了它的反面，成为消解人，敌视人和人的生存，乃至忽视成就人的现存的生活世界与实践的空洞的说

① 高清海：《"人"的哲学悟觉》，哈尔滨，黑龙江教育出版社，2004，第210页。
② 〔德〕费尔巴哈：《费尔巴哈哲学著作选集》，上卷，北京，生活·读书·新知三联出版社，1959，第247页。
③ 俞吾金：《问题域外的问题——现代西方哲学方法论探要》，上海，上海人民出版社，1988，第16页。

教。更严重的缺陷是，这种张扬工具理性的理性主义哲学和主客二分的认识论确认的是人与自然的主客体关系，即人是主体，自然是客体；人是主动者，自然是受动者；人是自然的征服者、主人，自然是人的被征服者、奴仆；人类是中心，自然是非中心。显然，此种逻辑必然把人与自然对立起来，成为控制与被控制、宰制与被宰制的关系，人与自然的和谐是不可能的。这也意味着试图扩展人以外的道德共同体的努力，无论是生命伦理学、大地伦理学、生态伦理学、环境伦理学，还是工程师的环境伦理学，都将是不可能的，是缺乏哲学基础的，是无根的。

一个直接的后果就是，建立在传统二元论的主体性哲学之上的传统伦理学不可能成为工程伦理，尤其是工程师的环境伦理的依据。

在具有典型性的康德的义务论伦理学那里，它的基本前提是：人拥有自由意志，人只能是目的而不是手段。正确的伦理要求就必然是：把每个人当成目的，而不是作为手段，而且每个人都有责任对其他人在行为上合乎道德。显然，这里的道德主体只能是作为目的而存在的人，而不可能是动物、植物、大地、生态和环境等。实际上，康德的态度是明确的，人对动物没有责任，即使有责任，也是对人的间接责任。在他看来，"动物的天性类似于人类的天性，通过对动物尽义务这种符合人性表现的行为，我们间接地尽了对人类的责任"①。

基于康德的这种义务伦理，约翰·拉德甚至认为现有的伦理规范的整个概念都是胡说八道。"任何创立的职业伦理在整体观念上是个谬论——无论是智力上还是道德上。"原因之一是，"即使能够就伦理原则达成实质性的协议，并用规范的形式发表，那么试图以规范的形式将这样的原则强制要求他人遵守，这却是与伦理观念相矛盾的"。而依据康德"伦理不是他律"的观念，"在本质上，伦理必须是自我引导的，而不是受人指使的"②。

那么，工程伦理真的没有哲学基础，因而也没有必要的存在吗？本书的回答是：工程伦理有其存在的合法性和哲学基础，但这个基础不是传统的认识论，而是生存论。

---

① Immanuel Kant：*Lectures on Ethics*，translated by Louis Infield，London，Methuen & Co.，1963.

② 〔美〕约翰·拉德：《对职业伦理规范的探求：智力和道德上的双重混乱》，转引自〔美〕P. Aarne Vesilind，Alastair S. Gunn：《工程、伦理与环境》，吴晓东等译，北京，清华大学出版社，2003，第231~232页。

　　生存论在海德格尔那里首先打破了传统认识论主客二分的思维方式，确立起人在世生存的生存结构，而且把生产（我们可以理解为生产工程）作为此在的生存论特性，表明工程是人的一种生存方式。在这种生产方式下，人不是孤立地进行生产，而是有所操持——与他人打交道，有所操劳——与世内存在者和器物打交道。① 这种生存方式又被他表述为"以栖居为指归的筑居"。而且只有"以栖居为指归的筑居"，才是人应有的存在方式。所谓"栖居"，就是让天、地、神、人同时到场，构成不可分割的四重整体结构。用海德格尔的话说：栖居的本质特征就是使某物获得自由的解放与保护。只要我们陷入冥思，了悟到人在本质上乃是存在于栖居，而且是人在大地上居留意义上的栖居——之中的人时，栖居的领域就会立刻向我们将自身敞开。然而，"在大地上"已意味着"在苍穹下"，同时这二者又意味着"留驻于神面前"，并包含"与他者共同归属于人类的在"的意思。因为大地与苍穹、众生、诸神是四重整体，由元初的一者性而统归于一。栖居通过把四重整体的在场带到万物中来对它进行保护，但对万物自身来说，只有当它们作为物而自由地在场时，它们才能起到保护四重整体的作用。而这一点要通过人的养育生物，尤其是建造非生物的活动来实现。不过，养育和建造只是狭义的筑居，由于栖居把四重整体保持或保护在万物之中，所以栖居才是筑居。②

　　由此，我们可以说，生存论就是让一切不到场者提前到场，让一切存在者之存在在起来。人有义务通过自身的存在和领悟着、建造着去生存，来通达世内存在者的存在，让一切存在者是其所是地存在，还其存在的内在价值和本体论根据。

　　实际上，在《存在与时间》中，海德格尔就把追问存在问题与考察"人是什么"当成两个同等重要的任务，而且试图通过对此在先验的生存论结构的分析来完成。海德格尔说："在导论中已经提示过：在此在的生存论分析工作中，另一个任务也被连带提出来了，其迫切性较之存在问题本身的迫切性殆无逊色。要能够从哲学上对'人是什么'这一问题进行讨论，就必须识见到某种先天的东西。剖明这种先天的东西也是我们的迫切任务。此在的生存论分析工作所处的地位先于任何心理学、人类学，更不

---

　　① 〔德〕海德格尔：《存在与时间》（修订译本），陈嘉映等译，北京，生活·读书·新知三联书店，2012。

　　② 〔德〕马丁·海德格尔：《诗·语言·思》，张月等译，郑州，黄河文艺出版社，1989。

消说生物学了。"① 正是通过此在的生存论分析，人才得以洞见此在的本质是去存在，是不性的——是其所不是。而一切非此在的存在者的存在是通过此在对自身存在意义的理解来通达的。此在之存在得到理解的同时，也使世内其他存在者的存在是其所是地在起来。

这样，被认识论仅仅作为客体的自然（环境）、被认识和被改造的自然界、被作为资料库而仅对人有用的自然，再次找回了已经丧失的自身存在论、本体论根据，由被动的任人宰制的持存物变成了富有生命和活力、养育万物的独立的存在者，进而由祛魅的自然变成附魅的自然。它的直接推论是：剥夺自然就是剥夺人自身，自然的危机就是人生存的危机，自然之死就会招致人之死。于是，人保护自然，呵护众生，对自然（环境）、众生负起责任就是必然的、天然合理的了。因此，无论是生命伦理学、大地伦理学、生态伦理学，还是环境伦理学，乃至工程师的环境伦理，就都有了生存论的根据与哲学基础。

那种传统认识论和它所支撑的传统伦理学，以及它们共同成就的征服自然、宰制自然、促逼自然的现代工业工程，在创造物质财富的同时，必然导致环境污染、生态危机等生存危机。与此相反，生存论就是要寻求人与自然的和谐，试图给出人类走出生存危机的方案，因此，它支持为此付出努力和行动的任何有效尝试，也必然能成为工程伦理的合谋与支持者。

（三）工程伦理评价的生存论准则

工程伦理评价的生存论准则就是从生存论出发，看一种工程伦理是否恰当、有效。这种评价不在于它是否完备，实际上，只要工程实践还发展着，就永远达不到完备、完善的程度，而在于它是否体现了下述生存论的基本价值准则和思维方式。

一是必须走出知性的工程观，学会用生存论的眼光来解读工程，把握其人文向度和意蕴。一方面，要走出线性的、非此即彼的思维模式，用复杂性思维来把握工程，把工程作为具有一定内在机制的自组织过程；另一方面，不仅要看到工程包含着科学、技术、制度和人文等多个向度，以及人、财、物等多种要素，而且要看到其内部固有的运行机理和操作规程。也就是说，不仅要遵循客观的、规律的尺度以"求真"，而且要注重主观的、价值的尺度而"向善"和"臻美"；不仅要遵从理性的逻辑，而

---

① 〔德〕海德格尔：《存在与时间》（修订译本），陈嘉映等译，北京，生活·读书·新知三联书店，2012，第53页。

且要充满人文关怀。因为工程的过程和结果虽然是"造物"的活动与提供人工物，但究其本质，首先必须体现工程主体的自身需要和目的。因此，要以科学技术为手段，依据一定规程，重新整合人、财、物等要素，创造新的存在，并以此满足个人或组织的需要，获得社会实现。正因为如此，工程的"操作运行过程，以人为起点，以人为归宿，而以物为中介"，是"一个'人—物—人'的辩证复归过程"①。

二是必须改变纯功利的工程追求，坚持"以人为本"。这里所说的"以人为本"不是传统人道主义提倡的征服自然、宰制自然的绝对合理性的以人为本，而是首先保守、维护"天道"——整体自然生态系统规律，依循、尊重"物道"——局部自然之物的运行规律的"新人道主义"，② 主张"人道"的以人为本。从实证意义来看，就是要坚决取缔那种危害人的生存的反人性的工程，例如，唯利是图的"豆腐渣"工程，为某个人树碑立传的所谓"形象工程"等，使工程的目标转向人，把提升人的生存质量等品性作为工程活动追求的真正目标。正如狄德罗所说："工程技术是实现人的意志目的的合乎规律的手段与行为。它旨在变革世界，使之服从于人的既定目的。因此，它不是纯客观的，而是使主观见之于客观的一种合理而有效的手段。它不但有科学的理论的意义，而且有行动的意义。工程技术的内在实质，是在激情的推动下，人类的理智与意志在认识与改造世界的目的之上的统一。"③ 尽管狄德罗在此仅仅把工程理解为工程技术，但他看到了工程活动是合目的性与合规律性的统一，以及人的需要和非理性因素（人文）在工程中的作用。这是哲人的真正的远见卓识。实际上，工程中非技术的人文因素还需凸显审美性原则，以满足人们对美的需要（这方面前文已阐释，此处不再展开来谈）。

三是必须树立完整的工程意识，健全工程文化。所谓完整的工程意识，就是对工程有全面的理解，特别是对工程有反思性理解。由于工程意识是与工程文化密切相关、互为表里的，因此，要树立完整的工程意识，就必须健全工程文化。所谓健全工程文化，就是建设以生存论范式或人文范式为基础的工程文化——以"自由的逻辑"为价值取向的工程文化，或者说是人类学意义的工程文化。这个工程文化的大系统不仅包括

① 萧琨焘：《科学认识史论》，南京，江苏人民出版社，1995，第786页。
② 刘福森：《西方文明的危机与发展伦理学——发展的合理性研究》，南昌，江西教育出版社，2005。
③ 〔美〕斯·坚吉尔：《丹尼·狄德罗的〈百科全书〉》，梁从诚译，沈阳，辽宁人民出版社，1992，第151页。

技术层面的内容，而且包括制度和观念层面的内容。如果说技术范式的工程文化过于偏重效率，所造就的是"单向度的人"，那么生存论范式的工程文化在顾及效率的同时，更注重公平和自由个性的发展。只有建立和健全生存论范式的工程文化，才能引导人走出功利化的误区，转向精神境界的提升个性的全面发展，使各类社会主体(工程师个体、企业、组织或政府)结成一个有机的社会工程体系，在兼顾局部与整体、当前与长远、自身与社会多方面利益的基础上不断开拓创新，共同推动社会持续、协调、健康地发展，人类社会从必然王国走向自由王国。

　　四是必须区分自然之存在与在者，优化工程思维。要树立和谐发展的工程观，强化人与自然的和谐这一根本。传统的理性主义哲学和主客二分的认识论确认的是人与自然的主客体关系、控制与被控制的"暴力的逻辑"，因此，必须调整和优化思维方式。问题是，如何调整？时下生态伦理学主张非人类中心主义，把人与人之间的伦理关系延伸到人与自然的关系，试图完全消解主体哲学。实际上，这是把自然人格化了，并赋予其价值和权利，从而去维护自然的利益。自然由它变为他，应该说在理论上有利于人与自然的和谐关系的建立。然而，现实中人类的工程行动总是从人的利益出发的，人的主体地位不是丧失，而是强化，因此，我们不能不重视这一理论与实际的冲突。由刘福森教授创建的发展伦理学，认为调节人与自然的关系，是否消解人类中心主义无关宏旨，关键是要规范人类的实践，变现代的实践论为规范实践论，解决好作为存在的人应该怎样去存在的问题。他期望通过对人类行动的自我约束——走可持续发展的道路，来协调人与自然的关系。为此，他提出区分作为存在的自然生态系统和作为存在者的人类行动所改造的局部的自然对象。对前者——作为存在的自然生态系统，不可以用主客体思维，因为人作为特殊的存在者就是自然生态系统的一分子或一部分，这是天命。人本身就是自然的，人没有理由背离自然，而应该还乡——回到自然存在中来。对后者——作为存在者的人类行动所改造的局部的自然对象，考虑到人是对象性存在物，人总是作为主体通过实践活动去变革客体，因此，在对待自然存在者上仍然可以用主客体思维，但人的主体性是相对的、有限的。可以被改造和利用的自然存在者也是有限的，必须以不破坏自然生态系统的良性循环为前提，这就必须规范人类的生存活动。正是基于此种考虑，本书主张限制认识论或知识论发挥作用的地盘，为生存论留出更大的空间，从而把对工程的知性的认识论考察放置在生存论的坚实基地之上。只有这样，我们才不至于完全否定和抛弃认识论，不至于使人类的工程行动丢掉科学、技术的支撑，返回到前科学的盲目地顺从自然的原初状态，而是让生存论照明，去规范、约束认识论下的工程实践，使技术化的工程走向人文，用审美意识整合工程思维和非工程思维，也才能把人与自然的关系作为存在论上一个不可分割的整体——自然生态系统。这样一来，呵护自然生态就是呵护我们人类本身，人与自然的和解才会顺理成章，才会切实从理论的探索转变为现实的行动。考虑到生存论也是过程论、生成论的整体论和有机论哲学，这就使得怀特海的过程哲学成为理解与诠释生存论的主要思想资源。从某种程度上说，过程哲学的泛主体论、泛经验论的有机宇宙观，使主体间性原则贯彻到底，不仅让人成为伦理主体，而且让非人类的一切存在者都成为价值主体、伦理主体，它较好地回答了大地伦理、生态伦理与环境伦理何以可能的合法性问题，也为工程伦理提供了与生存论相呼应的互镜互释的理论基础。

第三章 现代工程的社会批判

由于工程的社会性不仅是社会性的行为，依赖社会实现，而且有社会功能和后果，关涉社会公众的利益，因此，有必要在社会批判理论视野下，按照实践活动论的思维方式对现代工程给予批判的社会学——社会哲学的考察，以彰显工程的人文规约。这一工作属于批判的工程社会学和工程的社会哲学的任务。本章仅就工程与其密切相关的其他社会建制的关系、工程活动系统的自组织形式与结构、运行方式和社会功能，以及有关工程的社会民主机制等一些最基本的问题做出批判性说明。下文将具体探讨作为具象化的科学、技术与社会（STS）的工程，揭示工程与科学、技术的社会互动关系；探讨工程活动得以发生的工程共同体，通过工程共同体的本性与特质界定、工程共同体的结构及其维系机制的揭示、工程共同体社会功能的描述，特别是工程批评与对话规则的引入，以期让公众更好地理解工程，参与工程决策，并最终决定工程的去与留，切实规范工程实践，尽可能地规避工程风险。

一、社会的工程：具象化的科学、技术与社会

在批判的社会学，也就是社会哲学的视野下重新审视工程，尤其是"社会的工程"①，被作为三大社会建制的科学、技术与工程，不再是一种外在的关联关系，而是决定着人们的生存样式，组建着生活方式的工程总体中的内在联结。因为按照总体性方法，从工程的观点看工程自身，具有社会性和集成性的工程还可以被界定为具象化的科学、技术与社会。可以说，科学、技术与社会关系的最具体、最丰富、最现实的体现就是工程。这就决定了对科学、技术与社会（STS）问题的考察不能撇开工程，对工程的社会审视也不能离开科学、技术与社会。因为工程处于"自然—科学—技术—工程—产业—经济—社会"这一链条的关键环节，一端连接着自然、科学与技术，另一端连接着产业、经济与社会。科学、技术与

---

① 这里"社会的工程"不同于"社会工程"，前者在于强调工程的社会性和社会关涉，而后者主要与"造物"的"自然工程"相区别。尽管笔者最早区别了"自然工程""社会工程"和"精神创造工程"，但在没有特殊说明的情况下，本书所讨论的主要是"造物"的自然工程。

社会的互动，从根本上说，是通过工程活动这一媒介发生的。如果说科学、技术是生产力的话，那么也只能是潜在意义上的，工程才是现实的生产力，并使作为潜在的生产力的科学、技术得到社会实现，发挥其应有价值。因此，工程是科学、技术与社会关系表达的载体或现实态，正是在这个意义上说工程是科学、技术与社会（STS），而且是具象化的科学、技术与社会。

首先，说工程是具象化或现实态的科学、技术与社会，是由工程自身的特性所决定的。

实证地看，工程是有价值取向的主体为了满足其特定需要，以一定经验知识或科学理论为基础，以一定技艺或技术为手段，以一定程序或规则为运作机制，变革现实的建构性的对象化活动及其成果。或者说，工程是在特定的社会历史条件下，对科学、技术、信息、能源、人流和物流，以及经济、政治、文化等众多因素的综合"集成"。因此，对"造物"的"自然工程"而言，工程不仅具有自然属性，而且具有社会属性。这种社会性和集成性成为工程最重要的特性。

工程的自然属性表明，工程不仅是自律的合目的性活动，而且是他律的，必须遵守自然规律，依循科学、技术的逻辑。

工程的社会性意味着，工程总是社会的工程，拥有"当时当地性"，并成为具有个性特征的这一个或那一个工程。工程的发生源于人们生活的社会需要，而需要本身又是社会历史性的生成。工程的动力来自作为社会的个人与社会自身的价值追求。工程决策有赖于考察自然与社会的边界和约束条件，倾听各类利益相关者及社会公众的意见与建议，让公众选择工程的去与留。工程实施离不开社会财力、物力、政策的支持，一定社会或民族地域的经济状况、法律法规、文化观念和人文精神直接影响工程的规模、水平，制约工程活动的领域，并表现为特定的工程伦理规范。工程活动的结果最终是要获得社会实现，并确证人的本质力量，型塑人们的生存空间和生活方式。

所以，社会性是工程的内在本性，任何工程都离不开社会性。看不到这一点就会导致潜在的工程安全问题，引发高工程风险，造成经济损失，甚至威胁人的生存。

拥有社会性的工程是在特定社会条件下对构成工程活动的众多因素的集成，进而使工程表现出集成性特征。这种工程的集成性使科学、技术与社会等因素被整合到一个大系统中。也就是说，某一项工程不仅涉及某些科学原理、技术方案、规程等技术手段的恰当应用与选择，而且需要人、财、物的合理配置，还要融入审美情趣与价值判断。它既有科学认知与技术可行性的论证，又有人文因素的关涉，以及特定社会经济、政治和生态环境上的考量。不难看出，科学、技术与社会就内在于一个个具体的工程活动之中。或者说，工程成为科学、技术与社会的载体。因此，工程的建造过程，也就是科学、技术与社会的互动过程，并最终在工程中发挥科学、技术的社会功能，实现其价值的过程。实际上，科学、技术的社会应用就直接转化为工程问题。同时，科学、技术的社会应用也决定科学、技术与工程三者间的互动。科学、技术与社会的互动过程及其现实的、动态的表达，需要一个个具体的工程。

其次，说工程是具象化或现实态的科学、技术与社会，是由科学、技术与工程三者的区别与联系所决定的。但是，科学、技术与工程之间的联系必须首先建立在科学、技术与工程的区分，以及"三元论"[①] 的基础之上。

从活动主体来看，科学活动的主体是科学家、科学共同体；技术活动的主体是技术发明家、技术共同体；而工程活动的主体是政府、企业、组织或工程共同体，包括投资者、决策者、管理者、工程师、工人和利益相关者。

从把握世界的典型形式来看，科学对应"发现"，技术对应"发明"，工程对应"规划设计""建造""培育"。工程设计构成工程的关键环节，是为了满足特定工程目标，运用科学知识和技术手段、方法，进而制订出具体实施方案的活动。它是运用科学发现、技术发明并使之转化为生产力的过渡环节。工程设计是相当复杂的，需要兼顾自然、社会、经济、政治、生理、心理及文化等多种因素，而且要解决的问题也是开放的，不存在最好的唯一方案。必须根据技术原理、现有条件、服务对象、自然资源与社会约束条件等，给出多个可行方案，并最终选择较优的可行方案。因此，工程设计涉及科学决策问题。

从活动目的来看，科学为了发现"一般规律"——"求真"，以观念地把握世界（位于知识性层面）。技术为了发明"可能的'特殊'方法"——"讲行"，以提供变革现实的方法、手段等潜在性可能的方案世界（位于操作性层面）。工程为了满足人类生存与发展的需要，利用科学原理、技术手段和一定的运行机制，变革自然与社会，现实地营造或建构实存的属我的人工世界和人类世界（位于现实性层面），是从形而上的目标到形而下

---

① 李伯聪：《工程哲学引论——我造物故我在》，郑州，大象出版社，2002，第3页。

的过程——"论成"。

从活动对象来看，科学面对事实的世界或现象的世界，其规律具有可重复性。技术面对的是潜在的观念的世界，其手段和方法也是可重复的，具有一般适用性。工程不仅面对事实世界，而且面对价值、审美的世界，建构的任何工程项目都是一次性的、个别性的——只是这一个或那一个工程，具有"当时当地性"。

从活动结果来看，科学产出的是理论（原理），具有公共性。技术产出的是方案（规程），具有私有性，技术发明的专利就基于此。工程产出的是新的存在物——"人工物"或"人工世界"，具有特定的归属性，即所谓产权。

从社会关涉来看，科学是"排我的"——主观与客观相符合（客观性诉求，不考虑人的因素）。技术是"有我的"——客观迎合主观需要（考虑到社会的需要）。工程是"时时离不开我的"——总是从目的性出发的合目的性与合规律性的统一，追求社会实现。

从社会功能、社会角色来看，科学、技术是潜在的社会生产力，但技术使得科学向生产力转化有了可能，科学是可信的客观真理，技术是运用科学原理发明的有效的方法和手段，因而是可靠的。工程是现实的生产力，直接体现着社会的生产方式；工程总是特定的社会经济、政治和文化活动；工程是人们把握世界、解释世界和建构世界的切近的存在方式。

从时间视野来看，科学是"演化"的，表现为科学知识的由少到多的积累过程。技术是"进化"的，表现为优胜劣汰的手段、方法的选择过程。工程是"发展"的，表现为从无到有、从有到优的工程系统及其要素的整体提升和创价过程。从这个意义上说，工程创新是创新的主战场。

从知识性来看，科学知识的基本单元是概念、定律。技术知识的基本形式是技术发明、技术诀窍。工程知识的主要内容是调查工程的约束条件，确定工程目标，设计工程方案，以及做出明智决策和后果预见等。

以上是科学、技术、工程的主要区别，充分体现了工程自身的特点。但它们并非各不相干，而是相互依存、相互转化的。技术、工程可以转化为科学。对技术和工程的认知就形成技术科学（技术学）、工程科学（包括一般工程学和专业的工程学）或跨学科的工程研究。科学可以利用技术的手段和工程方式从事科学研究活动。所谓大科学，就是体制化了的，运用现代技术手段与现代工程的组织管理方式的现代科学。

科学的应用可以转化为技术，推动技术的发展，而技术利用科学又能拉动科学的发展。技术离开了科学，就只能是原始的经验技术；科学的产生、发展和在技术领域的运用，使传统的经验技术变为现代技术。

技术能应用于工程，表现为对工程的推动，而技术一旦应用就转化为工程。如果说传统的工程主要凭借工程活动主体的经验和技巧，那么现代工程离不开现代科学、现代技术。科学、技术和社会是现代工程活动的三大维度，正所谓"没有无技术的工程""没有纯技术的工程""技术的成败不等于工程的成败"，但工程对科学、技术的运用具有选择性，而非被动地采纳。工程选择技术方案，势必对技术进步起导向作用，并拉动技术的进化。

看不到三者上述的区别，就会走向三者的"一元论"与"二元论"的误区；而无视它们之间的联系，就难以把握今天三者一体化的特征。

再次，说工程是具象化或现实态的科学、技术与社会，是由科学、技术与工程的互动，特别是三者的一体化特征所决定的。

科学、技术与工程之间的密切关系，特别是工业革命以来的现代化运动，使得现代科学、现代技术与现代工程互动频率增加，并赋予三者不同的时代特征。如果说19世纪是以科学为主导的"科学→技术→工程"的科学时代，20世纪是以技术为核心的"技术→科学→工程"的技术时代，那么21世纪必将是以工程为统领的"工程→技术→科学"的工程时代。这是历史的逻辑和工程实践自身发展所决定的。科学、技术作为工程的内在因素，其发生、发展必然直接影响到工程实践本身。也就是说，现代科学和现代技术的应用必然产生现代的工程。事实上，随着现代科学革命、现代技术革命的发生与发展，现代产业革命总是相伴而生的。同样，从19世纪的科学主导地位，到20世纪的技术主导地位，21世纪必然凸显出工程的主导地位。

从上述科学、技术和工程关系的分析就可以看出，工程从"隐"到"显"是技术的应用对工程推动的结果。如果说19世纪以前是"工程→技术→科学"的作用模式，19世纪是"科学→技术→工程"的作用模式，20世纪是"技术→科学→工程"的作用模式，那么，21世纪将重新复归到以工程为主导的"工程→技术→科学"的作用模式，但这不是简单的重复，而是在更高层次上的复归。它具有新的意义：一是现代工程实践自身的发展直接构成技术进化的动力，表现为拉动作用的增强，为科学研究提出新的问题域。例如，绿色产业的发展，直接导致对清洁技术的开发，拉动生态科学、环境科学等的发展。二是工程的发展离不开科学、技术的支撑，而且科学、技术的联系更为紧密，已形成科学技术化、技术科学化，以及科学、技术、工程一体化的趋势。"在19世纪中叶以前，科学与技术是分离的，它们各自独立发挥对生产实践的作用。技术的进步往往依靠生产经验的积累和传统技艺的提高。科学理论则是在实践之后，根据人们在生产技术活动中积累起来的经验材料总结而成。"[1]　三是科学、技术、工程被镶嵌在一个从自然到社会的大链条中，即"自然—科学—技术—工程—产业—经济—社会"，工程构成各类产业的基本环节，具有更多的社会关涉，科学、技术向社会生产力的转化是通过工程实践实现的。认识到这一点，就会将工程推到前台，而从工程的观点看科学、技术也就是在所难免的了。

这是由人们普遍地关注工程、自觉地反思工程的时代特征所决定的。近代产业革命以来，随着科学、技术的迅猛发展，人类的工程实践领域不断扩展。工程作为实践的格，工程活动已经渗透到人类生产生活的各个领域，不仅有工程化的物质生产——变革自然的"自然工程"，工程化的社会体制模式、制度设计与安排——调整人与人权益关系的"社会工程"，而且有工程化的知识生产——提供各类理论知识的"精神创造工程"——"知识工程"。也许，会有"泛工程"之嫌，似乎把一切都工程化了，但这只不过是对社会现实的一种描述而已。无论是在政府机关、企事业单位、大众传媒，还是在社会公众的日常生活与语言中，"工程"字眼比比皆是，成为继科学、技术之后使用频率最高的语词。除了传统的土木工程、水利工程、机械工程、电力工程、化工工程、工业工程外，我们可以不假思索地列举出很多：宇观的航空航天工程，宏观的冶金工程、海洋工程、核能开发工程、环保工程、通信工程、材料工程、信息工程、生物工程、知识工程，微观的基因工程、纳米工程，此外还有中国语境下的"三峡工程""南水北调工程""退耕还林工程""绿化工程""希望工程""菜篮子工程""米袋子工程""形象工程""863工程""再就业工程"……由此不难看出，流俗的"工程"已被理解成有目的、有计划、有组织的行动及其活动成果。尽管人们并没有执着于普适的"工程"概念与定义，但似乎达成了共识，并自觉地利用工程的思维考虑和处理问题。当然，有人会说这是科学主义盛行、科技理性主义霸权的结果，这一点的确不能排除。但这只是看到了问题的一个方面，没有充分重视问题的另一个方面，那就是人类总是通过各种工程活动把握、解释和建构着生活世界——人工自然、人类社会乃至精神世界，并且作为历史的存在，经

---

[1]　丁长青：《科学技术学》，南京，江苏科学技术出版社，2003，第184页。

历了从自发（自在）、自觉（自为）到自在自为的辩证过程。

今天，正是人们对工程的自觉，使工程从幕后走到了前台，从隐问题变成显问题。同时还必须看到，人们对工程的关注不仅出于工程福祉的一面，而且工程活动的负面作用，如环境污染、生态恶化、资源匮乏等问题，引起了思想家们的反思。实际上，马克思、恩格斯较早看到了资本主义制度下大工业所带来的人的异化生存状态。马克思在《1844 年经济学哲学手稿》中详细地阐发了其异化劳动理论。① 现代人文主义与科学主义的冲突，尤其是法兰克福学派对科学技术异化的批判等，无一不是对现代工程实践所组建的人的生存方式的质疑。从工程师眼中的自己——解决事关公众利益的能手，为公众服务，到公众眼中的工程师——作为功利论者的工程师、作为实证主义者的工程师、作为应用自然科学工作者的工程师；② 从工程界自我规范——1914 年最早的美国土木工程师协会的工程伦理规范的问世，以及世界工程组织联合会和联合国教科文组织主办的每四年一次的世界工程师大会的召开，尤其是《上海宣言》的发表，到兴起于 20 世纪 60 年代的工程伦理；从工程界内部的工程决策，到社会公众参与的工程决策；从进入 21 世纪以李伯聪教授的《工程哲学引论——我造物故我在》为标志的中国工程哲学的创建，乃至由工程界与哲学界联盟跨学科的工程研究（包括工程学的、工程哲学的、工程伦理的、工程美学的、工程社会学的、工程人类学的、工程文化学的研究等）的发起，到美国的史蒂文·戈德曼（S. L. Goldman）发表的《我们为什么需要工程哲学》(Why We Need a Philosophy of Engineering：A Work in Progress)③ 一文，2003 年路易斯·布西阿勒里（Louis L. Bucciarelli）在欧洲出版的《工程哲学》(Engineering Philosophy)④ 一书，乃至德国哲学家汉斯·波塞尔（Hans Poser）立足于工程科学与自然科学的区分，指出工程科学的哲学与自然科学的哲学不同，并表达了工程科学家与哲学家合作的重要性……种种变迁，反映了人们对工程理解和认识的新进展。可以说，今天，工程哲学的研究已经步入体制化、建制化的轨道。中国自然辩证法研究会下成立了"工程哲学专门委员会"；美国成立了"21 世纪工程哲学指导委员会"。

---

① 〔德〕马克思：《1844 年经济学哲学手稿》，北京，人民出版社，2000。

② 〔美〕P. Aarne Vesilind, Alastair S. Gunn：《工程、伦理与环境》，吴晓东等译，北京，清华大学出版社，2003，第 30～41 页。

③ S. L. Goldman："Why We Need a Philosophy of Engineering：A Work in Progress", *Interdisciplinary Science Review*，2004，29(2)。

④ Louis L. Bucciarelli：*Engineering Philosophy*，Delft，Delft University Press，2003.

因此，我们说现代工程作为工业化和现代化的实现方式，已成为普遍的时代特征。这不仅体现在人们把各种事物自觉地工程化上，使得工程作用领域显著扩大，而且体现在公众主动关注工程，理解工程，反思和批评工程，以及参与工程决策的社会趋势上。从自然界到社会自身，从生存到意识，工程引起了人类社会的剧烈回应。如果说哲学是时代精神的精华，那么当下工程哲学的兴起，恰恰反映了工程的时代特征，以至于工程成为科学、技术与社会的具象化形态和样式。

最后，说工程是具象化或现实态的科学、技术与社会，是由工程的社会实现，以及工程安全总是关涉科学认知、技术选择和社会因素等决定的。

工程具有造福人类的诸多社会功能，但实际上工程对人类既有"功"也有"过"，特别是大规模、高科技的现代工程由于技术的、社会的，乃至政治的和人为的原因，频繁出现各种工程事故，既造成巨大的经济损失、政治影响和生态环境的破坏，也威胁到人们的生命安全，甚至造成了人类的生存危机。所以，看到工程在社会生活中正面作用的同时，也不能回避工程的负面价值，以吸取经验教训，改进同类工程的安全性能，使其更人性化、更可靠。一代代的工程人正是在一个个痛苦的工程反思的基础上，带着极强的责任感和使命感跋涉前行的。现代工程的复杂性、不确定性和风险性特征，以及工程共同体利益主体的多元化，使得各种工程问题、工程事故频发。

随着工程不断向宇宙的广度和深度进军，当我们享受着工程带来的便利交通、快捷通信、琳琅满目的商品时，我们也增添了不安、焦虑和恐惧。因为我们或直接或间接地看到了一起起工程事故的悲剧。矿难传来的噩耗不断，石油泄漏，化工厂爆炸，桥梁坍塌，飞机失事，火车相撞，核电站泄漏……这些都是问题工程带来的恶果。我们必须针对产生问题工程的基本因素，探寻规避工程灾难的基本路径，以确保工程安全，发挥科学、技术、工程的正向社会功能。

从当代导致问题工程和工程灾难的基本原因来看，无外乎是工程的科学认知问题、技术选择问题，以及社会自身的问题。因此，对工程的社会追问离不开科学、技术与社会的视域；对科学、技术与社会的考察也需要工程思维和工程内容。

二、工程共同体的本性与特质

工程总是社会性的活动，是群体性行为，有目的、有组织、有系统是其活动的基本前提。因此，工程研究，特别是对工程的社会哲学考察，有必要对工程活动主体的工程共同体进行专门探究。该探究作为一项不能回避的基本任务，构成工程研究本身的基础性课题。其中，在理论上澄清工程共同体的本性及其相关特征，是这项课题基础和首要的任务。

(一)工程共同体的界定

"共同体"一词的英文是"community"。它有三个意思：一是公社；村社；社会，集体；乡镇，村落；生物学的群落、群社。二是共有，共用；共同体，共同组织；联营(机构)。三是共(通)性；一致性；类似性。① 这三个意思恰好反映出"共同体"作为"人群共同体"的各种形式和组织方式，表明共同体具有某种性质，以及其成员具有某种共同的东西，如共同的活动，共同隶属于同一组织机构或社群等。

在社会学家那里，共同体一般被理解为"社群"或"社区"。

科学社会学家默顿(Robert K. Merton)改造了"社群"或"社区"意义上的共同体，进而言明："历史学家和其他学者长期使用'科学家共同体'这一术语。在大多数情况下，这一术语仍是一个比喻，而没有成为一个有生命力的概念……因为我们发现科学家这个共同体是分散的，而不是地理接触上的集合。因此，这个共同体的结构只依据科学家的狭窄的地方群体是不能得到充分理解的。"②

在《共同体：在一个不确定的世界中寻找安全》一书的作者鲍曼那里，共同体有了更为宽泛的所指，指社会中存在的、基于主观上的理想的共同体("我们梦想的共同体"，它"并不是一种我们可以获得和享受的世界，而是一种我们热切希望栖息、希望重新拥有的世界")，或客观上的现实的共同体("实际存在的共同体")，以及拥有种族、观念、地位、遭遇、任务、身份等共同特征或相似性而组成的各种层次的团体、组织。它既包括小规模的社区自发组织，也包括较高层次上的政治组织，还可指民族、国家共同体。③

本书倾向于鲍曼对共同体所做的超出"社群""社区"的广义的解读，但主要考察具有共同任务——创造新的存在物的活动的共同体，也就是工程共同体。这个共同体是现实的共同体：它不是斐迪南·腾尼斯

---

① 郑易里等：《英华大词典》(修订第2版)，北京，商务印书馆，1984，第275页。

② Robert K. Merton：*The Sociology of Science：Theoretical and Emprical Investigation*，Chicago，University of Chicago Press，1973.

③ 〔英〕齐格蒙特·鲍曼：《共同体：在一个不确定的世界中寻找安全》，欧阳景根译，南京，江苏人民出版社，2003。

(Ferdinand Tönnies)那种传统意义上具有理解的本体论特征的"共同理解"的共同体①；不是罗森伯格（Göran Rosenberg）所说的自然而然、不言而喻的"温馨圈子"（Warm Circle）；不是罗伯特·雷德菲尔德（Robert Redfield）确认的没有任何反思、批判或试验动力，小的、自给自足的，具有独特性和一致性的小共同体②；不是左克杨（Jock Young）所指的瓦解了的，被身份认同接替了的，作为"自然家园"或"庇护所"的共同体。③

　　尽管工程共同体内部也有异质性和利益冲突，甚至是"所有的一致性需要被创造；'人为制造出来的'和谐是唯一行之有效的形式。共同理解只能是一种成就（achievement），而这种成就，又是在经历曲折漫长的争论和说服工作，以及在与无限的其他潜在性进行艰苦的竞争之后才实现的……甚至恰恰相反，它可能形成一种'活络合同'（rolling contract）的状态，这种需要同意的协议必须定期更新，任何一次更新、续签都不能保证下一次的更新和续签"④，但是，只要人类还存在着，工程共同体就不会在地球上消亡，只是会改变它的活动领域、活动方式和其成员的关系等而已。

　　因为"人是社会的存在物"，其所从事的任何社会活动，无论是科学的、宗教的、政治的还是经济的社会活动，都总要结成一定的共同体，如科学共同体、宗教共同体、政治共同体、经济共同体等。也就是说，人们的活动总是结成特定的共同体的活动，而某种共同体又必然服务、服从于特定的活动。

　　从实证的角度看，人类把握世界的三个基本维度是科学、技术和工程。这三种活动的产生和发展，都有赖于它们各自的活动共同体，即科学共同体、技术共同体和工程共同体。

　　考虑到目前对科学共同体和技术共同体的社会学考察均有一定基础，下面将对照科学共同体和技术共同体的既有研究来界定和阐释工程共同体。

　　科学共同体（scientific community）属于科学社会学范畴，首先由波兰尼（M. Polanyi）在《科学的自治》一文中，基于科学活动本身的自主性而

---

　　①　Ferdinand Tönnies：*Community and Society*，New York，Harper，1963.

　　②　Robert Redfield：*The Little Community*，*and Peasant Society and Culture*，Chicago，University of Chicago Press，1971.

　　③　左克杨在评论霍布斯鲍姆的观点时说："正是因为共同体瓦解了，身份认同（identity）才被创造出来。"参见 Jock Young：*The Exclusive Society*，London，SAGE Publications Ltd.，1999，p. 164.

　　④　〔英〕齐格蒙特·鲍曼：《共同体：在一个不确定的世界寻找安全》，欧阳景根译，南京，江苏人民出版社，2003，第 10～11 页。

引出，然后在默顿那里，又基于科学交流而得以进一步界定。① 在默顿看来，作为抽象的普遍适用的"科学共同体"概念包含着两层含义：一是在科学共同体的构成上，其主体是从事科学事业的科学家群体。二是在科学共同体的维系机制上，科学共同体通过科学交流维系其存在，科学家参与成果交流的各个环节，并对科学成果进行评价、分配、承认，保证科学这一社会系统的有效运行。② 他认为科学共同体拥有自身的特征和规范。在后来的研究中，科学史家和科学哲学家托马斯·库恩把科学共同体与科学范式作为两个互释的范畴，即拥有同一种或同一套科学范式的科学家便构成了科学共同体。范式总是被同一的"成熟的科学共同体"所拥有。处于常规科学期间成熟的科学共同体的主要任务，就是在同一范式下"解谜"。在同一科学共同体内部，人们有共同的信念、本体论承诺、共同的方法论和解题规则、手段……③ 在《科学革命的结构》的后记中，库恩还详细讨论了科学共同体的结构、分层、角色或功能，以及科学共同体的特征等，从而使对科学共同体的研究达到了一个新的高度。④

技术共同体（technological community）作为技术社会学范畴，是基于技术专家、工程师与科学家一样需要交流的意义上提出的，是指在一定范围与研究领域中，由具有比较一致的价值观念、知识背景，并从事技术问题研究、开发、生产等的工程师、技术专家和技术人员通过技术交流所维系的集合体。这个集合体同样是相对独立的，有自身的评价系统、奖励系统等，可以不受外界的干扰。技术共同体的表现形式很多，如国际技术共同体、国家技术共同体、行业技术共同体等。⑤

工程共同体（engineering community）作为工程社会学范畴，主要基于工程活动作为人类最切近的生存方式，在其变革自然、变"自在之物"为"为我之物"的过程中，往往最具有社会性与集体性，更需要结成一定的有组织、有目的的共同体。所谓工程共同体，是指集结在特定工程活动下，为实现同一工程目标而组成的有层次、多角色、分工协作、利益多元的复杂的工程活动主体的系统，是从事某一工程活动的个人"总体"，以及社会上从事着工程活动的人们的总体，进而与从事其他活动的人群

---

① 转引自张勇等：《技术共同体透视：一个比较的视角》，《中国科技论坛》2003 年第 2 期。

② 樊春良：《默顿科学社会学理论新探》，《自然辩证法通讯》1994 年第 5 期。

③ 〔美〕托马斯·库恩：《科学革命的结构》，金吾伦等译，北京，北京大学出版社，2003。

④ 〔美〕托马斯·库恩：《科学革命的结构》，金吾伦等译，北京，北京大学出版社，2003。

⑤ 张勇等：《技术共同体透视：一个比较的视角》，《中国科技论坛》2003 年第 2 期。

共同体区别开来。

也就是说，工程共同体是现实的工程活动所必需的特定的人群共同体。该共同体是有结构的，由不同角色的人们组成，包括工程师、工人、投资者、管理者等利益相关者。

工程共同体的类型可以分为工程活动共同体与工程职业共同体，前者比后者更为重要。没有工程活动的共同体，也就没有工程职业共同体。正是在这个意义上说，相对于工程活动共同体，工程职业共同体就是亚共同体。然而，这种作为次生的亚共同体——工程职业共同体，有其存在的必要性，它服务于工程活动共同体，维护在不同工程活动共同体中从业的同类人员——职业共同体成员的基本权益，形成工程共同体中不同组成部分的职业规范，促进工程活动共同体的职业认同，而且有助于培养工程活动共同体成员的业务素质。

科学共同体的组织形式或实体样式是科学学会或协会，以及各类研究所、高校的研究基地或项目中心等。技术共同体的组织形式或实体样式是国际技术共同体、国家技术共同体、行业技术共同体等。工程共同体的组织形式或实体样式则因其类型不同而不同：工程活动共同体的组织形式或实体样式为各类企业、公司或项目部，它是工程活动共同体的现实形态，并以制度的、工艺的、管理的方式，或者以物流为基础的人流，表现为一定的结构模式；工程职业共同体的组织形式或实体样式为工程师协会或学会、雇主协会、企业家协会、工会等，其显著的功能在于维护职业共同体的整体形象，以及其内部成员的合法权益，尤其是经济利益，确立并不断完善职业规范，以集体认同的方式为个体辩护。

(二)工程共同体的特征

从科学共同体的特征来看：①科学共同体表征着科学是自治的，意味着科学有自己发生、发展的内在机制和模式。②科学共同体内部呈现出高度分层的社会结构，从高到低依次分为科学院士、著名的权威科学家、有一定影响的科学家、高级研究员、研究员、助理研究员、实验员等。③在奖励机制上，科学共同体内存在"马太效应"。① 获得奖励者通过成就累积，有机会获得更多和更大的奖励。④科学共同体的内部凝聚力来自库恩所说的"范式"(paradigm)认同。在库恩看来，范式具有优先性，成熟的科学共同体是集结在同一科学范式之下的科学家群体，他们

---

① 所谓"马太效应"，是由默顿针对奖励系统中存在的一种现象提出的。其命名来自于《新约全书·马太福音》第25章中的一段话："若谁有，就给他，并不断增加；而谁没有，则连已有的都要被夺走。"

有着共同的活动目标,即通过"解谜"活动来进一步增进范式。也就是说,在科学共同体成员所信赖或"信仰"的权威范式下,依一定本体论承诺,按一定规则,运用既定的概念、理论、工具和方法求解或"解谜"的过程,通过这种"解谜"的常规科学所得的结果来扩大范式所能应用的范围和精确性。① ⑤科学共同体的制度性目标主要是扩展被证实了的知识。

从技术共同体的特征来看,技术共同体与科学共同体有许多相同之处。正如张勇等学者所阐释的:①技术共同体与科学共同体都属于社会的亚文化群,具有自己独特的行为规范和价值构成。技术共同体之所以成为社会的亚文化群,是因为它具有与一般群体或组织不同的精神气质,信奉、约束于某些特定的规范和价值标准。随着技术的发展,这些独特的行为规则和价值规范不断超越种族、地域、文化和语言的障碍,在世界范围内趋同。②技术共同体也存在社会分层。在技术共同体内部,做出重大技术发明或技术创新者,将会处在共同体的上层,成为技术时代的技术精英,而一般的技术人员则处在技术共同体的下层。技术共同体是一个等级制的社会结构。③技术共同体中同样存在"马太效应"。"马太效应"是普遍存在的一种社会现象,但技术共同体中的"马太效应"相对于科学共同体而言,没有后者那么严重。因为技术共同体主体存在多元化,对技术成果的奖励也是广泛的,只是在资源分配和成果承认、奖励上,共同体还是偏向知名人士和有特殊贡献的技术专家和工程师。②

此外,技术共同体还有与科学共同体不同的特征。这些特征包括:①技术共同体的技术主体多元化。科学共同体由科学家组成,主体单一,且数量有限。而技术共同体的主体呈现多元化,有来自技术研究、开发、产品生产等各环节的工程师、技术专家和一般技术人员等,数量很大。②技术共同体的制度性目标是解决实际应用问题并增长一定的技术知识。科学共同体的目标是增长准确无误的知识,而技术共同体成员把这些科学知识加以应用,解决实际中的问题,在解决问题的同时附带有技术知识的产生。这种知识被公众接受后,就成为公共的知识,并且这种知识更新速度比科学知识要快。③技术共同体成员得到承认的渠道是多样化的。科学家需要的是科学共同体的承认;而技术共同体成员可以得到技术共同体的承认,也可以由专利承认,还可以得到整个社会的承认。

从工程共同体的特征来看,比较上述科学共同体与技术共同体的特

---

① 〔美〕托马斯·库恩:《科学革命的结构》,金吾伦等译,北京,北京大学出版社,2003,第32~47页。

② 张勇等:《技术共同体透视:一个比较的视角》,《中国科技论坛》2003年第2期。

征，参照既有对科学共同体与技术共同体的比较研究（主要参见张勇等《技术共同体透视：一个比较的视角》一文），我们可以从以下几个方面加以说明和描述。

第一，在组织性质上，工程共同体与科学共同体乃至技术共同体一样，它们都属于社会的亚文化群，而与其他的社会亚文化群，如宗教共同体、艺术共同体、政治共同体、大众传媒共同体等并列，在人们的社会生活中发挥着不同的作用。当然，与其他各类亚共同体相比，工程共同体是更基础的共同体，其活动的性质和状况决定其他共同体活动的水平和状况。同时，其他共同体的活动也在一定程度上影响着工程共同体活动的开展。

第二，在动力机制上，科学共同体从事科学研究活动的动力来自科学家对探索自然奥秘的兴趣，默顿命题所揭示的清教伦理对科学研究的拉动，[①] 以及库恩所描述的科学家对科学共同体范式的信仰[②]（在库恩看来，科学共同体成员对范式的信仰，就像宗教信仰那样，一旦改变对范式的信仰，就像"改宗"那样），特别是共同体内部对科学的评价与奖励机制。技术共同体从事技术发明的动力来自科学的逻辑的继续，尤其是运用科学原理解决生产生活中实际问题的社会需要，以及技术奖励系统的激励与专利制度所获得的社会承认。工程共同体从事工程活动的动力来自人们生存和生活的现实需要，即不断满足人们日益增长的物质和文化生活的需要。同时，工程共同体行动的动力也来自共同体内部的认同、奖励和共同体外部——社会的奖励，表现在工程共同体的工程活动成果获得较好的社会实现，或者说，获得市场回报。因此，实现工程的预期目标就是对工程共同体的最佳奖励。这种来自市场回报的奖励，往往也同科学奖励系统、技术奖励系统那样，表现为奖励的"马太效应"。越是获得社会实现的工程，其活动的工程共同体越是有生命力，越是容易获得社会的资金、政策支持，越是容易在项目的招标和市场竞争中获胜，也相对有资格得到政府主管部门的奖励。相反，不能获得工程的社会实现的工程共同体，将被剥夺从事工程活动的权利，其最终命运只能是解体。从这种意义上说，能否被市场选择，对一个工程共同体来说生死攸关。

第三，在结构分层上，科学共同体和技术共同体都存在明显的等级

---

① 〔美〕罗伯特·金·默顿：《十七世纪英格兰的科学、技术与社会》，范岱年等译，北京，商务印书馆，2000。

② 〔美〕托马斯·库恩：《科学革命的结构》，金吾伦等译，北京，北京大学出版社，2003。

区别，但其等级的划分标准主要是业务水平和对社会的贡献。也就是说，对应着不同等级的科学共同体或技术共同体的成员的，是一系列不同的条件和职能。相对于科学共同体和技术共同体的结构分层，工程共同体的结构分层要复杂得多。在一个工程活动共同体组织如企业或公司中，有纵向的职位等级分层，表现为科层制，上层有董事会，管理层有总经理、总工程师，中层有各职能科室和生产车间的管理人员、工程技术人员，下层是生产工段长和班（组）长，以及最底层的工人等。而在不同职能的工程共同体人群中，又有不同的等级，例如，工程技术人员所组成的子共同体中又区分为总工程师、高级工程师、工程师、助理工程师和技术员；工人中又区分为高级技师、技师、教练员，以及不同等级的普通工人等。

第四，在主体构成上，科学共同体和技术共同体比较单一，前者由科学家或科学工作者构成，后者由技术专家或技术工作者构成，尽管也有些技术人员担任一定的管理职务而扮演着"双重角色"，但其主体还是单一的，都属于"同质结构"的共同体。由于工程活动的复杂性，它要求各类人员的组合，因此，工程活动的共同体在主体的构成上是多元的，属于"异质结构"的共同体，包含投资人、管理者、工程师、工人和其他利益相关者。他们在工程行动中各自发挥着不可替代的作用，也就是说，每一类人群或者说子共同体，都有其存在的必然合法性。也正因为如此，才有了不同的工程职业共同体，例如，工程师协会、投资人协会、企业家协会或企业家俱乐部、经理人协会和工会等。

第五，在获得承认的路径上，科学共同体的成员获得承认的路径仅限于科学共同体内部。因为科学是自治的事业，不看重外部的评价，或者说，外部根本就没有资格评价。只有在共同体内部，那些有着诸多共同点的成员才有资格评价。这些共同点包括：①经受过近似的教育和专业训练。②他们都钻研过同样的技术文献，从中获取许多同样的教益，文献标出学科界限。③有共同的主题，是追求同一组共有目标，以及训练他们的接班人的人。④成员交流相当充分，专业判断也相当一致。不同共同体成员之间的交流十分吃力，因此，不同的科学共同体不可通约。① 技术共同体的成员获得承认的路径不仅来自共同体内部的承认，而且更重要的是来自社会专利发放机构对技术成果的确认和承认，此外，还有技术专利使用者的承认。工程共同体成员获得承认的路径也有多条，

---

① 〔美〕托马斯·库恩：《科学革命的结构》，金吾伦等译，北京，北京大学出版社，2003。

一方面，来自工程共同体内部，无论是工程活动共同体，还是工程职业共同体，都通过相应的制度规范和评价体系或奖励的形式，使其成员的工作获得承认，进而获得共同体内部的认同。另一方面，工程活动共同体的成员还会在工程活动成果最终得到社会实现上来肯定自己，看到自己团队的力量和对社会的贡献，表现为工程建设者的集体荣誉感，以及自我价值实现的满足感。这样最终达到通过对象化的活动——工程实践来肯定人、确证人的本质力量，并提升人的类本质的目的。当然，在不合理的制度下，工人的这种劳动不仅不能作为对自己的肯定力量，反而成为反对自己的否定力量，表现为劳动的异化。① 这一点在马克思的《1844 年经济学哲学手稿》中得到了深刻的阐释。

第六，在制度性目标上，科学共同体的制度性目标是增长准确无误的确定性的科学知识；技术共同体的制度目标是面向社会解决实际应用问题，即改善人们生产生活中所使用的方法、手段，进而增长技术知识；工程共同体的制度性目标则在于赢得市场，寻求社会实现，即应用科学和技术创造满足人们物质和精神生活需要的新的存在物，变"自在之物"为"为我之物"，建构人工世界，拓展人类的生存空间，提升人类的生存质量，增进人类的幸福，丰富人们以自己的劳动调控自然，并与自然发生物质、能量变换的工程知识。一句话，工程共同体的制度性目标看中现实的、具体的工程共同体利益的实现及其所建造的工程满足人们生存需要的实际效果。任何作为组织单位的工程共同体的存在与运行都必须对这双重目标给予理性博弈与平衡。

三、工程共同体的结构及其维系机制

在批判的工程社会学的范式下，对工程共同体的研究不仅要追问和回答工程共同体的本性这一根本性问题，还应进一步考察和明晰工程共同体的结构，也就是对工程共同体的静态——共时态的考察，包括对工程共同体的构成要素、工程共同体的结构特性，以及工程共同体的维系机制等方面的探究。

（一）工程共同体的构成要素

在主体构成上，工程共同体不同于科学共同体和技术共同体，后两者都是单一化的结构，而工程活动共同体是多元化的结构，是一个包含

---

① 〔德〕马克思：《1844 年经济学哲学手稿》，北京，人民出版社，2000。

了众多成员要素子系统的主体系统，与此相适应，也就有了多种类型的工程职业共同体。

1. 工程活动共同体的构成及其职能

一项工程活动的完成，即使是最粗陋的工程，也总是在一定的秩序下，通过有组织、有计划的集体分工协作的过程来实现其预期目标的。它往往需要不同角色，例如，组织者或管理者、执行者或被管理者，以及脑力劳动者和体力劳动者等。这是由社会劳动的基本分工决定的。在现代工程行动中，工程共同体内部的分工更为精细，一般主要由工程师、工人、投资者、管理者和受众等有关的利益相关者构成，因此，工程共同体在结构上具有异质性，不同于具有同质性结构的科学共同体和技术共同体，它是"异质共同体"。这些作为不同构成要素的子共同体在工程活动中扮演着不同角色，发挥着各自的作用。李伯聪教授把他们形象地比喻成军队中的司令员、参谋长、士兵和提供"军需资源"的后勤部。在功能上，"如果把工程活动比喻为一部坦克车或铲土机，那么，投资人可比喻为油箱和燃料，管理者（企业家）可比喻为方向盘，工程师可比喻为发动机，工人可比喻为火炮或铲斗，其中每个部分对于整部机器的功能都是不可缺少的"①。不同的职业共同体恰好作为工程活动共同体的人力资源库，随时为工程活动提供共同体的成员。具体来说，在工程活动中，工程活动共同体各种角色的基本职能可做如下描述。

（1）工程师。在工程活动中，工程师分布在整个工程过程的不同环节，发挥着不同的作用。

①在工程设计阶段，工程师作为工程活动的设计者，为拟进行的工程活动绘制蓝图。工程师围绕着要达成的工程目标，通过调研和分析论证，寻求各种可能的方案。工程设计阶段是寻找多个解的过程。此时，工程师们大显身手，使各种解决方案纷纷亮相。这一过程好比库恩科学发展模式的前范式阶段，各种理论相互竞争。

②在工程决策阶段，工程师作为工程方案的提供者、阐释者和工程决策的参谋，不仅为自己所坚持和信奉的方案辩护，而且能理性地协助决策者，在比较和竞争中选择更好的最终方案。工程方案一经确定，工程共同体也就迅速形成，相应的工程行动的规范同时确立起来，以明确不同人群的行动路向和规程及所达到的技术和质量标准。在这一阶段，

① 李伯聪等：《工程社会学导论：工程共同体研究》，杭州：浙江大学出版社，2010。笔者负责该书第二章的写作。该书首先明确区分了工程活动共同体和工程职业共同体，这里做进一步阐释。

犹如科学共同体由前范式转入范式形成期，稳定的工程共同体开始在范式的感召下集结成。

③在工程实施阶段，工程师作为工程活动的执行者，一方面，为各工序的生产提供生产技术和工艺；另一方面，作为生产调度者，直接编制并下达生产计划，直接调控工程活动的进度。此外，工程师还作为成本、质量和销售的管理者，充当着各类管理的职能人员。在这一过程中，工程师共同体的职责就是通过提供并实施各种切实可行的技术和工艺手段，以及组织管理方法，确保工程活动的工期和质量，并最终获得社会实现。它类似于科学共同体在常规科学时期通过"解谜"来增进科学范式本身的过程。

（2）工人。在工程活动中，如果把工程活动过程比作一场游戏，工程师是工程技术游戏规则的制定者，那么工人则是了解游戏规则的游戏参与者。离开他们，再好的游戏也无人去玩。也就是说，工人在工程的实施过程中，是一支重要的力量，直接作为操作环节的执行者。通过他们体力和智力的付出，工程行动方案最终落到实处。

然而，以往人们通常把工人看成是大机器上的部件，是机械、被动的执行者，只是按照工艺规程和操作标准去做。

实际上，在操作环节还有许多技能、技巧问题，它们作为不可言说的意会的隐性知识潜藏在个体之中，有待管理者去发掘、调动工人的积极性和创造性。

现实工程活动涉及不同的工序和工种，工人中有许多能工巧匠，他们所能做的远远超出了工程技术人员的工艺规程。一些高级技术工人也担负着设备维护、改进操作技术和技能的技术保障职责。常常会出现这种情况：工程师能够说明白，但做不明白；而工人中的技师说不明白，却做得明白。操作本身就蕴含着智能和智慧，这种智慧是海德格尔所说的做中的"寻视[Umsicht]"，而非单单的"视"。①

历史地看，人类最初生存所进行的生产活动，即使还没有足够的科学、技术含量，但无论如何也是"知道的做"。

（3）投资者。投资者，即工程活动的投资人或人群共同体。一说到工程，就意味着耗资。的确，工程活动是需要成本的，离不开资金支持。没有资金投入的工程是脑海中想象的工程，不会付诸实施。如果说工程

---

① 〔德〕海德格尔：《存在与时间》（修订译本），陈嘉映等译，北京，生活·读书·新知三联书店，2012，第82页。

活动伴随着资金流（投入与产出）的活动，那么投资者就必然是工程共同体的一员，而且他至关重要，是工程活动的发动者。投资者作为工程活动的发起人，拥有主动权，在工程决策中占主导地位，在某种程度上影响和决定着工程的规模和品位，而工程师、管理者或经理人及工人都是被雇佣者。也就是说，无论是工程师、管理者还是工人，他们都必须对投资者负责。当然，有良知的工程师、管理者和工人不仅对投资者负责，还对社会和消费者负责。因此，投资者作为工程活动的发起人，所组建的工程共同体并非单项的选择——雇主选择被雇佣者，而是一个双向选择的过程。契约、合同和协议制度对此提供了保障。当然，也不能排除人们为了生存的需要，被迫选择不愿从事的工程活动，资本主义制度下的异化劳动就表明了这一点。

（4）管理者。工程活动的管理者主要指工程共同体中处于不同层次和岗位上的领导者或负责人。相对于工程师和工人，管理者是一些具有综合、协调、指挥和决策才能的复合型人才，善于从总体和全局出发考虑问题，把自己所负责的部门目标紧紧地与工程的总体目标关联起来，维护工程总目标的权威性，通过其卓有成效的组织领导，形成部门合力，提高工作效率，优化工程质量。如果说工程师是从工程技术上保证工程的顺利进行，那么管理者则主要是从组织制度上来统筹安排人力、物力和财力，以解决工程活动中的各种矛盾，比如，福利待遇和分配上的公平公正问题、劳资矛盾、人际矛盾、人—机矛盾、资金和物资瓶颈等。他们工作的绩效直接涉及工程活动是否人尽其才、物尽其用的问题，以及该工程共同体的凝聚力、战斗力、美誉度、信誉度、工程理念的先进性与工程活动所达到的境界。从某种程度上说，有什么样的管理者队伍或管理者共同体，就有什么样的工程水准。各个层次的管理者犹如军队中的各级指挥官，其指挥战略战术的高明与否，决定着战役的胜负。"不战而屈人之兵，善之善者也。"管理者所信奉的工程理念及管理模式，就已决定了工程可能达到的品位。

（5）受众。任何工程能够获得社会实现，都依赖于消费者对它的接受和认可。换句话说，没有无受众的工程。所谓工程的受众，是指工程直接或间接服务的对象。因为工程总是从满足某种社会需要出发的，这就决定了它一定有服务的对象，这个特定的对象即受众。作为工程的利益相关者之一，受众确认和肯定着该工程存在的合理性和必要性，以及本体论根据。因此，利益相关者作为工程活动创造价值并实现价值的指向和渠道，必然在工程决策之初就被纳入或考虑进来，将其作为预期的利益共同体的一部分。工程的产品进入市场，开始了消费阶段，预期受众便转换为现实的受众，在互利互惠原则下实现各自的需要，进而保障了各自的利益。如果一个工程不能使预期的受众变成现实的受众，其结局将是可悲的，不能获得社会实现。这不仅将使工程的投资者蒙受经济损失，而且将造成社会资源的巨大浪费，甚至给社会和公众带来危害。可见，作为利益相关者之一的受众是工程共同体中不可缺失的向度，他们在工程活动中扮演着重要角色。

需要说明的是，以上工程活动共同体的各构成要素在角色上有时会出现复合与转换情况。

从复合情况看，一个总工程师首先是一个工程师，担任着解决工程技术问题的职责，可同时他又作为高层管理者，承担着组织管理和人员调配及使用的职能，起着宏观调控的作用。实际上，随着干部队伍专业化趋势的发展，各个层次上的领导人和管理者本身都具有工程师资格和身份，并参加解决技术问题的生产与项目开发活动。工人中的工头既属于工人的一分子，又作为工程活动中的组织者和管理者出现。无论是管理者、工程师、工人还是受众，都可能持有企业或公司的股份而成为投资者之一。有时，工程的最高管理者就是出资人或投资者；有时，受众本身就是工程的投资人之一，或者受众中也有工程活动的工程师、管理者。

从角色的转换看，任何一个工程师都有可能进入管理层成为管理者，而一个懂业务的管理者也有可能转为工程师。工人中特别有才干的人员同样有机会晋升为管理人员。

2. 工程职业共同体的构成及其职能

考虑到篇幅，这里将不对各种职业共同体，如工程师协会、企业家俱乐部、投资人联合会及工会等做具体展开。但需要强调的是，它们都有自己的构成要素和结构，也都有独特的职能和作用。比如，工程师协会是由工程技术人员组成的群众组织，该组织内有明确的章程和从业规范，通过各种活动形式发挥着对内培训专业人员、规范从业行为、确立职业道德，对外维护成员合法权益的作用。相对于工程师协会、企业家俱乐部和投资人协会这些具有同质结构的职业共同体，工会在组成上显得较为复杂。

国外劳工工会一般是以行业为单位的，即行业工会，其成员包括行业内自愿加入的从业人员，有工人、工程技术人员及企业（公司）的管理人员等。在国内，工会组织不仅有国家级和省市级行业工会，还有以单位为单元的基层工会组织，它们都由工程技术人员、工人、管理者组成。工程技术人员、工人、管理者也是广义上的工人。在职能上，国外行业工会与国内行业工会在工作重点上也有所不同。尽管它们都致力于协调劳资矛盾、维护成员权益、改善成员福利等，但国内的工会组织还担负着政治职能，即作为各级党组织联系和团结群众的纽带，向成员宣传党的各项方针政策，把人们的思想统一到意识形态上来。

（二）工程共同体的结构特性

工程共同体包括工程活动共同体和建立在其上的工程职业共同体，二者在结构上具有不同特性。

1. 工程活动共同体的结构特性

工程活动共同体构成的多元性决定了其结构本身具有以下特性。

一是工程活动共同体结构的异质性。这是由工程活动本身的复杂性决定的，它有社会基本劳动分工，即脑力劳动与体力劳动的区别，以及由这种劳动分工所决定的脑力劳动者与体力劳动者的分工，管理者与被管理者的分工。这种分工涉及许多专业知识和技能，需要不同层次、不同工种的人员的组合与互补，这就客观上要求有不同角色和职责的员工。因此，工程活动共同体的结构必然是多元的、异质的。这种异质性结构与科学共同体、技术共同体的一元的同质性结构明显不同。

二是工程活动共同体结构的层级性。工程活动共同体内部在组织方式和责任的轻重上是分层次、有差别的。从组织层次上看，有最高领导层——指挥中心及其参谋部，有中间管理层（包括各种职能部门），还有基层的生产工段和小组等。从职能定位的分层看，有董事长、正副总经理、正副部门经理、正副车间主任、正副工段长、正副班（组）长；总工程师、高级工程师、工程师、助理工程师、技术员；高级会计师、高级统计师、会计师、统计师、助理会计师、助理统计师、会计员、统计员；具有不同技术等级的工人等。

三是工程活动共同体结构的秩序性。工程活动是复杂的，但也是有序的，是在统一指挥下的分工与协作。这种分工与协作体现在生产的机器装备的不同与按比例配置中，以及由设备所决定的工人的分工与协作中。这种分工与协作的和谐是工程活动所必需的，也只有这样的分工与协作的有序运行，才能确保工程的顺利进行和高效率作业，进而体现一种和谐有序的美。可以说，任何一种失序或紊乱都是工程活动所要避免和克服的问题。正是工程活动的有序性，要求工程共同体的结构也必须是有序的，表现在按比例的定岗定编的人员配备，以防止人员过剩或不及。

四是工程活动共同体结构的利益主体多元化。这是由工程活动共同体的异质性结构决定的。共同体内部不同的人群共同体有着不同的利益要求与期待，他们会追逐各自的利益目标，并且试图实现目标利益的最大化，这就难免会造成不同利益共同体之间的利益冲突。比如，投资人要想获得较高的资金投入回报率，就会千方百计地降低工程的生产与运营成本，而降低员工（包括工程师、工人乃至管理者）的工资和津贴就是一种渠道，这就会引发劳资矛盾，影响员工的工作积极性。解决这种利益的冲突，就需要通过博弈达成各方都认可的"收益度"。再如，工程的产权所有者或投资人与其他利益相关者，如受众或消费者之间也存在着利益冲突，前者希望以较高的价位出售，而后者则指望以优惠价买入，好的解决方式只能是互利互惠。因此，工程共同体的利益主体多元化特征，是工程活动管理者不得不面对的，对其引发的矛盾必须认真解决，否则就会因共同体内部的利益冲突影响工程活动的顺利进行，甚至影响到工程的社会实现。

五是工程共同体结构的紧密性。工程活动共同体内部成员之间的关系，不同于科学共同体或技术共同体成员之间的关系，后者的成员或个体有着较高的活动自主性和独立性，他们可以有不同的工作场所。而工程活动共同体成员在工作任务、内容上有着严格的分工与协作关系，他们是按照完成工程活动总目标的需要，被有计划、有目的地安置在不同活动环节中的。只有共同努力和精诚合作，才能更好地实现预期目标，保障个人利益。就工程产品是他们共同劳作的结果而言，他们是一个一荣俱荣、一损俱损的利益共同体。这种关系反映在他们共同遵守的整体原则与合作精神上。

六是工程共同体结构的整体性。工程活动共同体构成要素的子共同体存在的合法性，来自作为整体的工程活动共同体。离开了整体，作为构成要素的部分也就不成其为部分了。部分存在于整体之中，部分的特性和功能由整体赋予和规定，整体功能不等于各部分之和，而是来自各部分所形成的总的合力。

七是工程共同体结构的流动性。工程活动共同体作为一个系统，一方面，它是开放的，与外界环境保持着互动与交流的关系。它会根据系统工作目标的需要，随时从外部引入各类人才或接纳新成员。同时，它也会将不称职的员工辞退，或允许共同体成员的自愿退出或调出，从而显现为人员的进入或迁出的流动性。另一方面，这种共同体结构的流动性还体现在社会角色的复合和转化上。这主要依托共同体内部的人员任用或职称聘用制度的实施。根据员工的才能和业绩情况，共同体成员都有晋升的机会，也有被降职或低聘的可能。

2. 工程职业共同体的结构特性

与工程活动共同体不同，作为派生性的工程职业共同体在结构上具有同质性、灵活性、非营利性、权益的一致性和相对的稳定性等特性。

同质性是说职业共同体结构的单一性。除工会组织外，其他职业共同体成员一般都由同种从业人员构成。例如，工程师协会是以工程师为主体的，企业家协会是以企业家为主体的等。实际上，即使是工会组织，严格来说，也是以工人为主体的，在我国，知识分子、干部都是工人阶级的一分子，工程师、管理者等也是工人阶级的一部分。

灵活性是说与工程活动共同体的紧密性特点相比较，工程职业共同体的成员有来去的绝对自由权，而且不涉及组织人事关系和劳资关系问题，没有严格的隶属关系。只要不违反共同体的规定和章程，也不会因为某些活动没有到场而受到批评或指责。组织对成员或成员之间没有过多的约束。

非营利性是说工程职业共同体不以创收、营利为目的，是社会服务性的组织。该组织的存在主要是满足各类工程活动共同体成员职业认同与相互交流的需要，以及维护成员合法权益的需要等。会员所缴纳的会费等，均用于公共活动本身。

权益的一致性是说职业共同体内部成员不分职别和级别，他们所享有的权利和应尽的义务是相同的。由于结构的同质性，成员之间也无利益冲突或价值冲突。

相对的稳定性是说相对于以营利为目的工程活动共同体，职业共同体不存在破产、解体的问题。除非因特殊情况没有成员加入，只要有成员自愿加入，就有其存在的合法性。

（三）工程共同体的维系机制

工程职业共同体的存在是建立在工程活动共同体之上的。只要有工程活动共同体，就会有工程职业共同体。所以，这里仅讨论工程活动共同体的维系机制问题。该问题主要涉及共同体成员的需要与利益、组织与个体的相互认同及规范等方面。

首先，从需要和利益来看，任何工程活动都是从一定的社会需要出发，并最终满足该需要，进而获得相应的利益的。所谓利益，就是需要的满足。也就是说，社会需要是工程活动得以发起的动力之源。没有社会需要的工程是无人干的工程，即使有人干也无法获得社会实现。所以，一个充分考虑了社会需要的工程项目才有可操作性，才有机会组建起为了完成该工程项目的工程共同体。某一工程活动共同体已经建立，为了确保该共同体的高效运转，就必须首先考虑、考察共同体成员本身的需要和利益保障问题，这是共同体组织的人事部门的主要职能。实践已经证明，凡是注重解决共同体成员需要和利益冲突的工程共同体，就能较好地调动全体成员的工作积极性和主动性，共同体组织内部就有活力，工程活动就有效率。历史上，因不能协调好共同体内部利益冲突，而最终导致工程下马、工程共同体解体的案例不胜枚举。

其次，从工程活动共同体的认同来看，我们可以从内部认同与外部认同两个方面加以考察。

工程活动是一个创造价值、形成价值和实现价值的过程，因此，在工程活动过程中，一方面，需要获得工程活动共同体成员对其所信奉和追求的价值观念的认同。因为这种认同的程度直接反映在共同体本身的凝聚力和向心力上，尤其体现在受众对工程的接受程度上，而接受程度直接影响到工程最终价值的社会实现。另一方面，工程项目的决策与实施还需要来自共同体外部的认同，比如，工程活动所在社区公众、所隶属的主管部门，以及其他相关部门等的认同，否则，就难以顺利地实施工程计划，甚至中途破产。随着现代工程决策的民主化程度的提高，让社会公众理解工程、参与工程决策、开展"工程批评"是不可缺少的环节，所以，如何主动向公众宣传工程，征得公众对工程意义本身的理解和价值认同，就自然成为不能回避的问题。

因此，工程共同体内部与外部对工程本身的认同，就必然与工程活动的去与留、成与败关联起来，影响工程活动共同体的生死存亡。

最后，从工程活动共同体的规范来看，工程活动是由众多共同体成员参与的活动，为了确保行动的一致性，以尽量减少组织的不必要内耗，就需要有共同遵守和依循的一系列规范。这是任何一个共同体所必需的，无论是科学共同体，还是技术共同体，它们都有自己的规范。

所谓科学共同体的规范，在默顿那里就是"科学的精神气质"。而"科学的精神气质是指约束科学家的有情感色调的价值和规范的综合体。这些规范以规定（prescriptions）、赞许（preferences）、许可（permissions）和禁止（proscriptions）的方式表达。它们借助于制度性价值而合法化"①。
在默顿看来，一旦科学成为一种独立的建制，科学便逐渐有了自己的精
神气质。他进而提出了四种规范原则：普遍主义、"公有主义"、无私利
性和有条理的怀疑主义。其中，"普遍主义是一种信念；'公有主义'是从
财产公有性的非专门性和扩展的意义上而言的，科学上的重大发现都是
社会协作的产物；无私利性是科学作为专门职业的一个基本制度性要素；
有条理的怀疑主义是指有组织的怀疑精神"②。

　　技术共同体的规范被认为是"工程师的精神气质"，它包括普遍主义、
私有主义、实用主义和替代主义。技术的普遍主义是指技术也具有普遍
性，各种技术制度的建立，在某种程度上就是对技术普遍性的一种保障。
技术知识和技术成果作为客观的存在，总是会为大家所熟知的，只是技
术成为普遍知识的时间可能有些滞后罢了。技术向一切有能力进入技术
领域的人开放，技术发明者或工程师的贡献会被永载技术史册。技术的
私有主义是说技术具有私有财产的性质，私有财产权的要求是保守秘密。
发明者是发现了某种有价值的东西的人，他可以严守关于它的知识不让
公众知道。所以，技术发明或技术成果及其展现在一定的时期内归发明
者或者发明者所在单位所独有，具有私有性质。技术专利制度就是对技
术的这一性质的确认。技术的实用主义主要着眼于作为工具、手段和方
法的技术的有用性或效用。技术的替代主义则主张技术是可以替代的，
工程技术人员应该用批判和挑剔的眼光来审视技术，进而寻找更合理的
技术。这反映了一种挑剔和替代的习惯与精神。

　　工程共同体也有自己的规范，它不同于科学共同体的规范，也不同
于技术共同体的规范，而表现为工程活动中共同遵循的原则，例如，合
目的的普遍主义，合规律的建构主义，讲时效的协同主义，有条件的特
殊主义，要权威的整体主义，重实用的唯美主义，依循互利互惠的利己
利他主义，追求满意社会实现的功利主义，以及有风险的博弈主义等。
下面对这几个原则做简单介绍。

　　（1）合目的的普遍主义。它反映的是工程共同体的建造活动，在从需
要出发表现为合目的性——"为我原则"或"内在尺度"的同时，始终追求
合规律性，尊重"他律原则"，即"外在尺度"，显现为客观性诉求，承认
工程活动有其共同的、普遍的逻辑准则，并落实到工程活动的生产调度、

---

① 〔美〕罗伯特·K.默顿：《社会研究与社会政策》，林聚任等译，北京，生活·读书·新
知三联书店，2001，第5页。
② 张勇等：《技术共同体透视：一个比较的视角》，《中国科技论坛》2003年第2期。

工艺设计、技术规程和操作规则上，进而使得各类工程活动体现的专业的工程科学具有存在的合法性与必要性，工程知识的学习、传播也才有可能。但是，这一切离开了人类的从生存需要出发的工程实践，任何普遍的工程知识都是不可能存在的。换句话说，无人需要的工程，再怎样合乎规律都没有人去做。

（2）合规律的建构主义。这是由工程活动的合目的性与合规律性的统一所决定的。如果说合规律性诉求导致普遍主义，那么合目的的诉求必然崇尚建构主义，即按照人的目的、意志，按照美的规律来重新安排世界，让世界为我所用。但实现合目的的前提是尊重客观规律，按客观规律办事。否则，再怎么想做都做不成，只能是盲目的空想，无法获得存在的现实性。尽管工程建构中是理念在先的，而实施某种工程理念，如美的、人文精神的表达等，却依赖于对客观规律的掌握和运用，所以，建构主义只能是合规律的建构主义。这一点，在工程家那里已经是不需言说的承诺。否则，就会被看作狂想家，从工程共同体中剔除。

（3）讲时效的协同主义。工程活动好比一支乐队的演奏，要取得好的效果，每位演奏者必须学会与他人合作，听从指挥，并力图弹奏出和谐的美妙音符，否则，只能给团队带来损失。工程活动是有分工的，目的是让各类人才各尽其用，提高时效。同时，这种分工必然要求合作，可以说工程的最终产品就是集体合作的结果。所以，以分工为前提的协作，或以协作为着眼点的分工，共同表现为讲时效的协同主义，它已内化到共同体成员中，成为普遍接受的价值共识。

（4）有条件的特殊主义。这一方面是说，工程活动是有条件的，任何工程都只能是在一定的时空下，具有一定人力、物力、财力条件。没有没条件的工程。另一方面，由于工程的有条件性，任何条件的改变都可能影响到工程本身的改变，因此，工程往往具有当时当地性。这种当时当地性必然使工程呈现为只这一个或那一个工程的特殊性、个性。工程作为新的创造物而存在，就应该展现出自身的个性，体现出建设者的独特理念和风采。实际上，那些千篇一律的工程丧失了个性，是缺乏生命力的。严格来说，工程本身所具有的当时当地性，就意味着工程实现的特殊化、个性化道路之必然。

（5）要权威的整体主义。一支乐队需要一个演奏指挥，一个部队需要一个作战指挥，一项工程同样需要行动总指挥。这个指挥的存在就表明，这是一个行动的整体，指挥在这个整体中有权威，并在权威的意志和统筹安排下行动。这要求共同体成员有全局意识、整体观念，要服从命令，听从指挥。如果说科学共同体的范式构成共同体成员的普遍准则、信念，在"解谜"的过程中起着权威的作用，① 那么，一经决策所选择的工程方案及为实施它的一切努力，对工程活动共同体来说都具有权威性。在部门利益与整体利益冲突时，必须服从大局；在个人意愿与组织意愿冲突时，要听从组织安排。为了大局和组织，部门和个人可以做出让步。因为人们相信只有这样，才能确保工程的顺利实施，才能实现组织目标的最大化。

（6）重实用的唯美主义。工程活动的指向是满足人们日益增长的物质和文化生活需要。这就直接决定了工程的最终产品首先必须具有服务于人的有用性或适用性，其次是建立在实用基础上的审美性。在实际的工程设计中，这是两个不可缺少的功能指标。一个工程如果只注重实用性或工具理性，而忽视了审美性或价值理性，就会降低服务的人性化指数，甚至会变得无人问津。相反，一个工程一味地追求美，而不考虑工程本身的实用性，就会是好看不好用，同样也不会获得公众的青睐。只有兼顾了实用和审美两个方面的工程，才有可能成为受社会公众欢迎的工程。

（7）依循互利互惠的利己利他主义。工程共同体具有异质性结构，这不仅表现在不同岗位人员的配置上，而且表现在共同体内部的利益主体的多元化上。如何既确保组织整体利益目标的实现，又能使共同体各方面成员的根本利益得到保障，就需要本着互利互惠的利益分配原则，在利己与利他的利益博弈中求解。否则，那种严重的利益分配偏向，难以调和利益冲突，更谈不上调动各方积极性。事实上，在市场经济下，"互利互惠""双赢"的理念早已被确立下来，这就要求市场机制下的工程活动必须依循互利互惠的利己利他原则。

（8）追求满意社会实现的功利主义。工程活动无论从发生学还是从价值论的角度来看，都是讲求功利的，是要有利可图的，这是工程本身的社会性所决定的。问题是能否通过合理的途径合乎伦理地追求功利。资本主义制度下唯利是图的现代工程突出地反映了作为投资人的资本家的功利主义色彩，以至于不顾及工人的基本生存需要，造成工人的劳动异化。但是，这不等于说社会主义制度下的工程不讲功利，只不过是鼓励合理的功利，打击、限制不合理的功利。尽管如此，现实经常会出现作为共同体一员的农民工因雇主的不正当功利需求而拿不到工资。由此，我们不能否定功利主义价值观存在的合法性，从某种程度上说，正是工

---

① 〔美〕托马斯·库恩：《科学革命的结构》，金吾伦等译，北京，北京大学出版社，2003。

程活动主体的功利主义追求，构成工程发生、发展的动力。

(9)有风险的博弈主义。由于人的理性的局限性，再加上工程本身的复杂性——对不确定问题和条件的确定性求解，尽管有多个行动方案，但每个方案都不是最佳的、没有缺陷的，只是相对的较为可行罢了。正如西蒙所说，不存在完全的理性人、经济人的理性决策，只有有限理性人的有限理性决策；没有决策的"最优原则"，只有决策的"满意原则"。①工程活动总要承担一定的风险，工程决策是尽可能地趋利避害的博弈过程，目的是最终选择一个既能较好地实现组织目标，又能有效地规避风险，总价值较大的工程方案。更宽泛地说，一个工程从设计、决策到实施，乃至获得社会实现——投入消费的全过程，都存在有风险的博弈问题，因为人们无法掌控那些来自自然界和人类社会中的不确定性的偶然因素。这也是《流动的现代性》(*Liquid Modernity*)② 一书的作者鲍曼所要说明的。正是如此，现实的工程创新经常遭遇各种壁垒和陷阱。

工程活动共同体的规范一般被工程职业共同体的规范所吸纳，体现在职业共同体的组织样式，如工程师协会、企业家协会、工会等的章程、宣言中，包括共同信奉的观念(主要是价值观)、行为准则、职业操守和权利与义务。这些规范使共同体成员有职业归属感和社会认同感，也便于明确他们在公众中的职业形象，并最终在工程活动共同体中确立自己的地位，获得自我实现。

此外，工程共同体所在组织的运行也是工程共同体维系的重要因素。无论是工程活动共同体的组织如企业、公司、项目部等，还是职业共同体所在组织如各类协会、工会等，它们本身的良性运行是共同体存在和发展壮大的关键。因为任何共同体都是在一定组织中的共同体，组织是共同体得以存在的载体。而组织依托共同体所从事的事业的前景及当下的状况，直接反映着该组织的运行态势，其存亡必然决定着共同体的存亡。现实中工程共同体的解体与重建是其组织实体在市场竞争中优胜劣汰的必然命运。同时，它也说明了研究如何维系工程共同体之必要。

总之，不同于具有单一化、同质结构的科学共同体和技术共同体，工程活动共同体为异质共同体，具有多元化结构，是一个包含了众多成员要素子系统的主体系统，与此相适应，也就有了多种类型的职业共同体。工程活动共同体由工程师、工人、投资者、管理者和受众等利益相

---

① 〔美〕赫伯特·A. 西蒙：《管理决策新科学》，李柱流等译，北京，中国社会科学出版社，1982。

② Zygmunt Bauman：*Liquid Modernity*，Cambridge，Polity Press，2000.

关者构成，而且各构成要素在角色上有时会出现复合与转换的情况，表现出异质性、层级性、秩序性、利益主体多元化、紧密性、整体性、流动性等结构特性。工程职业共同体拥有工程师协会、企业家俱乐部、投资人联合会及工会等多种组织形式，并在结构上具有同质性、灵活性、非营利性、权益的一致性和相对的稳定性等特性。工程活动共同体有自己的维系机制，需要有利益的满足，共同体内外的认同，以及体现为合目的的普遍主义、合规律的建构主义、讲时效的协同主义、有条件的特殊主义、要权威的整体主义、重实用的唯美主义、依循互利互惠的利己利他主义、追求满意社会实现的功利主义、有风险的博弈主义等原则和规范。

四、工程共同体的社会功能

从总体上说，所有从事工程实践的从业者组成了一个不同于其他共同体的打破地域、民族国家、行业与身份限制的工程共同体，而这种共同体又是建立在具体时空的工程活动共同体基础之上的，例如，世界性的跨国工程共同体，民族国家工程共同体，地区工程共同体，行业工程共同体，以及作为活动单位的微观组织的共同体。对作为一般意义的共同体的静态考察，需要明确工程共同体的本性、构成、结构特征、维系机制等，这已在上文做出描述。下文将从动态的视角结合工程共同体的形成与变迁，在工程社会学与社会哲学的理论范式下，依循唯物史观，阐释工程共同体在人类社会生活中的作用，即工程共同体的社会功能。

(一)工程共同体的产生与历史变迁

对工程共同体的形成和变迁考察，是对工程共同体的动态考察，即历时态的考察。工程共同体是一个历史范畴，它伴随着人类工程活动的产生而形成，伴随着人类工程活动范围的拓展而不断生成，并伴随着人类工程活动水平的提升而改变其组织形式。

可以说，工程活动的展开是工程共同体形成的前提。没有工程活动，也就没有工程活动的共同体，更谈不上工程职业共同体问题。当人从洪荒走出，人猿相揖别那一刻起，人就以工程的方式生存着了，只不过此时的工程尚处在原初的粗糙的工程阶段。从此，在一定地域内，使用着在现在看来不是工具的工具的劳动者便结成原始的工程共同体（往往以氏族、部落为组织实体）。从发生学的角度看，工程共同体的出现早于任何其他科学的、技术的、宗教的、政治的共同体，后面各类共同体都是在以生产为基本任务的工程共同体活动不断分化的基础上而形成的。正如马克思和恩格斯所说："可以根据意识、宗教或随便别的什么来区别人和动物。一当人们自己开始生产他们所必需的生活资料的时候（这一步是由他们的肉体组织所决定的），他们就开始把自己和动物区别开来。人们生产他们所必需的生活资料，同时也就间接地生产着他们的物质生活本身。"[①] "因此，道德、宗教、形而上学和其他意识形态，以及与他们相适应的意识形式便失去独立性的外观。它们没有历史，没有发展；那些发展着自己的物质生产和物质交往的人们，在改变自己的这个现实的同时也改变着自己的思维和思维的产物。不是意识决定生活，而是生活决定意识。"[②] 也就是说，随着从事物质生产活动的工程共同体所建构的生活世界的确立，以及现实生活本身的需要，精神生产共同体（包括科学共同体、艺术共同体、宗教共同体、哲学共同体等各种意识形式的共同体）和从事着社会工程的政治、法律共同体等产生了。

实质上，工程活动范围的拓展是工程共同体生成的基础。随着原初工程共同体生产能力的增强，以及创造的社会物质财富的增加，私有制与社会分工逐步出现，分工不断深化，出现了人类社会基本分工——脑力劳动与体力劳动的分工，脑力劳动者与体力劳动者的分工，以及基本分工下的亚分工。亚分工包括：①一般分工（指各种生产领域的划分，例如，物质生产部门分为农业、工业、商业等，与此相适应，物质生产的劳动者分为农民、工人、商人等；精神生产部门分为科学、艺术、教育等，精神生产的劳动者分为科学研究工作者、艺术工作者、教育工作者等）。②特殊分工（各个生产领域中生产部门的划分，例如，农业分为种植业、畜牧业、林业、渔业等，劳动者也有具体的划分）。③个别分工（企业内部和各个单位内部的分工，例如，企业有不同工种和工序，学校有不同系和专业）的产生，人类工程活动的领域不断扩展。在人类史上，先是畜牧业从农业中分离出来，完成第一次大分工，原始人群分化成游牧部落和农业部落，形成农业和牧业两大生产部门。而后是手工业从农牧业中分离出来，即第二次大分工，形成作为职业共同体的专业工匠共同体。不久，商业从生产领域中分离出来，被称为第三次大分工，进而产生了特殊的商人阶层或从事商业活动的商人共同体。尽管这三次社会大分工发生在资本主义之前，但严格来说，整个前资本主义社会的社会

---

① 《马克思恩格斯全集》，第 3 卷，北京，人民出版社，1960，第 24 页。
② 《马克思恩格斯全集》，第 3 卷，北京，人民出版社，1960，第 30 页。

分工尚处于自然分工阶段，其工程活动表现为以农业生产为主导的"自在工程"(工程都是自为的，这只是相对于自为程度较高的工业工程而言的)样式。各个区域的工程共同体的生产、消费受制于地域的局限，是在狭窄范围内的生产和交换(交往)。但这样的工程共同体有着其形成的自然而然性、理解的一致性。另外，罗伯特·雷德菲尔德在《小共同体》(*The Little Community，and Peasant Society and Culture*)中指出：在一个真正的共同体中，没有任何反思、批判或试验的动力；它区别于其他的人类群集，它是如此小，以至于在它的所有成员的眼中，它就是一切；它是自给自足的，它给共同体内的人提供所有的或多数活动与需要，是一个从摇篮到坟墓的安排；它具有"独特性"(distinctiveness)，有"我们"与"他们"的区别。① 只有到了资本主义社会，人类的社会分工才进入充分发展的时代，是自发分工的最完备形态。即使这样，马克思、恩格斯曾经还把资本主义生产分为简单协作、工场手工业、机器大工业三个阶段，并指明它们的分工各有特点。但无论如何，此时的工程是以工业生产为主导的"自为工程"——现代工程，只是先后经历了工程共同体的不同组织样式——作坊、工场、工厂、公司和企业等组织形式，表现为不同的生产方式。随着广泛利用科学、技术的现代工业工程的展开，人与自然的交往范围不断扩大，从土木工程、机械工程、电气工程、化学工程、石油工程，到电子工程、海洋工程、航天工程、材料工程、能源工程、生命工程、环保工程等，与之相对应形成了名目众多的工程共同体。

不难看出，工程活动层次的提升是工程共同体组织形态变迁的根据。迄今为止，按照工程中所反映的人与自然关系的统一方式来划分，人类的工程活动先后经历了三个大的阶段，即依顺自然的前工业社会进行以农业为主导的自在工程(包括原始时代和古代的工程)；征服、宰制自然的工业社会进行以工业为主导的自为工程；寻求与自然和解的后工业社会进行以信息业为主导的自在自为工程。与之相适应，工程共同体在其存在的组织形式或形态乃至内部构成上也发生了历史性变迁，即自然经济的生产组织(集体农庄、村社、庄园、行会等传统的共同体)和商品经济的生产组织(工场、企业、公司等现代的共同体)。它又经历了三种模式：以泰勒制管理模式为主的，"敌视人"的"前福特制"生产模式；致力于综合运用泰勒制管理模式与梅约(George Elton Mayo)开创的工业社会

---

① Robert Redfield: *The Little Community，and Peasant Society and Culture*，Chicago，University of Chicago Press，1971，p. 4.

学研究的"人际关系学派"的理论模式的"有了人"的"福特制"生产模式；"看中人"的"后福特制"生产模式。按照马克思的设想，未来终将进入产品经济的生产组织（自由人联合体），尽管存在劳动分工，但消除了劳动者分工，人们自愿地选择喜欢做的，劳动成为人们的第一需要，成为真正的自由自觉的活动。因此，工程共同体内部的关系也将发生改变，从血缘关系、地域关系或宗法关系到雇佣关系或金钱关系或契约关系，再到自由平等关系。

这与马克思所划分的三种社会形态，即人的依赖性社会、物的依赖性社会、个人全面发展的社会三种依次更替的社会形态是一致的。也就是说，工程共同体的生产方式，反映了一定社会阶段的物质生产力和人们之间的生产关系。或者说，工程共同体的活动样态，直接成就着特定社会的社会形态。

马克思指出："人的依赖关系（起初完全是自然发生的），是最初的社会形态，在这种形态下，人的生产能力只是在狭窄的范围内和孤立的地点上发展着。以物的依赖性为基础的人的独立性，是第二大形态，在这种形态下，才形成普遍的社会物质变换，全面的关系，多方面的需求以及全面的能力的体系。建立在个人全面发展和他们共同的社会生产能力成为他们的社会财富这一基础上的自由个性，是第三个阶段。第二个阶段为第三个阶段创造条件。"[1]

在这里，马克思从现实的人的发展出发，把人类历史划分为人的依赖性社会、物的依赖性社会、个人全面发展的社会三种依次更替的社会形态。

这三种社会形态分别对应着以农业为主导的自在工程、以工业为主导的自为工程、以信息业为主导的自在自为工程。同时，也就促成了工程共同体组织形态的跃迁：传统的血缘、地域工程共同体，现代的产业、行业、实业工程共同体，未来的自由人联合体的工程共同体。

（二）工程共同体社会功能的展现

上述对工程共同体产生和发展的历史考察，已经显明它具有重大的社会功能。这主要体现在以下几个方面。

其一，吸纳社会劳动力，提供个体必要的就业场所。这一点突出地表现在现代社会。人类步入现代社会以来，工业化所伴随的都市化使更多的人涌向大城市，这就增加了城市和社区本身的就业压力，也使人们

---

[1] 《马克思恩格斯全集》，第 46 卷上册，北京，人民出版社，1979，第 104 页。

之间的生存竞争加剧。正是工程活动向各个领域的拓展，以及各类工程共同体对社会劳动力的接纳，为不同层次的待就业人员与那些无生活来源的失业人员提供了必要的就业场所、去向和生存空间，进而也提供了最基本的福利保障。因为让人有劳动的场所和机会，就是保障人的生存权利。它无疑构成了个体的最基本福利。

诚然，工程活动技术含量的提高，大机器本身也排挤着工人，造成新的失业，但工程共同体活动领域的增加，以及分工的细化，又不断提供了更多新的就业机会。这需要辩证地看问题。在这方面，作为社会学鼻祖的马克思为我们树立了榜样。恩格斯曾指出："马克思了解古代奴隶主、中世纪封建主等等的历史必然性，因而了解他们的历史正当性，承认他们在一定限度的历史时期内是人类发展的杠杆；因而马克思也承认剥削，即占有他人劳动产品的暂时的历史正当性；但他同时证明，这种历史的正当性现在不仅消失了，而且剥削不论以什么形式继续保存下去，已经日益愈来愈妨碍而不是促进社会的发展，并使之卷入愈来愈激烈的冲突中。"[①] 的确，在马克思看来，"资本家的管理不仅是一种由社会劳动过程的性质产生并属于社会劳动过程的特殊职能，它同时也是剥削社会劳动过程的职能"[②]。

按照这种历史的尺度与价值的尺度相统一的原则，在资本主义制度下，当我们看到掌握着生产资料的资本家对其所雇佣的工人存在着严酷的剥削时，也应承认这种剥削有其存在的历史必然性与合法性，而且有其积极的作用——毕竟为社会劳动力提供了就业的机会，以保证雇佣工人及其家人维持生存的基本生活需要。尽管雇佣工人的劳动异化了，但他必须去竞争这种异化了的劳动岗位，否则就会饿肚子。正如马克思在谈到分工时所看到的那样："当分工一出现之后，任何人都有自己一定的特殊的活动范围，这个范围是强加于他的，他不能超出这个范围：他是一个猎人、渔夫或牧人，或者是一个批判的批判者，只要他不想失去生活资料，他就始终应该是这样的人。"[③] 也就是说，个体的生存不但不能摆脱现实的工程活动所提供的社会生活基础，反而必须主动进入发挥自己劳动能力的工程共同体中。马克思在阐释资本家共同体时指出："资产阶级抹去了一切向来受人尊崇和令人敬畏的职业的神圣光环。它把医生、

---

① 《马克思恩格斯全集》，第 21 卷，北京，人民出版社，1965，第 557～558 页。

② 《马克思恩格斯全集》，第 23 卷，北京，人民出版社，1972，第 368 页。

③ 《马克思恩格斯选集》，第 1 卷，北京，人民出版社，1995，第 85 页。

律师、教士、诗人和学者变成了它出钱招雇的雇佣劳动者。"①

实际上，受生产力发展水平的制约，不只是资本主义的工程活动共同体存在着分工的强制性，社会主义制度下工程共同体的活动也还带有一定的分工强制性。"各尽所能，按劳分配"本身就具有强制性："谁不劳动，谁就没有饭吃。"②

进一步说，"任何一个民族，如果停止劳动，不用说一年，就是几个星期，也要灭亡，这是每一个小孩都知道的"③。因此，工程共同体的活动不仅提供个人谋生的场所，而且满足民族国家乃至人类生存的需要。它不仅为个人或个体提供生存和福利保障，而且把为人类本身谋求福祉当成工程共同体的社会责任。

其二，创造物质财富，满足人的基本需要。这是工程共同体最基本的也是最重要的社会功能。

一些学者之所以把工程定义为创造新的存在物的活动或强调造物的工程，是因为他们看到了人类工程行动的宗旨：创造人们生存和生活所需要的物质资料。

的确，正如工程教育所揭示的：人类最初的工程是与生产活动浑然一体的，其目的就是生产人们衣、食、住所需要的生活资料。换句话说，人这种未经专门化的存在物，是"没有约束和没有固定的存在"（《圣经》语）的。这就决定了必须通过工程共同体的集体劳动去创造他所需要的一切。

实际上，人始终是而且越来越是生活在他们所结成的工程共同体建构和重新安排了的工程世界，即人工世界中。在马克思看来，尽管原生态的自在的自然界具有先在性——人是自然界长期进化的产物，人首先是自然的存在物，但这种先于人的自然界对人来说等于无，只有打上人的实践活动烙印的人工自然和人类社会才是人们生活的现实世界，而且这个现实的世界是通过人的劳动而诞生，并通过人的劳动不断得以生成的。用他自己的话说："整个所谓世界历史不外是人通过人的劳动而诞生的过程。"④ 劳动不是单个人的劳动，而是工程共同体的劳动。

因此，可以毫不夸张地说，工程共同体的集体劳动使人们赖以生存的人工自然成为可能，让人拥有了适合其生存、发展的属人世界，创造

---

① 《马克思恩格斯选集》，第 1 卷，北京，人民出版社，1995，第 275 页。
② 〔苏〕列宁：《马克思主义论国家》，北京，人民出版社，1964，第 33 页。
③ 《马克思恩格斯选集》，第 4 卷，北京，人民出版社，1995，第 580 页。
④ 〔德〕马克思：《1844 年经济学哲学手稿》，北京，人民出版社，2000，第 92 页。

了世世代代所需要的一切物质财富，而且不同时代、不同地域的工程共同体的造物能力和水平总是表明其所处社会的生产力状况。因为工程直接整合了生产力的各种要素，而表现为现实的社会生产力。

从远古的洞穴、茅屋到现今的高楼大厦，从穿兽皮、草鞋到消费琳琅满目、款式各异的品牌商品，从徒步行走到利用种种交通工具，从单纯的陆地生产到海洋工程、航天工程，从造物到"造人"，从改变物质结构的化学工业到改变时空结构的信息工程所开创的"地球村"时代，工程共同体的工程活动仍在不断地满足和引领着人们的物质生活需要，并支撑、丰富着社会经济生活的内容。这正是为什么建筑哲学家会有此格言："上帝（或造物主）一次性地给定了一大堆建材（石头、木料、泥巴、茅草、芦苇、竹子……），其余的一切，都是建筑设计师、木匠、石匠和泥瓦匠……的劳作。"①

其三，塑造人文价值，丰富人们的精神生活。工程共同体的生产活动不同于动物的本能的生产活动，后者服从必然律，受自然法则的约束。动物只能按照它所在种的尺度去生产。而工程共同体的活动作为人的生产，是自由自觉的活动，不仅遵从他律的客观尺度，而且依循内在尺度，并主要是从自身的需要和目的出发，按照"为我的原则"、美的尺度去重新安排世界。物质生产本身凝结着人们的自由之本质，或者是人的本质的对象化，包含着对美好事物的向往，因而表达和塑造着人文价值。也只有如此，工程活动才能满足人的精神生活的需要。

马克思在《1844年经济学哲学手稿》中，对此做了深刻的阐释，他说："诚然，动物也生产。它也为自己营造巢穴或住所，如蜜蜂、海狸、蚂蚁等。但是，动物只生产它自己或它的幼仔所直接需要的东西；动物的生产是片面的，而人的生产是全面的；动物只是在直接的肉体需要的支配下生产，而人甚至不受肉体需要的影响也进行生产，并且只有不受这种需要的影响才进行真正的生产；动物只生产自身，而人再生产整个自然界；动物的产品直接属于它的肉体，而人则自由地面对自己的产品。动物只是按照它所属的那个种的尺度和需要来构造，而人懂得按照任何一个种的尺度来进行生产，并且懂得处处都把内在的尺度运用于对象；因此，人也按照美的规律来构造。"②

一般来说，审美原则是工程共同体的规范之一，它几乎总是在兼顾

---

① 赵鑫珊：《建筑：不可抗拒的艺术——天·地·人·建筑》，天津，百花文艺出版社，2002，第1页。

② 〔德〕马克思：《1844年经济学哲学手稿》，北京，人民出版社，2000，第57～58页。

工程产品实用性的同时被考虑。

有的学者专门研究作为工程活动之一的建筑的艺术，把建筑视为一首哲理诗，① 一种不可抗拒的艺术。②

相信用不了多久，工程美学将成为人们所青睐的研究课题。因为工程之美不仅体现在工程共同体和谐有序的劳动中，而且体现在工程设计的理念与工程产品的形式美，以及给社会公众带来的美的感受中。人类就是在富有美的建造活动和美的产品的消费中，确证、提升着人的类本质和人的精神境界的。正是如此，马克思说："工业的历史和工业的已经生成的对象性的存在，是一本打开了的关于人的本质力量的书，是感性地摆在我们面前的人的心理学。"③

其四，建造"属我世界"，拓展"类"生存空间。工程共同体的建造活动使世界二分化，即世界二分化为自在的世界（自在自然）和自为的世界（人工自然或属人世界），人就生活在属人的世界中。《黄帝宅经》早就深刻地表述过：宅者，人之本。人因宅而立，宅因人得存。人宅相扶，感通天地。④ 也就是说，人不能没有宅，宅只能是人的宅。人因为有了自己建造的宅才成其为人，宅因为有了人才有了本体论意义。如果我们把"宅"引申为"人工世界"，就意味着人们只能生活在他们自己建造的"人工世界"中。

这个"人工世界"是工程共同体建构的属人世界，是作为类存在物的人的类生活——工程实践的产物。它不是一成不变的，而是随着工程共同体从事的工程活动范围的拓展而扩展，是一个不断生成的过程，进而也拓展着人的类生存空间。

历史地看，正是以培育、养育为主的农业工程，使人类由森林、水域地带走向平原、内陆地区。由于有了手艺人、商人共同体的活动——手工业和商业活动，人类由广大的农村走向城市。现代工程共同体所成就的现代工业工程，开辟了铁路、航道，打破了人们生存的地域限制（同时也瓦解了具有一致性和确定性的"自然家园"的传统共同体，开始了"个体化"进程，进入人为建造的新的共同体中）。在条件允许的情况下，人

---

① 赵鑫珊：《建筑是首哲理诗——对世界建筑艺术的哲学思考》，天津，百花文艺出版社，1998。

② 赵鑫珊：《建筑：不可抗拒的艺术——天·地·人·建筑》，天津，百花文艺出版社，2002。

③ 〔德〕马克思：《1844年经济学哲学手稿》，北京，人民出版社，2000，第88页。

④ （南北朝）王征：《黄帝宅经》，转引自赵鑫珊：《建筑是首哲理诗——对世界建筑艺术的哲学思考》，天津，百花文艺出版社，1998，第1页（卷首语）。

们可以在世界范围内从事生产和交往，尽管增加了生存的不确定性和选择的焦虑感，以及不得不屈从于大机器下的分工，但克服了以往的人身依附性。人丢掉的是不得不屈从的确定性，换来的是自由，虽然只是以物为基础的有限的自由。历史向世界历史转变，表现为横向的经济全球化运动、纵向的现代化运动。

今天，工程共同体的建造活动，几乎触及地球上的每一个角落，以至于整个地球变成了一个村庄。正如我们所察觉到的：从第一个航天计划的实行，到载人飞船的试验成功，工程共同体的工程活动视野，尤其在那些"航天人"那里，早已面向太空，为人类的明天寻求着新的可能生存空间。

其五，打造生活样式，成就人类文明。工程共同体的工程行动建构着属人的世界、人工世界，拓展着人们的生存空间。这同时意味着有什么样的工程，就有什么样的生活方式。或者说，工程共同体活动的水平——生产力状况，直接组建着人们生活世界的生存样式，成就着人类不同阶段的文明，即前现代的工程成就了农业文明，现代工程成就了工业文明，后现代工程引导、成就生态文明。在马克思看来，"随着新生产力的获得，人们改变自己的生产方式，随着生产方式即谋生的方式的改变，人们也就会改变自己的一切社会关系。手推磨产生的是封建主的社会，蒸汽磨产生的是工业资本家的社会"①。而生产方式、社会关系的改变，又必然引起观念、原理、范畴的改变，决定着人们的精神生产活动和精神文明建设。

正如齐格蒙特·鲍曼所揭示的："有两种趋势伴随着现代资本主义。一种趋势已经表现出来：用人为设计的、强加的监控规则，来取代共同体过时的'自然而然的理解'，取代由自然来调整的农业节奏和由传统来调整的手工业生活的规则，这是一种坚持不懈的努力。第二种趋势是，（这次是）在新的权力结构框架内，恢复或从零开始创造一种'共同体的感觉'，但这种努力远远不是如此坚持不懈的努力（而且这还是一种延误了的努力）。"②

齐格蒙特·鲍曼所说的"第一种趋势"主要体现在"前福特制"生产模式中。由于"工作的科学组织"及单纯的效率寻求，生产者的生产表现与他们的动机、情感分离开来。生产者将暴露在机器的非人格的节律当中，

① 《马克思恩格斯选集》，第1卷，北京，人民出版社，1995，第142页。
② 〔英〕齐格蒙特·鲍曼：《共同体：在一个不确定的世界中寻找安全》，欧阳景根译，南京，江苏人民出版社，2003，第39页。

这种节律将设定运动的步伐，并决定每一个行动，没有为个人的决定和选择留下任何空间。创造、奉献和合作的作用，甚至是机器操作者临场技巧的作用将被降低到最低程度。确定性寻求与人的自由完全对立起来，工人的劳动异化了，劳动不是肯定人，而是否定人，无法实现作为人的类本质的自由自觉的活动，人的生存物化了。①

　　第二种趋势与第一种趋势并行，始于慈善家们所创建的"模范村庄"，目的是重建一个被工作场所环绕的共同体，使工厂的工作变成"完整无缺的生活"追求。然而，这种尝试被同时代的人视为"乌托邦社会主义者"的行为而遭到排斥。直到一个世纪以后，随着"梅约计划"的成功，人们意识到，工作的满足和友好氛围能比严厉的规则和无所不在的监视——"全景监视"更有效果。

　　"福特主义工厂"综合了以上两种趋势，并成为资本主义企业追求成功的典范。腾尼斯将其概括为：它的目标是要把"选择意志"重新锻造为"本质意志"，要把明显人为地、抽象地设计出来的行为的理性模式"自然化"。②

　　如果说"福特制"生产模式仍然将人看作手段而不是目的，较其前的单件生产模式对工人的技能要求不是提高而是降低，那么，进入"后福特制"（postfordism）生产模式——"精益生产"（lean production）模式的工程，再度提高了对工人的要求。例如，要求依赖劳动者专用性知识和能力的长期积累；要求教育、培训员工具有多方面的技能；要求充分发挥工人潜力，调动其工作热情等。③

　　实际上，"后福特制"代表的生产模式恰好反映了后工业工程的特征，它所对应的是知识经济、学习型社会，它在更高的层次上组建着人们新的生活样式，成就的是信息文明。因此，它崇尚的是"返魅"的自然观，世界是有待照料的大花园；依循的是生存论或有规范的实践论的思维方式，坚持可持续发展；它摆脱了单纯追逐"资本的逻辑"，而转向"自由的逻辑"的价值取向，让人类在大地上诗意地栖居，正在并将最终成为新一代工程共同体的理想。

　　①　〔德〕马克思：《1844年经济学哲学手稿》，北京，人民出版社，2000。
　　②　〔英〕齐格蒙特·鲍曼：《共同体：在一个不确定的世界中寻找安全》，欧阳景根译，南京，江苏人民出版社，2003，第43页。
　　③　李伯聪：《工程人才和工程创新》，香山科学会议（2005年第259次）材料汇编（2005），第27页。

五、工程批评与对话规则

工程是人的生存方式，其生成和发展具有生存论特性，这就决定了工程是属人和为着人的存在的。但由于人做的或人工的工程是非自足的有限工程，加上现代工程实现的"反自然性"① 与社会牵涉特性，这必然呼唤工程决策的公开化、民主化、社会化，而工程批评恰是达成此目标的有效方式和途径。那么，何谓工程批评？它的特性和本质是什么？为何开展工程批评？开展工程批评的必要性、价值与意义何在？怎样开展工程批评？应遵循哪些规范或原则？本小节阐释工程批评的基本理念，如工程批评的目的在于优化决策以规避风险，工程批评的主体是社会公众，工程批评的形式是对话等，下文就这些与工程批评相关的基本问题作答。

（一）何谓工程批评

由人的自为本性决定的作为人之生存方式的工程，不仅从人的意志出发，人工地建构着属人世界，而且成为人解读世界、把握世界的有效且不可或缺的途径。考虑到工程的发生与发展总是被纳入社会的政治、经济和文化大系统中，作为"自然—科学—技术—工程—产业—经济—社会"链条的一个环节，工程的一边是自然，另一边是社会，这就决定了工程是在变革自然的活动中来寻求自身社会实现的。离开了社会需求，工程就没有发生的动力。所以，某一工程是否能满足社会与公众的需要，必然成为判断其是否有必要发生的先决条件。由于社会公众总是作为工程的直接或间接受众，他们理当有了解工程、理解工程乃至参与工程决策的资格与权利，这就使得开展工程批评有了必要与可能。鉴于文学有文学批评，文艺有文艺批评，工程批评也应该成为工程的社会哲学乃至工程研究不可或缺的一个视角。

工程批评不同于工程研究、工程评价、工程评估、工程评论。工程研究是理论工作者从不同进路，比如，从工程学的、哲学的（包括工程认识论、工程生存论、工程伦理和工程美学等）、社会学的、人类学等视角来考察、研究工程的理论活动。工程评价是服务于工程决策的工程管理活动的一个环节，它涉及"对现存的各种系统、各种规划和计划方案，以

---

① 所谓现代工程的反自然性，是相对于前现代以农业为主导的自在工程的顺应自然的特性而言的，表现为自为的现代工程行动打断时间链条的逆自然性、人工性和建构性。

及个人与组织的业绩做出是否符合既定目标或准则的评审与鉴定活动，包括各种评价指标和规程的制定及评价工作的实施"①。显然，工程评价仅限于工程主体内部，即来自工程主体管理层内部的自我评价。工程评价分为内部评价与外部评价。评价的主体是各方面的专家或方案设计者自身，他们就工程的多种设计方案，给予经济效益、社会效益和生态效益，以及方案的先进性、可行性等方面的定量与定性的考量与前瞻性的描述。工程评论主要是某一工程项目的知情人或业内专家以他者的眼光，借助媒体，对具体的工程事宜之利弊所发表的个人见解与评论。而所谓工程批评则指为了优化工程决策，由工程管理部门或决策层有意识、自觉地组织，并借助媒体，在全社会范围内，以广大公众为主体或主角，通过与"工程家"（包括工程设计者、工程师等）、决策者及政府部门的管理者对话的形式，对特定的有待决策的（重大）工程项目发表看法和意见，提出批评与建议。它具有运行的组织性、明确的主体性、特定的对象性、广泛的群众性、公开的透明性、深度的民主性和双向或多向沟通性等特质。具体阐述如下。

第一，工程批评的组织性。这是开展工程批评的组织前提，主要指某一特定工程项目的方案出台后，工程决策层为确保最终决策的先进性与可行性，通过多种渠道，尤其是大众传媒，主动向社会各界公开预选方案，诚请社会公众了解该工程项目的目标与拟实施的工程方案的基本情况，并自觉欢迎公众参与该工程的决策，听取公众对工程的批评、意见和建议的有组织的活动过程。

第二，工程批评的主体性。这是开展工程批评的人员准备。应该说，任何一项活动都离不开特定的主体，正如科学活动的主体是从事科学实验和科学理论研究的科学家共同体，技术活动的主体是技术发明家共同体，工程活动的主体是政府部门、企业或特定的社会集团等。工程活动的不同环节都有与之相应的活动主体。比如，工程设计的主体是设计师；工程决策的主体是特定工程的决策者；工程施工的主体是工程师、技术员、教练员、质量监督员和操作者——工人或员工等；工程研究的主体是工程师、哲学家或哲学工作者，社会学和人类学乃至政治学、经济学的学者等；工程评价的主体是工程内部评价的工程设计师或工程师，以及工程的外部评价部门的工程评价师；工程评论的主体是业内的同行。与上述工程活动的主体不同，工程批评活动的主体是社会公众或工程的

---

① 宋飞舟：《现代工业工程》，太原，山西科学技术出版社，2004，第3页。

受众，离开他们的参与，就无法开展工程批评。有明确主体参加的工程批评的这一特性就构成工程批评的主体性。

第三，工程批评的对象性。这是开展工程批评的必要条件。如果说工程批评的主体是广大公众，那么，与主体对应的客体就是工程批评的对象、靶子或目标，即经工程设计人员完成的一个或多个待选方案，而不是设计者本人。由于工程批评在中国刚刚启动，公众尚不了解具体的批评对象，以至于在圆明园是否上防水工程的公众参与的论证会上，竟将工程批评的公众与专家的对话活动变成了针对专家的批判会。把本来对事的讨论转为对人，尽管未能达到预期效果，但它反映了公众关心工程、参与工程批评的意识，以及工程决策层推行民主化管理的决心。

第四，工程批评的群众性。这是与工程批评以公众为主体相一致的，也是由任何工程都是为着大众的工程本性所决定的。从现实来看，大众是工程的受众，离开了作为消费者的受众，工程就无法实现。可以说，公众直接或间接地承接、蒙受着工程的恩泽与灾祸，所以，公众最有资格作为工程的知情人和批评者。

第五，工程批评的透明性。这是开展工程批评不可或缺的前提，工程决策层不向社会公众公开与工程活动相关的事项，公众也就无法成为知情人，更谈不上有效、有的放矢地给出批评意见和建议。离开必要事项公开的透明度，只能使工程批评流于形式，同时容易使公众产生不必要的误解，进而影响工程的实施与实现。实际上，有效的公开制度能促进相互理解，形成共识，规避工程风险，赢得民意。

第六，工程批评的民主性。这是开展工程批评的基础。任何批评得以可能，前提是允许批评者发表自己的观点和看法，被批评人要耐下性子，虚心地听。而批评的民主性关键是被批评者以主动的姿态，让别人批评。所以，在工程批评中，工程主体自觉引进民主机制，保持民主的氛围，欢迎和接受社会公众，包括同行业者和专家，发表不同意见或给予批评，就是工程批评的民主性。离开了民主性，也就丧失了开展工程批评的可能性。

第七，工程批评的双向或多向沟通性。这是开展工程批评的纽带或桥梁。工程主体与公众的沟通只能是双向或多向的对话，只有在真诚的对话式沟通中才能形成一定共识，达到工程批评的目的。单向的沟通无法达到工程批评的理想效果。它要么是工程组织者向社会公众单方面公开或发布有关信息，而不关心公众的反馈信息，导致信息的不对等，这只是工程组织者政务公开的基本程式；要么是公众单方面向工程主体反映情况，表达愿望，提出要求等。工程批评就是要利用工程主体与公众的双向沟通的渠道，既实现工程决策、工程管理的政务公开，又广泛听取社会公众的意见和建议，切实优化工程决策和工程管理行为。

可见，工程批评是工程主体以开放的姿态，主动向社会公众公开工程的有关事宜，让公众了解工程，批评工程，去优化工程决策的有目的、有组织、有实现途径的活动。其本质在于进一步追问为什么工程，应该如何工程（这里的"工程"一词是动词化使用），从而使人们摆脱对工程之价值和意义的遗忘状态，确立以"栖居"为指归的"筑居"这样一种工程意识，走出为工程而工程的异化生存状态。

（二）为何开展工程批评

为何开展工程批评，也即开展工程批评的价值与意义问题。从实证的角度看，工程是工程主体为了满足社会需要和自身利益而实际地变革自然客体，创造新的实在的物质生产与具体的经济活动，直接关涉社会公众的现实利益，以及人们的生存环境的优劣。从生存论的视野看，工程是人的生存方式，其根本主旨在于满足人的生存和发展的需要。这就决定了工程的属人和为人的本性，其根本维度是生存。同时，它也表明工程具有与社会公众相关的如下特性：①直接目的性。工程总是为着某种目的，并且从这一特定目的出发去制订工程方案，优化决策和组织实施的过程。而这种目的本身包含着对社会公众的考虑。②社会牵涉性。任何一项工程都是在特定时代和特定社会文化背景下进行的，不仅受制于社会的政治、经济和文化状况，需要利用社会的科学、技术成果，而且必须符合社会大众的价值选择和审美情趣。③实现性。工程不但要从社会公众需要出发，还要以作为消费者的公众现实地接纳或消费实存的工程为落脚点。也只有充分考虑了社会公众的需要并达成他们的愿望，工程才能最终实现。而工程实现问题是工程行动的关键，没有一个工程不是寻求"成"的。④利益相关性。可以说，各种各样的工程在创造新的实在的同时，建构着人们的生存与生活方式。传统的农业工程给予人的是自给自足的顺从自然的农业文明的生活方式，近代产业革命以来的工业工程给予人的是工业化、现代化的工业文明的生活方式，进入后工业社会的信息工程给予人的是信息文明的数字化的生存方式。从这种意义上说，工程是人最切近的生存方式，与人的最根本利益——生存休戚相关。如何工程（"工程"的动词化使用），不仅与当代人的利益相关，而且与子孙后代的利益相关。基于上述初步分析，我们说，请社会公众参与的工程批评不仅是可能的，而且他们作为消费主体也是应该的、必要的。也就是说，开展由公众参与的工程批评是有价值和意义的。

一方面，从开展工程批评的必要性来看，首先，工程的有限性与非完善性客观上决定有必要开展工程批评。由于工程是合目的性与合规律性、主体的（价值）尺度与客体的（真理）尺度的统一，这就决定了工程不仅为人的价值判断所制衡，而且局限于人的认知水平，二者又相互渗透、相互影响。人的认知水平主要依赖科学、技术的发展，然而，无论科学、技术如何发展，我们都无法达到绝对的知，穷尽一切真理的知，只能是有限的知，"有学识的无知"（库萨的尼古拉语）。这种有限认知理性在海德格尔那里得到深刻揭示：近现代科学的本质在于"自然的数学方案"，但科学的描述从未能包围自然的存在……物理学的法则留下了残余物，留下了一种不可计算的东西。这种不可计算的东西被歌德认为是自然本身的主要部分，"完全地支配着"科学，因为科学必然是以此为基本前提的，但它从根本上说仍然是不可接近的。① 正如学界广泛流传的这样的逸事：爱因斯坦面对一个小学生的提问，就知识与问题的关系，通过圆圈给出比喻：如果把知识比作圆里的东西，把疑问比作圆的边界，那么已知的越多，疑问也就越多。也就是说，科学越是发展，认知的地盘越大，未知的领域和地盘也越大。这种认知的有限性、相对性，再加上工程本身的复杂性和组成因素的不确定性，必然导致工程的非自足性、非完善性，即工程的有限性或"有限工程"。现实中经常会出现出发点和动机是好的工程，却成了社会、消费者、自然环境的后患。比如，在我国，随着"科技兴农"初步成功，人们开始迷信农业科技，农业生产中使用了大量的除草剂和生长素等农药，不仅造成土壤板结，破坏生态环境，而且使有害物残留到食物中，危害人们的健康。因此，公众没有理由盲目相信工程单纯的造福功能，必须意识到工程自身的不完善性可能带来的负面作用，以及潜在的风险性与威胁，而且应主动地采取行动——了解工程，批评工程或参与工程决策，通过追问工程的伦理问题、工程的合理性，以及工程的价值与意义何在等，自觉地维护自身、社会和人类的利益。一些理论家们正是看到了工程化生存的工程风险的存在，提出了风险社会的思想。乌尔里希·贝克等人描述道："在风险社会中，新的高速公路、垃圾焚化场、化工厂、原子能电站、生物技术工厂和研究所等遭遇到直接受到影响的团体的抵抗。可以预见到的正是这种情况，而不是（如在工业化早期）对这种进步感到欣喜。"② 在他看来，"社会发展的

---

① 〔法〕阿兰·布托：《海德格尔》，吕一民译，北京，商务印书馆，1996，第94～96页。
② 〔德〕乌尔里希·贝克、〔英〕安东尼·吉登斯、〔英〕斯科特·拉什：《自反性现代化——现代社会秩序中的政治、传统与美学》，赵文书译，北京，商务印书馆，2001，第37页。

自反性和不可控制性因此侵入了个人的分区，打破了地区的、特定阶级的、国家的、政治的和科学的控制范围和疆界。在面对核灾难后果的极端情况下，不再有任何旁观者。反过来说，这也就意味着处在这种威胁下的所有人都必须是参与者和受影响的当事人，且同样都可以为自己负责"①。

其次，工程的属人性和工程实现的需要性呼唤公众了解工程、批评工程。如前所述，任何工程都是为人的，离开了社会和公众的需要，工程实践不可能，也没必要发生，这是由"工程的生存论特性"所决定的。然而，近代形而上学，特别是康德和德国古典哲学，确立了人的自为本性。用高清海教授的话说：从此，人就不再被看作纯粹的被造物，不再按照物种规定去理解人性，也不再仅仅从外部去寻找人的生成根源，而是转向从人的自身活动去理解人性，承认人的本性是由人自己的活动造成并随人的活动而不断变化的，人区别于其他存在的本质也就在于人的这种自由的和自觉的活动。② 应该说，相对于以往用神性或物性去定义人，这是对人的理解的重大进步。也正是基于此种认识，体现着人的自为本性的工程活动被合法化，并由顺从自然的自在工程变为自觉的自为工程，特别是近代工业革命以来，随着科学、技术的发展，工程实践不断向纵横发展，形成现代化与经济全球化运动，以至于人们曾一度遗忘了工程这种属人和为人的本性，而异化在一味地为工程而工程的片面生存状态。社会公众一般只是被动地承受工程世界所给予的福与祸、善与恶。实际上，也正是一个个惨痛的工程教训，以及引发的生存危机——环境污染、生态失衡、资源枯竭、物种灭绝、顽固疾病，以及具有强杀伤力与核威胁的现代战争，使有良知的人文思想家，甚至是科学、技术和工程领域的专家，以不同的方式呼吁人们认识到科学技术运用的"工程之两重性"——造福的正功能和为祸的负功能。从国际非政府组织——罗马俱乐部对人类生存困境的揭示和对传统经济模式的宣判，以及人文主义思想家，包括法兰克福学派对科技理性的批判、对现代性的反思和对自反性现代化与风险社会的描述，到大地伦理学的问世，生命伦理学、感觉伦理学、生态伦理学、环境伦理学的提出，非人类中心主义对人类中心主义的质疑，新经济学对传统经济学的挑战，再到世界环境与发展委员会的报告，尤其是《21世纪议程》对可持续发展观与和谐社会理念的

---

① 〔德〕乌尔里希·贝克、〔英〕安东尼·吉登斯、〔英〕斯科特·拉什：《自反性现代化——现代社会秩序中的政治、传统与美学》，赵文书译，北京，商务印书馆，2001，第15～16页。
② 高清海：《"人"的哲学悟觉》，哈尔滨，黑龙江教育出版社，2004，第12～13页。

确立……这些都可以看作对如何发挥工程的积极作用，规避工程风险，抑制其消极作用的探索与求解。而所有这一切努力，从根本上说，是为了让人类自为的工程行动切实服务于人的生存与发展的需要，而不是奴役人、困扰人、控制人。另外，工程的利益主体总是多元的，仅一般工程决策阶段中形成的利益关系就通常包括：项目投资者与公众的利益矛盾，工程受益者与波及者的利益冲突，不同的投标人（方案设计者与施工承担者）之间的利益竞争。权衡这些利益关系在工程方案中是否得到合理的体现，应是项目决策阶段伦理审视的重要视角之一。而涉及价值判断和评价的主要因素包括：人权，成本与效益，公正。① 所以，作为工程的消费者或受影响的社会公众有权利维护自身利益，也有义务了解、质疑、批评和监督工程，使工程向我们期盼的好的方面发展。

　　另一方面，从开展工程批评的意义和作用来看，第一，开展工程批评有利于工程传播，使公众理解工程。工程批评是工程决策层或决策主体有组织、有程序、有渠道地向社会公众公开备选工程方案，并广泛地征求意见和建议的活动。这就使得工程传播成为可能，进而为公众了解、理解工程提供了前提。以往那种仅凭领导或专家拍板的封闭决策系统，直接将公众排斥在外，剥夺了其参与决策的权利，谈不上工程传播，公众没有渠道成为工程的知情人，更谈不上理解工程。如此封闭的决策，存在诸多问题：①利益的权衡问题。在利益主体多元化情况下，工程组织者为了谋求自身的利益，难以做出公正的选择，一是不得不牺牲消费者的利益。工程的受众不知情，只能被动地承受。二是工程组织者往往偏执于局部利益和近期利益而忽视整体利益与长远利益。三是工程组织者热衷于传统经济学的不计自然资源和环境破坏成本的投入/产出式效益评估方式，不利于对自然和生态环境的保护。②工程认同与理解问题。公众不知情的工程在现实中一般会出现三种情况：一是公众盲目地信任工程，一旦发生工程问题和事故，就缺乏心理承受力，容易从一个极端走向另一个极端，无法容忍工程问题，进而会妨碍工程问题的最终解决。二是公众不关心工程，放弃对工程的价值判断，在从众中逃避自己作为社会公民应承担的义务和责任。三是对工程存有疑虑，捕风捉影，夸大工程问题，甚至悲观地反对变革现状的工程行动。这三种状况的产生，根源于没有正式的工程传播渠道。公众不了解工程，必然不能客观地理解工程，难以形成正确的工程认同。

---

① 　肖平：《工程伦理学》，北京，中国铁道出版社，1999，第50～54页。

　　第二，开展工程批评是工程监督的有效途径，能确保工程的可行性。尽管工程的主旨在于造福社会和公众，但工程毕竟是具体的社会经济活动，直接牵涉各方面的利益关系。工程评价不仅有合规律性的事实判断问题，而且存在着合目的性的行为是否正当、公正等价值判断问题，这就客观地要求在工程活动中引入监督机制。从目前的工程实践来看，工程监督不仅有工程主体的内部监督，而且有行业主管部门的外部监督，但作为外部监督方式的社会公众监督机制在发展中国家还没有建立起来。工程批评就是让公众监督工程的有效途径。应该说，一项工程在满足工程制造者设定的基本职能之后，也应该满足大众消费。一座桥梁、一个机场、一条大坝绝不仅仅是用来通车、进出港和截流水的，同时还是发展的某种象征，是人与自然对话的一种形式和大众审美消费的对象。请公众批评工程、参与工程决策和工程监督，尽可能地避免急功近利的工程发生，充分考虑工程的实际使用功能的优劣，同时兼顾工程的大众审美情趣和民族的精神与文化向度，协调经济效益、社会效益和生态效益，确保工程行为的正当、公平与可行性。它也能使工程的存在不只是一种持存物，而且是"设置真理"的艺术，是"凝固的音乐"、优美的诗篇，让人真正通达工程之存在——使一切是其所是，显现那种"天、地、神、人共舞"的境遇，① 达到天、地、人合一的生存境界。

　　第三，开展工程批评构成增加决策透明度的基本机制，有助于优化工程决策。从社会关涉来看，科学是"排我的"——客观性诉求的认知性活动，其目的在于一般规律的发现；技术是"有我的"——考虑到人的需要的操作性活动，其目的在于可行的操作方法的发明；工程是时时"离不开我的"——主观性先导的合目的性与合规律性统一的实践性活动，其目的在于完成具体的个别项目（创造新的存在物）的培育和建造。科学是求"真"的；技术是讲"行"的；工程则是论"成"的。这就使得能否优化工程决策显得尤为重要。因为好的决策是工程成功的关键，正所谓"取法乎上，仅得其中；取法乎中，仅得其下"。所以，明智的决策者都试图获得决策的"上策"。当然，由于理性认知的有限性，我们不可能做出尽善尽美的传统"理性决策模式"，而只能选择"有限理性决策模式"。在西蒙看来，理性决策模式实际上是一种绝对的决策准则，它的前提是"经纪人""理性人"，它所遵循的是一种最大化原则，它所要求的是进行最佳选择。而完全的"经济人"和"理性人"是不存在的，实际生活中的人是"行政人"

---

　　① 〔德〕马丁·海德格尔：《诗·语言·思》，张月等译，郑州，黄河文艺出版社，1989。

"有限理性人"，由此，他提出了"决策的满意原则"。① 然而，如何得到满意的决策呢？首先有必要变封闭的决策系统为开放的决策系统，开展工程批评，向"外部的公众"公开决策事项、内容和程序等，就使长期以来工程决策这个"灰箱"有了透明度，也给工程决策打开了透视公众意愿的一扇窗，为优化决策增加了新的可能性。

第四，开展工程批评能够提高公众的工程意识和工程鉴赏水平，有利于建构先进的工程文化。可以说，有什么样的文化，就会有什么样的工程意识和工程观念，而在现实的工程运行中，生存主体总是以前验的工程文化为根基，以工程意识为先导，以工程方式去存在，进而通过工程行动组建人工世界，创造各类实存工程。从生存论的视域来看，每个健康的生存主体既是工程的消费者，也是工程的建设者，而且以工程方式筹划着去存在，正所谓"只有去栖居，我们才能有所建造"②。在现实生活中，实存工程构成我们的经验世界。正如李伯聪教授所说："其实，工程与公众的实际距离比科学与公众的距离要近得多，科学家的成果往往并不直接影响人们的生活，而工程则对社会产生了直接的影响。"③ 正是在这个意义上说，从公众关注工程，到公众理解工程，再到公众批评工程，要求工程信息的透明、工程决策的公开，由公众的工程意向来决定工程的去与留、建和废，所以，工程批评恰恰是工程发展史上就其遵循科学的发展观而言，最不可或缺的一个人文向度。可见，开展工程批评不仅为当下的工程决策服务，还有利于增强社会公众自身的工程意识，丰富其工程知识，提高其工程鉴赏水平。同时，有利于克服那种能做的就是该做的技治主义的工程观，强调工程的价值和意义维度，把是否有利于人的生存和发展作为评价工程优劣、善恶的根本尺度，进而确立"和谐的工程观"。这必将有助于树立可持续发展观和科学发展观，有助于建构和谐社会的先进文化。

（三）怎样开展工程批评

1. 明确开展工程批评何以可能

换句话说，是否有条件、是否有保障开展工程批评？根据上述对工程批评的理解，显然，工程批评是有条件的。如果工程决策系统仅限于

---

① 〔美〕赫伯特·A. 西蒙：《管理决策新科学》，转引自张秀华等：《决策哲学》，哈尔滨，哈尔滨出版社，1998，第83页。

② 〔德〕马丁·海德格尔：《诗·语言·思》，张月等译，郑州，黄河文艺出版社，1989，第163～164页。

③ 本报记者：《打开工程领域的"黑箱"》，《科学时报》2004年10月28日。

内部决策的封闭系统，就谈不上如何开展工程批评的问题。只有当工程决策系统处于开放的状态，工程批评才是可能的，但自在、开放的工程系统也无法确保工程批评的实现，关键是能否有自为、自觉地引入工程批评机制的开放的工程决策系统。所以，为了能够开展工程批评，需要做好以下工作。

第一，将工程批评制度化。这是顺利开展工程批评的前提。工程批评的制度化，一方面，源自工程的组织者。随着工程的发展，尤其是工程决策活动公开化、民主化、社会化程度的提高，工程主体自觉引入工程批评机制，切实把开展工程批评作为工程决策乃至工程方案实施环节的一项制度，认真加以实施。离开了制度，就只能凭工程主体领导层的意愿和热情办事，难免会出现工程批评时有时无的局面，甚至产生工程批评可有可无的观念。如果领导开明，意识到开展工程批评的重要性，并且有开展工程批评的意志和勇气，就能够积极地组织工程批评活动。如果工程主体的最高领导层看不到开展工程批评的意义，甚至把开展工程批评当作没必要的负担，在这种情况下就很难开展工程批评，即使开展，也会因流于形式而达不到应有效果。另一方面，工程批评源自政府的管理部门，应通过立法的形式，明确规定任何关系国计民生的工程行动，其可行性论证必须有公众参与的工程批评这一环节，进而从外部强制工程主体把开展工程批评纳入决策程序，并形成制度。实际上，制度化的工程批评并非解决工程问题的钥匙，但有一点是肯定的，就是通过工程批评和各方协商来做最终决策，能在一定程度上起到对工程风险的预警与防范作用。正如乌尔里希·贝克等人所说："协商论坛当然不是必定能够成功无疑的共识生产机器。它们既不能消灭冲突也不能消灭工业生产的不受控制的危险。然而，它们能够促成预防和警戒，有助于平衡不可避免的牺牲。它们能够使用矛盾情感并使之一体化，也能暴露出赢家和输家，使之公开化并因此改善政治行动的先决条件。"①

第二，进行公众、工程家与政府部门多方面参与的多元对话。这是开展工程批评的主要形式。工程批评不是公众单方面行使话语权的批斗会，而是工程决策者、工程家、政府部门的管理者与社会公众的双向或多向对话，是一种相互尊重、相互倾听、相互质疑、相互理解以寻求共识的融通过程。离开了对话，就会使工程批评变成另外的形式：要么是

_____

① 〔德〕乌尔里希·贝克、〔英〕安东尼·吉登斯、〔英〕斯科特·拉什：《自反性现代化——现代社会秩序中的政治、传统与美学》，赵文书译，北京，商务印书馆，2001，第39页。

工程家向公众的宣讲，变成对公众的工程教育，尽管工程批评也有使公众受到工程教育的功能，但这不是工程批评的主要任务；要么是公众单方面发表对工程的意见和看法，使工程批评变成意见征询会。当然，工程批评的目的之一就是要广泛地听取公众的意见，但离开了工程家们的介绍、解释，公众何以知情，又怎能提出比较客观的、好的意见和建议呢？因此，必须以对话的形式来开展工程批评。

第三，建立并遵守工程批评的规范。这是有效开展工程批评的基本保障。可以说，任何一项活动的开展，都有其特定的规范或共同遵守的"游戏规则"（维特根斯坦语），工程批评是由各方面人员参加的对话活动，更需要一定的规范或"游戏规则"，否则，难以达到预期的效果。那么，工程批评应遵循什么规则呢？这也是值得商榷的，① 将在下文具体讨论。

2. 工程批评应遵循的几项基本规则

工程批评是以多方对话形式展开的，而对话本身就意味着：①对话的参与者是平等的；②打破一方对另一方的迷信；③民主的氛围；④信息的公开。这就决定了开展工程批评应有一定的符合对话本身要求的原则与规范，而且至少应包含以下几个方面。

一是客观性原则。这主要指参与工程批评的人员，无论工程家、组织者还是社会公众，都要本着对事不对人、就事论事的态度。周光召曾指出："同科学技术相比，工程界对人类社会承担着更直接的责任，因此更需要得到大众的关怀和理解。"② 我们可以解读为他对工程界与公众分别提出"责任意识"和"理解意识"的要求。因此，在工程批评中，一方面，工程界人士应本着对事业、对人民高度负责的态度，实事求是地向公众介绍待决策工程的相关情况，比如，工程方案中的工程项目、工程目标、工程实施手段、工程评估、工程风险等，做到不隐瞒不利信息，不夸大有利的方面，不误导他人，不谋私利，不徇私情，同时能够虚心倾听公众的意见和建议。另一方面，社会公众要从主动理解工程的姿态出发，不应盲目武断或感情用事，而应认真听取工程家的有关情况介绍，了解工程后，在做出相应分析的基础上，依据某种衡量标准，进行事实与价值判断，即以理服人，有理有据地给出个人的看法和评价，并试图提出

① 正像维特根斯坦在《哲学研究》中所看到的，语言的游戏规则是受生活形式制约的。工程批评所应遵守的"游戏规则"也是历史性的，受其特定时代和文化的影响。人类在有工程活动的初始状态下是如何展开工程活动的，而后来的规则又是如何演变的，这是值得研究的一个课题。但这里所要探讨的是当代文化背景下开展工程批评的可能的基本规则问题。

② 本报记者：《打开工程领域的"黑箱"》，《科学时报》2004 年 10 月 28 日。

建设性或否定性的意见和建议。

二是可行性原则。应该说，对工程的度量不仅要看能不能做，更重要的是看应不应该做——值不值得做。一个工程可行不仅指能够做，最重要的是应该做。工程的可行性恰恰体现了主体的价值尺度与客体的真理尺度的统一，即合目的性与合规律性的统一。一般来说，工程方案设计本身，从设计师的角度总是从一定目的——满足某种需要出发，在断定应该做的基础上，更多地考察能不能做和如何去做的问题。工程批评的一个主要目的就是由社会公众来判断应不应该做，以弥补设计方案中价值判断的偏失。严格地说，公众对能不能做的发言权是很有限的，因为能与不能做的判断，必须具备相当的专业知识，而且在这方面，公众一直依赖和相信工程技术人员，而后者所关心的只是能不能做得更好的问题。在应不应该做的问题上，公众最有话语权。这主要是由于他们是工程产品——"实存工程"的消费者。他们不仅有权关注、维护自身的利益，而且正是从自身利益出发，他们能审慎地给出价值判断，并有能力依据生活经验判断该项工程应不应该做。恰恰是从这个意义上说工程批评就是要让公众决定工程项目该不该做，以及工程的去与留。只有这样，才能真正体现工程是人做的和为人的人文向度。

三是公开性原则。这是工程批评的手段，也是使工程批评得以可能的基本前提。如前所述，工程批评就是要通过向社会公众公开工程方案情况，让公众了解工程，成为工程的知情人，进而请公众批评工程。离开了公开程序，就堵塞了工程批评的通道，就好比让一个盲人看一座桥梁美不美，让一个聋人判断音乐动听不动听。人类发展到今天，各个国家的政府工作已经意识到政务公开和增加行政行为的透明度是达成理解、获得认同、优化职能的可行方式。工程决策的公开在发达国家也已盛行，并收到了较好效果。所以，我们有理由相信工程批评这项活动本身也应该接受社会公众的批评、监督。也就是说，不仅工程批评得以进行需要坚持公开原则，而且工程批评活动全过程仍然需要坚持公开原则，以确保工程批评的合法性与有效性。

四是民主原则。它也是伦理原则，是"商谈伦理"所彰显的民主，是程序上保障了的民主。因为民主体现着是否公正地对待他人，是否尊重他人的自由言论权，是否出于责任、公益的善等伦理向度。从工程批评在于让广大的社会公众参与工程决策这一主旨来看，工程批评就是民主原则在工程决策活动中的体现。或者说，工程批评本身就是一种民主形式，它内在地要求民主，呼唤伦理。因为只有在民主的氛围下，在伦理的旗帜下，工程批评的每一个参与者才能摆脱种种束缚和顾虑，自由地发表自己的看法和意见，实现"表达的真诚性"、断言的"真实性"和规范的"正确性"①。可以说，没有民主原则、伦理原则的确立与实施，也就无法有效地开展工程批评。事实上，开展工程批评就是要通过这样一种广开言路的民主形式，通过伦理的追问，收集、征取各方面的意见与建议，为工程的最终决策提供依据，从而使工程既表达着工程主体的意志，又能体现出社会公众的愿望，合理地兼顾各个方面的利益，而不是顾此失彼或厚此薄彼，应协调人与自然、人与人的关系，力争实现工程的先进性与可行性的统一，经济效益、社会效益和生态效益的统一，长远利益与近期利益的统一，使工程活动现实地促进可持续发展。

　　总之，由于工程活动及其后果直接或间接地关涉他者和社会公众的利益，从人的存在论意义上说，这是一种积极的自由，是主动地干预他人生活的行为。他人有权知情并做出肯定或否定的回应。因此，工程批评是工程活动一个不可或缺的环节，是工程决策民主化的必要渠道。但切实发挥好工程批评的作用，还必须遵循以上原则。也只有如此，才能既达到促进社会公众对工程的理解，让大众决定工程去与留的目的，又不使一个本该上马的工程流产。

---

① 〔德〕于·哈贝马斯：《交往行动理论·第 1 卷——行动的合理性和社会合理化》，洪佩郁等译，重庆，重庆出版社，1994。

第四章 现代工程的文化反省

正如前面的现象学的生存分析和感性活动分析所叙述的，任何工程活动都是历史的、具体的，都是植根于特定文化背景之上的。也就是说，文化对工程有着挥之不去的影响。正因为如此，我们才说工程具有"当时当地性"和丰满的个性。此外，工程本身又塑造着文化，是一首诗、一个象征符号、一道景观、一支凝固的乐曲、一种生活方式……因此，工程与文化是互动和互释的。不仅有什么信仰就会有什么风格的工程，而且现代工程作为现代性的载体和成果，展现着现代性：对工具理性的迷恋与信仰必然带来工程的异化，而工程的异化又必将造成人的生存异化。为此，依循生存论解释原则，对现代工程的人文批判这一课题的研究，不能回避且有必要在工程的文化哲学路径下，对支撑现代工程的现代文化予以反省。考虑到工程发生学的初始状态，以及工程演化的文化路径依赖，对现代工程的文化反省需要关注以下几个问题：一是工程与信仰的缠绕；二是工程技术与宗教的关涉；三是现代工程与现代性的互释；四是工程的"罪"与"赎"。而对这些问题的阐释和说明，都不得不回到生存论的解释原则和人的存在论问题这个优先立场上来。

一、工程与信仰的缠绕

"信仰与工程"这一主题，意味着论及二者的关系，要么是信仰中的工程问题，要么是工程中的信仰问题。前者主要体现为"精神创造的工程"行动对某种信仰体系的自我建构与生成，这里主要考察后者。

依据生存论的解释原则，信仰与工程都是人之为人的不可或缺的生存方式。信仰是人观念地把握世界的方式，表现为人的价值取向和生存态度；工程则是人实证地把握世界的方式，现实地表达着人的认知理性、实践能力、生存需要、审美情趣等人文精神。由于任何工程都是合目的性的主体尺度与合规律性的客体尺度的统一，所以，信仰作为人的精神、社会文化维度，直接构成工程文化的重要内容，影响、关涉现实的工程运行。从具体的工程目的到方案设计，从功能到审美，从内容到形式，工程的实现总是或多或少地表达着人们的信仰成分。没有人类对改变自在自然、为满足自身需要的属人自然之能力的信仰所形成的工程意志，也就没有表达、确证和提升着人的类本性的工程。甚至可以说，工程是表达着信仰的工程，信仰更多的是对人的自为本性——类本性所决定的工程能力与价值取向的信仰。这不仅体现在作为满足信仰的工程、中国建筑工程中的风水观上，而且反映在西方上帝创世的信仰所表达的作为"天命"的工程中。

（一）信仰与工程内涵的界定

什么是信仰，从不同的视角可以给出不同的回答。例如，从心理角度看，信仰是指在无充分的理智认识以保证一个命题为真的情况下，就对它予以接受或同意的一种心理状态。从行为的角度看，信仰是"对某种宗教或主义极度信服和尊重，并以之为行动的准则"。从知识论的角度看，"信仰是作为知识和实践行为之间一定的中间环节出现的，它不仅是，也不单纯是知识，而是充满人的意志、感情和愿望的，转变为信心的知识"①。从功能的角度看，信仰则是"人类在无限的空间和永恒的时间中建构的'宇宙图示'；在复杂多变的社会生活中确定的'社会模式'和价值尺度；在盲目的人生旅途上认定的目的和归宿"②。本书更倾向于从这种功能论、意义论乃至生存论的视野来界定信仰。因此，信仰不仅是"宇宙图示""社会模式""价值尺度"，而且是人类自我超越和意义寻求的生存方式。根据已故的高清海教授的观点，人与动物不同，具有"两重生命"——自在的肉体生命或种生命，以及自为生命或类生命。③ 也就是说，人的生命结构包含肉体生命、精神生命和社会文化生命，信仰则是人的精神生命与社会文化生命，即"超生命的生命"或"主宰生命的生命"所决定的人的生存特性，也即信仰理性。它与认知理性、伦理理性和美学理性构成人性的主要内容，规定着人生存的三种形态——"唯美形态""伦理形态"和"宗教形态"。④ 它为人类的一切行为和活动提供精神支撑和前验性的知识或意识，是人观念地把握世界的方式，表现为人的价值取向和生存态度。也就是说，人不能没有信仰，无论你是谁，你总要信些什么。埃里希·弗罗姆（Erich Fromm，另译"埃里克·弗罗姆""埃里

① 〔苏〕科普宁：《马克思主义认识论导论》，马迅等译，北京，求实出版社，1982，第270～271页。

② 冯天策：《信仰导论》，南宁，广西人民出版社，1992，第4页。

③ 高清海：《"人"的哲学悟觉》，哈尔滨，黑龙江教育出版社，2004，第34～35页。

④ 〔丹麦〕索伦·克尔凯郭尔：《或此或彼》（上），阎嘉等译，成都，四川人民出版社，1998，第4页。

克·弗洛姆")在《占有还是生存——一个新社会的精神基础》一书中说得
更为确定:"没有信仰,人能够生活吗? 婴儿难道不相信母亲的乳房吗?
我们所有的人不是都相信周围的人、最亲近的人和我们自己吗? 一个人
如果没有信仰就会一事无成,就会变得绝望和内心深处充满恐惧。"①
"对自己、他人和整个人类以及人使自己真正成为人的能力的信念都含有
一种可靠感,但是这种可靠感是以我自己的经验,而不是以对规定我应
该相信什么的那个权威的屈服为基础的。这便是一种真理的可靠性,虽
然我不能提出不容怀疑的证据来证明它,但是却能以我主观的经验为根
据而相信它。(希伯来语中的信仰叫 emuna,意思就是'可靠性''肯定
性';'阿门'就是'肯定的''可靠的''确实的'的意思。)"② 在弗罗姆看
来,"在重占有的生存方式中,信仰只是对一些没有合理证明的答案的占
有。这种占有的财产是由别人发明的一些说法、表述构成的,这些说法
和表述之所以为人所接受,是因为人们屈从于这些别人——往往是某种
官僚机构。由于官僚机构实际上(或想象中)所拥有的权力,信仰会给人
一种可靠感。信仰是一张入场券,有了它,也就为自己购置了从属某一
大的群体的身份,从而他也就摆脱了一项困难的任务:独立地思考和做
出决定"。其实,"上帝本来是我们内心所能体验到的那种至高无上的价
值的象征,然而,在重占有的生存方式中却成了一尊偶像,按照先知们
的说法,偶像不过是人的创造物,人把自己的力量投射到偶像的身上从
而削弱了自己";而"在重生存的方式中,信仰则是一种截然不同的现象"
"对重生存的生存方式来说,信仰主要不是对一定的观念的信仰(虽然这
种信仰也会成为一种观念),而是一种内在的价值取向,一种态度。与其
说有信仰,不如说在信仰中生活"③。可以说,信仰表达着个体或各种
形式的共同体(包括宗教共同体)的价值取向、生活基调与生存样态。
如果说克尔凯郭尔把人的生存分为从低到高的三种形态——唯美生存、
伦理生存和宗教生存,那么,它们分别是建立在对重感性的享乐主义、
道德观和神的信仰之上的生存选择。根据马克思的社会形态理论,人
类社会经历了"人的依赖关系"的形态、"以物的依赖性为基础的人的独

---

① 〔美〕埃里希·弗罗姆:《占有还是生存——一个新社会的精神基础》,关山译,北京,
生活·读书·新知三联书店,1988,第 48 页。

② 〔美〕埃里希·弗罗姆:《占有还是生存——一个新社会的精神基础》,关山译,北京,
生活·读书·新知三联书店,1988,第 49 页。

③ 〔美〕埃里希·弗罗姆:《占有还是生存——一个新社会的精神基础》,关山译,北京,
生活·读书·新知三联书店,1988,第 47~48 页。

立性"形态,将最终走向人的"自由个性"联合体形态。① 与之相对应,高清海教授将其理解为:群体本位的"神化人"、个体本位的"物化人"、类本位的"人化人"。② 我们可以说,人类走过了信仰群体性本位的"神化人"、信仰个体本位的"物化人"阶段,来到了信仰类本位的"人化人"阶段。

我们还必须明确什么是工程。正如前面所讨论的,学界或从"自然",或从"实践"(或从"造物"),或从"实体",或从"技术",或从"人的本质"等视角来界定工程。本书主张把对工程的认识论理解放置在生存论的基地之上,不仅在空间的坐标下界定工程,而且在时间的视野中诠释工程,凸显工程作为人的生存方式及其历史生成性。

在生存论视域下,科学、技术、工程等均构成人的存在样式或样态,但由于工程作为意识外化过程的实践活动,其展开的具体结构和"格"就决定了工程是人的根本存在方式,体现着人的"自为本性"和类本性。当人类从洪荒走出,伴随着物质生产的发展,工程化生存就开始了。工程的存在样式是在先的,是比科学和技术更切近的人的存在方式。因为从事任何活动,总是从一定目的出发,工程意识是先在的,作为行动的工程化实践活动是受先在的工程意识所支配的,而作为实存的工程及人工世界则是工程意识的外化或客观化。同时,工程质量与水平往往受制于科学、技术及制度等因素的状况。由此可以看出,工程的主要矛盾是实然判断与应然判断的对立统一。实然对应物性——客观可测性,回答能做不能做的问题,是工程活动的基础,体现合规律性、真理性;应然对应人性——主观目的性,回答该不该做的问题,是工程活动的主导,体现合目的性、价值性,反映人的生存要求、目标和理想。这就决定了工程不仅要符合技术理性,遵循真理尺度,而且要满足交往理性,依据价值尺度,更多地体现出工程的属人性和生存的维度。所以,必须看到,工程不只是"造物"的手段、工具,也不限于具有"造物"的功能,其根本在于它是人的存在方式,内含于人的生存活动和行为中,因此,生存是工程的根本维度。工程的属人性同时也表明,人是工程的存在物,或者说,工程是人之为人的属性。离开了工程,人将非人化,成为本能的、仅靠肉体需要支配的、沉没于自然之中的存在物——动物。

从"信仰"与"工程"的界定可以看出,工程与信仰就像哲学、科学、

① 《马克思恩格斯全集》,第46卷上册,北京,人民出版社,1979,第104页。
② 高清海:《"人"的哲学悟觉》,哈尔滨,黑龙江教育出版社,2004,第73~74页。

艺术等一样共同构成人类的多层面的生存样式。就二者的关系问题，本书着重从以下几个方面加以阐释。

（二）工程与信仰关系的类型分析

1. 作为满足信仰的工程

工程是人类学意义上的存在，不仅是人的类存在方式，而且反映、提升着人的类本性。人类从洪荒走出就开始自发的工程了，古人不仅知道按照自然的尺度行事，而且懂得按人的尺度从事工程活动，尽管还停留在自在的工程阶段。而人的尺度中最重要的参数就是信仰。正是由于信仰万物有灵，先民的工程活动总是表现为顺应自然的以培育和养殖为主的农业工程，而且使这种工程活动充满浓厚的宗教色彩。人们祈祷上天保佑风调雨顺，还有丰收后的祭天法祖，以及各种与农耕有关的节日、民俗等，形成了欧洲的小麦文明，亚洲的稻米文明，拉丁美洲的玉米文明。据报道，玉米崇拜是墨西哥最重要的文化现象。"对于墨西哥人来说，玉米绝不仅仅是食物，而是神物，是千百年历史中印第安人宗教崇拜的对象。"[1] 可见，物质生产活动的工程也表达着人们的信仰。而有些工程几乎纯粹是出于满足信仰的目的才被建造的，例如，埃及的金字塔，典雅、静穆的希腊帕提侬神庙，中国的各类神殿，以及西方众多气势恢宏的教堂建筑工程等。从信仰的角度看工程，工程是信仰的表征。正如王振复所说："与宣扬神性之崇高、静穆的古希腊神话、悲剧、荷马史诗相一致，古希腊的神庙建筑曾经在技术与艺术上，达到过一个无与伦比的高度，可谓鬼斧神功，似乎非人力所能为的建筑奇迹，体现了上帝与人的'和解'。"[2] "罗马式教堂的建筑构件以圆拱为主，整个建筑结构坚固厚实、四平八稳，强调整齐壮观和粗犷有力，于朴实无华的艺术风格中蕴含着庄重肃穆的神圣感，显示出一种凝重威严的精神气质，表达着早期基督信仰的庄严性。"被誉为中世纪基督宗教的最杰出的文化成就的哥特式建筑，尤其是它的天主教堂建筑，其艺术的形式，"不仅是那高耸入云的尖顶、充满了怪诞和夸张特点的巨大肋拱、五光十色的花窗隔屏，甚至连每一块石头、每一片玻璃和每一个精雕细镂的局部都在宣扬着基督宗教的彼岸精神和灵性理想"[3]。可以说，西方的工程发展史经历了古代或前现代自在的以农业为主导的工程、近现代自为的以工业为主导的工程、后现代自在自为的以信息业为主导的工程。它们分别标志着浓于

---

[1] 孙扶民：《没有玉米，就没有墨西哥》，《环球时报》2003 年 7 月 18 日第 22 版。
[2] 王振复：《中国建筑的文化历程》，上海，上海人民出版社，2000，第 3 页。
[3] 赵林：《基督宗教信仰与哥特式建筑》，《中国宗教》2004 年第 10 期。

超验信仰的顺从自然的农业文明,背离神的超验信仰(使自然祛魅)而崇尚理性的征服自然、改造自然的工业文明,以及回归信仰的寻求人与自然和解的天人和谐的后工业文明。在海德格尔看来,人类的"筑居"必须以"栖居"为指归,"筑居建造了为四重整体提供空间与位置的场所,筑居从天地人神凝聚成的元一那里接受指令并在此指令下建造诸场所。筑居又从四重整体那里接过来所有用以监测与度量在各自情况下由已建成之场所所提供的诸空间的标准。建筑物保护四重整体,它们是以自身的方式来保护四重整体的物。保护四重整体,拯救大地,悦纳苍天,期待诸神,引导众生——这四重保护是栖居的原始的本质,是栖居存在、在场的方式"①,而"筑居的本质是给定栖居……只有去栖居,我们才能有所建造……无论如何,栖居是存在的本质特征,而众生正是依赖这一特征而存在"②。实际上,据张法教授介绍,中国远古建筑的三种类型——空地(仰韶文化姜寨),坛台(红山文化与良渚文化),大屋子(仰韶文化大地湾),从空地立有象征天人沟通的中杆,坛台的"登之乃神,登之乃灵,登之为帝",到把中杆放到大屋子之顶的寓意,无不传达着人们对"直接面对天的基本原则"的信仰,以及与自然沟通的愿望,反映着那种追求天、地、人合一的文化理念,与阴阳变易、有无相生和实虚共在的道的形上境界。③

2. 中国建筑工程中的风水观

中国的建筑工程是讲究风水的,从空地中心到坛台中心,再到屋宇(包括宗庙中心和宫殿中心)的建筑逻辑,都凝结着不同时期人们的风水观。过去有传统上备受尊重、视为智者的风水师,以及各种各样的风水理想模型的形成与演变(例如,以《葬书》为标志的风水理论形成阶段,到魏晋时的风水理想模型、宋代和明清间的风水理想模型,再到明清帝陵的风水模型);现在有热衷于研究风水文化的中外学者,以至于有人主张建立中国的风水学,以及现代科学的风水学,可见风水对中国建筑的重要性。在中华人民共和国成立以前,小到村落、民房建设,大到城镇、市政建设,尤其是各类宫殿、楼台、庙宇的建设,大都离不开事先的风水观测。正如亢亮等所说:"中国风水学在我国建筑、选址、规划、设

---

① 〔德〕马丁·海德格尔:《诗·语言·思》,张月等译,郑州,黄河文艺出版社,1989,第 162 页。

② 〔德〕马丁·海德格尔:《诗·语言·思》,张月等译,郑州,黄河文艺出版社,1989,第 163~164 页。

③ 张法:《中国古代建筑的演变及其文化意义》,《文史哲》2002 年第 5 期。

计、营造中几乎无所不在。这在我国大量的现存古城镇、古建筑、园林、民居及陵墓中得到印证。"① 据研究，无论是被作为多朝都城的北京，还是紫禁城的建筑，无不包含了严格的风水观测、考证和营造，尤其是紫禁城背靠景山、面临金水，典型地表达了中国传统建筑的风水观——背山临水。实际上，为了符合这样一种风水观，景山和金水都是人工所为，这就更说明了人们对好风水的看重与信仰。那么，何谓风水？根据《风水辩》的解释："所谓风者，取其山势之藏纳……不冲冒四面之风；所谓水者，取其地势之高燥，无使水近夫亲肤而已，若水势屈曲而又环向之，又其第二义也。"② 风水，作为中国古代建筑理论，可以说是中国传统建筑文化的重要组成部分。它蕴含着自然知识、人生哲理及传统的美学、伦理学等诸多方面的丰富内容。实际上，风水也可以说是中国古代神圣的环境理论和方位理论。它注重人文景观与自然景观的和谐统一，人工自然环境与天然自然环境的统一。其宗旨是勘查自然，顺应自然，有节制地利用和改造自然，选择和创造出适合人的身心健康及其行为需求的最佳建筑环境，使之达到阴阳之和、天人之和、身心之和的至善境界。③ 应该说，风水既不是严格意义上的科学，也不是地道的技术，它只能是在中国大地上诞生，与中国传统文化，特别是天人合一思想相适应的一种朴素的理论和信仰，追求天、地、人合一。只是这种信仰中包含了有利于生态环境的一定经验积累的科学成分、一定的技艺方法，当然也包含一定的所谓迷信因素。这种对风水的信仰，即好的风水能够带来吉祥，能够建造好的建筑工程的观念，造就了中华大地独有的建筑文化风格：①人与自然的亲和关系，天人合一的时空意识。②淡于宗教，浓于伦理。③"亲地"倾向与"恋木"情结。④达理而通情的技、艺之美。④ 当然，这些不能仅仅归功于风水观，但有一点是肯定的，就是对风水的好坏、善恶的信仰直接影响到古代中国建筑工程的布局和建设。崔世昌先生在《现代建筑与民族文化》一书中，把"重山林风水"作为中国传统建筑的特点之一，认为历代的职业风水先生去除迷信成分，可称得上选址专家。他们相信：有山，易取其势，视野开阔，排水顺畅；有林，易取其物，仓柴丰盛，鸟鸣果香；有风，易得其动，空气清新，消暑灭病；有水，易得其利，鱼虾戏跃，鹅鸭成群。故此，若靠山面水，侧有良田沃土，阳光

---

① 亢亮等：《风水与建筑》，天津，百花文艺出版社，1999，第2页。
② 转引自亢亮等：《风水与建筑》，天津，百花文艺出版社，1999，第6页。
③ 亢亮等：《风水与建筑》，天津，百花文艺出版社，1999，第7页。
④ 王振复：《中国建筑的文化历程》，上海，上海人民出版社，2000，第2～10页。

充沛，兼有舟楫之便，当然是公认的宜于人类生存的最佳选址。崔先生还认为，中国的传统建筑不仅重自然的山林风水，也重人工的山林风水，让人工的与自然的协调，院内的与院外的衔接，造成"天上人间"之境，使人产生"此中有真意，欲辨已忘言"的心旷神怡之感。进而，他预言："重山林风水的传统思想必将在现代建筑设计中得以发扬、发展，以创造优美的建筑环境，实现大自然的回归。"① 这也是现代工程对融入作为技术的传统风水观的呼吁与价值判断——使工程亲近自然，寻求"无为"之"善为"的工程。其实，与中国有着同一种文化根源的日本，也是非常讲究建筑风水的。盐野米松先生对传统手工艺人的访谈显示，一位宫殿木匠的口传秘诀之一是"选四神相应的宝地"，就是：东边要有清流；南边地势要低，比如，有沼泽地或者浅谷最好；西边要是大道；北边要背着山才好。②

3. 西方的上帝创世与工程

根据《圣经》，上帝凭借其智慧创造了世界、万物和人本身，这样一个充满意义的活动按照时间先后顺序在六天内完成，可谓宏大的工程。从这个意义上说，上帝是宇宙最智慧的第一个工程师。可是，上帝创世说又来自人的创造，这就预设了创造是人的本性，人是富有"自为本性"的存在，工程活动是人的不断自我创造、自我实现与自我超越的生存方式。如果说上帝创造了世界万象，那么，人类正在执行着上帝的指令——管理好自然及万物。这就决定了人的生存活动的"天命"：实施管理的职能。这里的管理就是一项工程活动，它意味着不仅要认识自然，而且要倾听自然，照看、呵护自然，合理地开发，适度地利用自然，而不是肆无忌惮地拷问、剥夺、征服自然。用舒马赫（E. F. Schumacher）的话说："人——生物中最高级的生物，被赋予的是'管理权'，不是虐待的权力，也不是毁坏与斩尽杀绝的权力，只谈人的尊严而不承认位高任重是不行的。"③ 如此说来，上帝创世的信仰不仅预设了人类的工程活动，而且暗示了人应该如何去从事工程活动。根据《创世纪》第十一章，说着同样语言的人们在往东迁移的时候，"在示拿地遇见一片平原，就住在那里。他们彼此商量说，来吧，我们要做砖，把砖烧透了。他们就拿砖当石头，又拿石漆当灰泥。他们说，来吧，我们要建造一座城和一座塔，

---

① 崔世昌：《现代建筑与民族文化》，天津，天津大学出版社，2000，第12～13页。
② 〔日〕盐野米松：《留住手艺——对传统手工艺人的访谈》，英珂译，济南，山东画报出版社，2000，第4页。
③ 〔英〕E. F. 舒马赫：《小的是美好的》，虞鸿钧等译，北京，商务印书馆，1984，第71页。

塔顶通天，为要传扬我们的名，免得我们分散在全地上。耶和华降临要看看世人所建造的城和塔。耶和华说，看哪，他们成为一样的人民，都是一样的语言，如今既做起这事来，以后他们所要做的事，就没有不成就的了。我们下去，在那里变乱他们的口音，使他们的言语彼此不通。于是耶和华使他们从那里分散在全地上。他们就停工，不造那城了。因为耶和华在那里变乱天下人的言语，使众人分散在全地上，所以，那城名叫巴别"。这段故事告诉人们：人类的工程是有限的，不可以像上帝那样，说什么就可以建造什么，人尽管有能力，但这种能力是有界限的，能做的不一定就是应该做的。

然而，近代以来，随着科学技术的发展，特别是工业革命的发生，大规模工程活动不断向广度和深度进军，人类忘却了自己的"天命"，狂妄自大，物欲横流，以自然的主人自居，无节制地奴役、宰制自然。用弗罗姆的话说："自进入工业时代以来，几代人一直把他们的信念和希望建立在无止境的进步这一伟大允诺的基石之上。他们期望在不久的将来能够征服自然界，让物质财富涌流，获得尽可能多的幸福和无拘无束的个人自由。人通过自身的积极活动来统治自然界，从而也开始了人类文明。但是，在工业时代到来以前，这种统治一直是有限的。人用机械能和核能取代了人力和兽力，又用计算机代替了人脑，工业上的进步使我们更为坚信，生产的发展是无止境的，消费是无止境的，技术可以使我们无所不能，科学可以使我们无所不知。于是，我们都成了神，成为能够创造第二个世界的人。为了新的创造，我们只需把自然界当作建筑材料的来源。"① "实际上，工业社会从来就未能去兑现它的伟大允诺，越来越多的人认识到：

——无限制地去满足所有的愿望并不会带来欢乐和极大的享乐，而且也不会使人生活得幸福（well-being）；

——想独立地主宰我们生活的梦想破灭了，因为我们认识到，大家都变成了官僚机器的齿轮；

——掌握着大众传播媒介的工业——国家机器操纵着我们的思想、感情和趣味；

——不断发展的经济进步仅局限于一些富有的国家，穷国与富国之间的差距越来越大；

---

① 〔美〕埃里希·弗罗姆：《占有还是生存——一个新社会的精神基础》，关山译，北京，生活·读书·新知三联书店，1988，第 3 页。

——技术的进步不仅威胁着生态平衡，而且也带来了爆发核战争的危险，不论是前种危险还是后种危险或两者一起，都会毁灭整个人类文明，甚至地球上所有的生命。"①

与此同时，人的精神世界遭到了空前的忽视，因而也使人自身越来越面临着严重的生存危机——人类沉沦了，坠入黑暗的深渊，苦痛、无名的悲哀、焦灼与不安不断向人袭来。思想家们和其他有识之士以不同的方式对人类的工程实践发出警报、拉响警笛。有很多作品体现了这一点：美国卡洛琳·麦茜特的《自然之死——妇女、生态和科学革命》，美国比尔·麦克基本的《自然的终结》，加拿大约翰·莱斯利的《世界的尽头》，美国梅内拉·梅多斯等的《增长的极限》，美国芭芭拉·沃德等的《只有一个地球》，美国艾伦·杜宁的《多少算够——消费社会与地球的未来》，日本池田大作等的《二十一世纪的警钟》，德国乌尔里希·贝克的《世界风险社会》，法国让-雅克·塞尔旺-施赖贝尔的《世界面临挑战》，世界环境与发展委员会的《我们共同的未来》，日本岸根卓郎的《环境论——人类最终的选择》，英国安东尼·吉登斯的《现代性的后果》，美国德尼·古莱的《发展伦理学》，宋祖良的《拯救地球和人类未来——海德格尔的后期思想》，美国蕾切尔·卡逊的《寂静的春天》，美国奥尔多·利奥波德的《沙乡年鉴》，法国皮埃尔·布迪厄的《实践与反思》，德国乌尔里希·贝克等的《自反性现代化——现代社会秩序中的政治、传统与美学》……人们共同寻求走出困境、摆脱人类生存危机的方式和道路。海德格尔指出，要想拯救自身，现代人必须面对栖居的困境，躬身自省，迷途知返，重返本真，并身体力行，关怀生命的终极价值，重视人类的内在性。超越那种垂涎于物的贪婪目光而进行言语活动，超越欲光闪闪的眼睛活动而转向内心活动，② 以期达到真正的生存境界。与万物同住同栖，与大自然亲密相处，成为本真的人。生活在大地之上，苍穹之下，从事隶属于栖居的筑居，建造需要建造的一切，养育生长着的万物，使之枝叶繁茂，春华秋实。拯救大地，不再征服它，役使它，而是使它获得自由，使它进入自身的存在之中，让大地成为大地，从而诗意地栖居。实际上，马克思、恩格斯早就深刻地揭示了资本主义制度下，资本逻辑所带来的人类工程实践的异化，并探索、寻求消除异化，解放人类自身

---

① 〔美〕埃里希·弗罗姆：《占有还是生存——一个新社会的精神基础》，关山译，北京，生活·读书·新知三联书店，1988，第4页。

② 〔德〕马丁·海德格尔：《诗·语言·思》，张月等译，郑州，黄河文艺出版社，1989，第144页。

的新的社会工程——推翻资本主义制度，建立共产主义社会，使人从必然王国走向自由王国。根据马克思的社会形态理论，我们可以说人类存在着从低级到高级的"三自"逻辑：①"自然的逻辑"，可称为"暴力的逻辑"。②"自私的逻辑"，也是"资本的逻辑"。③"自立的逻辑"或"自由的逻辑"。人类从"自然的逻辑"到"自私的逻辑"再到"自由的逻辑"，是历史发展的必然逻辑或规律。① 因此，我们必须看到，"自然的逻辑""自私的逻辑"或"资本的逻辑"，是工程异化（原本属于人、为了人的工程，却反而奴役人、控制人、吞噬人，甚至危及人的可持续生存）的主要原因。可以说，"当前面临的环境问题、生态问题、能源问题，属于人与自然的关系问题；种族歧视、国家冲突、利益争夺、'热战''冷战'，属于人与人的关系问题；精神萎靡、信仰危机、道德沦落，属于人与自身本质的关系问题。这几方面的问题，几乎覆盖了人性的整个内容，它表明'人'的观念问题再次凸现出来，而且是以从来没有过的尖锐形式和严重性质摆在人们面前"②。而所有这一切都是建立在人的工程实践基础上的。这就要求我们必须反思与人性相关的工程活动，而只有把对工程的认识论研究放置在生存论的基地之上，全面解读工程的丰富内涵与特质，正视"人·工程·生存"的互蕴共容性，才能将人类的工程活动置于形而上的观照、审视和批判之下，树立有限工程意识与和谐发展的工程观，进而合理地规范工程行动，使其真正成为属人和为着人的生存、发展及不断完善类本性的工程。

二、工程技术与宗教的关涉

严格地说，工程、技术与科学不仅是人们实证地把握世界的方式，而且像人文地理解、解释世界的宗教、道德、艺术一样，是人们的根本存在方式。③ 工程、技术、宗教共同构成人之存在的基本因素。因此，在成就人的生存、人性的提升和社会发展上，它们有内在的统一性，不能人为地割裂。抛开具有历史性的现实的人之生存实践、人类社会和文化，单纯地考察技术、工程、宗教尽管是必要的，但尚未在方法论整体主义下探究并澄明三者的真实关系。必须看到，工程不仅有科学、技术之维，还有非技术的人文要素与生存关切。宗教不仅寻求工程、技术的

---

① 刘孝廷：《社会发展理论》（讲稿）。
② 高清海：《"人"的哲学悟觉》，哈尔滨，黑龙江教育出版社，2004，第15页。
③ 马克思就曾明确指出，宗教像科学、艺术、道德、哲学等一样，都是人们的存在方式。

现实表达，而且直接影响工程、技术的规范，成为工程伦理、技术伦理的约束条件之一，甚至决定工程技术的社会选择。只有在历史和实践的视域下，考虑经济全球化与现代化的现实处境，整合多种思想资源，以经济、政治与社会的大背景为依托，才能更深入地洞见工程技术与宗教的关系。

既有工程技术与宗教关系的研究，主要来自西方学者在基督教文化背景下的总体性考察，大体可归纳为以下几类解释范型。

其一，基于科学、技术与工程的内在关涉，科学与宗教的对立延伸到工程技术与宗教的关系上，以至于形成把工程技术与宗教对立起来的"冲突说"，认为工程技术是在物质领域，服务于经济发展，而宗教是在精神和文化领域，服务于人性的提升。就像科学与宗教的冲突那样，工程技术与宗教也是不相融的。

乔治·波莱尔（George Blair）在《技术之外的信仰》一文中主张：信仰是一种或理论或接受的态度，根本上反对所有实践，具体地说，是反对技术控制和技术统治的实践……在信仰内，拥有可接受的禅，我们达到对世界是什么的理解。[①] 的确，对他来说，信仰反对一切目的论的理论，即自然科学，无论在亚里士多德那里是否是现代形式。信仰没有从其过程、关系、目的和用处方面来看世界。

工程技术与宗教的这种冲突被法国杰出的社会理论家和神学家杰克斯·爱努尔阐释为：科学和技术的基调是统治权而不是爱。这就是二者在"现代工程"的结合不能支持基督教信仰的原因。它有根本的和不可避免的缺陷。[②] 在爱努尔看来，现代工程产生于不同的方法和知识形式。我们不能过分地赞美上帝。我们已能不通过制造新的化学产品而把原子分裂。经验只是我们创造的东西，例如，15 世纪的探险活动，就是受权力欲和功名心的驱使，其结果只能是产生殖民主义。也就是说，它不是出于对造物过程的膜拜和对造物主的崇敬，这不是一种生存选择。现代工程的恶果表现在它给人们带来的痛苦和生态破坏上。爱努尔强调，罪恶不可分担，上帝喜爱造物，"喜欢多样性，喜欢生机勃勃的繁荣景象：这就意味着生态破坏像战争、种族灭绝、殖民统治一样是不公正的"。经《圣经》启示的基督徒和犹太教徒在现时代能够也应该做的是"对科学的傲慢、技术的应用、对自然的开发持一种克制的态度"。然而，技术辩护者

---

① 转引自 Carl Mitcham, Jim Grote：*Theology and Technology*：*Essays in Christian Analysis and Exegesis*，Maryland，University Press of America，Inc，1984，p. 5.

② 〔法〕F. 费雷：《技术与宗教信仰》，吴宁译，《哲学译丛》2000 年第 1 期。

在教会里转向这种"神圣的"天职，企图在宗教上使技术合理化。上帝启示的追随者们接受特殊的启示，担负着特殊的责任。

显然，这是在二元论的立场上，人为地把科学与宗教、理性与信仰对立起来，并按照科学的逻辑——一致性诉求，再次设置了工程技术与宗教之间的鸿沟。其结果容易导致要么选择宗教而拒斥科学、技术与工程，要么是选择科学、技术与工程而走向科学主义、技治主义、专家治国的极端。事实上，进入现代社会，尽管存在着各种对科学、技术和工程的反思与批判，但很少有拒斥科学、技术和工程的社会行动。可悲的是，由于现代科学、技术与工程突出的社会功能，特别是承载着现代性的承诺（通过理性的科学、技术和创造性工程改变世界落后面貌，打造美好新秩序，奔向幸福的明天），现代化过程往往选择了后者，结果是世界被图像化了，自然万物丧失了其存在的自性和根据，成为在技术理性和工具理性下达到人类经济目的的资源和生产资料。物没有了物性的光辉，自然被祛魅；人也沦落为"非人"，作为实现外在目的的工具和客体。它最终导致一切向钱看的资本的逻辑，环境污染、生态恶化和生存危机成为人类不得不面对的事实。所以，工程技术与宗教的"冲突说"是使现代人遭遇生存困境的根源之一，试图用一个极端来克服另一个极端是徒劳无益的。因为社会原本就是一个复杂的系统。

其二，为工程技术寻找宗教文化根基的"相融说"，强调宗教，特别是基督教直接支撑了现代工程技术的发展，一定意义上，工程技术是深层宗教文化准则的物理表达形式。宗教为工程技术提供价值观和道德、伦理准则，工程技术影响宗教的表达与传播。这种"相融说"更多地强调工程技术与宗教在社会生活中的一致性。的确，从工程技术服务于宗教的角度看，正是工程技术使人类的宗教情感得以表达，无论是工程史还是技术史，都能够提供实证的说明。从宗教的禁忌与价值追求对工程技术的影响来看，它要么是鼓励某种工程技术的发展，要么是限制某种工程技术的发展，然而，无论是鼓励还是限制都体现了工程技术的宗教支撑与影响。需要说明的是，尽管前现代附魅的工程技术激发和保存人的宗教情感，而现代祛魅的工程技术断送了人的宗教情感和人对生命的敬畏，但后现代再附魅——返魅的工程技术必将再次唤醒人们的宗教情感。因为通过对祛魅的现代工程技术的反思，人们正在意识到人的理性及其所支撑的科学、技术、工程行动的限度，表现为呼吁技术伦理与工程伦理来规范工程技术，进而为宗教和信仰留出地盘和空间。海德格尔对技术本质的追问，既看到了技术作为生产的"去蔽"的真理本性，也看到了现代技术在"座架"意义上的"去蔽"所导致的遮蔽，以及这种遮蔽所带来的生存危机，进而寻求有反省的技术拯救，回归技术的真理本性，让一切在者在起来，使物具有物性，神具有神性，通过"以栖居为指归的筑居"，实现天、地、人、神的共舞。① 实际上，这是让丧失了神性的现代工程技术，再次拥有神性和宗教支撑。

威尔海姆·福德普科（Wilhelm Fudpucker）与波莱尔的立场相反。他在《凭借基督教的技术走向技术的基督教》一文中指出：基督教的实践与现代技术本质上是统一的。因此，他与久远的文化基督教传统联盟，试图确认基督教与一些流行的文化，从诺斯替和康斯坦丁，到启蒙运动洛克的阐释（基督教的合理性）、康德（理性界限内的宗教）、施莱尔马赫（路德论宗教）……说明基督教与文化的相容性。② 威尔海姆主张，基督教的需求与技术需求之间历史的和社会学的和谐，双方的相互阐释，正当地适合这一传统。

尼波尔（Niebuhr）则在考察了两种相反立场的争论后，得出基督教与技术相容的结论。在他看来，所有"文化的基督"神学的背后，借助人（他的文化）与自然的冲突，通常放置着未陈述的主题——从根本上说，人的处境是非专门化的。在这种情况下，基督教乐意偏袒人。相比之下，"反对文化的基督"神学建立在罗曼蒂克的真正的人与文化的人工物之间冲突的前提基础上，在这种情况下，基督教当然乐意偏袒人而反对文化。由于技术是在某种明显的征服自然的观念下，因此，它被指望成人之为人的条件——人与自然之间根本裂缝的基督教神学，还愿意确认拥有技术的基督。③

其三，工程技术与宗教之间还存在一种调和的立场，也可以叫作宗教与工程技术的"调和说"。如果说波莱尔与威尔海姆·福德普科代表两种极端的相反立场，那么，接下来关于基督与技术关系的神学则是中间立场的变种。这种中间立场认为：作为存在的实在的根本冲突，既不是基督教、人和文化之间的冲突，也不是人和自然之间的冲突，而是人和上帝之间的冲突。与"基督反对文化"的立场相反，有三种中间立场的观点认为，人总是某种文化的部分。与"文化的基督"立场相

---

① 〔德〕马丁·海德格尔：《诗·语言·思》，张月等译，郑州，黄河文艺出版社，1989。

② 转引自 Carl Mitcham，Jim Grote：*Theology and Technology*：*Essays in Christian Analysis and Exegesis*，Maryland，University Press of America，Inc，1984，p. 7.

③ 转引自 Carl Mitcham，Jim Grote：*Theology and Technology*：*Essays in Christian Analysis and Exegesis*，Maryland，University Press of America，Inc，1984，p. 7.

反，文化是建立在完善的自然基础之上的。因此，文化和技术有时站在自然这边，有时站在人和神的空隙的他物那边。分割线必须被描绘，且并非文化的一边或另一边，而是通过它。显然，这是宗教与工程技术的调和观。①

根据尼波尔关于这三种中间立场的第一种分析，文化之上的上帝这种区分是真正文化的认识，并作为自身积极的成就，但人还是预备随着基督去超自然的被综合。文化和基督是真正不同的，但在超自然的层次上可以被综合。历史的文化是一种跨越历史与上帝联盟的准备。恩典不仅建立在自然的基础上，而且建立在文化中自然地完善。这是一种立场，为亚历山大的克莱蒙特和托马斯·阿奎那所代表。

特里·泰克普(Terry Tikeppe)的《伯纳德·朗尼根：技术的情境》一文表明了伯纳德的超验的托马斯主义如何给出一种现代扭曲的路径。与康德主义的哲学革命相一致，伯纳德转换焦点，从超验到永恒，并分析那种方式。在该方式下，技术实践的难题要求没有超验的综合，而断言一种超验的或超自然实在的肯定存在。技术自身包含着进步和衰退的两个因素。回应交通的需要有了汽车的发明，汽车的广泛应用带来了都市的拥挤，使得大规模交通网络建议提出。因此，乐观主义的结论是与人捆绑在一起的力量的技术想象。

进步的洞见和成功的行动逐渐增加疏忽与技术失败。卡车带来污染的加剧……今天，环境污染与核武器对人的生命威胁大于灾祸和坏气候。但这种技术的无序和危险只有通过与信仰的联合才能克服，在此方式内，一个更高视野的上帝与人沟通，因此，上帝与人的合作，超越了人的局限。

对安德列·马莱特(Andre Malet)来说，尼波尔代表所谓二元论的路径，即技术与信仰领域仍然不可改变地分割，并非相互反对，而是隔离。《技术在场的信仰者》② 利用海德格尔的技术分析，提供一种新的现代观念的描述，追问信仰的人应该如何回应现实。跟随圣保罗和马丁·路德，安德列·马莱特认为，信仰者一旦认识这个世界的价值，就必定保持它与信仰的区别。

其四，立足"协同"概念基础之上的工程技术与宗教的"协同说"。在

① 转引自 Carl Mitcham, Jim Grote：*Theology and Technology：Essays in Christian Analysis and Exegesis*，Maryland，University Press of America，Inc，1984，p. 7.

② 转引自 Carl Mitcham, Jim Grote：*Theology and Technology：Essays in Christian Analysis and Exegesis*，Maryland，University Press of America，Inc，1984.

该视角下，考虑到每一个领域有助于其他视角的进步，每一个领域通过与其他领域的互动而发展，苏珊·乔治（Susan George）对技术与宗教给予双重考察，即通过技术，宗教被增强，而技术的增强得益于一种更广泛的输入基础。

在《21世纪的宗教与技术》（*Religion and Technology in the 21st Century：Faith in the E-world*）① 一书中，苏珊围绕宗教与技术的关系，基于"协同"概念，探讨了两个问题，即技术正在怎样影响宗教，并在最后几章说明神学如何影响技术。在她看来，这是一种社会的情结（方案）。在那里，技术与宗教不仅共存，而且在协同中相互促进、相互获益。在新的全球文化或跨文化——信息、通信技术的文化下，技术正在创造一种技术—文化，超越具体传统的文化。她主张有5个因素——信息、即时性、互动、智能和互联网，是计算机生活的支持要素。如此一种跨文化作为技术—宗教时代的架构，一个全球"伦理的世界观"正在影响时代的社会和生活。她通过考察未承认的技术与宗教的联系的后果，重申这种技术与宗教联结的重要性。技术正像宗教那样，代表人性的努力超越。但是，宗教与技术两者可能被作为"人的建构"。在这种建构内，超越人的范式或许是不可能的。技术与宗教一起工作，在揭示机器和揭示人中去揭示什么是人（属于人的）。宗教与技术能够指明人性的神圣向度，以及"信仰"的来源与终结。苏珊特别考察了网络技术时代"基于原则的工程"这一新的计算观念。这个观念是约束之一，而不是规则之一。基于约束的路径模式，在系统运行中的约束，在系统与环境之间的约束，与"一切是计算"的普特南的观念有类似性。因为：①计算必须被"设定"（situated），而且以意义深远的方式被嵌入，并在其环境中实体化。②根据"约束"，一个系统被理解，进而抛弃直觉的按部就班的程序算法（系统）的观念，从而发现神学的一些主题浮现出"道成肉身"（实体化）计算的重要性。还有一个神学主题撇开"进化的"理解——在那里，根据达尔文的进化论理解最一般的自然和人类世界的原则，它正在走向"基于约束的"世界理解。基于原则的工程在人工生命学派和涌现的人工智能之上，提供一种可选择性的"普通的"机械论。在提供一种可选择的进化范式内，我们还可以回到放置在智能系统下的"设计"和"目的"的观念，在进化论之上考察其他"普通机械论"的重要性。这恰好能阐释宇宙和智能存在的

---

① Susan George：*Religion and Technology in the 21st Century：Faith in the E-world*，Pennsylvania，Idea Group Inc.，2006.

在场。我们渴望考察神学的理解，像"道成肉身"计算，超越进化的路径。同时，苏珊认为，网络时代为宗教信仰提供了新的表达方式。她把宗教共同体区分为体制化的"现实共同体"与"虚拟的共同体"，甚至探讨了网络教会（虚拟的教会）与现实的教会各自存在的问题，但无论如何，网络技术对于宗教和信仰都是必要的。

应该说，这是工程技术时代面对信息工程、网络技术、人工智能等致力于利用新型工程技术手段来探索人们信仰生活路径的一种尝试。

不能否认，上述西方学者对工程技术与宗教关系的考察路径与态度，从不同侧面描绘了它们之间关系的面相。然而，还必须看到，仅仅在总体性原则下做出一般的说明，试图建立一个普遍有效的解释模型是远远不够的，甚至这种解释的普遍化正遭遇来自各个方面的挑战。正如卡尔·米切姆（Carl Mitcham）等人所看到的："关于整体的宗教与一般的技术关系的课题恰恰是太宽泛、太朦胧了，却被目前的神学讨论所追求。"[①] 毕竟，没有一个脱离了具体时空和地域的工程，不同宗教文化提出的工程技术问题也是有差别的。

显然，对该问题的研究需要"面向事实本身"的现象学的解释立场，它离不开以历史性为基础的历史主义原则，以及具体问题具体分析的马克思主义方法论。因此，任何关于工程技术与宗教关系的阐释，都有待在具体的历史情境与不同文化的实践中进一步深化。因为一方面，由于工程技术总是处在一个大链条中，一端连接着科学、自然，而另一端连接着产业、经济与社会，[②] 与各种社会建制互动。这就决定了工程技术的人文关涉，特别是其价值的非中立性与社会性特质，存在工程技术中的宗教问题也就在所难免了。实际上，刘易斯·芒福德（Lewis Mumford）在其著作《技术与文明》[③] 中已经表明工程技术在宗教文化支撑下的价值选择与伦理规范，不仅有为了宗教目的的工程技术，而且有受宗教禁忌限制和约束的工程技术。另一方面，由于宗教的社会性与精神建构的指向，宗教总是面临如何更好地表达和传播的问题，特别是在技术时代和工程时代。显然，宗教不仅需要工程技术，而且宗教作为价值观的深层来源，影响工程伦理、技术伦理准则的建构。在某种

① Carl Mitcham, Jim Grote：*Theology and Technology*：*Essays in Christian Analysis and Exegesis*，Maryland，University Press of America，Inc，1984，p. 3.

② 殷瑞钰、汪应洛、李伯聪等：《工程哲学》，北京，高等教育出版社，2007，前言。

③ 〔美〕刘易斯·芒福德：《技术与文明》，陈允明等译，北京，中国建筑工业出版社，2009。

程度上，正是宗教本身提出技术的、工程的问题，推动技术进步和工程发展。换句话说，工程技术在考虑宗教需要的同时，还必须正视宗教的文化规约。这将直接影响某个工程的去与留、成与败，以及是顺利地实现工程的"社会嵌入"还是遭受工程的"社会排斥"。[①] 所以，在经济全球化的今天，面对文明对话和对话文明所创生的文化的多元性和复杂性样态，所有民族国家都存在如何处境化地恰当认知和处理工程技术与宗教的关系问题。而这不只是一个不能回避的理论问题，更是一个紧迫的实践任务。

三、现代工程与现代性的互释

从 20 世纪 60 年代到现在，对现代性问题的研究成为史学、美学、哲学等人文学科和社会学、政治学、法学等社会学的核心概念与理论生长点，一些著名的学者都在此问题上著书立说，而且近年来西方学者的许多关于现代性研究的著作被翻译成汉文出版。例如，鲍曼的《现代性与大屠杀》，于尔根·哈贝马斯（Jürgen Habermas，另译"尤尔根·哈贝马斯"）的《现代性的哲学话语》，吉登斯的《现代性的后果》，艾森斯塔特（Shmuel N. Eisenstadt）的《反思现代性》，马歇尔·伯曼的《一切坚固的东西都烟消云散了——现代性体验》，马泰·卡林内斯库的《现代性的五副面孔：现代主义、先锋派、颓废、媚俗艺术、后现代主义》，大卫·库尔珀的《纯粹现代性批判——黑格尔、海德格尔及其以后》，阿格尼斯·赫勒的《现代性理论》，译文集《文化现代性精粹读本》等。与此同时，从 20 世纪 90 年代开始，国内学术界在现代化研究的基础上，伴随着后现代话语的流行，特别是中国社会转型期各种问题的凸显，最终也把视角转换到现代性研究上来，并出版了一批学术著作。例如，吴冠军的《多元的现代性》，汪民安的《现代性》，陈嘉明等的《现代性与后现代性》，赵汀阳的《现代性与中国》，沈语冰的《透支的想象——现代性哲学引论》，陈赟的《困境中的中国——现代性意识》等。对现代性的界定有近 140 种，但对现代性的基本立场不外乎中性的描述、温和的反思、激进的批判，以及解构、积极的辩护与重建。正是在这样的学术背景和语境下，下文试图从工程的观点重新解读现代性，把致力于秩序化的现代工程看作现

① 〔美〕马克·格兰诺维特：《镶嵌——社会网与经济行动》，罗家德译，北京，社会科学文献出版社，2007。李伯聪在《工程的社会嵌入与社会排斥——兼论工程社会学和工程社会评估的相互关系》一文中专门讨论了工程如何实现"社会嵌入"而非遭到"社会排斥"的问题。

代性的展开途径和最高成果，进而主张对现代性的反思与批判必将指向现代工程，重构现代性意味着转换现代工程范式。

（一）现代性的工程界定

国内外学者从不同视角描绘了现代性的种种画面和形象，而且这种对现代性的研究与解读从未停止过，可谓坚持不懈的努力。正如现代性本身的多元性和丰富性，对它的界定也表现为具有共通性的异质性和个性。从根本上说，各种理解的共通之处在于前现代社会向现代社会变迁过程中现代意识的觉醒，突出表现在"秩序意识"。这种秩序意识特征就是现代性特征，[①] 它不仅体现为对秩序的感知，而且有着对秩序的追求和行动。

正如历史学家斯蒂芬·L.柯林斯（Stephen L. Collins）在其《从神的宇宙到主权国家：意识和文艺复兴时期英国的秩序观念的思想史》中所描述的："霍布斯认为，流变中的世界是自然的，因此必须创造出秩序来约束一切自然之物……社会不再是一种对某种事物的、以先验方式言说的反思。而这种事物是预先限定的、外在的、超越自身的，并以等级的方式为存在确定着秩序。现在，社会是一个由主权国家——这样的国家本身就是其自身的、可以言说的代表——确定秩序的名义实体……（伊丽莎白去世后的40年里）秩序已渐渐地不再被理解成自然的，而是人为的、由人所创造的而且显然是政治的和社会的……人们必须设计出秩序以限制一切普存之物（即流变物）……秩序成为权力之物，权力成为意志、力量和算计之物……对社会观念的再构想具有根本意义的是这样一种信念，即国家和秩序一样也是人的创造物。"[②]

实际上，人们的秩序意识在前现代社会就已萌芽，从古希腊哲学家的宇宙本体论观念和对"存在之存在"的追问，有序的城邦政治生活的制度设计，到中世纪人们对神创论的先在秩序的信仰，它们都彰显着人之生存的秩序化的确定性寻求。只是后来拥有了现代意识的人确信秩序不在超验的世界，而在世俗的国家，拥有理性的人们不仅能够设计秩序，而且能够创造、建构出秩序来。而这一信念的确立除了来自哲学家对自我意识、主体性意识和理性的确立，以及为所有意识形态奠基的努力，特别是政治哲学家对民族国家的合法性辩护与政制的规划，还来自现代

① 〔英〕齐格蒙特·鲍曼：《现代性与矛盾性》，邵迎生译，北京，商务印书馆，2003，第8～9页。
② 转引自〔英〕齐格蒙特·鲍曼：《现代性与矛盾性》，邵迎生译，北京，商务印书馆，2003，第8～9页。

科学对自然的发现，现代技术的广泛运用，以及利用科学、技术的现代工程向各个领域的大规模拓展。造物的工程活动丰富了人们的物质生活，同时展现出人对自然的统治和控制力量；制度安排的社会工程的设计与实施，极大地增进了社会秩序；进而，人们把现代工程当成创造秩序的途径和桥梁，并把工程所达到的水平视为社会秩序化程度的结果。

这样，始于秩序意识和秩序追求的现代性与现代工程相缠绕，最终走向了与前现代生活方式相断裂的无根的不归路。结果是人们越是以工程的方式建造世界和生活秩序，越是发现无序和问题，以至于一个问题解决了又出现新的问题。也正是如此，现代性成为未完成的设计、未竟的事业。

鲍曼则恰当地揭示出现代性无论是文化的规划还是社会的规划，就其本质而言，实际上是在追求一种统一、一致、绝对和确定性。一言以蔽之，现代性就是对一种秩序的追求，它排斥混乱、差异和矛盾。但鲍曼发现，现代性对秩序的追求又必然带来一种秩序和混乱的辩证法：秩序对混乱既排斥又依赖。因为秩序是人为的设计、操作和控制，必然带来相反的倾向——对自然的非人为方面的关注；秩序是暴力和不宽容，必然导致对这一倾向的反抗。因此，现代性的内在矛盾，就是现代存在（社会生活形式）和现代文化（在相当程度上反映为现代主义运动）之间复杂多变的冲突与对抗。这恰恰是现代性自身的张力所在，这种不和谐也就是现代性所要求的"和谐"。①

鉴于秩序的建构与工程方式、工程行动和工程实存的密切关联，即自然工程或造物型塑人们的生存空间，社会工程或社会规制确立政制和法的秩序，精神创造工程或知识工程则打造意识形态和意识形式之观念架构，我们有必要从工程的观点重新解读和界定现代性。

从秩序的追求来看，现代性就是按照工程主体——"人"、人群共同体的需要和意志，整合科学技术、人文精神及人流和物流等多种因素，重新安排自然秩序、社会秩序和塑造精神世界的现代工程的展开过程及其所成就的现代生活的特性。这里，人群共同体可以是一个实业单位、一个社区、一个地域、一个民族国家和多个国家的联合体乃至整个人类。

换句话说，现代性就是历史向世界历史转变的过程中，历史主体在现实的历史实践和生活境遇中，在观念层面的普遍性与差异性、先进（善）与落后（恶），即自我意识反思历程的解构与建构、理性与非理性，

① 转引自周宪：《文化现代性精粹读本》，北京，中国人民大学出版社，2006，第10页。

在制度层面表现的秩序与混乱、规训与反抗，在文化层面的分化与整合、确定性与流动性，在生活世界的控制与解放等一系列矛盾与冲突所成就的历史辩证法。简言之，它是生活在现代社会的人们在生活世界并以自己的生存活动——社会的工程而展开着的实践辩证法（工程辩证法），及其所伴随的集中于理想与现实、应然与实然的丰富矛盾性。

这样一种现代性的理解与工程密切相关。

第一，现代性的前提是资产阶级工业革命所开创的世界市场，以及随着生产力与交往形式的矛盾运动所导致的"分散的世界史"与"统一的世界史"的分化，即马克思所说的"历史向世界历史的转变"[①]。没有这种转变，就没有追求普遍性的现代性。从现代性的发生史来看，寻求普遍性的现代性首先由英国工业革命提供经济范例；法国和美国的政治革命提供政治范例；德国开始的宗教改革和以法国为核心的启蒙运动提供思想基础；以伽利略、哥白尼、牛顿、达尔文为代表的学院性科技提供理性思维和工具动力。由工程聚集起来的工业是理解现代性的关键和现实基础。

第二，现代性是随着现代化运动而展开的。它首先发生在西方，西方的现代性是原生态的现代性，而非西方的现代性是次生的后发的现代性。各民族国家由于文化差异，在现代化的世界历史命运中，在追随现代性的普遍性的同时，又形成了各具特色的多元的现代性，例如，日本的现代性、俄国的现代性、中国的现代性等。这一特点是由工程主体（民族国家）建构的工程之个别性、"当时当地性"所决定的。实际上，现代化开显出的现代性就是以民族国家为主体的未尽的现代工程，现代工程是现代性的载体和最高成就。

第三，现代性拥有着对秩序的信仰和不懈的追求，表现为现实的人和现实的工程共同体在特定的时空和文化境遇中的工程实践，而且这种工程实践是指向未来秩序的历史辩证法、工程辩证法。正是这种工程辩证法，不断改变和建构着时空秩序和人文世界。

第四，这种依托现代工程的现代性具有明显的工程化特质，即以"工具理性"为主导的现代工程所成就的现代性可以概括为：人的理性化（抽象化）；物的持存化；组织的科层化；经济的市场化；政治的民主化；科学技术的意识形态化；道德的功利化；审美的瞬间化；宗教的世俗化；家庭的微型化；城市的都市化；乡村的边缘化；生活的碎片化。

---

① 《马克思恩格斯选集》，第 1 卷，北京，人民出版社，1995，第 89 页。

(二)现代性的工程化后果

现代性工程化的后果的直接表现就是工程的异化和人的新异化。

所谓工程的异化，是指人类的工程活动原本属于人、为了人，试图把人从自然界的奴役下解放出来，确立起人在宇宙中自主和自为的地位，结果由于人对工程的片面执着，工程本身成了控制人、奴役人的东西。这主要表现在以下诸方面。

一是工程所组建的人工世界为人的生存提供了必要的条件和基础，但怎样工程和如何工程又表征着特定时期的人们所达到的理智与行为的界限，这种局限客观上现实地框架着人类的整体生存状态，也作为个体不可超越的生存情境，约束着现实的个人的生活方式。也就是说，工程具有"两重性"——积极的一面（"为善之功"）和消极的一面（"为恶之过"）。由于人们过分地强调前者而忽视后者，以至于在现实的工程行动中为工程而工程，却忘记了工程为了人和服务于人的主旨。工程由手段、途径或方式上升为目的，而人成了实现工程的手段、工具，主体的人客体化、物化了。

二是对工程造福人类的自足性的信仰或乌托邦情怀。的确，工程从它发生的那一刻起，就担当起为人谋福祉的责任。问题是工程并非自足的、完善的，而是依赖于人的智力、人的活动能力，以及自然和社会的环境与条件的。但人的理性和能力是有限的，自然环境与社会条件也是有限的，这就决定了工程只能是有限的工程，因而不可能自足，总要受到各种因素的限制与约束。正是如此，才需要工程设计的多方案和工程决策的择优，择优不是追求最好的方案，而是获得比较好的或更好的方案。然而，对工程为善的自足性的信仰必然导致盲目乐观和不求甚解，增加可能、潜在的工程风险，失去人类对工程后果的必要控制，反而使得工程危害人的生存环境，给人类的可持续生存带来危机。例如，物质生产领域自然工程的异化，加重了人与自然的矛盾，环境污染、生态恶化等；精神生活领域的精神创造工程的异化，其产品或实存的工程受利益牵引而庸俗化、低级化，不是作为人的精神食粮去鼓舞人、塑造人，而是作为鸦片来毒害人，污染人的精神世界；社会政治生活领域的社会工程异化导致民主机制的匮乏或丧失，个人专权和专家意志，强权政治、战争等。之所以说以科学、技术为依托的技治主义的现代工程是现代性的最高成就，是因为它把人的自为本性通过工程的形式推到了巅峰，让人确信人能征服自然、人能创造人工自然、"人能胜天"，因而人就是造物主，就是上帝。可见，"上帝之死"是现代工程支撑的现代性展开的必然命运。随着人类野心和欲望的膨胀，人类的工程实践由顺从自然到宰制自然，自然失去其自身的魅力——祛魅了，而仅仅是有待工程开发和利用的不计价格且取之不尽的资源库，于是，自然是死掉的持存的存在物。失范的、无约束的现代工程让人废黜了上帝，囚禁了自然，进而最终使现代人面临工程异化所造成的前所未有的生存危机。如果说工程异化是危险的，那么意识不到这种危险的存在将是更危险的。

一般而言，人们往往把人类的生存危机归结为现代科学和技术，以及支持科学和技术的现代理性主义哲学（主体性哲学）本身，例如，马尔库塞（Herbert Marcuse）对导致单面社会的技术反思，① 哈贝马斯对作为意识形态的科学技术的批判，② 海德格尔对作为座架的技术追问，③ 等等。应该说，这些考察均有一定道理，但根本问题在于工程的异化。因为所谓科学技术异化，均涉及科学与技术的应用问题（前者作为观念如分析的计算的思维被应用，后者作为可能的操作方案被应用）。也就是说，其异化是科学、技术的应用造成的。没有现代工程实践，也就谈不上科学技术异化。当然，也可以说没有现代科学技术就没有现代工程，而问题是科学技术作为工程的内在要素，科学技术一经应用就变成工程问题。工程行动本身就是对科学技术的选择与应用过程，只有在工程中科学技术才能由潜在的可能性转化为现实性；只有在工程行动中科学技术才能真正得到应用。对科学技术好坏、善恶的评价（价值实现）不仅体现在理论评价或评估阶段，而且更重要的是体现在工程行动的选择上。工程行动拥有对科学技术应用的主动选择权，工程的尺度是科学、技术能否得以实现的现实尺度。工程对科学技术的不当选择与不合理应用就会造成工程的异化，表现为科学技术为恶的形象，但这里的关键是工程活动本身如何选择和利用科学技术。

因此，工程异化是造成人类生存危机的现实根源，而其理论根源则来自西方的理性哲学和对现代性的迷恋。

应该说，西方知识论或认识论的二元论与现代工业化的工程实践是互释的，后者是前者产生的现实根据，前者为后者提供理论支撑。从这个意义上说，没有人类的自主造物的现代工程实践，就不会有主体性哲

---

① 〔美〕赫伯特·马尔库塞：《单向度的人——发达工业社会意识形态研究》，张峰等译，重庆，重庆出版社，1988。

② 〔德〕哈贝马斯：《作为"意识形态"的技术与科学》，李黎等译，上海，学林出版社，1999。

③ 〔德〕海德格尔：《海德格尔选集（下）》，孙周兴选编，上海，生活·读书·新知上海三联书店，1996，第937～944页。

学，而没有主体性哲学的理论自觉，现代工程实践就丧失理论根基与合法性论证，因此，现代工程是现代性哲学之树上的丰硕果实。正如本书曾谈到的笛卡儿以来的西方哲学对人的主体性的确立和人自为本性的论证，这在现实上直接支撑着、怂恿着以人的自为性和超越性为根基的现代工程实践。

客观地说，正是主体性哲学与现代工程的互释，极大地促进了生产力的发展，并带来了现代化和经济全球化运动。但是这种发展是建立在自然客体化、他者客体化基础之上的，也就必然付出巨大的资源、环境代价，以及人的非人化——异化生存的代价。人的异化又加深工程的异化。

人的新异化是说工程异化所导致的人的异化。它不同于以往的异化理论，尤其是马克思异化劳动理论，① 以及西方马克思主义对异化的理解所描述的人的异化生存状态。前者主要强调人的工程行动所造成的人对自然生态系统的背离，即人类社会外部的异化；后者主要着眼于人类社会内部的异化。人的新异化主要是由工程异化的下述特点决定的。

第一，工程异化不是阶段性的产物，而是与工程活动的发生、发展相伴随的一种可能性，这是由工程的"两重性"决定的。只是工程异化在人类工程实践的初期，由于采取的是顺应自然的方式而从事的以培育和养殖为主的农业工程，人与自然的矛盾尚不突出，工程异化主要表现在工程活动的局限对人的生活方式的框架作用，人们只能在狭窄的领域和范围内从事生产与交往活动。随着人类工程活动向深度和广度进军，这种工程的消极作用逐渐退隐，工程活动所涉及的不确定因素以工程风险的形式凸显出来，并成为工程异化的主要客观原因。这就是前文所说的工程的"原罪"，它是人的认知和操作能力的有限性决定的，是工程活动本身无法规避的。当然，工程的异化还有主观原因，人们对工程的福祉的盲目乐观，以及工程行动的不求甚解等造成的工程危害，即工程之"罪"。这两个方面在产业革命以来的现代工业工程中表现尤为突出，是导致工程异化的罪魁祸首。以规避工程风险、规范工程行动为己任的后工业工程也并非尽善尽美，仍然潜伏着工程异化的可能性，是否显现出来取决于后工业社会人们对工程行动的自觉规范的程度。也就是说，工程异化不能完全被消除，关键是我们如何自觉地意识到工程异化的存在，并自觉地规避工程风险，以降低工程异化的可能性。

---

① 〔德〕马克思：《1844 年经济学哲学手稿》，北京，人民出版社，2000。

第二，工程异化不是社会制度的产物，而是与社会制度、体制模式相关。工程是与人类相伴随的人的生存方式，严格来说，它不是社会制度的结果，而是社会制度的原因。采取何种社会组织方式是由人类作为生产的工程活动方式决定的，况且社会制度、体制模式的设计与选择本身就属于社会工程的内容。必须承认，每一种社会形态都存在工程异化的可能，只不过合理的、先进的社会制度更有利于克服工程异化，因为人与自然的关系归根到底是由人与人的关系决定的。在私有制下，人的不合理、不正当的欲求和恶性竞争关系会加剧工程行动所造成的人与自然、人与人的矛盾和冲突，工程仅仅是为了一部分或少数的资产私有者的利益的工程，而不是为了全体公民的利益的工程，因而工程异化是不可避免的。但同时必须看到，不仅资本主义制度下存在工程异化，社会主义制度下乃至共产主义制度下，也会存在工程异化问题，这是由工程"原罪"的不可消除性引发的。无疑，人类的工程只能是而且必然是有限的、非自足的工程。因为人的认识能力永远不可能达到全知、全能的境地，只能是"无知的知"。

第三，工程异化的主体是"人"——人类，而不是某个阶级、阶层或个别的人。现代人类工程行动所建构和生成的人工世界是与自然相背离或远离自然的，因而这种人工世界具有"反自然性"。它使人类整体与自然的矛盾加剧，这主要是由人类的工程活动与自然的物质变换、能量互换不对等造成的。自然给予人的是宝贵的资源，人回报给自然的是废料、农药和垃圾；人以不断膨胀的需求和欲望大规模地掠夺有限的自然资源，完全忽略了自然生态系统的承受能力。于是，人执着于为工程而工程的片面生存状态，不去追问工程之存在的意义，以及人应该如何工程，只是用计算主义的自然观和对自然的数学方案的态度沉醉于征服自然的工程行动中，处在远离自然的无根生存样式。人忘记了人不仅要从自然中超拔出来成为人，人还必须以人的姿态回归自然。因为无论怎样，人都是自然生态系统的一部分，这是人的天命。人工世界不能没有自然而只是"人工自然"，没有了自然也就没有了人工；人工世界是镶嵌在自然大系统中的一个子系统，只能融入自然，而不能隔断自然。诚然，人类不能不以工程的方式去存在，但人类需要时刻反思、审视工程行动的合理性(尽管这种反思和审视也受人类自身及社会的局限)，以避免人类的工程行动反过来威胁或毁灭人类自身的安全与可持续生存。

(三)人的新异化的工程人类学意味

由上述工程异化特点所决定的人的新异化，在生存论解释原则下，具有工程人类学意义。

第一，人是摸索着前行的。人没有超人的智慧，更没有千里眼。尽管有了人的意识（心灵之眼），似乎宇宙就变得透明，但人始终是在黑暗中摸索着前行。那种现代性所承诺的直线的进步观是不可能的。人类的工程行动是人探索着前行的基本方式，因为工程作为人的最切近的存在方式——理解和把握世界的方式，不可能不出现偏差和问题。即使存在偏差和问题，也是人类在前进中的问题。只要人类能在问题面前觉醒，善于反思，检讨人类的工程行动，就会不断地为工程行动纠偏，有效规避各种风险。

从这个意义上说，人类不必过于悲观，悲观的态度只能干扰我们积极地去面对和解决问题。不过必须面向事实本身，况且人类的发展史已经表明，人类注定要在黑暗中前行，我们知道的领域越多，不知的边界也就越大，无论何时，黑暗总是包围着我们。也就是说，人类不可能解决所有问题，工程问题也不例外。正是由于人们自知智慧的有限性，才期盼超验的神存在，以便在黑暗中跟随神的引导前行。然而，期盼归期盼，事实归事实，世世代代的经验告诉人们，没有一个神能救渡我们，人类必须以自我为根据，以理性和智慧为自己照明，追问并回答人类应该如何去存在。这也是现代性事业有待进一步规划的原因。刘福森教授的发展伦理学①　就是要指明人不只是自为地去存在，而且要思考人作为类存在应该怎样去存在。

第二，人不应盲目乐观。人是摸索着前行的，这就决定人没有理由盲目乐观。那种对理性的自足性的信仰与迷恋，似乎理性能认知一切所不知，理性所指引的"做"是没有问题的"做"，凭借科学技术的工程是能做的工程，而能做的就是应该做的工程，确信人类的工程是好的、善的工程，其结果必然是执着于工程行动——一味地工程，只拉车不看路，不去审查、反省其所从事的工程，反而盲目地沉浸在征服自然、改造自然的胜利之中，无视自然对人类的报复，也看不到人工世界所面临的潜在风险和危机。因此，盲目乐观比悲观还要可怕，还要危险，它从根本上丧失了预警能力和解决问题的必要心理准备。

第三，人没有理由过于骄傲。人通过造物活动改变着自然，并组建属我的世界和人类社会，表明人有"超越生命的生命"，但无论如何，人

---

①　刘福森：《西方文明的危机与发展伦理学——发展的合理性研究》，南昌，江西教育出版社，2005。

不能摆脱自然的肉体生命。因此，人没有理由也不该过于骄傲，以为自己是宇宙之精华、万物之主宰，企望征服自然、宰制自然。岂不知自然对人类每一次粗暴的工程行动，都以自己的方式或隐蔽或张扬地回敬着人类，除非消除自然。而消除自然无疑等同于让自然死去，自然之死必然是人之死。因此，无论人在宇宙中有怎样特殊的地位，人都应该有谦卑之态，把自己放到自然系统中，自觉地倾听自然，呵护自然，与自然万物共生共荣。这或许会遭到质疑，面对自然给予人类的暴力，如洪水、海啸和严重急性呼吸综合征（SARS）等，人要么屈服于它，要么征服它。"人类在童年只能屈服于自然的暴力，今天，随着自身的强大，人类只能选择与自然抗争，让自然屈从于人类。"从逻辑上讲，这是没错的，可问题是我们在多大程度上征服了自然呢？为什么以科学技术武装起来的现代工业工程在胜利的背后却带来人类前所未有的生存危机，甚至把人类整体带入死亡的边缘？那么，我们对于自然是胜利还是失败了呢？答案是两败俱伤。这样的事实告诉我们，人类不得不调整对自然的态度，由征服与被征服的对立关系和"暴力逻辑"，转换为和谐相处的互容共生的关系与"自由的逻辑"，变二元论的主客思维为整体论的、有机论的生存论思维。

第四，人就是人，而不是神。"人就是人"，是同语反复，等于什么也没说，似乎没有任何意义。然而，这一陈述恰恰告诉我们，人是一种特殊的生存着的存在物，人之存在不可以定义，生存是概念的剩余。正如前面所讨论的，人以工程的方式筹划着去存在，自己在现实的社会中通过对象性活动——工程行动创造着自己的本质。因此，从这种意义上说，人是自主的，自主地创造价值，自主地实现价值。就在这一过程中，人不自觉地抬高着自己，神化着自己，杀死了上帝，人就履行起神的职能，人成了神就不再有任何敬畏。然而，不管有没有神的存在，都无关宏旨。人无论如何也不是神，人就是人，现实地、感性地生活在大地上、苍穹下，是自然中的人。人不是神，这是由人是会死的自然生命决定的，也是由人的智力和能力的有限性决定的。有限的人生存在无限的宇宙中，应该有所敬畏，也不得不有所敬畏。只有有所敬畏，才能有所规范。有所规范的工程行动——自在自为的工程，正是后工业社会人类工程行动的主要特质，是在自在的工程（农业工程）、自为的工程（近现代工业工程）基础上的整合与扬弃。只有这样，人才能获得有根的生存，人类的工程行动才能使人真正有所栖居。有所栖居才能有所筑居，进而达到我以我筑居的方式去栖居。

总之，我们不难得出这样的结论：既然现代性导致作为人的生存方式的工程异化和人的新异化，如何终结现代性就成为必然的历史任务。的确，一些思想家，特别是激进的后现代主义思想家们所发起的人文和社会科学领域的反现代性运动，试图用后现代性来解构或取代现代性，但问题是后现代性仍然是现代性的继续，只不过它"是一种为了解放现代性而拒绝技术现代性的方式"①。因此，我们只能重建现代性。正如哈贝马斯所说，现代性是"一项未完成的设计"②。然而，重建现代性需要改变与它合谋的现代工程。也只有改变以工具理性为主导的"资本逻辑"的现代自为工程，探求以价值理性、实践理性为主导的"自由逻辑"的自在自为之后工业工程，才有可能扬弃"技术现代性"，终结"虚伪现代性"，而重建"解放现代性"。③ 要做到这一点，需要人自觉地推动文明从工业文明向生态文明转变。

四、工程的"罪"与"赎"

按照自然的观点或常人的观点，这个题目看起来有些费解，甚至令人疑惑。因为提起工程，人们往往认为它几乎总是与人类的福祉联系在一起的。的确，即使是理论的观点、反思的观点，我们也得首先确认：工程活动创造、呈现和积淀着人类的物质文明和精神文明，使人从自然界中超拔出来，从自然界的奴役下获得解放，由服从于必然性变为自由创造的主人，并不断确证、提升着人之为人的自为本性和类本质。

随着科学技术的迅猛发展，人类的行为日益向工程的深广领域进军，以至于人类可以在最深、最基本的层面上与世界沟通，揭示宇宙的秘密，走向宇宙深处。如果说最初以农耕为主的农业工程只是解决了人类生存所必需的生活资料问题，那么肇始于近代的工业工程则在改造自然和征服自然的人类实践中凯旋，特别是当代信息工程正在全球范围内从经济、政治和文化等多个侧面改变着人的现实生存方式。这表明，工程已经成为人的生存方式，成为人类世界不断生成着的以创新和创价为核心的重要实践活动。如此说来，工程之"是"，对人类的功德和业绩的确是不可

---

① 〔美〕伊曼纽尔·沃勒斯坦：《沃勒斯坦精粹》，黄光耀等译，南京，南京大学出版社，2003。参见周宪：《文化现代性精粹读本》，北京，中国人民大学出版社，2006，第127页。

② 〔德〕于尔根·哈贝马斯：《现代性的哲学话语》，曹卫东等译，南京，译林出版社，2004，第1页(作者前言)。

③ 〔美〕伊曼纽尔·沃勒斯坦：《沃勒斯坦精粹》，黄光耀等译，南京，南京大学出版社，2003。参见周宪：《文化现代性精粹读本》，北京，中国人民大学出版社，2006，第127页。

埋没的。然而，对工程的文化反省，不能仅满足于肯定思维的运用，还必须借助否定思维，进而看到任何事物都有利和弊，工程也不例外。它自身就蕴含着"两重性"，既有非凡之功，也有无奈之"罪"。前者不断推动人类进步，后者带来人的新异化。这就提示我们，不能只看工程的为善之"功"却不见其行为之"过"，必须反省工程的"罪"与"赎"。

（一）工程的"原罪"与"衍罪"

所谓工程的"原罪"，是一种自然主义的论断。它是指作为体现人类自为性、超越性的人工开物的工程，根本上是与天工开物的自然过程相背离——远离天然自然的活动，因其受人类理性的局限，工程活动从发生之初就一直存在固有的难以规避或克服的弊端——"反自然性"，存在着对整个自然界带来威胁的可能性——潜在的工程风险。也就是说，这种风险是当下无法预料的，可能出现的弊端或威胁不是在某一工程行动中偶然发生的失误或过失，而是因工程主体的理性局限和能力所不及造成的。这里似乎预设了两个前提：一个是未分化的自在自然或人化自然之前的自然界是好的、完美的。按照唯物史观，这种自然界虽然对人而言具有先在性（人是自然界进化的产物），却是没有意义的，因为人类总是生活在自为的属人世界中。其实，这种预设并非想忽视或蔑视人的自为本性和对生命、自然的超越性，只是要表明一种尊重、爱护自然的人道主义态度。另一个是人类理性的不完备性所导致的工程的潜在局限性，就是要承认工程的非完善性是由工程主体的非完善性决定的。所谓工程的"罪"，不仅包含工程活动潜在的"原罪"，而且包含人为的疏忽之罪——"新罪"或"衍罪"，即某些已发生的过失是工程主体依现有能力本应该避免或克服，却因某种偶然的原因而发生。它主要是指主观上的价值观问题或失误，比如，急功近利、偏执局部利益的工程，虽然对近期或局部有利，却危害后人或人类整体利益；因工程的论证者掉以轻心，缺乏科学论证，或施工者偷工减料，违反操作规程等造成的工程事故；时下各种弊大于利的"豆腐渣"工程等。可见，后一种罪——"衍罪"是令人痛心的，它本可以通过工程主体的科学决策、严密计划、努力工作而免于发生。所以，如果说工程的"原罪"是可以理解的，那么工程的"衍罪"则是难以原谅的。

那么，为什么会产生工程的"原罪"？工程之罪何以可能？这与工程发生的前提和工程的本质有关。

由于工程是人把握世界的最为切近的生存方式，所以必须把对工程的认识论理解放置在生存论的基地之上。

工程作为人的存在方式或生存样式，而且是一种远离自然的体现人的超越性的生存样式，必然与人的成人过程、人的本质的生成息息相关，或与人的类存在整体相关。换句话说，工程具有生存论的意蕴，工程的发生是满足人的生存需要、实现人的自为本性和创造、提升人之为人的类本性的过程，"人·工程·生存"是互蕴共容的，表明人以工程的方式去存在，工程以人的生存与发展为前提，而生存的质量和层次又可以通过工程方式得到标画和阐释。也就是说，在人类成长的途中，工程是人的本质在时间中的展开与生成，其发展的水平和状况受制于人的历史性生存。

一方面，由于人的生命与动物生命本质前定性的不同，其本性表现为后天的生成性。所谓"存在先于本质"或"人是否定性的能在"，就使得人永远在成人的路上，任何历史时期，即使是未来的人或人类也都是有限的存在。不只是时间上的有限，个体的人是会死的，人类也是代际更替的，而且还存在着人的能力的有限问题。因此，任何时期的工程活动都会因人的认识能力和实践水平的有限性而表现为历史的局限性。

另一方面，工程的主要矛盾是实然判断与应然判断的对立统一。实然对应物性——客观可测性，回答能做不能做的问题，是工程活动的基础，体现合规律性、真理性；应然对应人性——主观目的性，回答该不该做的问题，是工程活动的主导，体现合目的性、价值性，反映人的生存要求、目标和理想。这就决定了工程是主体尺度与客体尺度的统一，不仅符合科技理性，遵循真理尺度，而且满足交往理性，依据价值尺度。一句话，工程依赖于主体的理性。

众所周知，理性作为人性的品质之一，尽管位于人的精神的最高层次，但理性并非自足的，因为人不是全知全能的上帝。上帝拥有无限完备的理性，有限的人只能拥有有限的理性。有限理性决策模式的创始人赫伯特·西蒙，就是在批判传统理想化理性决策模式的基础上提出自己的决策研究理论的。他认为，理性决策模式实际上是一种绝对的决策准则，它的前提是"经济人""理性人"，它所遵循的是一种最大化原则，它所要求的是进行最佳选择。实际上，完全的"经济人"和"理性人"是不存在的，生活中的人是"行政人""有限理性人"。他由此提出了决策的满意原则。恩格斯关于人的认知理性的论述："思维的至上性是在一系列非常不至上地思维着的人们中实现的。"① 他指出，人的认识是思维至上性与非至上性的统一，并贯穿人类认识过程的始终。这表明任何有限个体的

① 《马克思恩格斯全集》，第20卷，北京，人民出版社，1971，第94~95页。

理性都不够完善。早在 14 世纪，经院哲学家，也被誉为近代哲学创始人的库萨的尼古拉，就提出了著名的命题——"有学识的无知"①。很显然，有限的理性和有限的能力构成的有限的人只能建造出有限的工程。工程的非绝对完美性，就意味着存在潜在的风险性和破坏性，主要是其"反自然"的特性产生的对整体自然生态的威胁。如果说现在正经历着从传统工业社会向风险社会的过渡，那么必须看到"风险恰恰是从工具理性秩序的胜利中产生的"②。正是从这种意义上说工程对自然有原罪。同时，工程的原罪又表现在工程的异化而对人自身所犯之罪。

此外，说工程有原罪还有另一层含义。正如《圣经》所记述的人建通天的巴别塔以为自己正名所犯之罪那样，工程活动总是充斥着人的欲望、野心和狂妄，先前的工程活动成果在改善着人们生活条件的同时，也在助长、膨胀着后人的贪婪，以至于对自然之母犯下更大的罪。随着工程活动的不断深入，人类越来越看到自身本质力量的无限性，由起初顺从自然的农业工程，转向剥夺、宰制自然的工业工程。一方面，人类文明进程加快了；另一方面，人们踏上了远离家园的不归之路，以至于忘记了人类源自自然而且永远作为整体自然生态一部分的本根，人类的精神迷失了。用弗罗姆的话说："人通过自身的积极活动来统治自然界，从而也开始了人类文明。但是，在工业时代到来以前，这种统治一直是有限的。人用机械能和核能取代了人力和兽力，又用计算机代替了人脑，工业上的进步使我们更为坚信，生产的发展是无止境的，消费是无止境的，技术可以使我们无所不能，科学可以使我们无所不知。于是，我们都成了神，成为能够创造第二个世界的人。为了新的创造，我们只需把自然界当作建筑材料的来源。"③ 于是，人类狂妄了，以为人能胜天，上帝被判处死刑，自然成为祛魅了的持存物。然而，试想如果上帝死了，自然死了，人岂能不死？因此，不仅有天灾而且有人祸的工程，使得工程不仅对自然犯罪，而且对人类的今天和明天犯罪。

（二）工程的"罪"与"罚"

综合前述，不仅因为工程是人工，是人按自己的意志对自然的超越与背离，而且因为任何工程都是有风险的，而这种风险源自工程的复杂

---

① 〔德〕库萨的尼古拉：《论有学识的无知》，尹大贻等译，北京，商务印书馆，1988。
② 〔德〕乌尔里希·贝克、〔英〕安东尼·吉登斯、〔英〕斯科特·拉什：《自反性现代化——现代社会秩序中的政治、传统与美学》，赵文书译，北京，商务印书馆，2001，第 13 页。
③ 〔美〕埃里希·弗罗姆：《占有还是生存——一个新社会的精神基础》，关山译，北京，生活·读书·新知三联书店，1988，第 3 页。

性、不确定性，以及人性和人自身的不完善性，是与生俱来的，它不仅威胁自然生态平衡，也威胁人类自身，所以，工程有罪是毫无疑问的了。然而，无论按照自然的规则还是社会的规则，有罪必有罚。事实上，当人类为每一成功改造自然的工程实践而庆幸欢呼时，自然都以其自有的方式公平地回敬着人类世界，或者是奖励，或者是惩罚。然而，我们人类往往更多地关注了前者，而忽视了后者，以至于长期以来不能从自然的报复中警醒，没有反思人类的工程行动（这也是工程哲学迷失久远的原因之一）。正如恩格斯所说："到目前为止存在过的一切生产方式，都只在于取得劳动的最近的、最直接的有益效果。那些只是在以后才显现出来的、由于逐渐的重复和积累才发生作用的进一步的结果，是完全被忽视的。"① 只是到了 20 世纪，人们才意识到人类自身改变世界的活动出现了问题，人类面临着全球性生存危机：环境污染、生态恶化。一系列前所未闻的自然灾害纷纷登场：厄尔尼诺现象、温室效应、酸雨、红潮、海啸、沙尘暴……人类遭到自然的惩罚。赖以生产食物的土地沙漠化，赖以维持生命的空气、水已不再洁净，赖以确保生物多样性的珍奇物种正遭到灭绝……

　　这里必须说明，恩格斯早就指出了人与自然之间的征服与报复问题。他提醒人们："……我们不要过分陶醉于我们对自然界的胜利。对于每一次这样的胜利，自然界都报复了我们。每一次胜利，在第一步都确实取得了我们预期的结果，但是在第二步和第三步却有了完全不同的、出乎预料的影响，常常把第一个结果又取消了。……因此我们必须时时记住：我们统治自然界，决不象征服者统治异民族一样，决不象站在自然界以外的人一样，——相反地，我们连同我们的肉、血和头脑都是属于自然界，存在于自然界的；我们对自然界的整个统治，是在于我们比其他一切动物强，能够认识和正确运用自然规律。"②

　　如果说恩格斯看到了工程化的物质生产的负面影响——工程之"罪"与自然之惩罚，那么马克思则通过异化劳动理论揭示了资本主义制度下工程化的工业生产所造成的人的异化。也就是说，工业中工人的劳动成为异化劳动，"由于（1）使自然界，（2）使人本身，使他自己的活动机能，使他的生命活动同人相异化，也就使类同人相异化；对人来说，它把类生活变成维持个人生活的手段。第一，它使类生活和个人生活异化；第

---

　　① 《马克思恩格斯全集》，第 20 卷，北京，人民出版社，1971，第 521 页。
　　② 《马克思恩格斯全集》，第 20 卷，北京，人民出版社，1971，第 519 页。

二,把抽象形式的个人生活变成同样是抽象形式和异化形式的类生活的目的……(3)人的类本质——无论是自然界,还是人的精神的类能力——变成对人来说是异己的本质,变成维持他的个人生存的手段。异化劳动使人自己的身体,同样使在他之外的自然界,使他的精神本质,他的人的本质同人相异化。(4)人同自己的劳动产品、自己的生命活动、自己的类本质相异化的直接结果就是人同人相异化"①。结果竟是这样,产业化以来的资本主义生产方式使得人成为"物化的人"——人的独立性是建立在物的依赖性基础上的,虽然这相对于前资本主义时期"神化的人"——人对人的依赖性的"群体本位"下的人,是一种历史进步,但仍然未能将人的本质还给人自身。特别是随着科学技术的发展和科技理性的张扬,人类忘却了自己的"天命",狂妄自大,物欲横流,以自然的主人自居,无节制地奴役、宰制自然,创办了大规模工程化的各类产业,消费主义盛行,越来越多的人沉醉于物欲之中,为物所牵引。与此同时,人的精神世界遭到了空前的忽视,因而也使人自身越来越面临着严重的生存危机——人类沉沦了,坠入黑暗的深渊,苦痛、无名的悲哀、焦灼与不安向人不断袭来。②

现代人文主义,尤其是法兰克福学派开始反思、批判科技理性,克尔凯郭尔的"三种生存形态"(唯美形态、伦理形态和宗教形态)的提出,海德格尔对技术本质的追问,马尔库塞的"单向度的人"的揭示,以及弗罗姆"占有还是生存"的呐喊,既是对现代工程实践之"罪"的确认与控诉,又是对拯救人类自身的道路的寻求。这里需要说明的是,他们中的一些人和当今更多的人把人类生存的危机归结为科学技术的异化,但从根本上说这是工程的异化,因为科学技术具有潜在性,工程则具有现实性。科学技术作为人类的知识形态,关键是如何应用它们,而科学技术一经应用就变成工程问题。所以,所谓科学技术的异化,实际上是工程的异化,是人类无约束、无止境地征服自然、宰制自然的工程实践导致生态和生存的危机。问题的解决也有赖于能否遏制或消除工程的异化。

(三)工程的"赎"与"救"

既然工程活动是有罪的,那么,我们能否放弃它?回答只能是否定的:不能。因为我们有存在论的依据,即人必须通过自为的生产性活动来满足自身生存的需要。这是由人的类本性和生存方式所决定的。自为

---

① 〔德〕马克思:《1844年经济学哲学手稿》,北京,人民出版社,2000,第57~59页。

② 〔德〕马丁·海德格尔:《诗·语言·思》,张月等译,郑州,黄河文艺出版社,1989,第10页。

本性也即类性或类本性，其生命活动是自由自觉（有意识）的活动，因而人是类存在物。他必须通过他的创造性活动改变对象世界——自然界，也就是按照人的意志在生产物质资料的同时再建构一个属我的世界——人工自然和人类社会。这就使得工程活动具有了生存论存在论意义。工程本身作为人的生存方式，不仅建构着人的生活世界，而且形成、确证和提升着人的类本质。正如马克思所说："因此，正是在改造对象世界中，人才真正地证明自己是类存在物。这种生产是人的能动的类生活。通过这种生产，自然界才表现为他的作品和他的现实。"① 恩格斯在《自然辩证法》中也指出："一句话，动物仅仅利用外部自然界，单纯地以自己的存在来使自然界改变；而人则通过他所作出的改变来使自然界为自己的目的服务，来支配自然界。这便是人同其他动物的最后的本质的区别，而造成这一区别的还是劳动。"② 而一旦劳动不只是个体的而是群体的有组织的社会劳动时，以工程的方式改自在自然为人工自然、创造属我的世界就成为不可避免的事了。这就意味着，工程是人类无法摆脱的生存方式，一旦离开了工程化的物质生产，人就会重新沉没到自然中，人也就非人化——沦落为动物。即便是以异化了的工程化的生存方式存在，也是以人的方式存在着，并且相对于人类早期的工程形态是一种历史性进步，问题的解决还需通过工程自身的发展和完善。既然我们不能放弃工程这一生存方式，如何给工程赎罪、如何拯救工程就变得尤为重要。

首先，转变与自然的关系，自觉寻求人与自然的和解。这就有必要澄清一个问题，即在工程活动中，寻求人与自然的和解何以可能？尽管工程实践是人类自为本性决定的对自然的超越，然而，无论我们如何超越自然、远离自然，都离不开自然，即使人化的自然也是自然；无论怎样操纵自然、征服自然，都有个必须遵照自然规律的问题。自然规律就是自然自身的法则与意志，人类不能违背。所以，任何工程的有效实现必然是合目的性与合规律性的统一。这就给我们提供了与自然和解的渠道与可能。那么，怎样能够实现与自然的和解呢？这不仅涉及思想观念问题，而且涉及实际操作问题。这里主要谈前者。

从思想上看，必须把自然对人的他在（外在）性对待关系转变为内在性的属我关系，认识到自然界不仅"是人的精神的无机界"，而且"是人的无机的身体"。马克思在《1844年经济学哲学手稿》中深刻地指出："无论

① 〔德〕马克思：《1844年经济学哲学手稿》，北京，人民出版社，2000，第58页。
② 参见《马克思恩格斯全集》，第20卷，北京，人民出版社，1971，第518页。

是在人那里还是在动物那里，类生活从肉体方面来说就在于人（和动物一样）靠无机界生活，而人和动物相比越有普遍性，人赖以生活的无机界的范围就越广阔。从理论领域来说，植物、动物、石头、空气、光等等，一方面作为自然科学的对象，一方面作为艺术的对象，都是人的意识的一部分，是人的精神的无机界，是人必须事先进行加工以便享用和消化的精神食粮；同样，从实践领域来说，这些东西也是人的生活和人的活动的一部分。人在肉体上只有靠这些自然产品才能生活，不管这些产品是以食物、燃料、衣着的形式还是以住房等等的形式表现出来。在实践上，人的普遍性正是表现为这样的普遍性，它把整个自然界——首先作为人的直接的生活资料，其次作为人的生命活动的对象（材料）和工具——变成人的无机的身体。自然界，就它自身不是人的身体而言，是人的无机的身体。人靠自然界生活。这就是说，自然界是人为了不致死亡而必须与之处于持续不断的交互作用过程的、人的身体。所谓人的肉体生活和精神生活同自然界相联系，不外是说自然界同自身相联系，因为人是自然界的一部分。"① 显然，人类无法也不能挣脱自然，自然就是我们自身，人自身的生命就是自然的肉体生命与社会、文化生命的统一体，我们应该也必须善待自然，而不是控制、操纵、掠夺自然。实际上，善待自然就是善待我们自身，宰制自然就是奴役我们自己。

其次，转变工程观念，从技治主义的工程观转到和谐发展的工程观。回顾人类工程实践的历程，我们不难发现：最初，人类因自身弱小而顺从、依赖和崇拜自然，表现为靠天吃饭的古代社会和农业文明的顺应型发展样式——"自在的工程"（相对于现代高度自觉的工程而言）。其目标不是"未来"，而是"从前"，其方式不是发展，而是循环，所谓"总和为零的博弈"（sum-zero games）。因此，人类的工程主要是敬天法祖，祈祷平安，仰赖自然恩赐的自然经济。稍后，由于人自为程度的提高，人与自然的统一方式发生了根本性变化，自然逐步被看作为人的存在的满足的对象。在价值观上，自然已经祛魅，只有消费价值，强调改造自然、征服自然。从此，剥夺型发展样式——"自为的工程"在近代欧洲正式形成，各种各样改造自然的工程大量涌现。此时，人类显然还没有意识到单纯的发展对生存根基的动摇，其技治主义的工程观念是与工业社会的特质和发展水平相适应的，认为凡是合乎自然规律的、通过科学技术能够做的就是合理的、应该做的，科技理性成为最重要的甚至是唯一的尺度，

① 〔德〕马克思：《1844 年经济学哲学手稿》，北京，人民出版社，2000，第 56～57 页。

而恰恰忽略了作为工程先导的主体的内在尺度——价值和意义的维度，工程本身成为目的，人们只是为工程而工程，工程异化了。庆幸的是，如今人类已经认识到，人与自然的统一只能是反思性"自在自为的工程"实践，必须走可持续发展、包容性发展道路；强调发展由单纯重国内生产总值（GDP）增长转向看人类生存条件的整体性改善及其永续性程度。这就是生存论的发展观——和谐的工程观，突出了极限意识、反省意识、规范意识。寻求人与人的和谐，不仅考虑同代人的利益均衡分配问题，而且兼顾代际的资源永续利用问题。同时，把自然看成是具有生态、生存价值的人类家园，使人和自然达到更高层次的统一——自然原理和人道原理的统一。

最后，规范工程行动，从妄为、乱为转到善为。明确工程运行的生存论原则，即审美原则、优化规程原则、努力创新原则、可持续性原则等，在此基础上，采取切实可行的宏观调控与微观管理办法，不断提高工程的层次与合理性，使工程不仅成为人类安居、乐居的家园，而且让万物各得其所，是其所是，真正达到以"栖居"为指归的"筑居"。哪里有危险，哪里就有拯救，关键是人类能否意识到工程之"罪"的危险所在。所以，我们有理由相信，也不难想象，当人们有了对工程"罪"与"罚"的反思性追问，有了自觉的"赎罪"和"拯救"意识，就会在工程活动中自觉地维护自然、倾听自然、回报自然；就会使现实中的具体工程活动方式和活动成果——实存的工程，更具"自然"性，使其具有自然而然之功效，在"无为"中见"善为"，进而更有利于自然生态的恢复与平衡，更与自然环境相和谐，达到一种"浓妆淡抹总相宜"的美的境界，使人诗意地栖居在大地上的理想成为现实。

简言之，工程作为人的存在方式，具有历史生成性。尽管工程的发生与发展不仅创造、呈现和积淀着人类古往今来的物质文明和精神文明，而且确证、提升着人之为人的类本性，但由于人的理性、能力和人自身的有限性，以及工程自身的复杂性，就使得人为的、人工开物的工程具有非完善性，无论对自然还是对人类自身都具有潜在的风险性或现实的威胁性，甚至以异化的形式奴役人。所以，工程既有功也有过，人类因工程之"罪"而遭到自然的报复和惩罚，以至于引发了前所未有的生态和生存危机。这就警示我们必须反思征服、宰制自然的工程实践，在肯定工程之"是"的同时，正视、检讨工程之"非"，进而优化工程观，并在现实中以"赎罪"之感合理地规范工程行动，自觉地建构"无为""善为"的工程，寻求人与自然的和解。

第五章　现代工程范式的重建

工程一旦完工是不可推倒重来的，因为要付出巨大的代价，况且每一个工程都追求其存在的社会实现性。所以，现代工程范式的重建或重塑，指的是在既有现代工程范式的基础上，创造必要条件，推动工程范式转换，寻求更优的有利于协调工程与自然世界、他者关系的新工程范式。因为以工业为主导的自为的现代工程由于其自身"造物"的反自然性，出现了始料未及的后果。工程在满足人类的物质生活需要，并以所创造的工程世界的实存组建人们现代生活方式的过程中，一方面，确证着主体性的人的本质力量，表征着现代人的凯旋；另一方面，它使作为客体的自然被剥夺和宰制，甚至人自身也沦为客体，导致环境污染、生态恶化等生存危机。面对承载着现代性的现代工程的悖论，特别是来自自然的报复，我们不得不提出这样的工程问题：是终结还是拯救现代工程？而可能的答案无它，只能通过工程范式的转换，也就是重建现代工程范式，自觉走向自在自为的超越单纯追逐资本逻辑的后工业工程，也就是后现代工程，再现工程化生存的精神性维度，回归工程的人文本性，从而促进人与自然、人与人、人与自身关系的和解，让"人也按照美的规律来构造""以栖居为指归的筑居"的建造理想变成现实。

一、后现代工程范式

我们对现代性的反思、批判，并非要走向解构一切并旨在终结现代性的极端后现代主义立场，而是在后现代的语境中，持重建现代性和拯救现代性的建设性后现代主义态度。因为后现代不是别的，只不过是对现代性的批判态度，对现代性反思的问题意识和提问方式，以及对现代性特征的重写。它的最大贡献在于形成了现代性与后现代性的张力，在这种张力中促进了哲学的对话与反思。应该说，后现代哲学对西方二元论的理性主义哲学的批判、齐一化思维方式的解构、多元化和差异的推崇、他者与自然的尊重，为我们走出现代性所造成的生存危机提供了一笔宝贵的思想资源。特别是建设性后现代的科学和技术范式（简称"科学和技术的建设性范式"），打破主体性哲学或意识哲学所支持的现代科学的世界形象，废除征服、宰制自然的技术方案，为我们走向和谐发展的以后工业工程样式为主的当代工程提供了可能。为此，我们既不能无视（建设性）后现代科学、技术范式的存在，或盲目地加以否定，也不能不经批判地接纳，或无反思地简单认同，而只能是注重借鉴，整合其合理的、积极的方面，用以修正、弥补现代科学、技术范式的局限和不足。也只有这样，才能扬弃使人异化的自为的现代工业工程——自为的现代工程范式，去建构自在自为的后现代工程范式。这种后现代工程范式不是现代工业工程之后的一种工程样式，而是在工程范式转换的意义上的"后工业工程"，是对现代工业为主导的自为的现代工程范式的超越。因此，这不是按时间在先的原则所做的区分，而是按照逻辑在先的原则所给予的一种应然的可能性方案。现在首先面对的问题是，这种后现代工程范式的基础或条件何在？对此，我们必须做出回答。

（一）后现代科学范式：后现代工程的认知条件

根据大卫·格里芬（D. R. Griffin）的《后现代科学——科学魅力的再现》一书的描述，迄今为止，以现代科学为参照，科学经历了前现代科学、现代科学和后现代科学。前现代科学强调"神启"的知识，滋养的是宗教式的生活态度，"万物有灵"，是泛神论的自然观，自然秩序不能为人所了解，幸福来自执行神的旨意，因此是附魅的科学。现代科学始于近代科学革命，经文艺复兴和启蒙运动，滋养的是世俗化的态度，其目的是认识自然、征服自然，自然被客体化了、对象化了，是祛魅的科学，表现为机械论、还原论、现象论、感觉论、实体论、客体论、唯物论和超自然神论等范式。它在思维方式上则是像相机拍照一样的"片断性思维"，世界观的基本假设为世界的基本构成要素是"空洞的实体"。因此，世界的形象是个"完美的机器"，人也是机器，自然无目的、无经验，实体是无目的、无感觉、无经验的非主体——客体，排除其存在的内在原因，是受外部左右的被动的东西，失去了价值与意义，自然物是死的。后现代科学是在对现代科学的反动中诞生的，它批判、质疑现代科学，认为现代科学使自然、世界祛魅，也使自身祛魅，进而失去存在的意义与价值，特别是它借助相对论、量子力学与机械力学的不一致，在科学内部瓦解现代科学自身。它主张"全息摄影"：整体的信息包含在每一部分之中。这属于泛经验论、整体论、有机论和过程论。世界的形象是个待照料的大花园。后现代科学是返魅的科学。生态科学是后现代科学的一种典型范式，具有以下特点：第一，它是与现代分析科学的认识论模式完全不同的整体的思维方式（整体论的方法）。第二，它涉及一种实在观，世界是一个有机体和无机体密切相互作用的无止境的复杂网络。第三，它具有新的价值观，即适应生态意识的价值观，是一种适度的自我节制的和完整的价值观。因此，"世界的形象既不是一个有待挖掘的资源库，也不是一个避之不及的荒原，而是一个有待照料、关心、收获和爱护的大花园"①。可见，后现代科学给我们提供了一个有利于缓解人与自然冲突的新的自然图景和世界形象，但由于其诉诸泛经验论，其科学范式的合法性必然会受到质疑。

肖显静在其《后现代生态科技观——从建设性的角度看》中明确否定了此种以泛经验论为本体论的后现代科学成立的可能性，并区分了"激进的后现代科学"与"温和的后现代科学"。他认为，前者在本体论上的泛经验论是唯心主义的，只是一种假说，与科学揭示的自然有很大差距，而且在认识论上与科学的认识论相去甚远，抹杀了科学与非科学的界限，甚至将科学等同于灵学，因此是不能成立的。而后者是正处在建构中的新的科学范式，它以生态环境问题为中心，以研究自然规律与社会规律相互作用为目的，属于交叉科学，如环境科学、民族植物学等。这类学科呈现生态化、人文化的特征，既与传统科学不相一致，又保持了近现代科学的乐观主义和历史进步的含义。它与近现代科学不是断裂，而是紧密地联系。相对于近现代科学，它有一个基本转移和反向，是对机械论、还原论、朴素的实在论，以及牛顿物理学的决定论的反动，是以熵、进化、有机论、非决定论、可能性、相对性、复杂性、解释、混沌、互补性和自组织为基础的，从而与后现代性的一些概念一致。它反对在机械论与有机论、整体论与还原论、自然与人类、真理与谬误、确定与不确定、决定与非决定、唯一与多元、主动与被动之间僵硬的二分及其对立，倡导两者之间相对的区分与融合。它是对激进的后现代科学的扬弃。它在本体论上具有整体有机论的特征，在认识论上具有反基础主义的特征，在方法论上具有反还原论的特征。这些特征使得它在哲学上更加灵活，科学上更加复杂，伦理上更加敏感，并且生态上更加健全，能够完整、全面、系统地认识自然，从而也就使人类更好地改造和保护自然。②应该说，此种做法是较为稳妥的，因为"温和的后现代科学"试图在现代科学与"激进的后现代科学"之间保持一种必要的张力。

---

① 〔美〕弗雷德里克·费雷：《宗教世界的形成与后现代科学》，见〔美〕大卫·格里芬：《后现代科学——科学魅力的再现》，马季方译，北京，中央编译出版社，1995，第121页。

② 肖显静：《后现代生态科技观——从建设性的角度看》，北京，科学出版社，2003，第8～10页。

实际上，"激进的后现代科学"并非要废弃或完全抛开现代科学，而是要纠正它的自然观和世界观。从这个意义上说，它仅仅是一种后现代的科学的自然观、价值观。正如弗雷德里克·费雷所说："现代科学将世界描绘成一架机器，使现代意识背离了目的、责任和整体；后现代科学的任务是，让我们保持现代分析工具的锐利，使其发挥适当的作用，并将使我们回到那个花园中，小心而谨慎地工作。"① 建设性后现代哲学家们提出，后现代科学的主旨在于纠正现代科学的世界观。小约翰·B. 科布在《生态学、科学和宗教：走向一种后现代世界观》一文中指出："一旦我们不得不注意到开发环境所造成的毁灭性后果时，事实已经是不可改变的了。因为工业革命疾速地加剧了这种破坏，因而我们扪心自问，为什么直到最近我们对这一切还熟视无睹。答案在于，我们的认识受我们的世界观所驱使。"② 在他看来，后现代生态世界观从根本上说并不源于西方传统。它提倡一种科学和宗教的改良，但它与现在的趋势保持了明显的连续性，并从某些方面回归到了古典宗教的源头。它最初并不强调整体，而主要着意于构成整体的个体。每个个体都是因为我的具体思想和经验而存在，但也是作为它自己体验的中心而存在。同时，生态世界观将固有的实在，以及活动和体验重新归于自然。万事万物既是主体，又是客体，人类也不例外。我们是自然不可分割的一部分，这一点丝毫不能有损于我们已实现的价值的独到之处。③ 他指出，实体论认为价值是有限的，强调"竞争"模式；生态学主张价值是无限的，讲求人与人，以及人与其他生物之间的"协调"模式。"就经济学家们所关心的物力方面而言，这一提法不无道理，但是就人际关系和美的享受这类更为重要的财产而言，其利益是共同的而不是竞争的。而且，一个具有生态学观点的人可以做到既充分有效地运用自然资源，同时又善待资源，而不是'一锤子买卖'。生态系中不同物种为了共同的利益而相互调整的实例不胜枚

---

① 〔美〕弗雷德里克·费雷：《宗教世界的形成与后现代科学》，见〔美〕大卫·格里芬：《后现代科学——科学魅力的再现》，马季方译，北京，中央编译出版社，1995，第 123 页。

② 〔美〕小约翰·B. 科布：《生态学、科学和宗教：走向一种后现代世界观》，见〔美〕大卫·格里芬：《后现代科学——科学魅力的再现》，马季方译，北京，中央编译出版社，1995，第 133 页。

③ 〔美〕小约翰·B. 科布：《生态学、科学和宗教：走向一种后现代世界观》，见〔美〕大卫·格里芬：《后现代科学——科学魅力的再现》，马季方译，北京，中央编译出版社，1995，第 136~139 页。

举。竞争不是最终的准则。"①

　　显然，这种后现代的科学观有助于"温和的后现代科学"的建构与发展。它们共同为确立和谐发展的工程观、营造后工业工程提供了理论支持和论证。

　　最为可贵的是建设性后现代的哲学家们主张后现代科学的世界观或自然观，但他们不将其绝对化，而是强调保持一种开放的、探索的态度。正如大卫·伯姆在《后现代科学和后现代世界》一文中所说："相对论和量子论推翻了牛顿的物理学，这一事实表明，对世界观的自满是危险的。它还表明，我们应不断地把我们的世界观视作暂时的、探索性的和有待探究的。我们必须有一种世界观，但我们不能把它当作不容有探索和改变余地的绝对之物。我们须谨防教条主义。"②

（二）后现代技术范式：后现代工程的操作基础

　　所谓后现代技术范式，是相对于现代技术范式而言的。技术认识论的代表人物 F. 费雷首先做出区分。他在《技术哲学》和《认识和价值：趋向一种建设性的后现代认识论》等著作中提出了建设性后现代认识论，并根据技术的发展，把技术分为前技术、现代技术和后现代技术。他认为前技术的基础是日常生活中产生的缺乏精确性的实用理性。现代技术的基础是分析性、精确性的理论理性，理论理性只关注部分而不顾及整体，缺乏系统性、综合性，是现代社会一系列技术问题产生的根源。人要发展就应该扬弃现代技术，采用经过批判考察的、精良的、建设性的、整体性的后现代技术系统。生态化技术所具有的目标多元性、产生的整体性和应用的非线性、循环性已经是对传统技术的一种变革，也是对蕴含于其中的现代性观念的反叛，具有某种后现代性特征，确实体现了后现代技术的本质内涵，可称之为后现代技术。③ 因为生态化技术与自然过程相一致，不仅遵守物理、化学规律，而且遵守生物学、生态学的原理和规律，模仿自然生态系统的物质和能量循环。因此，可以理解为技术与生态学的接近、融合，是生态学向技术的渗透过程。它不仅指工艺流程或生产线的设计和管理方面体现出生态学原理，还指宏观的技术政策、

---

　　①　〔美〕小约翰·B. 科布：《生态学、科学和宗教：走向一种后现代世界观》，见〔美〕大卫·格里芬：《后现代科学——科学魅力的再现》，马季方译，北京，中央编译出版社，1995，第 139～140 页。

　　②　〔英〕大卫·伯姆：《后现代科学和后现代世界》，见〔美〕大卫·格里芬：《后现代科学——科学魅力的再现》，马季方译，北京，中央编译出版社，1995，第 79 页。

　　③　转引自肖显静：《后现代生态科技观——从建设性的角度看》，北京，科学出版社，2003，第 185 页。

技术发展战略的确立过程融合了保护环境的思想。生态技术不仅是应用生态学原理，而且是应用全部现代科学技术成果进行设计的，包括微电子和计算机技术、航天技术、生物技术和新能源、新材料技术。它在社会物质生产中应用创造性生态工艺，使产品生产与环境保护在统一的过程中完成。生态化技术的运用可以实现资源低消耗、产品高产出、环境低污染的生产，即节约型生产。在这样的生产过程中，污染被视为一种设计上的缺陷。污染一旦出现，将在生产过程中被消除，因此，这种生产是环境安全的生产。问题是，该生态化技术能否获得社会实现，或者说能否为工程实践所运用？目前，工业生态学的建立比较全面地反映了这一思想的内涵。卡伦堡工业共生体系就是生态化技术实施的案例，而生态工业园区和工业生物群落的出现将促进该生态化技术的实际运用。[1]

工业生态学所体现的内涵是一个相互依存的共同体，是建立在集约化生产理念之上的。在共同体中，你的废料是我的原料，我的废料又是他的原料，它们形成相互依赖、互补共生的生产系统。它的最大优势是把污染问题的"过程末端治理"变为"过程中预防"，而且实现了能源的综合利用，有利于缓解生产的发展对自然生态的压力，形成工业系统与生态圈的物质、信息和能量变换的良性循环。卡伦堡工业共生体系开创了应用生态化技术的先例。

受卡伦堡工业共生体系的启发和影响，20世纪90年代，世界各地相继建立了许多生态工业园区和工业生物群落。所谓生态工业园区，是指在一个园区中，各企业进行合作，以使资源得到最优化利用，特别是将一个企业的废料作为另一个企业的原料。它区别于传统的废料交换项目的地方是不满足于简单的一来一往的资源循环，而是旨在系统地使一个地区的总体资源增值。工业生物群落则指寻求恰当的，即最优化的工业活动组合。比如，与其单独建造一个蔗糖厂，不如一开始就设想一个联合企业，以使与蔗糖生产有关的物质、能源都得到最优化利用。这样综合化的技术措施与传统技术相比，具有以下特点。

一是从技术应用的目的看，它不是以经济为唯一目标，还包括环境目标。它不是反自然的，而是尊重自然的；不是以现代人的利益为唯一的利益，而是既满足现代人的需要又有益于生态平衡，维护子孙后代和其他生命的利益。

---

[1] 肖显静：《后现代生态科技观——从建设性的角度看》，北京，科学出版社，2003，第185页。

二是从技术的产生过程看，它是整体论的，通过生态学和其他学科结合，通过跨学科的综合研究创造综合性技术。

三是从技术应用的过程看，它不再以单向过程和生产单一产品的最优化为目标，而是追求人与自然的和谐，以整个生产过程的综合型和多种产品产出的最优化为目标。传统的生产工艺运行模式是"原料—产品—废物"，是线性的、非循环的；而生态工艺的运行模式是"原料—产品—剩余物—产品……"，呈现出非线性的、循环的状态。[①]

这里实现了几个重要的概念转换，包括从生产的"经济目标"到"生态目标"，从"反自然"到"尊重自然"，从"当代利益"到"代际利益"，从"机械论"到"整体论"，从"分析"到"综合"，从"线性"到"非线性"，从"废物"到"剩余物"，从"污染"到"环保"等，从而由原来的仅侧重于前一组概念，到青睐后一组概念，表明考虑了自然和环境因素的生态化技术体系的生成。它无疑是建立在后现代科学的自然观和世界观基础之上，并以后现代科学为理论依据的后现代技术体系。如果说（建设性）后现代科学为后工业工程提供了理论和观念上的准备，那么以生态化技术为主导的（建设性）后现代技术则为后工业工程提供了实施的策略、方法（方案）和手段。

然而，我们必须看到，这种生态化的后现代技术范式还只是初见端倪，或者说，它正处于范式形成的前一个阶段，不得不同以往已经习惯了的传统的工业化的现代技术范式进行碰撞、较量。根据爱丁堡学派技术的社会形成理论，该技术范式能否最终确立，不只是技术本身优劣的问题，还受制于社会的经济、政治和文化状况。具体地说，"技术并不是按一种内在的技术逻辑发展的，而是社会的产物，由创造和使用它的条件所规定；某种技术被选择，是体现不同社会利益和价值取向的大量的技术争论的结果，而并不是一个固定的单向的逻辑程序的展开；因此，技术不能只依据过去技术状况来推知，一种技术的特质和形式是技术的形成过程中多种社会前提条件的结果。这些社会性的前提条件，包括我们的体制、习惯、价值、组织、思想和风俗等，都是强有力的力量，它们以独特的方式塑造了我们的技术"[②]。况且即使该生态技术范式得以确立，仍然有该范式下的技术的生成、积累、创新、实现、扩散等一系列问题。因此，我们尚没有足够的理由过于乐观，最好的方式是积极准备，以迎接来自各方面的挑战。

---

① 肖显静：《后现代生态科技观——从建设性的角度看》，北京，科学出版社，2003，第182～185页。

② 肖峰：《论技术的社会形成》，《中国社会科学》2002年第6期。

(三)后现代价值预设与人文关切：后现代工程的观念准备

后现代工程或后工业工程不是人凭空想象的理想图式，而是自然历史过程的主观选择。它既有客观的依据，又有主观的取舍。说它有客观的依据，是指它就孕育在以资本的逻辑所展开的现代工业工程之中，吸收现代工业工程的营养——对它来说有用的东西，并最终瓦解、捣毁阻碍它成长的东西，是扬弃了的现代工业工程。从这个意义上说，没有现代工业工程就不会有当代后工业工程。说它有主观的取舍，是指人类饱尝了现代工程所给予的"福"与"祸"之后，面对生存危机的当下处境，经过反思、批判，从人类的可持续生存和发展的自身关切与价值判断出发，做出理性选择。因为现代性所成就的现代工程是拷问自然，促逼自然，宰制自然和反自然的，直接威胁人类赖以生存的自然生态系统的稳定与安全。继续选择这种工程样式就意味着选择了"自然之死"和"人之死"，而对它的辩证批判只能是对它的扬弃，因而它只能是后现代工程或后工业社会的工程，而不可能是回到前现代的工程。也就是说，后工业工程是建立在现代工业工程所创造的物质文明与当代人文精神之上的新的工程样式。这既是历史的逻辑，也是价值批判的结果。也正因为如此，后工业工程是有其价值预设，并充满人文关切的。

从后工业工程的价值预设来看，后工业工程是在对现代工程的反动与扬弃中展开的，其使命在于走出现代工业工程所造成的人类生存困境。这就决定了价值判断是先行的，凡是符合这种先行的价值观的工程就是后工业工程，而凡是后工业工程就一定是满足其价值预设的。这种在先的后工业工程的价值预设分别表现在对自然、生态和发展等方面的根本看法和态度上，即反映在其自然观、生态观和发展观上。

后工业工程的自然观是由后现代的科学范式所决定的，其实，后现代科学本身就是一种自然观。如前文所述，这种自然观与现代科学所支持的自然观是不同的。它眼中的世界形象是一个有待照料的大花园，而不是一架完美的机器；人是自然界的照料者、园丁，而不是自然界的统治者、主宰；自然物有其存在的内在价值，而不是人的"为我之物"；自然有其存在论根基，而不是仅有"使用价值""消费价值"和"工具性价值"。

后工业工程在生态观上信奉生态学的世界观，主张自然界不是堆积起来的自然物——物的集合，而是一个有生命的整体——"生态系统"。它坚持有机论、整体论的世界观，反对机械论、原子论的世界观。整体对局部来说具有优越的地位、终极决定作用和最高价值，整体系统的稳定和平衡是支持局部事物存在的基础。同时，整体又是由事物之间的相互依存、相互联系和相互作用构成的。"人不能只做一件事"是生态学的第一定律，意指人所做的每一件事都有许多后果，而不可能只有一种后果。宇宙中发生的每一件事都是无穷无尽的链中的一环，没有一件事是独立的。对生态系统中任何局部自然物的改变，都会因为改变了这一自然物同其他局部自然物的关系而使自然界生态系统整体的稳定、平衡遭到破坏。① 因此，以制造为主的工业工程仅限于对局部自然规律——因果规律的把握，没有观照自然界的整体规律——生态规律。后工业工程要求从观照整体生态规律出发，采取生态化的技术措施，例如，清洁技术、"绿色"技术或"软技术"、太阳能技术、"多样性技术"等，以减少或避免对自然生态系统的破坏和干扰。

后工业工程在发展观上坚决反对现代以征服自然、改造自然所支撑的单纯的经济增长发展观，以及以进化论为基础的单纯向上的、直线的、无限的发展观和进步观，主张发展只能是有限的发展，是考虑了自然资源的有限、熵的作用机制和生态系统的约束的发展观，是建立在生存论哲学之上的可持续的发展观或和谐发展的工程观。因此，它批判地扬弃近代主体性哲学、实践哲学和笛卡儿以来的"以人为本""终结自然"的传统人道主义，自觉地认同发展伦理学所提倡的"新人道主义"——用自然界整体的"天道"来限定"人道"，以追求人与自然和谐的新人道主义；它拒斥消费主义"无意义消费"的增加所支持的生产的发展，强调"合理需求"或正当需求所引导的生产的发展；它抛开不计算自然成本和环境代价的经济核算体系与经济发展模式，接纳建立"绿色国民账户体系"和"稳态经济模式"；它鄙视"个体本位"的利益追求和为了有限价值的"竞争"，张扬"类本位"的优先地位与为了无限价值的"协同"；它放弃靠理性说话的、使人"物化"的、资本的逻辑的价值取向，诉诸凭德行说话的，让人"人化"和"让……存在"的自由逻辑的价值取向。

显然，与现代工业工程相比较，后工业工程崇尚的价值观表现在自然观、生态观、发展观上充满深沉的历史感、未来意识和人文关切。它是对历史上的工程样式——前现代或前工业社会的以农业为主导的自在的工程和现代工业社会以工业为主导的自为的工程的辩证统一与扬弃，是经过了肯定、否定和否定之否定的新的提升与飞跃，即发展。这种发展不是盲目的，是着眼于人类未来的可持续生存，以引导、规范当下人

① 刘福森：《西方文明的危机与发展伦理学——发展的合理性研究》，南昌，江西教育出版社，2005，第231页。

类工程行动的发展。它从"人道"出发，在现实的工程行动中肯定、确证、提升人的自为本性——类本性，以及人作为"能在"的存在物，表明"人是什么"和"人能够是什么"。它首先承认"天道"——自然界整体的生态系统的规律对人类工程的约束与限制，把自觉维护自然生态系统的安全与稳定作为"绝对命令"和大前提，让"天道"为人类的工程实践照明，强调"人应该是什么""人应该怎么做"。也就是说，人不但可以描述为马克思的"自由自觉活动"的人、海德格尔的"此在"（Dasein），而且更重要的是列维纳斯（Emmanuel Levinas）所理解的"伦理—道德的存在"，彰显人类行动的"责任伦理"意识，进而使人类的工程行为担当起对自己、对他人、对社会和对自然的责任。这种责任不是可有可无的，而是工程主体必须承担的，如是，工程伦理就有了形而上学的基础，并且把原来只是对人类内部的伦理责任拓展到人类外部的自然界整体和自然物。只有这样，人类的工程才能依循"天道"，秉承"人道"，遵守"物道"，让工程不仅符合"天命"，富有"人性"，而且保守"物性"，"天""人""物"或者"自然界整体""人""自然物"作为相互关联、不可分割的整体，统摄到工程当中，进而达到天、人、物相互映照、相互融合的天人合一，以及人与自然和谐的境界，让工程走向和谐发展。也唯有这样，人的自然的、肉体的或自在的生命与人的社会的、精神的或自为的生命才能够在现实的工程行动，以及在它所构筑的工程化生存方式中真正获得统一。克服那种要么以群体为本位的"神化人"，要么以个体为本位的"物化人"的片面、异化的生存状态，达到以类为本位的"人化人"的生存境界。走出要么顺从自然、臣服自然，要么征服自然、宰制自然的"暴力的逻辑"，步入讲求工程伦理，用德行和智慧牵引的"自由的逻辑"。这样既能实现人的自由解放和全面发展——给予人的存在以"是其所不是"与"应该是"的张力，也解放"物"——使没有存在论根基的"为我之物"成为"自在之物"而"是其所是"；不仅使人在工程的建造中充满劳绩，而且能够诗意地在大地上栖居，真正实现以"栖居"为指归的"筑居"。

可以说，上述后工业工程认知与实现的建设性（后现代）科学和技术范式，以及与之相适应的以自然观和世界观为基础的价值预设或新的价值观，为我们寻求和谐发展的当代工程，并最终走向遵循"自由逻辑"的后工业工程提供了可能。然而，能否实现这种可能，不仅是理论探究的问题，而且是重大的实践问题，因为理论上的应然与现实中的实然不能等同。尽管如此，我们有必要也必须用应然的理想去牵引、规范人类现实的工程实践。也唯有这样，才能够澄明工程的本真存在，进而彰显其本体论意义。

二、"造物"的新工程观

上文已经初步讨论了工程范式的转换需要新的工程理念和价值观，而以工程价值判断为核心的一系列工程理念就构成了工程观。工程范式的变革不仅需要科学、技术等刚性要素作为前提，还离不开作为柔性要素的工程观的更新，而这种观念的变革因其时代和文化处境往往又具有惰性和滞后性。为了现实地批判现代工程，并重建现代工程以拯救现代性，努力完成"造物"的工程观的重建已成为当务之急。毫无疑问，生活在现代社会的现代工程人已经牢固地确立起改变自然、征服自然、控制自然的现代观念，这与张扬工具理性的现代工程本身的反自然性有关。然而，面对现代工业工程导致的生存困境，我们必须改变其单纯自为的工程模式，通过建立新工程观——和谐发展的工程观，去引导、规范当代"造物"的工程实践，并自觉推动工程范式的转换。为此，首先需要转变传统的工程观。

（一）工程及工程观演变

作为新工程观的和谐发展工程观，是实现可持续发展、构建和谐社会的内在要求。可以说，和谐发展的工程观成就了"工程和谐是构建和谐社会的基石"这一理念。因为有什么样的工程观，必然对应什么样的工程思维方式，从而就会有什么样的工程实践。每一个别工程行动又以自己特有的方式创造、生成着工程文化。同时，历史上既有工程文化作为先在的客观存在，总是或多或少地影响和架构着新一轮工程行动。

总体上看，古代以农业为主导的工程对应着顺应自然的工程观，是存在论、本体论思维，表现为工程的自在性（严格来说，任何工程都是自为的，这只是相对而言），其文化取向是自然的逻辑或暴力的逻辑。近现代以工业为主导的工程对应着征服自然、宰制自然的工程观，是认识论、知识论思维，强调工程的自为性，其文化取向是资本的逻辑或自私的逻辑；正在到来的后工业工程——反思性工程对应着和谐发展的工程观，是生存论、规范实践论思维，寻求工程的自在自为性，其文化取向是自由的逻辑或自立的逻辑。

从古代顺应自然的工程观到征服自然的工程观，是人与自然交往的能力由小到大、由弱到强的自我确证。在这一自然历史过程中，人通过感性的生产实践——现实的工程活动，确立起人的主体性、自然界的客体性。人在自然的奴役下解放出来，并转换了主奴关系，进而看到自己的力量。从征服自然的工程观到和谐发展的工程观，则是人对自我认识的再次跃迁：人既是自然的存在物（依赖自然），也是有意识的、社会的存在物（超越自然），还是自己的本质，以及历史与文化的创造者。一句话，人拥有"超越生命的生命"，是自为性、超越性与自在性、自然性的统一，因而马克思强调人"是人的自然存在物"，既是受动的又是能动的。① 正是如此，"人也按照美的规律来构造"②。

这就意味着在造物的工程实践中，对人与自然的关系，不能片面强调对立、斗争，而应注重统一、和谐；不仅要肯定人自为的创造能力，还应承认人自身的有限性和不完善性，以谦卑的姿态反省自己的行动。在自觉维护自然生态系统良性循环的前提下，合理、可持续地利用自然、变革自然，让人类建造的人工世界重现自然造化之功，进而实现我以"筑居"的方式去存在的诗意"栖居"，③ 最终确保人类社会生存和发展的可持续性。

（二）和谐发展的工程观

这里遇到的首要问题是：什么是工程观？怎样理解和谐发展的工程观？

根据马克思主义哲学观，"世界观不是人们观察世界结果的知识体系，而是人们理解世界和改造世界的出发点。它所关注的不是那种非人的自在之物，而是人的现实生活世界"。"因此，世界观是人以自身的眼光，从自身的生存、发展出发对世界的理解和根本态度。世界观反映的主要不是自在的非人世界的客观状态，而是具体的历史的人的性质或状态。其功能是要为人类的生存、发展和全面解放提供一个最高的根据和尺度。从这种理解出发，我们可以把世界观概括为把握世界的方式，对待世界的根本态度，评价世界的最高尺度。"④ 鉴于此，我们也可以把工程观理解为：人依据自身的眼光，从自身的生存与发展出发，对工程所做的理解与所持的根本态度。因此，它既包括工程认知的思维方式，也包括对待工程的态度（实践的）和评价工程的价值尺度——解释原则。

所以，和谐发展的工程观——新工程观，是建立在对人之本质和生

---

① 〔德〕马克思：《1844 年经济学哲学手稿》，北京，人民出版社，2000，第 107 页。
② 〔德〕马克思：《1844 年经济学哲学手稿》，北京，人民出版社，2000，第 58 页。
③ 〔德〕马丁·海德格尔：《诗·语言·思》，张月等译，郑州，黄河文艺出版社，1989，第 149～165 页。
④ 转引自刘福森、胡金凤：《马克思的新哲学观和新世界观》，《学习与探索》1998 年第 1 期。

存样式的新理解基础上，反思现代技术化的工程观或技治主义工程观支撑的现代工业工程实践所造成的生存危机，立足人类的生存与可持续发展这一根本原则，主张从生存论的视野重新理解工程，把工程看成是人的存在方式和类本质，生存是工程的根本维度，确保人类生存和可持续发展是工程最基本的也是最高的价值尺度。由于自然界有了从事着生产工程活动的人，三者就形成一种始源性关系——"自然·工程·人"三者是互蕴共容的整体，相互依存，相互渗透，相互生成，表现为自然的人化，人的对象化，以及自然以人化自然的形式——人工世界不断生成。正如马克思所说："整个所谓世界历史不外是人通过人的劳动而诞生的过程，是自然界对人来说的生成过程。"[①] 然而，即使是最初的人的劳动也总是以工程化的方式进行，只不过是简单、粗陋的工程而已。也就是说，工程有其生存论存在论的根基和无可辩驳的证明。特别是"工业的历史和工业的已经生成的对象性的存在，是一本打开了的关于人的本质力量的书，是感性地摆在我们面前的人的心理学"[②]。也就是说，"造物"的工程不仅使人从动物界超拔出来，而且其历史展开恰恰是人不断获得解放与发展的过程。

　　"自然的历史"与"历史的自然"是统一的。因此，任何"造物"的行动必须自觉地协调人与自然的关系、人与人的关系、人与自我意识的关系，变无规范的现代工程实践为有规范的后工业工程实践，促进经济效益、社会效益和生态效益的健康、稳步与协调发展。

　　和谐发展的工程观就是建立在工程生存论存在论基地上，用生存论这一哲学解释原则来诠释和看待工程。它具有以下内涵。

　　一是改变对工程的解释原则，用生存论思维重新解读工程，批判和超越对工程的技术范式的理解，把对工程的认识论放置在工程生存论的基地之上，探究工程本体论，澄明工程的生存论存在论意味。

　　二是打破现代性所成就的现代工程造福于人的神话，正视工程"为善"与"作恶"的"两重性"。尤其要看到，尽管工程作为人之为人的对象化实践活动，及其所建造的人化的自然界和人工世界作为人的感性对象，确证、提升着人自身的本质力量，丰富着人的五官感觉，使人不断地人化，但也因为如此，人永远在成人的途中，需要自我造就和自我完善，而不是已经达到完善。所以，作为其存在方式的工程只能是有限的人之

　　① 〔德〕马克思：《1844 年经济学哲学手稿》，北京，人民出版社，2000，第 92 页。
　　② 〔德〕马克思：《1844 年经济学哲学手稿》，北京，人民出版社，2000，第 88 页。

有限工程，人不得不反省、规范人的工程行动，以尽可能地规避工程风险。

三是自觉地维护自然生态系统，应该成为工程行动的前提和必要约束条件。这需要改变自然资源无限、无价的传统的经济模式和片面追求国内生产总值（GDP）增长的发展模式，探索整合后现代科学认知范式与后现代技术实现范式的后工业工程样式，走生态经济和可持续发展道路。

四是把是否有利于人类的可持续生存和全面发展作为工程评价的最高价值尺度，把促进人与自然、人与人、人与自身的和谐作为工程行动的第一要务。

（三）和谐发展工程观的树立

提出和阐明和谐发展的工程观不是目的本身，关键是让其引领当下的工程实践。问题是，如何树立和谐发展的工程观？

第一，学会用生存论的眼光看待和解读工程。也就是要反思单纯知性的工程观，把握和彰显工程的人文向度与意蕴。一方面，应走出线性的、非此即彼的思维模式，用复杂性思维来把握工程。不仅看到工程包含着科学、技术、制度和人文等多个向度，以及人、财、物等多种要素，而且把工程作为具有一定内在机制的自组织过程，它有其固有的运行机理和操作规程。这表现为工程主体智能与体能的物化过程，即从现有的物质资料出发，以科学技术为手段，依据一定规程来重新整合人、财、物等要素，创造新的存在物。它是从物质实存到形而上观念，再到新的存在的不断往复的辩证过程，并以此满足个人或组织的需要，获得社会实现。另一方面，还要洞见到，工程活动在主体对象化、物化的同时，发生着客体主体化和非对象化的改造主体精神世界的人化过程。也就是说，不仅要承认"从他的关系"，自觉遵循客观、规律的"外在尺度"以"求真"，而且要理解"为我的关系"，注重主观、价值的"内在尺度"而"向善"和"臻美"；不仅要遵从理性的逻辑，而且要充满人文关切，切实考虑现实的人的现实需要。因为工程行动的过程和结果虽然是"造物"的活动与提供人工产品、人造物，但究其本质，首先必须体现工程主体自身的需要和目的，表现为价值先导的合目的与合规律的过程，是以人为起点，以人为归宿，而以物为中介，是"一个'人—物—人'的辩证复归过程"①。当然，这一过程应该是以自觉维护自然生态系统的安全与稳定为前提的。

第二，确立"以人为本"的工程旨趣。这里所说的"以人为本"不是传

---

① 萧琨焘：《科学认识史论》，南京，江苏人民出版社，1995，第786页。

统人道主义提倡的征服自然、宰制自然有绝对合理性的以人为本，而是首先保守、维护"天道"——整体自然生态系统规律，依循、尊重"物道"——局部自然之物的运行规律的"新人道主义"①所主张的"以人为本"。从实证意义来看，它就是要改变仅仅以牟利和获取经济增长为目的的纯粹功利追求，坚决取缔那种不顾及环境和自然生态后果、危害人的生存的反自然、反人性的工程（如唯利是图的"豆腐渣"工程，为某人树碑立传的所谓"形象工程"等），在谋求人与自然和谐的前提下，使工程的目标转向人，把提升人的生存质量等品性作为工程活动追求的真正目标。正如狄德罗所说："工程技术是实现人的意志目的的合乎规律的手段与行为。它旨在变革世界，使之服从于人的既定目的。因此，它不是纯客观的，而是使主观见之于客观的一种合理而有效的手段。它不但有科学的理论意义，而且有行动的意义。工程技术的内在实质，是在激情的推动下，人类的理智与意志在认识与改造世界的目的之上的统一。"②尽管狄德罗在此仅仅把工程理解为工程技术，但他看到了工程是合目的性与合规律性的统一，以及人的需要和非理性因素（人文）在工程中的作用，这是哲人真正的远见卓识。

第三，培育完整的工程意识。所谓完整的工程意识，就是对工程有全面的理解，特别是对工程的反思性理解。由于工程意识是与工程文化密切相关、互为表里的，因此，要树立完整的工程意识，就必须健全工程文化。所谓健全工程文化，就是建设以生存论范式或人文范式为基础的工程文化，或者说是人类学意义的工程文化。这个工程文化的大系统不仅包括技术层面的内容，而且包括制度和观念层面的内容。如果说技术范式的工程文化过于偏重效率，所造就的是"单向度的人"③，那么生存论范式的工程文化在顾及效率的同时，更注重公平和自由个性的发展。只有建立和健全生存论范式的工程文化，才能引导人走出单纯功利化的误区，而转向精神境界的提升和个性的全面发展，使各类社会主体结成一个有机的社会工程体系，在兼顾局部与整体、当前与长远、自身与社会多方面利益的基础上不断开拓创新，共同推动社会持续、协调、健康发展，努力实现马克思所说的每个人的自由发展是所有的人自由发展的

---

① 刘福森：《西方文明的危机与发展伦理学——发展的合理性研究》，南昌，江西教育出版社，2005。

② 〔美〕斯·坚吉尔：《狄德罗的〈百科全书〉》，梁从诫译，广州，花城出版社，2007，第151页。

③ 〔美〕赫伯特·马尔库塞：《单向度的人——发达工业社会意识形态研究》，张峰等译，重庆，重庆出版社，1988。

条件，使人类社会从必然王国走向自由王国。

第四，优化工程思维。要想树立和谐发展的工程观，必须强化人与自然的和谐这一根本，而传统理性主义哲学和主客二分的认识论确认的是人与自然的主客体关系，即人是主体，自然是客体；人是主动者，自然是受动者；人是自然的征服者、主人，自然是人的被征服者、奴仆；人类是中心，自然是非中心。显然，此种逻辑必然把人与自然对立起来，人与自然成为控制与被控制、宰制与被宰制的关系，人与自然的和谐是不可能的。因此，必须调整和优化思维方式，从而走向以和谐发展工程观为主导的当代工程。唯有如此，我们才能在最无愧于和最适合人类本性的条件下进行人与自然的物质变换、人与人的活动互换。拥有工程和谐这块基石，构建和谐社会也才有现实基础。

三、超越"暴力逻辑"的工程辩证法

作为人的存在方式的工程，创造与自然相对立的文化，而文化一旦形成，又影响和规约工程范式或工程样式。同时，工程范式本身总是表达着工程文化的价值诉求。工程范式是指工程共同体在工程行动中具有相近的信念、信仰，以及类似的价值准则等深层文化背景，持有相当的科学知识水平、技术操作和管理运营的能力，并在大体相当的社会制度框架下进行工程行为。迄今为止，人类的工程样式先后经历了前现代"自在的工程"、现代"自为的工程"，正在走向后现代自在自为的工程——后工业工程，开显着工程的辩证法。因此，从引发人类生存困境的工业工程向后工业工程（也叫后现代工程）的转换，是对以往"暴力逻辑"的扬弃与超越，具有历史必然性。

（一）"自在的工程"与"自然的逻辑"

工程都是人自为的活动，把前现代（前工业社会）以农业为主导的工程叫作"自在的工程"，是相对于自为程度较高的现代工程而言的。与"自在的工程"范式相对应的工程文化遵从的是"自然的逻辑"，也就是力量的逻辑，用拳头说话。因为在人类的初期——前工业社会的整个时期，力量是人们进行生产和交往活动的主要依据，并反映在人们的生产或工程活动所表达的文化生活中。

一方面，表现在人与自然的关系上。自然以人类不可抗拒的力量——自然的暴力统治、控制着人类的生产活动。也就是说，人们是在依附自然、顺从自然的前提下进行生产和生活的。"在狩猎和采集的生产实践中，人们直接依赖于自然界提供的东西而生存，自然被看成是养育人类的母亲。地球作为'养育者'的形象，对人的活动有一种文化强制力，以传统、风俗习惯、禁忌等方式制约着人们的实践行为，保护了自然和大地。"① 在农业文明中，靠天吃饭的农业生产、以培育为主的农业工程是当时的主要生产方式，人主要是效仿自然和引导自然，尽管人们也利用自然力，但仅限于很小的范围和规模。因此，在古人的精神生活领域，在观念上，人们崇拜、敬畏自然，给自然赋予神性、灵性和意志，相信顺从自然的生产或工程行动就是好的、善的。在西方，古希腊最初的思想家们还把世界万物的本原、基质归结为某种或某几种自然物。虽然自希伯来文明以来，似乎是人们对自然的敬畏与崇拜转换为对上帝的信仰，但实际上，这刚好说明西方人看到了自然对人的统治，意识到人类行动，特别是造物行动是与自然相背离的，进而试图借助上帝的力量来消解人类行动与自然的冲突关系，达到人与自然的统一。正如王振复从建筑文化的视角所看到的，"西方建筑文化观念中的逻辑原点是天人相分、天人对立，在天人关系即自然与人的关系中，加进了上帝这一复杂而极富文化魅力的文化因素。西方建筑文化的逻辑发展，是从天人对立，经过人为努力，最终达到天人合一"②。与西方相反，中国人一向将大自然认作自己的母亲与故乡，天人合一思想根深蒂固，在建筑中表达着"宇宙即建筑，建筑即宇宙"的恢宏、深邃的时空意识。从自然宇宙的角度看，天地是一所庇护人生的奇大无比的"大房子"，此即《淮南子》所言"上下四方曰宇，往古来今为宙"。从人工建筑的角度看，建筑效法自然宇宙，"天地入吾庐"③。英国著名学者李约瑟指出：没有其他地域文化表现得如中国人那样如此热衷于"人不能离开自然"这一伟大的思想原则。作为东方这一民族群体的"人"，宫殿、寺庙，或者是作为建筑群体的城市、村镇，或分散于乡野田园中的民居，也一律常常体现出一种关于"宇宙图景"的感觉，以及作为方位、时令、风向和星宿的象征主义。④ 特别是风水实践及对风水的信仰，更生动地反映了人类早期依顺自然而居的生存状态。从考古发掘看，仰韶建筑遗址一般都出土在地理环境良好的区域。其选址依据主要有：一是临近水源，以满足原始居民的生活、生产活动之用

---

① 刘福森：《西方文明的危机与发展伦理学——发展的合理性研究》，南昌，江西教育出版社，2005，第223页。
② 王振复：《中国建筑的文化历程》，上海，上海人民出版社，2000，第3页。
③ 王振复：《中国建筑的文化历程》，上海，上海人民出版社，2000，第3~4页。
④ 转引自王振复：《王振复自选集》，上海，复旦大学出版社，2015，第336页。

水需求。二是水源充沛之处必然植被丰富，便于渔猎和采集植物果实。三是既临近水源又在河谷台地上，以免住舍被淹。所以，许多原始聚落都选址于高山河床的河道汇合处。比如，西安半坡遗址坐落在渭河支流的阶地之上，这里水源充足，地势又较高，不怕被淹，是一块"风水宝地"①。此外，中国古人还相信自然与人文具有同构性，在宇宙万物表象的差异之下，潜藏着共同的质素或运作逻辑（所谓"德"或"情"），所以，许多现象之间具有可模拟性，其思维方式是联想性的，"万物皆备于我"。如《易经·系辞传》所说："圣人观乎天文以察时变，观乎人文以化成天下。"②

另一方面，表现在人与人、部落与部落、民族与民族及国家与国家之间的交往中，谁有力量或谁的力量更大，谁就有权威，谁就是统治者或征服者。也就是说，人们是靠拳头说话的。所以，在前资本主义、前工业化或前现代时期，不仅主人以其财产和社会地位的力量控制仆人与奴隶，而且男人依靠其身体的自然力与提供生活资料的能力而"位尊"，女性因其弱小和对男人的依附性而"位卑"。同样，不但拥有力量的统治者对被统治者实行专制的暴力统治，统治者或政权之间还以暴力——战争的交往形式，表现为征服者与被征服者的关系。拥有力量、获得力量，成为个体、群体和组织追求的主要目标。"贵族""骑士""帝国""征服者"等曾是当时社会主流话语的关键词，整个社会在力量的对比下分化为不同的阶级与阶层。正如马克思、恩格斯所指出的："至今一切社会的历史都是阶级斗争的历史。自由民和奴隶、贵族和平民、领主和农奴、行会师傅和帮工，一句话，压迫者和被压迫者，始终处于相互对立的地位，进行不断的、有时隐蔽有时公开的斗争，而每一次斗争的结局都是整个社会受到革命改造或者斗争的各阶级同归于尽。在过去的各个历史时代，我们几乎到处都可以看到社会完全划分为各个不同的等级，看到社会地位分成多种多样的层次。在古罗马，有贵族、骑士、平民、奴隶，在中世纪，有封建领主、臣仆、行会师傅、帮工、农奴，而且几乎在每一个阶级内部又有一些特殊的阶层。"③ 当然，力量归根结底主要来自人们改变自然的生产能力、规模和效益支撑的经济实力。从某种意义上说，力量较量的最终目的也是为了进一步增强这种经济实力，表现为获得更多

---

① 王振复：《中国建筑的文化历程》，上海，上海人民出版社，2000，第30~31页。
② 黄俊杰：《论儒家思想中的"人"与"自然"之关系——兼论其21世纪之启示》，《中国哲学》2005年第1期。
③ 《马克思恩格斯文集》，第2卷，北京，人民出版社，2009，第31~32页。

的土地资源，拥有更多的奴隶，得到更有效的外力（体外器官）——生产工具，掠夺更多的财富等。也正是人们和社会在对力量追逐的文化背景下，人类工程活动所使用的工具和材料不断改善，从石器时代、青铜时代进到铁器时代。

因此，力量的逻辑是前现代或前工业社会工程文化的核心价值取向。应该说，到目前为止，"力量的逻辑"仍然存在并继续发挥着作用，只是主要演变成或延伸为"资本的逻辑"。

（二）"自为的工程"与"资本的逻辑"

"自为的工程"是"自在的工程"的较高级样式，即西方工业化以来的以工业为主导的现代工程范式。它依循的是"资本的逻辑"，强调用理性说话。也就是说，人类进入资本主义社会或工业社会的现代社会以后，作为工程文化的核心价值取向由原来的"（自然）力量的逻辑"转换为"资本（力量）的逻辑"。资本成为全社会追逐的对象和目标。资本不仅作为财富的象征，而且成为衡量人的社会地位和社会进步的唯一标准。

"资本的逻辑"就是金钱的逻辑。它使整个资本主义社会分裂为两大阶级——无产阶级和资产阶级。拥有资本的资产阶级是资本的化身。马克思和恩格斯描述道："资产阶级在它已经取得了统治的地方把一切封建的、宗法的和田园诗般的关系都破坏了。它无情地斩断了把人们束缚于天然尊长的形形色色的封建羁绊，它使人和人之间除了赤裸裸的利害关系，除了冷酷无情的'现金交易'，就再也没有任何别的联系了……资产阶级抹去了一切向来受人尊崇和令人敬畏的职业的神圣光环。它把医生、律师、教士、诗人和学者变成了它出钱招雇的雇佣劳动者。资产阶级撕下了罩在家庭关系上的温情脉脉的面纱，把这种关系变成了纯粹的金钱关系。"[1]

因此，资本的逻辑是暴力逻辑的延伸，只是在资本的逻辑中加入了"他者"或中介——游戏规则。暴力的逻辑中是没有中介、没有任何游戏规则可言的，是"你—我"的关系，谁的力量大、拳头硬，谁就是赢家。在资本的逻辑下，由于采取了理性（主要是工具理性、技术理性）的态度，引入游戏规则——自由竞争的市场法则、契约关系和法制、民主原则等，不再用拳头说话，而是用理性说话。从某种程度上说，资本的逻辑就是现代性的逻辑，即在经济上实行市场经济，促进生产力发展，加速资本积累；在政治上推行民主、法制的政治制度；在文化（狭义）上主张科学

---

[1]　《马克思恩格斯文集》，第 2 卷，北京，人民出版社，2009，第 33～34 页。

技术观的技治主义、历史观的单线进步主义、理性主义和主客二分的认识论等，张扬主体性的意识哲学。总之，现代性是以技术化、工具化、主观化的理性为主导的，表现为个人自由、社会民主、人民富裕、国家强盛等价值承诺下的经济市场化、政治民主化、社会现代化、宗教世俗化的时空运动——现代化、经济全球化运动。现代工程则是现代化过程中所呈现的现代生活的现代性之物化，是现代性的物质载体。

由于资本的逻辑是现代性的逻辑，也即工具理性的逻辑，我是主体，其他都是客体，一切从我出发，我是目的，其他则是实现我之目的的工具，因此，"资本的逻辑"又是"自私的逻辑"。萨特关于"他人是自我的地狱"，以及弗罗姆所说的"占有式生存"，都恰恰揭示出资本主义制度下的这种自私的逻辑。这种逻辑虽然以进步的形式，消灭了从前的生产方式所造就的各个对立的阶级，却产生出新的阶级。也正是从这个意义上说，资本的逻辑是暴力的逻辑的延伸，只不过是引入了智力因素——现代科学技术、运行规则等，在一定程度上掩盖了原来的那种赤裸裸的强取豪夺，同时也颠覆了自然与人的控制和被控制的关系。

正是这种以工具理性为主要特征的向利性之"资本的逻辑"，成就了现代工业工程，因为"资本的逻辑"就是强调资本增长、经济增长的逻辑。这种逻辑极大地促进了社会生产力的发展，不仅科学技术在其拉动下迅猛发展起来，而且以科学技术的应用为依托的现代工程渗透到各个领域。对此，马克思、恩格斯做了精当的描述："资产阶级在它的不到一百年的阶级统治中所创造的生产力，比过去一切世代创造的全部生产力还要多，还要大。自然力的征服，机器的采用，化学在工业和农业中的应用，轮船的行驶，铁路的通行，电报的使用，整个整个大陆的开垦，河川的通航，仿佛用法术从地下呼唤出来的大量人口——过去哪一个世纪料想到社会劳动里蕴藏有这样的生产力呢？"① 实际上，"资本的逻辑"所成就的现代工程远不止马克思、恩格斯那个时代所看到的。

当然，也可以说，现代（自为的）工程实践成就了"资本的逻辑"。因为现代工程是资本实现的具体途径和载体，或者说是资本实现的手段和工具。也正是由于资本逻辑导致工程本身的工具化和片面化，技治化的工程观才有了存在的根基，于是工程成了科学技术的逻辑延伸，工程的内涵仅仅是在技术那里获得合法性，工程仅仅是技术的应用，而忽视了工程还是对技术的选择，选择总是要从一定目的出发的。也就是说，工

---

① 《马克思恩格斯文集》，第 2 卷，北京，人民出版社，2009，第 36 页。

程不仅是合规律的，而且是合目的的。单纯强调工程的合规律的科学、技术的逻辑，就会丧失其合目的、价值的人文向度，丧失工程是为着人的生存的存在论意义。正是工程表达着人的愿望与理想、追求和意志，工程实践本身才有了不断超越现实的超越性，以及作为自由自觉活动的自为性。否则，仅仅依循科学、技术的逻辑，必然会误入凡是能够做的就是应该做的现代技治主义的歧途。只有合规律性的必然逻辑，而丧失合目的性的价值主导与规范，工程异化是在所难免的。

可见，在资本主义制度下的现代工业工程与资本的逻辑是互释的或相互支撑的。应该说，相对于前资本主义时期的受自然控制的"自在的农业工程"范式，自觉自为的以工业为主导的现代工程范式的形成是历史的进步与质的飞跃。它不仅促进了社会生产力和生产方式的改进，而且确认和提升了人之为人的类本性——人的自为本性和本质力量。资本的逻辑意味着人类从自然的控制之下，从人对人的依赖关系中解放出来，确立起以对物的依赖性为基础的人的独立性。人们不再从我之外的自然或上帝那里寻找根据，而是在创造资本的现实工程实践中，通过对象化的活动确立人自身，意识到我是我的根据。这是问题的一个方面——好的方面。另一方面，由于人们片面地追逐资本的增长和经济的发展，为增长而增长、为发展而发展，结果却是这样：本来资本是人创造的，但由于人们对资本的片面执着，资本由客体上升为主体，而人不得不由主体下降为客体——沦为资本的奴隶，人的生存异化了，人迷失了生活的方向，处于无根的非本真生存状态。

造成这种状况固然离不开制度的因素，即资本的逻辑是资本主义制度的产物，但始自笛卡儿的二元论的理性主义哲学，特别是科学技术理性——工具理性主义，为其提供了理论上的合法性辩护，而清教伦理功利的价值观是其帮凶，现代工业工程是其实现的具体途径。或者说，资本的逻辑成就了现代工业工程。如果说资本的逻辑是现代性的逻辑，那么工业工程是现代性的最高产物。然而，高扬理性旗帜的现代性，却把理性等同于工具理性、技术理性或主观理性，而忽视了更为重要的交往理性、价值理性或客观理性，使理性工具化、技术化和主观化，以至于信奉"凡是技术上能够做的都应该做"和"最大效率与产出原则"。[1] 这必然导致对工程行动目的本身意义与价值追问的弱化和丧失。因为严格地

---

[1] Erich Fromm：*The Revolution of Hope：Toward a Humanized Technology*，New York，Harper & Row，1968，pp. 32～33.

说，技术理性或工具理性也即主观理性，"本质上关心的是手段和目的，关心为实现那些多少被认为是理所当然的，或显然自明的目的的手段的实用性，但它很少关心目的本身是否合理的问题"①。与之相反，交往理性或价值理性即客观理性，是指："一个包括人和他的目的在内的所有存在的综合系统或等级观念。人类生活的理性程度由其与这一整体的和谐决定。正是它的客观结构，而不是人和他的目的，是个体思想和行为的量尺……在这里，关键是目的而不是手段。"② 显然，单纯对主观理性的执着，就恰好服务于资本增值需要的唯利是图的资本逻辑。可以说，追逐资本的现代工业工程与主观理性是相互支撑、彼此论证的。结果是这样，以"解放"为宗旨的启蒙理性走向了它的反面——被技术理性所框架和束缚。因此，在霍克海默（Max Horkheimer）看来，启蒙的历史是一部理性黯然失色的历史。这里的理性是指上述"两种"理性中的后一种——客观理性。所以，必须重建客观理性，唯有如此，才能扬弃资本的逻辑，从"技术控制"转到"控制技术"，从"单一技术"转到"生命指向的技术"，从"劳动旨趣"转到"交往旨趣"，从"单向度的人"转到"否定性"存在，从重"占有"转到"去生存"，进而走向澄明之境，获得自由。否则，现代性的后果必然是："当事实上地球上再也没有神志清醒的人的时候，剩下的就只能是'昆虫与青草的王国'了，或者，是一组破败不堪和外部受到严重伤害的人类社区。没有任何神灵会拯救我们……"③ 所以，问题的关键是人类的实践必须扬弃作为物化现代性载体的现代"自为的工程"范式本身。

（三）"自在自为的工程"与"自由的逻辑"

所谓"自在自为的工程"，是后现代或后工业社会以信息产业、知识经济为主导的工程样式。它是对"资本逻辑"下的"自为的工程"的反思、规范与扬弃。因此，自在自为的后工业工程或后现代工程范式是反思性工程，信奉的是"自由的逻辑"，倡导用德行说话。"自由的逻辑"也可以称作"自立的逻辑"。只有在该工程范式下，才能实现"工程的核心在于生存的快乐"④ 的工程理想。

面对环境污染、生态恶化、生存危机等现实处境，人们不得不从资

---

① Max Horkheimer：*Eclipse of Reason*，New York，The Seabury Press，1974，p. 3.
② Max Horkheimer：*Eclipse of Reason*，New York，The Seabury Press，1974，pp. 4～5.
③ 〔英〕安东尼·吉登斯：《现代性的后果》，田禾译，南京，译林出版社，2000，第151页。
④ S. C. Florman：*The Existential Pleasures of Engineering*，New York，St. Martin Press，1976，p. 101.

本的迷恋中惊醒，重新反思、规范人类的实践活动。而要想走出奴役与被奴役恶性循环的怪圈，唯有把自由或自立视为人之为人的价值尺度，在"自由的逻辑"之下，不再仅仅用技术理性、工具理性或主观理性说话，而是寻求摆脱资本、技术统治的暴力，靠德行和智慧来说话，张扬价值理性、交往理性和客观理性，并试图用后者牵引、观照前者；不仅关心事物之"为我"，而且尤其关心事物的"自在"。正如雅克·埃吕尔（Jacques Ellul）诉诸他的"一种非力量的伦理学"以获得自由那样。

在雅克·埃吕尔看来，"一种非力量伦理学——事情的根本——显然是人同意不做他们有可能做的一切事情。但不再有……从外部反对技术的神圣法律。因此，有必要从内部考察技术，并且承认，如果人不实践一种非力量伦理学，就不能靠技术生存，实际上是不能靠技术合理生存。这是基本选择……我们必须系统地、自觉地探求非力量，当然，这并不意味着认可软弱无能……命运，消极被动，等等"①。无疑，这是人类的工程实践从技术控制走向控制技术的一种方案，也是解决作为"展现"的现代技术却以座架的形式仅仅获得抽象的展现，而使被展现者——物成为"存货"的持存物，即丧失其物性的现实性，以至于掩盖真理之悖论与困境的人文主义技术哲学的一种努力。可以说，由这种现代技术成就的现代工程，同样存在着从"造福"的目标出发，却导致"为祸"的恶的后果，甚至将人类引向背离自然的不归路——死亡之路的悖论。所以，面对现代性的风险与后果，我们别无选择，"必须在全球层面上想象出一个后现代时期"的不同于以资本积累为指向的超越匮乏型体系的维度；② 必须改变以往要么被自然统治，要么宰制自然的暴力逻辑，而寻求以价值理性引导、规范工具理性的和谐共生的自由逻辑。

问题是"自由的逻辑"何以可能？思想史上关于自由的阐释有许多，例如，道德实践的自由，拯救和恩典的自由，思想的自由，政治的自由，选择意义上的绝对自由，实践活动的自由，以及海德格尔的"让……存在"的自由等。但重要的是如何不抽象地谈论自由，这还需要回到马克思关于自由的理解上来。不同于传统西方哲学，特别是认识论把自由看成是对必然的认识，在马克思那里，自由与改变世界的实践活动密切相关，而人类实践的自由只能是合目的性与合规律性的统一，并集中表达在"人

---

① Jacques Ellul: *Researche pour une Ethique dans une société technicienne*，1983，p. 16. 转引自〔美〕卡尔·米切姆：《技术哲学概论》，殷登祥等译，天津，天津科学技术出版社，1999，第 38 页。

② 〔英〕安东尼·吉登斯：《现代性的后果》，田禾译，南京，译林出版社，2000，第 144 页。

也按照美的规律来构造"这一命题之中。资本主义制度下的劳动异化，就是丧失了劳动本身应有的属于人的类生活的自由自觉的目的性、价值性维度，而仅仅沦为工具性和手段性的存在。因此，自由作为人类的最高价值是完成了的真、善、美。正是在这种意义上，我们说自由的逻辑既不是靠暴力、强权说话，也不是单凭理性、智力说话，而是用德行、智慧说话——强调价值理性对工具理性的范导。

　　然而，这种用德行说话的"自由逻辑"，不可能存在于只是遵循"自私（资本）的逻辑"的社会，它只能实现在未来的后资本主义社会——扬弃了暴力和资本逻辑的社会，其高级阶段就是马克思所说的实现人与人、人与自然和解的共产主义社会。这并非乌托邦的空想，因为"共产主义对我们来说不是应当确立的状况，不是现实应当与之相适应的理想。我们所称为共产主义的是那种消灭现存状况的现实的运动。这个运动的条件是由现有的前提产生的"①。共产主义是"现实的产生活动，即它的经验存在的诞生活动，同时，对它的思维着的意识来说，又是它的被理解和被认识到的生成运动"②。更具体地说，共产主义是从私有制社会的私有财产的运动中，在经济的运动中，为自己找到经验基础和理论基础的。因此，"共产主义是对私有财产即人的自我异化的积极的扬弃，因而是通过人并且为了人而对人的本质的真正占有……这种共产主义，作为完成了的自然主义，等于人道主义，而作为完成了的人道主义，等于自然主义，它是人和自然界之间、人和人之间的矛盾的真正解决，是存在和本质、对象化和自我确证、自由和必然、个体和类之间的斗争的真正解决"③。

　　更重要的是，马克思看到了大工业对劳动解放的现实意义。在《政治经济学批判大纲》中，马克思指出："随着大工业的发展，现实财富的创造较少地取决于劳动时间和已耗费的劳动量，较多地取决于在劳动时间内所运用的动因的力量，而这种动因自身——它们的巨大效率——又和生产它们所花费的直接劳动时间不成比例，相反地却取决于一般的科学水平和技术进步，或者说取决于科学在生产上的应用……劳动表现为不再象以前那样被包括在生产过程中，相反地，表现为人以生产过程的监督者和调节者的身份同生产过程本身发生关系……工人不再是生产过程的主要当事者，而是站在生产过程的旁边。在这个转变中，表现为生

①　《马克思恩格斯文集》，第1卷，北京，人民出版社，2009，第539页。
②　《马克思恩格斯文集》，第1卷，北京，人民出版社，2009，第186页。
③　《马克思恩格斯文集》，第1卷，北京，人民出版社，2009，第185页。

和财富的宏大基石的，既不是人本身完成的直接劳动，也不是人从事劳动的时间，而是对人本身的一般生产力的占有，是人对自然界的了解和通过人作为社会体的存在来对自然界的统治，总之，是社会个人的发展……一旦直接形式的劳动不再是财富的巨大源泉，劳动时间就不再是，而且必然不再是财富的尺度，因而交换价值也不再是使用价值的尺度。群众的剩余劳动不再是发展一般财富的条件，同样，少数人的非劳动不再是发展人类头脑的一般能力的条件。于是，以交换价值为基础的生产便会崩溃，直接的物质生产过程本身也就摆脱了贫困和对抗性的形式。"①

不难看出，马克思强调科学技术的发展及其在大工业中的应用，不仅成为劳动解放、消除体脑劳动分工的条件，而且成为扬弃资本主义商品经济、实现产品经济的现实基础。如果把工业看成是工程的集聚的话，那么我们可以说未来超越了资本逻辑的后现代工程将为人的解放和全面发展创造条件，因为其自身在运行的过程中将遵循自由的逻辑，是以"栖居"为指归的"筑居"。②

可见，在唯物史观的视域下，按照历史辩证法的解释原则，"资本的逻辑"必然被扬弃，并代之以"自由的逻辑"。这一转换的现实基础就是人类工程实践样式或工程范式的变革，从现代"自为的工程"——工业工程转向后现代或后工业"自在自为的工程"。因为只有在这一工程样式下，才能凸显人类活动的反思意识和自觉规范意识：由技术控制走向控制技术，由单纯的资本追逐走向经济、政治、社会和生态的多维协调，由"物的逻辑"走向以人之生存和发展为根本的建造立场上来，自觉寻求让人诗意地"栖居"的"筑居"，使一切"在者"之"在"在起来——是其所是，进而从工程控制、架构人们的生活到自主选择工程的去与留。它既依循物性的他律，又张扬人道的自律。唯有如此，才能实现"按照美的规律来构造"的人类理想。

当今，发展伦理学、应用伦理学，包括技术伦理学、工程伦理学等境遇伦理学的探讨，以及"伦理学是第一哲学"的努力，已经在观念上昭示出人类正在向靠德行说话而非拳头和资本说话的后工业工程迈进。国际社会不仅确立起人类的可持续发展、包容性发展等新发展观，而且为实现民主、公平、正义与和平，在全球环境、安全和人类福祉诸方面使得对话、商谈等主体间性问题凸显，同时还发起绿色运动、生态运动与和平运动等。中国社会正在探索新型工业化道路，实施科学发展观，建设和谐社会和生态文明。所有这一切的不懈努力，都为"自在自为"的后现代工程提供着新的文化背景和制度准备。

这种超越的趋势已经为"乌托邦的现实主义"① 代表安东尼·吉登斯所洞见："我们能够指认出一种后现代性的轮廓，而且，的确存在着种种重要的制度性倾向，它表明后现代的秩序是能够实现的。"②

根据唯物史观，历史规律毕竟是有目的的人类活动的规律。尽管我们不敢断言有了"自在自为的后工业工程"或"后现代工程"范式就一定能实现真正的自由，因为自由涉及经济、政治、社会和文化等众多因素，但可以说离开了这种崇尚德行、追求和谐的"自在自为的后工业工程"，人类就无法摆脱当前所面临的生存危机。因此，我们有理由相信，如果资本主义社会对资本的追逐必然导致异化的生存和物化文化样态，那么社会主义就是不断地消除异化的过程，并最终在未来的共产主义摆脱异化，让劳动、生产、建造，也即一切工程活动实现目的性与手段性、价值性与工具性、人文性与科学性的现实统一。

所以，如果说"现代性的规划尚未实现"③ 的话，那么，重建现代性的关键就是要推动现代工程范式的重建，让工程真正回归人文的本位，因为"在所有社会和经济的安排中，人的价值高于一切"④。唯有在和谐发展的工程观指导下构建遵循"自由逻辑"的后工业工程，并以此为根基，西方马克思主义理论家试图摆脱人的异化状态的那些设想，例如，拥有美学形式的"艺术的解放"⑤，超越经济理性的"后工业社会主义"⑥，"交往合理化的社会"⑦ 等人道主义的社会主义乌托邦，才会有现实的基础。必须看到，社会主义也需要发展生产，而且只有加快发展生产力，才能

---

① 〔英〕安东尼·吉登斯：《现代性的后果》，田禾译，南京，译林出版社，2000，第135～139页。

② 〔英〕安东尼·吉登斯：《现代性的后果》，田禾译，南京，译林出版社，2000，第143页。

③ 〔德〕于尔根·哈贝马斯：《现代性对后现代性》，见周宪：《文化现代性精粹读本》，北京，中国人民大学出版社，2006，第146页。

④ 〔美〕埃里克·弗洛姆：《让人成为主人——一个社会主义的宣言和纲领》，见《各国社会党重要文件汇编》，第2辑，北京，世界知识出版社，1962，第379页。

⑤ 〔美〕赫伯特·马尔库塞：《审美之维》，李小兵译，桂林，广西师范大学出版社，2001。

⑥ A. Gorz：*Ecology as Politics*，Boston，South End Press，1980.

⑦ 〔德〕尤尔根·哈贝马斯：《交往行为理论·第1卷：行为合理性与社会合理化》，曹卫东译，上海，上海人民出版社，2004。

巩固和完善社会主义制度。这就意味着如何超越单纯"生产逻辑"和"资本逻辑"的发展，如何克服异化的发展是社会主义社会也是晚期资本主义必须回答的课题与务必担当的历史责任。"马克思关于社会主义的概念是对人的异化的一种抗议"①，社会主义的使命就是"使现存世界革命化"，不断地消除异化。这就必须正视现代工程的问题，尤其是分析影响工程安全的问题工程，在反思、批判的基础上，确立和谐发展的工程观，改善工程文化，规范工程实践，努力推动工程范式的转换。在此转换的过程中，呼唤工程世界精神性的出场。

四、工程化生存的精神性出场

所谓工程化生存，不是说要把我们的一切领域都工程化，而是想表明依靠现代技术和现代科学的现代工程给人类组建起现代化的生活方式。无论我们是否愿意接受或同意，我们都实然地生活在"工程世界"——人化的自然界、现实的属我世界之中，这已经是我们的生存境遇和不可逆转的命运。现在的问题是，这种工程化生存能否摆脱当下的物化、异化状态，从而使其拥有精神性追求，也就是借助现代工程范式的重建，让迷失了的工程的精神或人文之维再度出场。然而，工程的精神性或人文品质，不仅体现在工程的创造性——按照美的规律来构造，而且体现在负责任的工程行动，以及工程实存的"善在"上。实际上，在生存论和人的存在论视域中，工程行动原本就是精神性的，因为工程总是目的性主导的理性创造活动，是从形而上的观念到形而下的存在的转换过程。有筹划、有思量、有选择、有博弈、有冲突与合作，还有美的寻求、情感的表达与共在的游戏规则，这些都是精神性的因素。可以说，人总是在"成己"的过程中"成物"，或"成物"的同时"成人"。只有合内外之道，才能让一切存在者之存在切实地在起来。对儒家来说，既"成己"又"成物"，方能达到"诚"之境界。"诚者，非自成己而已也，所以成物也。成己，仁也；成物，知也。性之德也，合外内之道也，故时措之宜也。"② 在马克思主义看来，人在改变对象世界的实践过程中改变着人自身。工业和其历史性存在展示出人的本质力量。正是在这个意义上，作为人之最为切近存在方式的工程，在"成物"之初从不乏精神性维度，不仅拥有价值理

① 〔美〕E. 弗洛姆：《马克思关于人的概念》，见复旦大学哲学系现代西方哲学研究室：《西方学者论〈一八四四年经济学—哲学手稿〉》，上海，复旦大学出版社，1983。

② 《大学·中庸》，王国轩译注，北京，中华书局，2006，第112页。

性、审美理性及个体化的湿性技艺，而且拥有诗意、敬畏之情与超越感的劳动、制作与生产。但是，单纯追逐资本增值和私人利益最大化的现代工程由于偏执于工具理性、技术理性和算计，忽略了价值理性、交往理性和必要的道义与伦理规范，以至于过度开发自然资源，剥夺万物自身的价值与他人的基本权利和尊严，最终导致现代工程精神品性的缺失。显然，现代工程范式的重建必然要求这种迷失了的工程的精神或人文本性的复归。为此，下文拟讨论三个问题。

（一）不愧于人的工程实践创造：从"物性"到"人性"

始源地看，工程活动在发生之际，就表明人开始了造物的创造性实践活动，体现了人的能动性和自主意识的萌发，进而使原本依赖于必然律的"物性"存在，有了自由之"人性"的光辉。也就是说，人首先因造物的工程行动获得了体现"人性"的文化生命、类生命，而不只是拥有"物性"的自然生命和种生命。造物赋予人超越自然的自由，所以必须说明的是，造物的工程之"做"（to do）是人的生存行动，它不是"思"（cogito）的结果，尽管在"做"之际有思虑，有选择，但不是单纯的"看"，而是海德格尔所说的在操劳之际的"寻视"。人类正是伴随劳作，才有了一切领会的"前结构"——先行具有，先行识见，先行把握。一切价值的、伦理的、精神的出场都是以人类的工程行动、造物之"做"为基础的。因为在工程活动的"事的世界"中，早已有了抉择，开启了自由之维度，对好与坏、善与恶的取舍已经用行动投了票。无疑，工程是属于人的存在方式，而且是最切近的存在方式，或者说，工程使人成为人，工程就是人之人文本性的刻画。

这种人文本性的表达一直体现在建筑的和声比例中。在鲁道夫·维特科尔看来，文艺复兴的"建筑师并不是任意地为某个建筑选择一套数比体系的。那些数比必须服从于一个更高的秩序，一个建筑应该反映出人体的比例。这是一种基于维特鲁威文本权威性且被广泛接受的要求。如果人的形象被认为是根据上帝形象创造出来的话，那么人体比例也是神意（divine will）创造出来的，因此，建筑中的比例必须表达这样的宇宙秩序"①。而宇宙秩序的法则早已由毕达哥拉斯和柏拉图做过阐释，并一直影响着建筑的比例。

赵汀阳在生存分析上做得比较彻底。在他看来，"一切关于存在本身

---

① 〔德〕鲁道夫·维特科尔：《人文主义时代的建筑原理》，刘东洋译，北京，中国建筑工业出版社，2016，原著第 6 版，第 104 页。

的疑问都不是存在论问题，或者说，存在不是一个存在论问题。人的存在论问题都是在存在之后出现的问题，也就是给定存在之后对如何继续存在的选择问题。选择存在方式就是选择做事。只有选择做事才开始进入自由存在的初始状态（在此之前属于自然存在），才遇到存在的初始性或开创性的问题，这个初始性的存在论问题先于知识论、伦理学、政治学、语言学或美学的一切知识、观念、规则和原则"①。

实际上，马克思率先不再像以往的思想家那样用理性、意识或宗教等来区分人和动物，而是强调物质生产之于人之为人的意义与价值。他是最早看到物质生产活动比意识活动更具有始源性的思想家。他指出："可以根据意识、宗教或随便别的什么来区别人和动物。一当人开始生产自己的生活资料的时候，这一步是由他们的肉体组织所决定的，人本身就开始把自己和动物区别开来。人们生产自己的生活资料，同时间接地生产着自己的物质生活本身。"② 不只如此，人是什么样的人，还要看生产了什么和用什么方式生产，也就是回到人的创造历史的行动——物质生产及其生产方式来历史地理解人，而不是抽象地按照科学的逻辑来定义人。

海德格尔按照胡塞尔现象学的始源性追问原则，回到前科学和"此在"（Dasein）的生存分析这一生存论基地来澄明存在的意义，从而建立了生存论存在论、有根的基础存在论。沿着这一路径，对工程的哲学探究才有可能避免单纯的知识论阐释，并把工程的知识论建立在工程的生存论存在论基地之上。而对工程的存在论意义的追问也必须建立在生存论研究的基础之上。也就是说，必须回到人的生存需要和生存样式来理解工程之于人的存在论意义。

基于人类生存需要的人类的工程之做，不是从肯定现存世界开始的，而是从否定现存世界、背离自然出发的。这种否定不是观念上的，而是现实的改变世界。正是在这一过程中，人有了面向未来的多种存在可能性，从单纯服从自然界必然律的物性存在，转换成拥有自由创造的人性存在，并从此以否定的方式、可能性的方式去存在。因此，工程行动的发生就有人类精神的出场，也就开始构筑文化的世界、属我的世界、意义的世界。这也是马克思为什么不首先关注自然界，甚至认为那个与我们无关的原生态的自然界对人来说等于无的根本原因之所在。

---

① 赵汀阳：《第一哲学的支点》，北京，生活·读书·新知三联书店，2013，第197~198页。
② 《马克思恩格斯选集》，第1卷，北京，人民出版社，1995，第67页。

　　当然，马克思不是不承认自然界先于我们人类、人是自然进化的产物，而是看到了那个完全与人无关的自在的自然界对人没有意义。所以，他始终研究通过人的实践活动所组建起来的人化的自然界、人工世界、现实世界——人类社会，不再追问世界宇宙的本原、始基这种传统的宇宙论和形而上学问题，而是关心人如何在自己组建起来的农业、商业、工业生活中不断地超越自身。他甚至认为，在资本主义私有制下的现代工业虽然导致工人的劳动异化，但这种异化是人类实践活动的阶段性历史产物，必将随着社会历史的发展而得以超越。即人的异化与异化的扬弃是同一条道路，人类历史就是劳动、异化劳动与扬弃异化劳动的过程；资本主义的强迫分工导致人的片面生存，使人不得不是一个工人、渔夫、猎人，但是随着生产力的发展、交往的全球化，资本的逻辑的局限也是可以在合理的新社会制度内得以超越，并使人最终不仅在自然界中超拔出来，而且能够在自己组建的社会中解放出来。因为他相信，人凭借自己的实践活动，能不断地使现实世界革命化，并最终走向文明的未来，获得人的自由和全面发展。

　　可以说，马克思在他的历史唯物主义的立场下，已经很好地回答了造物的实践活动如何赢获人的精神存在。他确认，不能离开物质实践活动来抽象地讨论意识问题、语言问题，必须回归生活世界，只有回到人们的基本实践活动——物质生产实践的基地之上，才能回答伦理实践、政治实践的精神生产实践乃至自由的问题。为此，我们有必要进一步阐释马克思的现代实践哲学与历史唯物主义的关系。

　　国内马克思主义研究经历了苏联的教科书阶段、教科书改革阶段，目前已经进入后教科书阶段。[①] 在这一过程中一直必须回答并引发热议的问题是：马克思主义哲学究竟是怎样的一种哲学？而对现当代哲学转向的讨论，又使得对马克思主义哲学观、哲学范式的阐释成为必要。许多学者已经从不同的理论理路指认：马克思主义哲学就是历史唯物主义、实践唯物主义，就是旨在变革世界的实践哲学，或者就是实践本体论等。问题是作为实践哲学的马克思主义哲学与以往的实践哲学有何不同？是否有必要对其做实践本体论的解读？它与学界已基本取得共识的作为历史唯物主义的马克思主义哲学观是否契合或冲突？这些问题都有待课题化并做出进一步考察。

---

　　①　孙正聿：《三组基本范畴与三种研究范式——当代中国马克思主义哲学研究的历史与逻辑》，《社会科学战线》2011年第3期。

1. 作为现代实践哲学的马克思主义哲学

无疑，产生于现代性展开与启蒙话语文化背景下的马克思主义哲学只能是现代哲学。如果是实践哲学的话，它也只能是现代实践哲学。

首先，从哲学形态学的意义来说，现代西方哲学发生了哲学范式的转向，即由近代认识论和实体论形而上学转向现当代实践哲学。这主要是由其哲学的兴趣和使命所决定的，前者在于"拯救知识"，回答普遍的确定性的知识何以可能；后者则让哲学回归生活世界，试图"拯救实践"，以寻求摆脱人类生存困境的可能方案。正是哲学使命的不同，哲学的思维方式、理性根据、理论旨趣都发生了重大转变，并最终转换了哲学范式，表现为哲学革命。各种领域哲学的兴起构成了现当代实践哲学的不同表达样式，而各种哲学转向说也只有回到实践哲学的地基上才能得以说明。

因此，对马克思主义哲学的哲学观定位，只能在现代哲学——现代唯物主义、现代实践哲学的范式下来解读。

其次，马克思主义哲学本身充分体现了新实践哲学——现代实践哲学的特质。在提问方式上，马克思主义哲学不再按照科学的逻辑追问世界和宇宙的本原、本体是什么，而是在历史的逻辑下探究社会历史产生、发展的规律，以及人类解放何以可能。也就是说，马克思主义哲学转换了传统哲学的基本问题，由思—存关系问题转向观念与现实、理论与实践、社会意识与社会生活的关系问题。

在解决问题的方法上，马克思主义哲学不再单纯地诉诸客体性原则或主体性原则，而是二者的辩证统一，按照总体性辩证法、实践辩证法，重新考察现实的人与现代资本主义社会，既看到资本主义的积极方面，也揭示了资本逻辑下的异化劳动、强迫分工，以及资本主义深层的社会冲突与矛盾，并诉诸无产阶级的社会革命这一直接动力来拯救现代性，重建现代性，以终结史前史，进而建设没有剥削、压迫的平等、正义的共产主义社会，实现人的解放和自由全面发展。

在理性的诉求上，马克思主义哲学不再是客观理性、世界理性、逻各斯，也不是主观理性（心灵的思维、主体自我、纯粹理性、自我意识等），而是现实的人的社会（历史）理性、交往理性和实践理性，而且借助对以往一切虚假意识形态的批判，进而说明人的感觉、意识和理性能力都不过是社会历史的产物、实践活动的结果。

在理论旨趣上，马克思主义哲学不再是为思辨而思辨的"解释世界"，而是回归现实的生活世界；不仅要"解释世界"，更要"改变世界"。它的根本目的就是要使现存世界革命化。因此，马克思主义哲学要终结一切旧哲学，特别是传统的二元论和形而上学。其立足点不再是市民社会，而是人类社会。马克思主义的全部问题在于如何通过对现实的资本主义社会的批判，而实际地进展到未来共产主义社会。

在"实践"概念的界定上，马克思主义哲学不再只是在 praxis（实践）意义——目的在自身的活动之亚里士多德的实践概念上被理解，也不是单纯的物质实践 practice，而是在 praxis 和 practice 相统一的意义上来说明，但这种统一是以 practice——物质生产实践为基础的。正是基于此而凸显历史唯物主义、现代唯物主义、实践唯物主义的立场，也就是说，劳动、生产实践在改变对象世界的过程中，也改变着人自身，并通过实践活动的结果确证和提升人的本质力量。实践活动不仅生成着人工世界、人类社会，而且生成人的社会关系、人的感觉、思维和生产生活能力及道德审美境界。因此，你是什么，要看你生产什么和用什么方式生产。被亚里士多德传统忽略的创制、技术生产活动得到了重视，并使其获得了内在的目的性与规范性价值，而非单纯的工具性和手段性。这也是马克思实践哲学区别于传统实践哲学的关键所在。

最后，借助西方马克思主义对马克思主义哲学观的理解与阐释理路，特别是对其哲学与现实、理论与实践之统一性的强调，在社会、历史总体范畴下对马克思主义总体性辩证法、主客体辩证法、实践辩证法、人学辩证法、交往辩证法、具体辩证法的解读，不仅进一步指认实践作为人的生存方式，而且通过对启蒙理性的批判，针对资本主义全面异化、物化的现实，给出寻求拯救现代化、重建现代性的种种乌托邦方案。这些无一不彰显出作为现代实践哲学的马克思主义哲学的总特征。东欧新马克思主义的南斯拉夫"实践派"，法兰克福学派，分析马克思主义的政治伦理转向，以及生态社会主义中的生态学马克思主义等，无一不弘扬了马克思主义实践哲学。尽管它们更多的是在 praxis 意义上，把实践与劳动对立起来，或者认为只有当劳动消除了异化，才会转换为实践。

国内学界对马克思主义哲学是实践哲学的理解，或者从马克思主义伦理、政治哲学的维度来说明马克思主义哲学是实践哲学，或者从实践唯物主义的立场坚持马克思主义哲学是实践哲学，或者从实践本体论的角度指认马克思主义哲学是实践哲学，或者从元实践学的阐释来回答马克思主义作为实践哲学何以可能，或者从哲学思维方式上来探究马克思主义哲学的实践哲学本性，或者从哲学人类学的路径来说明马克思主义实践哲学，等等。应该说，这些研究成果在探讨马克思主义哲学观方面都有一定价值和意义。然而，它们还没有看到现代实践哲学与传统实践哲学的根本差异，马克思主义实践哲学的独特性在于既不同于亚里士多德、康德的传统的实践哲学，也不同于现代西方各种领域哲学的实践哲学。

从根本上说，建立在"实践"基地之上的马克思主义实践哲学，在历史的视域下认为，历史是有目的的人的实践活动在时间中的展开，物质生产是历史产生的前提，生产力则是社会发展的最积极因素。它不仅把实践看成是现实的人的理论的、伦理的、政治的活动，而且把它们放置在物质的生产、劳动这一最切近人的生存方式基础之上。后者曾被亚里士多德的实践传统忽略，却最早为基督教因上帝是第一个工程师和劳作者而看重劳动的意义与价值，特别是经近代宗教改革，世俗事务神圣化，劳动作为天职，成为目的在自身的活动。伴随现代科学技术的发展及其社会功能的凸显，而后经黑格尔对劳动创造人的理解，马克思在继承这一传统的基础上，在《1844年经济学哲学手稿》中把劳动看成是自由自觉的活动、实践——人的类生活，把工业和工业产生的历史性存在视为人的本质力量的公开展示，并且从实践出发，把历史看成是劳动、异化劳动和扬弃异化劳动的过程。在《关于费尔巴哈的提纲》中，他明确提出社会生活在本质上是实践的。在《德意志意识形态》中，马克思、恩格斯不仅用劳动区别人和动物，而且用生产什么和怎样生产作为评价人的依据，还把消除了劳动者的分工看成是未来共产主义社会的一个特点。恩格斯在《自然辩证法》一书中也强调劳动创造了人本身，以及人的劳动应该不愧于人的本性。此外，劳动还被说成是人的第一需要，也是出于劳动是人的基本生存方式。

所以，对马克思主义实践哲学的阐释必须在历史的视域下把握劳动、生产的实践内涵，及其之于人的生存之存在论意义。唯有在此路径下，才能避免直接把实践作为本体的实践本体论阐发。后者有悖于马克思哲学所实现的哲学革命，因为马克思哲学作为现代哲学，反对和终结一切旧本体论的形而上学。对马克思主义哲学做出现代实践哲学的解读，其意义在于凸显马克思主义哲学的实践辩证法特质，即现实的人通过劳动、生产等实践活动，从其目的和需要出发，在改变对象世界的过程中也改变人自身，是一个永不停歇的"人—物—人"的辩证过程。在这个过程中，实践是人根本的存在方式和媒介。一方面，人的生存空间——人化的自然界不断生成和扩展，人所需要的物质产品不断丰富；另一方面，人的本质力量不断提升，包括认识能力和道德情感不断生成。

必须说明的是，强调马克思主义的实践观点，并不必然得出与唯物主义相冲突的实践一元论的本体论结论，但是，离开了实践的观点，忽略马克思基于感性的实践活动对自然、社会和人的理解，就根本无法彻底回答唯物主义关于世界的物质统一性问题。也只有在社会生活本质上是实践的这一命题的基础上，才能解决一切旧唯物主义，包括费尔巴哈的人本学唯物主义试图回答但又回答不了的人类社会的客观实践性、物质性问题，而这恰恰是现代唯物主义、新唯物主义对以往旧唯物主义的超越。也就是说，只有在借助现实的人的生产、实践所确立的历史唯物主义基地上，马克思主义才可能成为最完备的唯物主义形态。如果说"唯物论是马克思主义哲学的第一特征"① 的话，那么只有历史唯物主义的发现，才使得唯物论成为彻底唯物论、辩证唯物论。

把葛兰西（Antonio Gramsci）对马克思主义所做的实践哲学的阐发，理解成实践本体论或实践一元论是不恰当的。葛兰西从未把马克思主义的实践哲学称为实践一元论。在葛兰西那里，（现代的）实践哲学不但不同于现代唯心主义，更不同于传统的形而上学唯物主义，而是一种超越了一切旧唯心主义和旧唯物主义，并包含着历史唯物主义的新哲学。因此，实践哲学是历史性的，也是历史主义的。用葛兰西的话说："实践哲学以一种历史主义的方式思考它自身，把自己看成是哲学思想的一个暂时的阶段……而且，在某种意义上，实践哲学是黑格尔主义的一种改革和一种发展；它是一种已经从（或企图从）任何片面的和狂信的意识形态要素中解放出来的哲学；它是充满着矛盾的意识……甚至实践哲学也是历史矛盾的一种表现。"② 因此，"实践哲学是以前一切历史的结果和顶点。从对黑格尔主义的批判中产生出现代唯心主义和实践哲学。黑格尔的内在论变成历史主义，但只在实践哲学那里，它才是绝对的历史主义——绝对的历史主义或绝对的人道主义"③。实际上，这种历史主义表达了马克思主义实践哲学以历史性为主导的历史主义，并给予实践哲学辩证法的本性。同时，这种辩证法从根本上说就是"历史的方法论"——不同于"反历史主义的"、形而上学唯物主义的"社会学"实证主义方法的"历史的辩证法"。

显然，不能把马克思主义哲学观的解读——（现代）实践哲学，与历

---

①　侯惠勤：《意识形态话语权初探》，《马克思主义研究》2014 年第 12 期。

②　〔意〕葛兰西：《实践哲学》，徐崇温译，重庆，重庆出版社，1990，第 93～94 页。

③　〔意〕葛兰西：《实践哲学》，徐崇温译，重庆，重庆出版社，1990，第 108 页。

史唯物主义对立起来。（现代）实践哲学是对历史唯物主义世界观的实践基质和实践观点的强调，以彰显马克思主义哲学是不同于一切传统理论形态的哲学，是旨在"改变世界"并最终寻求人的解放，以期拯救现代性的现代哲学。如果说对马克思主义哲学的历史唯物主义称谓，有助于突出马克思主义哲学对以往旧唯物主义理论空场问题的有效解决，以及对黑格尔唯心史观的批判，那么对马克思主义哲学的实践哲学称谓，则在于彰显不同于理论形态哲学范式的马克思主义哲学革命和终结传统形而上学。如果说前者强调的是与旧唯物主义一脉相承的唯物主义立场下的历史观和世界观，那么后者则着眼于在现代意义上所实现的哲学思维方式与方法论的变革或者说哲学范式的转换。所以，在这一意义上，我们可以把新唯物主义、现代唯物主义叫作历史唯物主义、实践唯物主义或实践辩证法、历史辩证法，进而也可叫作现代实践哲学。

之所以要给马克思主义哲学再赋予一个新名称，不只是因为现当代哲学的实践转向，强调马克思主义哲学是具有现代性特征的现代哲学，"马克思是西方现代实践哲学的奠基者"①，还由于现代实践哲学更容易说明马克思主义哲学对传统形而上学的终结和所实现的哲学革命，进而更好地理解马克思的新唯物主义、现代唯物主义新质，批判并拒斥一切试图把马克思主义哲学拉回到旧的理论哲学范式——"理论理路的哲学"的倾向，再次以走近马克思、回到马克思的学术姿态，在去弊的意义上澄明马克思主义哲学的本真性。

应该说，西方马克思主义理论家的马克思主义理解理路，通过对第二国际试图把马克思主义理论仅仅作为经济和社会理论的实证主义倾向的批判，对第三国际等所谓正统的马克思主义将马克思主义哲学所做的倒退的解释——倒退到旧唯物主义的思想方式，比较准确地回答了马克思哲学革命的问题，并开显出马克思主义哲学的实践哲学特质。

卢卡奇在西方马克思主义奠基之作《历史与阶级意识——关于马克思主义辩证法的研究》中，通过对正统马克思主义的批判，指认马克思主义哲学是主客体相互作用的辩证法、实践辩证法、历史辩证法、总体性辩证法，进而指出无产阶级只有确立起阶级意识，让自身作为总体，才能把握社会、历史的总体，最终成为推动历史进步、变革现实社会的主体，但这一过程本身就是一个理论与实践的辩证统一过程。因此，"马克思的唯物主义辩证法是革命的辩证法"……无产阶级"既是认识的主体，又是

---

① 王南湜：《进入现代实践哲学的理路》，《开放时代》2001年第3期。

认识的客体，而且按照这种方式，理论直接而充分地影响到社会的变革过程时，理论的革命作用的前提条件——理论和实践的统一——才能成为可能"①。这样，马克思主义辩证法只能在历史领域，是历史辩证法，是无产阶级革命道路寻求的理论根据。

卡尔·柯尔施(Karl Korsch)通过对马克思主义和哲学关系的探讨，阐明马克思主义有哲学，而且是现代哲学。这种现代哲学终结了一切传统形而上学。它不同于"资产阶级意识必然地把自身看作像纯粹的批判哲学和不偏不倚的科学一样离开世界并独立于世界的东西，正像资产阶级国家和资产阶级法律好像是超出社会之上似的。应当由作为工人阶级的哲学的革命的唯物辩证法去同这种意识进行斗争。只有当整个现存社会和它的经济基础在实践上完全被推翻，这种意识在理论上全部被取消和被废除的时候，这一斗争才会结束"②。"不在现实中实现哲学，就不能消灭哲学。"③ 这表达了马克思主义实践哲学的理论诉求——改变现实，并终结一切旧哲学。

葛兰西则直接把马克思主义哲学叫作实践哲学，并批判性、论战性地回答了实践哲学的理论组成、特质、方法论、工作任务等。他认为，"实践哲学的理论应当指对于在历史唯物主义的标题下一般所知道的哲学概念的逻辑的和融贯的系统论述"，试图在世界观、哲学观、理论与实践的关系的意义上做出回答。同时，葛兰西批评布哈林在《通俗教材》中把实践哲学总是分裂为两个部分——一种关于历史和政治的学说，和一种哲学——辩证唯物主义的做法。但是，用这种方式设想问题，人们就不再能够理解辩证法的重要性和意义。因为辩证法从它作为一种认识论、编史工作的精髓及政治科学的位置上，被贬黜为形式逻辑和初级学术的一个亚类。只有把实践哲学看作一种开辟了历史新阶段和世界思想发展中的新阶段的、完整和独创的哲学的时候，才能领会辩证法的基本功能和意义。实践哲学则在其超越作为过去社会的表现的传统唯心主义和传统唯物主义，而又保持其重要元素的范围内做到这一点。如果只是把实践哲学看作臣服于另一种哲学，就不可能领会新的辩证法。然而，实践

---

① 〔匈〕卢卡奇：《历史与阶级意识——关于马克思主义辩证法的研究》，杜章智等译，北京，商务印书馆，1992，第48～49页。

② 〔德〕卡尔·柯尔施：《马克思主义和哲学》，王南湜等译，重庆，重庆出版社，1989，第54页。

③ 转引自〔德〕卡尔·柯尔施：《马克思主义和哲学》，王南湜等译，重庆，重庆出版社，1989，第54页。

哲学正是通过它(辩证法)来实现和表现对旧哲学的超越的。[①] 葛兰西在"论形而上学"这一节中，进一步批评布哈林"没有理解形而上学的概念，正如他没有理解历史运动的概念，生成的概念，从而辩证法本身的概念那样"[②]，把历史的运动与生成看成是历史的辩证法。可以说，葛兰西把唯物的辩证法、历史的辩证法看成是实践哲学超越旧哲学的根本所在。在这个意义上可以指认葛兰西所说的实践哲学内蕴着历史唯物主义世界观和辩证法，重视历史性和历史主义的方法。

因此，上述西方马克思主义早期理论家对马克思主义哲学观的阐发，对说明马克思主义哲学是现代实践哲学，以及为什么如此称谓是大有裨益的。

2. 现代实践哲学与历史唯物主义的逻辑互蕴和互释

上文通过对作为现代实践哲学的马克思主义哲学观的解读，确认现代实践哲学的根本特质在于其实践辩证法或历史辩证法。它与历史唯物主义都是马克思主义哲学的不同称谓。还必须看到，这种实践辩证法构成了历史唯物主义世界观的根本解释原则。正是在这个意义上，西方马克思主义思想家才把马克思主义哲学指认为实践辩证法、主客体辩证法、历史辩证法或总体性辩证法等。只有建立在实践辩证法这一思维方式与逻辑的基础上，历史唯物主义才能获得合理的说明。同样，具有实践辩证法特质的马克思主义的现代实践哲学，只有在历史唯物主义的立场与框架内才是可能的。它不是"从天国降到人间"，而"是从人间升到天国"[③]，进而避免了康德式的先验的消极辩证法、黑格尔思辨的意识辩证法，成为社会历史中现实的人的劳动辩证法、生产辩证法、革命辩证法，即实践辩证法。也就是说，现代实践哲学与历史唯物主义是互蕴、互释的。

(1)实践辩证法的解释原则对历史唯物主义世界观的成就。需要说明的是，这里所说的历史唯物主义世界观就是马克思的新唯物主义世界观，就是马克思主义哲学观，而非作为与自然、思维相区别的一个历史领域的唯物主义的历史观。后者是传统教科书的观点，认为马克思主义哲学由自然观、辩证法、认识论和历史观构成，而唯物主义的历史观意义上的历史唯物主义被看成是自然领域的辩证唯物主义在社会历史领域的推广或应用，以至于辩证唯物主义是优越于历史唯物主义的，具有时间在

① 〔意〕葛兰西：《实践哲学》，徐崇温译，重庆，重庆出版社，1990，第128页。
② 〔意〕葛兰西：《实践哲学》，徐崇温译，重庆，重庆出版社，1990，第129页。
③ 《马克思恩格斯文集》，第1卷，北京，人民出版社，2009，第525页。

先性。它没能看到，"马克思在《德意志意识形态》第一章中，主要是论述历史唯物主义，但标题是一个世界观的标题《费尔巴哈：唯物主义和唯心主义观点的对立》，说明马克思在这里是把历史唯物主义作为世界观来讲的：我们'周围的感性世界决不是某种开天辟地以来就已存在的、始终如一的东西，而是工业和社会状况的产物，是世世代代活动的结果'，'这种生产，是整个现存感性世界的非常深刻的基础'。人与自然的关系也是随实践的发展而发展的。人与自然的统一性在每一个时代都随着工业或快或慢地发展而不断改变。传统观点只是看到了历史唯物主义的历史观的意义，而没有看到世界观的意义，这是很肤浅的"①。正是基于此，刘福森成为国内第一个把马克思主义哲学叫作历史唯物主义的学者，但同时他还认为也可以把马克思的新世界观叫作"实践唯物主义"或"辩证唯物主义"。因为离开了实践唯物主义的辩证唯物主义不是马克思的辩证唯物主义（而是苏联教科书式的辩证唯物主义），离开了历史唯物主义的实践唯物主义也不是马克思的实践唯物主义。历史唯物主义的解释原则是马克思新世界观的基础。② 所以，这种唯物主义的马克思主义哲学的基本特征只能是"实践、辩证、历史的唯物主义"③。

显然，作为马克思主义实践哲学特质的实践辩证法有理由成为历史唯物主义的方法论和逻辑基础。或者说，实践唯物主义或历史唯物主义是以实践辩证法或历史辩证法为理论前提的。

首先，实践辩证法是历史发展的基本表达。根据历史唯物主义的世界观及历史观，社会历史是不断发展的，表现为从一种较低级的社会形态向一种较高级的社会形态的跃迁。而当问及如何实现跃迁的时候，只能回到现实的人的劳动、生产、实践领域，并借助劳动辩证法、生产辩证法、"工程辩证法"④ 等实践辩证法来加以说明。在《1844 年经济学哲学手稿》中，马克思通过劳动—劳动异化—异化劳动的扬弃，指出人类社会必然要消灭私有制、扬弃异化劳动而进入未来的共产主义社会。在他看来，"整个所谓世界历史不外是人通过人的劳动而诞生的过程，是自然界对人来说的生成过程"⑤。在《关于费尔巴哈的提纲》中，他明确提出

① 刘福森：《我们需要什么样的哲学——哲学观变革与历史唯物主义研究》，北京，北京邮电大学出版社，2012，第179页。
② 刘福森：《我们需要什么样的哲学——哲学观变革与历史唯物主义研究》，北京，北京邮电大学出版社，2012，第179页。
③ 杨耕：《马克思主义哲学：我们时代的真理和良心》，《光明日报》2014年11月24日。
④ 张秀华：《历史与实践——工程生存论引论》，北京，北京出版社，2011。
⑤ 参见《马克思恩格斯文集》，第1卷，北京，人民出版社，2009，第196页。

"社会生活在本质上是实践的"①。在《德意志意识形态》中，马克思把现实的人的存在看成是一切历史的前提，而把物质生产、物质再生产、人口生产和社会关系的生产看成是历史的四大要素，指出生产力的发展引发社会分工的深化，以至于导致强迫分工对人的奴役。他进而探讨如何消除劳动者分工来消除人生存的片面化、异化。他详细考察了生产力与交往形式的矛盾运动，生产力的发展推动历史向世界历史转变而进入交往的普遍化时代，因此，共产主义被看成是现实运动，而不是某种社会理想。在《〈政治经济学批判〉序言》中，马克思在其著名的唯物史观经典表达式中明确指出三个层次的辩证关系：一是生产力与生产关系之间的辩证关系；二是经济基础与上层建筑之间的辩证关系；三是社会存在（社会生活）与社会意识之间的辩证关系。同时，他还指明社会革命这一政治实践产生的必然性与时机，以及其在推动社会进步中的意义。总之，生产力作为人与自然之间能量、信息变化的实践能力，作为推动社会进步的最活跃因素，发挥着决定性作用，以至于有学者认为马克思主义在社会发展的问题上是生产力推定论的，是技术乐观主义的。不过有一点是确定的，实践的辩证法是革命的辩证法，不断地改变现实，使现实世界革命化，构成历史发展的逻辑表达式。在这个意义上，逻辑与历史的统一是可能的，它与黑格尔的历史与逻辑的统一相反。前者是历史唯物主义的命题；后者是历史唯心主义的命题。前者强调一切观念的东西都是对现实生活的表达；后者主张理性统治历史，是历史发展的动力。前者强调社会历史运动、发展的规律是有目的的人的活动的规律；后者相信历史是合目的性与合规律性的统一。

其次，实践辩证法是现实的人之自我生成过程。正如怀特海主义者所看到的那样，辩证法是过程论的，也是生成论的。② 实践的辩证法是主客体相互作用的辩证法，它凸显了主体性原则。但是以客体性原则为基础的主体性原则，是自律与他律的统一。因此，在作为主体的现实的人、人群共同体的实践过程中，主体在改变客体——对象世界的过程中，也改变着自身，表现为自我的历史性生成过程。马克思在《1844年经济学哲学手稿》中，跟随费尔巴哈，把自由自觉的实践看成是人的类生活和类本质，并按照以往"科学的逻辑"来定义人：人是自然的存在物，人是

① 参见《马克思恩格斯文集》，第1卷，北京，人民出版社，2009，第505页。

② 参见 Anne F. Pomeroy：*Marx and Whitehead*：*Process*，*Dialectics*，*and Critique of Capitalism*，New York，State University of New York Press，2004；L. Kleinbach Russell：*Marx via Process*，Maryland，University Press of America，Inc.，1982.

有意识的存在物，人是社会存在物，人是对象性存在物，人是人的自然存在物（是能动与受动的统一）等。他也以感性的实践活动及其劳动的辩证法超越了费尔巴哈，认为即使是人的感觉器官的感觉能力，也是社会历史的产物、实践的产物。"工业的历史和工业的已经生成的对象性的存在，是一本打开了的关于人的本质力量的书，是感性地摆在我们面前的人的心理学。"① "自然科学却通过工业日益在实践上进入人的生活，改造人的生活，并为人的解放作准备，尽管它不得不直接地使非人化充分发展。工业是自然界对人，因而也是自然科学对人的现实的历史关系。因此，如果把工业看成人的本质力量的公开的展示，那么自然界的人的本质，或者人的自然的本质，也就可以理解了。"② 也就是说，此时马克思已经用感性的实践活动及其成果，历史性地理解人的本质力量，消解人的本质的先在性、先天性和不变的抽象性，主张人的本质力量，以及人的一切关系都是随着人的劳动而生成的。在《关于费尔巴哈的提纲》中，马克思批评费尔巴哈"把宗教的本质归结于人的本质。但是，人的本质不是单个人所固有的抽象物"，进而明确提出，"在其现实性上，它是一切社会关系的总和"③。此后，在《德意志意识形态》中，马克思不仅用生产来区别人和动物，而且主张人们生产了什么（产品）和怎样生产（用什么方式生产，如自然的工具和文明的工具），也就是怎样的人。④ 他进一步明确人的解放的历史生成性，强调"只有在现实的世界中并使用现实的手段才能实现真正的解放；没有蒸汽机和珍妮走锭精纺机就不能消灭奴隶制；没有改良的农业就不能消灭农奴制；当人们还不能使自己的吃喝住穿在质和量方面得到充分保证的时候，人们就根本不能获得解放。'解放'是一种历史活动，不是思想活动，'解放'是由历史的关系，是由工业状况、商业状况、农业状况、交往状况促成的[……]"⑤。在此基础上，他声明："对实践的唯物主义者即共产主义者来说，全部问题都在于使现存世界革命化，实际地反对并改变现存的事物。"⑥ 此外，马克思还基于生产力的发展所决定的交往形式（生产关系），在《政治经济学批判》中提出了"三形态说"："人的依赖关系（起初完全是自然发生的），是最初的社会形态，在这种形态下，人的生产能力只是在狭窄的范围内和孤立的地点上

---

① 《马克思恩格斯文集》，第 1 卷，北京，人民出版社，2009，第 192 页。
② 《马克思恩格斯文集》，第 1 卷，北京，人民出版社，2009，第 193 页。
③ 参见《马克思恩格斯文集》，第 1 卷，北京，人民出版社，2009，第 505 页。
④ 参见《马克思恩格斯文集》，第 1 卷，北京，人民出版社，2009，第 520 页。
⑤ 参见《马克思恩格斯文集》，第 1 卷，北京，人民出版社，2009，第 527 页。
⑥ 参见《马克思恩格斯文集》，第 1 卷，北京，人民出版社，2009，第 527 页。

发展着。以物的依赖性为基础的人的独立性，是第二大形态，在这种形态下，才形成普遍的社会物质变换，全面的关系，多方面的需求以及全面的能力的体系。建立在个人全面发展和他们共同的社会生产能力成为他们的社会财富这一基础上的自由个性，是第三个阶段。第二个阶段为第三个阶段创造条件。因此，家长制的，古代的（以及封建的）状态随着商业、奢侈、货币、交换价值的发展而没落下去，现代社会则随着这些东西一道发展起来。"① 马克思在这里突出表达了与社会形态同步的人的生存、发展的三种形态：前资本主义社会人对人的依赖性；资本主义社会以对物的依赖性为中介的人的独立性；未来共产主义社会将实现人的自由个性。这实际上就是经历了"自然的逻辑"下的群体本位的人—"资本的逻辑"或"自私的逻辑"下的个体本位的人—"自由的逻辑"下的类本位的人之发展的三个不同阶段。其解释原则是而且只能是实践的辩证法，强调主体人通过实践活动改变对象世界——客体的过程中，也改变着人自身。此即主客体辩证法。

（2）历史的逻辑之解释原则对现代实践哲学的内在支撑。一方面，在历史唯物主义的立场下，依循历史的逻辑，按照历史性和历史主义的方法，才能克服以往认识论或知识论抽象的实践观。在马克思看来，"费尔巴哈不满意抽象的思维而诉诸感性的直观；但是他把感性不是看做实践的、人的感性的活动"②。苏联哲学教科书体系的认识论是思维—存在二元论思维模式下的传统知识论和形而上学的反映论，认识被看成是主体与客体同时在场而对外物的反映。它于是被动地、消极地感受和反映对象，忽略了认识主体的主体性，例如，主体的社会性、能动性、创造性，以及生存的历史性等。这种认识论虽然也主张实践是认识的来源，实践是认识的基础，实践是认识的动力，实践是检验真理的标准等，但是，这里的"实践"是单纯服务于认识的，是第二性的，是抽象的。因为这种传统的苏联教科书式的认识论考察，是在排除了历史唯物主义之后而引入实践观的。在这种情况下，认识主体被看成是孤立的而非社会历史中的人，存在也被看成是自然对象而非社会历史的存在，实践必然被抹去社会历史条件和具体的交往关系。在这方面，刘福森教授的讨论极为准确和精当。他认为："传统教科书的认识论公式：'实践→认识→实践'，可进一步具体化为：'实践→感性认识→理性认识→实践'。这里作为一

---

① 参见《马克思恩格斯全集》，第 46 卷上册，北京，人民出版社，1979，第 104 页。

② 参见《马克思恩格斯文集》，第 1 卷，北京，人民出版社，2009，第 505 页。

切认识基础的'实践'是产生感性认识的实践，只能是个体的直接实践，不可能是社会历史的实践。因为，感性认识只能从自己（个人）的直接实践中产生，不可能来自他人实践。而作为认识的基础的实践只能是社会历史的实践，即社会整体和历史之总和的实践整体。"①

显然，只有在历史唯物主义的世界观下，按照历史的逻辑，现代实践哲学作为马克思主义哲学观所讨论的认识论才能克服旧唯物主义认识论的局限，走出以思维与存在的关系为哲学基本问题的二元论思维方式，而转向新的哲学基本问题——社会意识与社会存在，也就是理论与实践或观念与现实的关系的问题。这就是马克思在《德意志意识形态》中讨论了现实的人是如何生活、如何存在、如何创造社会历史以后，才开始关注意识、精神生产的原因。他认为，意识也经历了纯绵羊式的意识到自我建构的纯粹意识的进化过程，而且强调生产实践，特别是体脑劳动的分工的决定性作用。他进而主张，社会生活决定社会意识，观念的东西不外是移入人的头脑并在头脑中改造过了的存在。这表明，认识主体与客体都受制于社会历史的实践境遇，无论是认识主体的思维能力还是认识的问题域、对象的课题化等，都与具体的社会实践水平有关。或者说，人们生存、实践的历史性，直接影响认识的兴趣、目的和解决问题的方式、方法等。马克思认为，存在着两个文本，一个是观念的文本，另一个是实践的文本，要理解观念的东西必须回到生活实践的地平线上。也就是说，实践是理解观念的钥匙，实践是理解和解释活动的基础。② 更重要的是，马克思主义哲学不是以往为思辨而思辨的"纯粹的哲学"——旨在"解释世界"的理论形态的哲学，而是着眼于实践、服务于实践——"改变世界"、改造现实的革命的哲学，是科学性与革命性统一的哲学。所以，理论与实践的关系问题构成马克思主义哲学的根本问题，这一点为安德森在《西方马克思主义探讨》一书中所言明。而哈贝马斯的著作《理论与实践》则系统研究了理论与实践的关系。在他看来，"历史唯物主义想要全面地说明社会进化，因此这种说明既涉及理论本身的形成联系，也涉及理论本身的运用联系"③。"历史唯物主义可以被理解为一种以实践的意图拟定的社会理论；这种理论避免了传统政治和近代社会哲学互

---

① 刘福森：《我们需要什么样的哲学——哲学观变革与历史唯物主义研究》，北京，北京邮电大学出版社，2012，第 180 页。

② 俞吾金：《马克思的权力诠释学及其当代意义》，《天津社会科学》2001 年第 5 期。

③ 〔德〕尤尔根·哈贝马斯：《理论与实践》，郭官义等译，北京，社会科学文献出版社，2010，第 1 页。

补的缺陷，所以它把科学性的要求同一种与实践相关的理论结构相联系。"[1] 因此，哈贝马斯主张：批判的社会哲学通过理论对自身形成过程中的联系的反思有别于科学和哲学。科学不考虑结构联系，它客观地对待自己的对象领域。哲学（传统哲学，笔者注）则相反，它太相信自己的起源，它用本体论的观点把自身的起源视作根基。批判的社会哲学通过理论对自身运用过程中的联系的预测有别于霍克海默所说的传统理论。它公认的要求只能在成功的启蒙过程中。也就是说，只能在有关人员的实际对话中得到兑现。它拒绝人们以独白方式建立的理论和苦思冥想出来的要求，并且认为，迄今为止，尽管哲学也提出过自己的要求，但带有苦思冥想的性质。进而，可从三个方面解释理论与实践的关系：从晚期资本主义社会制度中科学、政治和公众舆论的关系的经验方面；从认识与兴趣的认识论方面；从肩负批判使命的社会理论的方法论方面。[2]

只有历史唯物主义立场下的实践观，才能确立起实践的总体性地位；如何做（How to do）的实践问题——H 问题，[3] 以及应该怎么做的实践规范问题才能凸显出来；旨在拯救实践、拯救现代性的现代实践哲学对马克思主义哲学观的解读才有了可靠的理论进路。

另一方面，在历史的逻辑下，现实的人之生存实践的历史性，内蕴着实践辩证法这一思维方式。历史唯物主义与一切旧唯物主义的根本区别在于历史和实践的观点，或者说历史的逻辑和实践的逻辑。只有在历史的逻辑下，实践的前提性、境遇性或历史性和过程性才获得重视，实践的辩证法才得以浮现，并最终使得逻辑与历史的统一成为可能。因为费尔巴哈之前的唯物主义者仅仅是自然唯物主义者，看到的是自然界的物质性和客观性。费尔巴哈把人看成是自然界的最高存在，并用自然存在物来抽象地定义人，当他把视野转向人类社会时，由于偏执于"感性"而看不到"感性的实践活动"，用抽象的类本性来思考人，进而成为历史唯心主义者。可以说，历史始终在旧唯物主义哲学视野之外。造成这种情况的根本原因是，一切旧唯物主义者不了解感性的实践活动之于现实的人和社会历史的意义。而在马克思看来，历史是人们的生活过程，是人们的实践活动在时间中的展开，世界历史也是随着人们的劳动而不断

---

① 〔德〕尤尔根·哈贝马斯：《理论与实践》，郭官义等译，北京，社会科学文献出版社，2010，第2页。

② 〔德〕尤尔根·哈贝马斯：《理论与实践》，郭官义等译，北京，社会科学文献出版社，2010，第2页。

③ 徐长福：《走向实践智慧——探索实践哲学的新进路》，北京，社会科学文献出版社，2008，第37页。

生成的过程，而且不同于自然规律，历史规律是有目的的人的活动的规律。因此，对历史的考察必然回归现实的生活世界，回到现实的人的感性实践活动这一基地上来，展现为历史与实践思维方式的内在联结和不可分性。他对历史的说明是感性活动过程论的——实践过程论的；他对实践和感性活动的说明又总是强调历史性境遇的历史主义立场。正是在此意义上，历史唯物主义的历史的逻辑内蕴着实践的思维方式——实践的逻辑、实践辩证法。这也是为什么马克思注重劳动批判、生产批判和资本批判的原因。对感性实践活动的迷失与遮蔽是传统形而上学和旧唯物主义共同的局限。

《马克思论费尔巴哈》开篇就明确指出："从前的一切唯物主义——包括费尔巴哈的唯物主义——的主要缺点是：对对象、现实、感性，只是从客体的或者直观的形式去理解，而不是把它们当做人的感性活动，当做实践去理解，不是从主体方面去理解。因此，结果竟是这样，和唯物主义相反，唯心主义却把能动的方面发展了，但只是抽象地发展了，因为唯心主义当然是不知道现实的、感性的活动本身的。费尔巴哈想要研究跟思想客体确实不同的感性客体，但是他没有把人的活动本身理解为对象性的[gegenst ndliche]活动。因此，他在《基督教的本质》中仅仅把理论的活动看做是真正人的活动，而对于实践则只是从它的卑污的犹太人的表现形式去理解和确定。因此，他不了解'革命的'、'实践批判的'活动的意义。"①

只有历史唯物主义凭借历史的逻辑，最终解除了以往对不变、永恒、绝对的实体论形而上学信念，运动变化、生成与过程的历史性思维，以及由此所确立的感性活动过程论或实践过程论，实践的辩证法、实践的逻辑和实践总体的解释原则才成为历史唯物主义同历史唯心主义、旧唯物主义的根本分野，成为现代实践哲学的内在特质。如果说新唯物主义、现代唯物主义的解释原则是"历史的解释原则"，遵循"历史的思维逻辑"②，那么，"历史的思维逻辑就是辩证法的逻辑"③。这种辩证法又超越了单纯概念的辩证法，而进展到现实的主体与客体的相互作用的辩证法——实践的辩证法的基地。

---

① 参见《马克思恩格斯文集》，第 1 卷，北京，人民出版社，2009，第 503 页。
② 刘福森：《我们需要什么样的哲学——哲学观变革与历史唯物主义研究》，北京，北京邮电大学出版社，2012，第 164 页。
③ 刘福森：《我们需要什么样的哲学——哲学观变革与历史唯物主义研究》，北京，北京邮电大学出版社，2012，第 167 页。

因此，把马克思主义哲学解读为现代实践哲学是基于现当代西方哲学实践转向的总体境遇，通过西方马克思主义对马克思主义哲学观的理解理路，特别是按照"以马解马"和走近马克思的理论诉求等，来彰显马克思哲学范式的转换及其所实现的哲学革命。然而，这种对马克思主义哲学所做的现代实践哲学的阐释和称谓，只有在历史唯物主义世界观和解释原则下才是可能的，而且二者在逻辑上是互释共容的。因此，它是对作为马克思主义世界观的历史唯物主义的契合与理论支撑，它既不同于西方传统实践哲学，也有别于当代西方实践哲学。

上述讨论就是要确认人类的工程——造物的实践活动，即物质生产是有精神维度的，不能把它看成是动物的本能活动，即使最粗糙的造物实践——原始的工程，也是人与物、人性与物性、类性与种性、文化与自然、自由与必然开始分别的伟大事件和人之为人的壮举。一切意识形态的、价值的、伦理的、法的东西都被植根在造物的行动中。因此，人类造物的工程实践早已始源性地蕴含了自由、价值、伦理等人性的光辉，只是随着人类历史的发展，原本拥有和开启的这些精神维度被遗忘和遮蔽了，在寻找精神的存在时往往又制造了物质与精神、思维与存在二元割裂的世界，以至于有的哲学家把劳动与实践对立起来，没能看到导致今天人类精神危机、伦理滑坡的根本原因在于片面地依赖工具理性，单纯地追求行动效率、效益的结果，使得"资本的逻辑"遮蔽了"自由的逻辑"。

正是基于资本的批判，恩格斯才强调人的实践应该不愧于人的行动。当代工程伦理的提出不是来自外部，而恰恰是源自工程主体的责任意识和自我规范的自觉。

（二）负责任的工程行动：从"报复"到"报答"

应该说，对工程伦理问题的关注，是随着工程发展壮大，以及其自身的社会地位、功能和广泛的影响而与日俱增的。从 17 世纪末工程专业的产生到 20 世纪初工程领域的拓展，这一时期人们主要关注工程师的基本义务，即工程师对其雇主的忠诚。英美许多专业的工程师学会提出伦理准则，并把工程师的主要义务规定为：做雇用他们的公司的"忠实代理人或受托人"，其关键词是"忠诚"。经过两次世界大战，进入 20 世纪中期，由于工程的负面作用凸显，欧美国家在 20 世纪 50 年代和 60 年代爆发了反对核武器和保卫和平的运动，而 20 世纪 60 年代和 70 年代又出现了消费者运动和环境运动，致使工程师开始反思他们为国家或企业等雇主服务的伦理定位。1947 年，美国工程师专业发展委员会（ECPD）起草了第一个跨学科的工程伦理准则，伦理观要求工程师"使自己对公共福利感兴趣"。1963 年和 1974 年的两次修改更强化了这个要求。① 显然，这一为公共福祉的新义务与为雇主的老义务是冲突的，新义务的确认被称为"工程师的造反"②。

　　今天，工程师伦理准则明确规定："工程师应当将公众的安全、健康和福利置于至高无上的地位。"③ 尽管如此强调工程师的社会责任，但是直到 20 世纪 70 年代末，工程师的伦理和工程实践的伦理问题才引起工程学、哲学和伦理学等学科的系统关注，工程伦理学才得以诞生。美国在职业伦理学框架下，依托工程师学会等职业建制，以工程师职业伦理学为主导范式，开创和保持了工程的微观伦理学传统。德国在技术与社会的互动框架下，以技术评估为路径，形成了工程技术的制度伦理和政策伦理特色，且以工程技术的宏观伦理学为最。1978 年至 1980 年，美国学者鲍姆（R. Baum）承担了来自美国国家科学基金会（NSF）等机构资助的"哲学与工程伦理学"的国家课题。这一课题奠定了工程伦理学的跨学科性学科的基础地位。④

　　自 20 世纪 60 年代以来，美国出版的工程伦理学著作逐年增多。20 世纪 60 年代 2 本，70 年代 2 本，80 年代增至 3 本，90 年代后新出版著作 6 本。21 世纪以来，几乎以每年 1 本著作的速度生产着工程伦理学理论，以至于在美国，工程伦理学已成为显学，并进入起飞阶段。⑤ 美国在世界范围内确立了该学科理论与实践的领先地位，对工程伦理学的称谓有 ethics in engineering 和 engineering ethics。

　　到目前为止，国外的工程伦理学研究在美国和德国率先开启的研究传统的基础上，已经形成以下几对具有一定张力的研究路径和范式。

　　（1）微观的工程伦理学与宏观的工程伦理学研究。罗伯特·C. 赫兹皮思（Robert C. Hudspith）在其文章《拓展工程伦理学的范围——从微观伦理学到宏观伦理学》（*Broadening the Scope of Engineering Ethics*：

---

　　① 李世新：《谈谈工程伦理学》，《哲学研究》2003 年第 2 期。

　　② Jr. Layton，T. Edwin：*Revolt of Engineers*，*Social Responsibility and American Engineering Profession*，Maryland，The Johns Hopkins University Press，1986.

　　③ Shrader-Frechette，Kristin：*Ethics of Scientific Research*，Maryland，Rowman & Littlefield Publishers，Inc.，1994，pp. 155～156.

　　④ 李世新：《谈谈工程伦理学》，《哲学研究》2003 年第 2 期。

　　⑤ 李伯聪：《关于工程伦理学的对象和范围的几个问题——三谈关于工程伦理学的若干问题》，《伦理学研究》2006 年第 6 期。

from Micro-Ethics to Macro-Ethics)① 一文中，注意并区分了国外工程伦理学研究的两个截然不同的路向。

一是微观伦理学研究。它主要由工程学会制定伦理准则，也就是在职业伦理学下的工程师职业伦理学。它主要围绕工程师个人的责任和义务，面向工程伦理教学，采用案例研究的方法，研究工程师在工程实践中可能遇到的伦理难题和责任冲突，试图解决伦理准则如何适应具体的情境，以使工程师的决定和行为符合伦理准则的要求。② 其关注的焦点是：什么是道德上好的工程师，怎样的行为符合职业道德规范。进入20世纪80年代，美国负责工程教育的机构与技术认证委员会还明确规定：工程教育必须含有工程伦理的内容；职业工程师注册考试也测验工程伦理的内容。目前，美国形成了全国统一的职业工程师学会（NSPE），并设有专门的伦理评议理事会（BER），负责学会伦理准则的解释和执行，对各种工程伦理问题提出评议意见，并通过定期公布指导会员。这一研究传统为美国所保持和不断改善，已成为美国工程伦理学研究的主流。

显然，这一研究进路关注的伦理主体主要是工程师个人。对此，国外学者产生了不同看法，指出这种以伦理准则为中心的工程伦理学研究一般直接给出伦理规范，缺乏对规范本身的论证。温纳（Winner）在其论文《工程伦理和政治的想象》（Engineering Ethics and Political Imagination）中，批评美国工程伦理学界惯常的围绕工程伦理准则开展的案例教学的做法，认为它们只是揪住细节而忽视大局，只见树木不见森林。③ 一些学者认为工程师的职业伦理学不等于工程伦理学，正像美国学者迈克·W. 马丁（Mike W. Martin）和罗兰德·施金格（Roland Schinzinger）在《工程伦理学》（Ethics in Engineering）一书中所说的：工程伦理学还需要研究工程活动中其他类型人员的责任与伦理问题，即便如此，它也还停留在传统理论伦理学的框架内，我们还应"对决策、政策和价值进行研究"④。另一些学者则认为工程师的职业伦理学是工程伦理学的发源地，其努力是有意义和价值的。

---

① Robert C. Hudspith: "Broadening the Scope of Engineering Ethics: from Micro-Ethics to Macro-Ethics", *Bulletin of Science, Technology and Society*, Vol. Ⅱ, 1991, pp. 208～211.

② 李世新：《谈谈工程伦理学》，《哲学研究》2003年第2期。

③ L. Winner: "Engineering Ethics and Political Imagination", In Paul Durbin (ed): *Broad and Narrow Interpretations of Philosophy of Technology: Philosophy and Technology*, Vol. 7. Boston, Kluwer, 1990.

④ Mike W. Martin, Roland Schinzinger: *Ethics in Engineering*, New York, McGraw-Hill Education, 2005, p. 8.

二是宏观工程伦理学研究。[①] 根据罗伯特·C. 赫兹皮思的看法，宏观工程伦理学的着眼点在于工程整体与社会的关系，思考：①关于工程（技术）的性质和结构，例如，特定技术所固有的特性是什么，这些特性是如何影响或决定技术的使用方式的，技术的固有特点是如何反映社会和文化的价值观的。②工程设计的性质，例如，设计过程在历史上是如何变化的，设计过程可以解决所有的问题吗，设计者在社会中的角色是如何变化的。③做一名工程师的含义，例如，工程师有什么长处和局限性，一般公众对工程的担心是由于误解还是由于他们以不同于专家的方式看问题，关于采用新技术的决定应当如何做出。[②] 这一研究进路指认工程实践本身拥有丰富的伦理问题，因为风险是工程的内在属性。罗萨·林恩·B. 平库斯（Rosa Lynn B. Pinkus）就认为，工程项目主要是在费用、风险和工期之间权衡，这就自然产生出现实的伦理问题。[③]

罗兰德·克兰（Ronald Kline）的《研究伦理学，工程伦理学与科学技术学》（*Research Ethics, Engineering Ethics, and Science and Technology Studies*）[④]，在批判微观工程伦理学研究的基础上，强调宏观视角的工程伦理学研究的优势。在他看来，微观视角的工程师职业伦理学研究常常使用简单化的叙事结构，将案例看作围绕个别道德原则展开的单一主线，而排除并不明显相关的叙事路线，甚至有时为了学生使用既有伦理原则，找到解决伦理困境的方案，而不得不使用假设的伦理困境。他进而直接指出：工程伦理学应当关注工程实践的复杂社会与组织背景，特别是重视社会与组织因素对工程灾难的建构性作用，科学、技术与社会（STS）研究将有助于描绘工程实践的社会与组织因素。[⑤]

迈克尔·戴维斯（Michael Davis）对美国基于微观的工程伦理学研究进路也提出批评。他认为这一研究传统把精力主要放在了个体的问题上，如道德困境、揭发、忠诚、诚实等，工程伦理学的教师也投入大量时间在个体决策上，而对技术的社会政策与社会境遇关注不够。因此，应该

① 李世新：《谈谈工程伦理学》，《哲学研究》2003 年第 2 期。
② Robert C. Hudspith："Broadening the Scope of Engineering Ethics：from Micro-Ethics to Macro-Ethics"，*Bulletin of Science，Technology and Society*，Vol. Ⅱ，1991，pp. 208~211.
③ Rosa Lynn B. Pinkus, et al：*Engineering Ethics：Balancing Cost，Schedule，and Risk—Lessons Learned from the Space Shuttle*，New York，Cambridge University Press，1997.
④ Ronald Kline："Research Ethics, Engineering Ethics, and Science and Technology Studies"，In Mitcham C：*Encyclopedia of Science，Technology，and Ethics*，Detroit，Macmillan Reference，2005.
⑤ 王前、朱勤：《工程伦理的实践有效性研究》，北京，科学出版社，2015，第 5 页。

从组织文化、政治环境、法律环境、角色等方面进行探讨。①

　　需要说明的是，以美国为主的微观工程伦理学研究与以德国为核心的宏观工程伦理学之争，由约瑟夫·赫尔克特（Joseph Herkert）做了详细的梳理。他首先肯定来自微观视角与宏观视角的工程伦理学争论对发展工程伦理学的积极意义和价值——既是挑战也是机遇，进而主张两种视角的互补与融合，但主张在微观视角研究的基础上重视宏观视角的工程伦理学研究。②

　　（2）作为应用伦理学的工程伦理学与作为实践伦理学的工程伦理学理解。这主要集中在工程伦理学与伦理学之间的关系处理上。有学者认为，工程伦理学就是伦理学的理论和规范在工程领域的应用，在这个意义上，工程伦理学就是应用伦理学或实践伦理学。但有学者特别区分了应用伦理学与实践伦理学，认为二者根本不同。前者强调传统理论伦理学应用到某实践领域；后者则旨在关注和解决实践领域中关涉的伦理问题，并通过其解决构建伦理学理论本身。他们进而主张工程伦理学属于实践伦理学（practical ethics），而非应用伦理学（applied ethics）。

　　平库斯等学者就主张工程伦理学只能是实践伦理学，这一观点集中表达在平库斯等人所写的著作《工程伦理学——平衡成本，工期与风险》（*Engineering Ethics：Balancing Cost，Schedule，and Risk*）③ 中。詹姆斯·H. 肖布（James H. Schaub）和卡尔·帕夫洛维茨（Karl Pavlovic）在1983 年出版的著作《工程专业化与伦理学》（*Engineering Professionalism and Ethics*）中也指出，工程师大都知晓一般的伦理原则，可是，仅仅知道这些原则是不够的，不能帮助工程师处理他们遭遇到的工程难题，他们还需要更多知识，尤其是运用这些知识的技能。④

　　因为在哈佛大学教授丹尼斯·汤普森（Dennis Thompson）看来，实践伦理学在学科性质上属于"关联学科"，致力于理论与实践之间的联结，它根本不同于通常意义上的应用伦理学和职业伦理学。对实践伦理学来

---

　　① Michael Davis："Engineering Ethics，Individual，and Organizations"，*Science and Engineering Ethics*，2006（12），pp. 223～231.

　　② Joseph Herkert："Future Direction in Engineering Ethics Research：Micro-ethics，Macro-ethics and the Role of Professional Societies"，*Science and Engineering Ethics*，2001（7），pp. 403～414.

　　③ Rosa Lynn B. Pinkus，et al：*Engineering Ethics：Balancing Cost，Schedule，and Risk—Lessons Learned from the Space Shuttle*，New York，Cambridge University Press，1997.

　　④ James H. Schaub，Karl Pavlovic，*Engineering Professionalism and Ethics*，New Jersey，John Wiley & Sons Inc.，1983，p. 229.

说，哲学原理并不能以任何简单形式应用于具体问题和对策，这主要是由于伦理原则之间常常冲突，面对具体的伦理困境就不得不修正哲学原则和伦理规范。①

对此，美国南佛罗里达大学教授休·拉福莱特（Hugh LaFollette）特别总结出美国实用主义伦理学的实践品格诸特点：①道德原则的可修正性。②伦理思想的批判继承性。③道德习惯的相对性。④道德习惯的可进化性。⑤伦理理论与实践的统一性。②

米切姆还深入研究了在工程设计环节，工程师如何实现其伦理义务。他要求工程师具有"自我反思性"和"考虑周全的义务"（a duty plus respicere），为此，他还提供了一个操作层面的"实用指南"。③ 跟随米切姆"考虑周全的义务"，一些学者尝试探讨将这一义务更加具体化，进而在工程伦理学中形成了"物化的实践伦理观"。费尔贝克的"道德物化"，巴特亚·弗里德曼等倡导的"价值敏感设计"，斯坦福大学教授福格提出的"劝导技术"等，都试图将伦理价值现实地物化到工程设计活动中去，最终将伦理价值物化到工程产品中去。④

（3）基于工程的风险伦理评估的工程学传统的工程伦理学与社会文化传统的工程伦理学区分。这一研究理路的张力被《欧美工程风险伦理评价研究述评》⑤ 一文很好地揭示出来。

荷兰代尔夫特理工大学哲学系萨拜因·勒泽（Sabine Roeser）和洛特·阿斯维尔德（Lotte Asveld）教授在《技术风险伦理学》（*Ethics of Technological Risk*）中指出：可接受风险在社会学和心理学方面已经取得了很多成果，而从道德哲学视角对风险的研究寥寥可数。分析哲学传统下的道德哲学家们在很大程度上回避对属于工程领域的技术的探讨。尽管大陆哲学家关注技术，但他们仅仅从一种悲观的角度，将技术看作对当代社会生活的威胁。⑥

---

① 转引自王前、朱勤：《工程伦理的实践有效性研究》，北京，科学出版社，2015，第18页。

② Hugh LaFollette：*Blackwell Guide Ethical Theory*，Malden，Wiley-Blackwell，2000，pp. 414～418.

③ C. Mitcham："Engineering Ethics in Historical Perspective and an Imperative in Design"，In C. Mitcham：*Thinking Ethics in Technology：Hennebach Lectures and Papers*（1995～1996），Golden，Colorado School of Mines Press，1997，p. 143.

④ 转引自王前、朱勤：《工程伦理的实践有效性研究》，北京，科学出版社，2015，第21页。

⑤ 朱勤、王前：《欧美工程风险伦理评价研究述评》，《哲学动态》2010年第9期。

⑥ Sabine Roeser，Lotte Asveld："The Ethics of Technological Risk Introduction，Overview"，In Lotte Asveld，Sabine Roeser：*Ethics of Technological Risk*，London，Earthscan，2009，p. 18.

道格拉斯·麦克林（Douglas MacLean）则认为工程风险评价的核心问题主要是指，工程风险在多大程度上是可接受的。它直接就是一个伦理问题，涉及工程风险可接受性在社会范围内的公正问题。①

工程伦理学对工程风险的研究主要在 20 世纪 80 年代以后，它随着工程灾难的频发而被提上研究日程，并逐渐建制化。但是，工程风险伦理评价成为一个正式研究领域，与两个学术运动的推动作用有关：一个是工程（技术）风险方法论研究者对工程风险定量研究方法的批判。这一运动的典型代表之一是美国圣母大学的克里斯汀·施雷德-弗雷谢特（Kristin Shrader-Frechette）教授。另一个是工程伦理学的兴起及其对当代工程风险问题的研究。前者从方法论而言，研究的哲学家们对工程风险评价定量方法的批判主要集中于一点：定量方法由于忽视对人类价值（包括公正、平等、自由及其他基本权利）的关注，而很难做出真正的公正评价。因此，伦理学视角的工程风险评价应当予以考虑。

在"挑战者"号事件之后，不少学者开始关注从伦理学视角来解释工程风险问题。美国波士顿大学的戴安娜·沃恩（Diane Vaughan）教授在其著作《"挑战者"号发射决策：美国国家宇航局的风险技术、文化和偏差》（1997 年）一书中，系统论述了美国国家宇航局的组织文化、组织伦理对"挑战者"号发射决策中的工程风险产生的影响。沃恩对美国国家宇航局的组织行为分析（其中包括对工程风险的伦理评价）获得了蕾切尔·卡逊奖、罗伯特·默顿奖，以及普利策新闻奖的提名。同年，美国匹兹堡大学的平库斯教授等人所著的《工程伦理：平衡成本、时间表与风险——从航天飞机事件中获得的教训》（*Engineering Ethics：Balancing Cost，Schedule，and Risk-Lessons Learned from the Space Shuttle*）② 一书中，以"挑战者"号航天飞机失事为例，探讨了工程伦理与工程风险之间的关系，以及工程伦理对后"挑战者"风险评估范式的影响。平库斯还对美国国会技术评估办公室惯用的 FMEA/CIL 风险评价模式提出了批判，认为应当建立起一种以直觉、创造性及判断为导向的评价策略，精确的数字或者计算机计算的具体方法在这里并不能奏效。这就出现了工程学传统与人文传统的分歧。

瑞典皇家工学院哲学系主任斯文·奥弗·汉森（Sven Ove Hansson）

---

① Douglas MacLean："Ethics Reasons and Risk Analysis"，In Lotte Asveld，Sabine Roeser：*Ethics of Technological Risk*，London，Earthscan，2009，pp. 115～127.

② Rosa Lynn B. Pinkus，et al：*Engineering Ethics：Balancing Cost，Schedule，and Risk—Lessons Learned from the Space Shuttle*，New York，Cambridge University Press，1997.

教授的研究颇具代表性。汉森认为，风险一词具有"日常的"（vernacular）和"技术的"（technical）两层意义。在日常用语下，风险只不过是一种危险（danger）；而在科学和技术意义上，风险通常被定义为某种伤害的概率。在这两类使用语境划分的基础上，汉森将风险归纳为以下四个方面：①可能发生（或不发生）的有害（unwanted）事件。②发生（或不发生）有害事件的根源（例如，对吸烟者而言，吸烟是具有一定风险的行为，即它是导致肺癌这一有害事件的根源之一）。③发生（或不发生）有害事件的概率。④发生（或不发生）有害事件的统计学期望值。[1]

施雷德-弗雷谢特将工程风险划分为"工程技术人员的理解"和"哲学家与其他人文主义批判家的理解"。前者将风险理解为人身伤害（physical harm）的概率；后者认为对风险不能仅从定量的视角定义，还应当包括人身伤害之外的东西。哲学家与人文主义批判家们认为，技术常常对其他的"善"造成威胁，例如，公民自由、个人自治及其他权利。[2]

这就出现了工程风险伦理评价的两个视角：工程学的与社会文化研究的。[3]

第一，工程学传统：将工程风险理解为一种技术现象。工程风险是可以用概率进行表达的事件或者后果。这一研究进路的研究方法为技术管理和工程系统论，即通过对工程的系统分析及技术性解释（technological interpretation），评价工程系统中存在的安全性问题、可靠性问题，以及工程师在工程风险评价中的作用等。其基本态度是决定论的，研究的问题主要是多大程度的工程风险是可以接受的。

第二，社会文化研究传统：将风险理解为当代技术社会的本质，认为具有不同认知心理文化的社会群体对风险有着不同的理解。其基本态度是语境论的，研究的问题主要是可接受的工程风险一定是公正的吗？这一研究传统早期的奠基者是英国文化人类学家玛丽·道格拉斯（Mary Douglas），其所著的《文化偏见》《风险与文化》等著作，为人们从文化人类学、比较文化学、社会心理学等视角分析工程风险奠定了理论基础，为后续从事工程风险伦理评价的有关学者提供了思想资源。

无论哪一种传统的工程风险的伦理评价，都自觉使用了功利论、义

① Sven Ove Hansson："The Epistemology of Technological Risk"，*Techne*，2005，9（2），pp. 68～80.

② K. Shrader-Frechette："Technology and Ethics"，In Robert C. Scharff，Val Dusek：*Philosophy of Technological Condition*，*An Anthology*，MA，2003，pp. 187～190.

③ 朱勤、王前：《欧美工程风险伦理评价研究述评》，《哲学动态》2010 年第 9 期。

务论和契约论的伦理学思想资源。在斯文·奥弗·汉森看来，基于事件发生的因果联系，功利主义对工程风险的伦理分析主要存在两种进路：①现实主义（actualism）进路。②期望效用最大化（expected utility maximization）进路。

义务论分析进路是与功利主义进路相对立的方法，其反思工程风险伦理价值的出发点不是后果的效用，而是义务（或权利）。美国政治哲学家罗伯特·诺齐克（Robert Nozick）曾提出一个与风险相关的道德哲学疑问：施加多大概率的伤害能够造成对他人权利的真正意义上的伤害？从义务论视角来看，对这一问题的回答是对每一项义务或者权利设定一项"禁令"（prohibition）——概率限度，禁止某一行为导致其不良后果产生的概率有所增加，即高于这一限度的行为都是危险的，或都是应当不予采纳的。因此，如果在工程实践中一项决策能够使其可能造成伤害的概率超出概率限度，则应当被认为是不道德的风险行为。

契约论认为，支配人类处理人际关系的道德原则来源于社会各成员之间的契约。契约论对工程风险伦理评价的意义，是指可接受的工程风险来源于社会各利益群体之间的契约，即工程师群体、政府、地方公众之间对工程风险认识、商谈、沟通和谈判的结果。在契约论看来，工程风险伦理评价的前提是利益相关者的同意（consent）原则。就同意的类型来看，经典契约论强调两种同意原则：真正同意和假定同意。

（4）工程责任伦理学与工程效用伦理学的对抗。传统伦理学以功利论、义务论和德行论为主，关注的仅仅是当下实践活动，而没有将视野拓展到未来。米切姆认为，传统的伦理学只是关注个人行为范围内的选择，其考察的始终是人们如何对待自己和他人。在工业革命发生三百年后，人们才开始扩大伦理研究的范围，包括动物、自然，甚至人工制品。他将"责任"置于应对现代社会风险的新伦理学的中心，倡导一种适用于当代科技发展的"责任伦理学"。①

在米切姆看来，工程技术人员的责任变化趋势与科学家类似，也向着公众和社会领域发展。他认为，关于工程技术人员的责任主要有三种观念：第一种观念强调对公司忠诚；第二种观念强调技术专家领导；第

① 朱勤、莫莉、王前：《米切姆关于科技人员责任伦理的观点述评》，《自然辩证法研究》2007年第7期。

三种观念强调社会责任。① 同时，他也分析了工程技术人员面临的责任困境：怀着善的动机，也不滥用技术，但经常带来意想不到的后果和伦理问题；工程技术人员的多重角色，使其不仅要承担职业责任，还得承担社会责任。而工程师眼中的自己与公众眼中的自己往往是冲突的；科学家和工程技术人员以集体的责任为借口，逃避个人的公众责任。对此，他给出了走出困境的方案，即工程技术人员要积极地承担角色责任；应当超越集体责任，去调节科学技术与公共利益之间的关系；使公众参与到工程技术事务中，从专家统治向公众参与转变，在科技人员与公众之间倡导"合作责任"。接着，米切姆主张建立一个"公众、技术专家、伦理学家的跨专业、广泛参与的共同体，一起对科学技术问题进行思考"，以协调科技活动与公众利益之间的关系。他还把公众参与理论分为以下四类：①坚持把参与作为目的和最终价值。这一论点来自康德的道德自治理论，实际上就是强调个人决策的自由。②将参与作为一个工具或手段。这一论点将科学与社会、科技人员与公众联合起来，相互沟通、对话。③关注现实主义。公众参与应当面对一些现实问题，例如，专家事实上并不能脱离公众的影响，专家在决策的时候会加上自身的利益等。④把参与看作一个学习或教育的过程。这种论点想通过教育和学习的过程，普及科学技术知识，使公众尽可能多地参与到决策过程中来。为此，他提倡科技人员在工程设计活动中，应当承担向公众披露真相的警示义务、考虑周全的义务和使公众知情同意的责任。②

（5）工程伦理学的内在主义与外在主义的争论。这两种不同的工程伦理学立场，主要是基于对工程技术的看法而产生的，也与对微观伦理学的局限反思批判有关。王前和朱勤在《工程伦理的实践有效性研究》一书中对工程伦理的内在主义与外在主义做了较深入的讨论，现概述如下。③

2006 年，伊博凡·德珀尔（Ibo van de Poel）与彼得-保罗·弗尔贝克（Peter-Paul Verbeek）共同编辑的《科学、技术与人类价值》（*Science, Technology & Human Values*）特刊《伦理学与工程设计》（*Ethics and Engineering Design*）的出版，拉开了有关工程伦理学的内在主义与外在主义的争论。他们两人认为："工程伦理学主要关注灾难性案例，并且认为

① C. Mitcham："Engineering Design Research and Social Responsibility", in Shrader-Frechette, Kristin: *Ethics of Scientific Research*, Maryland, Rowman & Littlefield Publishers, Inc., 1994, p. 153.
② 朱勤、莫莉、王前：《米切姆关于科技人员责任伦理的观点述评》，《自然辩证法研究》2007 年第 7 期。
③ 王前、朱勤：《工程伦理的实践有效性研究》，北京，科学出版社，2015，第 4～5 页。

通过工程师的负责行为或'揭发(whistle blowing)'能够有效地避免灾难发生。这就导致了有关技术的'外在主义进路',即关注技术发展过程的后果,而不是内在动力。"①

然而,有学者主张,工程伦理学应该关注工程设计的技术的内在过程,从而走向强调经验的内在主义进路。这种进路不仅需要打开工程设计的"黑箱",而且需要把伦理道德的分析置于设计活动的现实背景之下。

米切姆在《历史视域与绝对命令下有关设计的工程伦理学》(*Engineering Ethics in Historical Perspective and as an Imperative in Design*)中也明确指出:"在有关工程伦理学的讨论中,很少有人考虑工程设计这一工程本质,也很少有研究将工程伦理学置于广阔的历史与社会语境下加以讨论。"②

这无疑是在陈述一个与工程伦理学研究至关重要的判断,即工程伦理学的研究离不开对工程本质的追问与诠释。

美国技术史家莱顿(E. T. Layton)则强调工程设计的社会决定论。他主张,包括工程伦理思想的社会价值观念通过工程风格(engineering style)、工程目标的社会决定、工程方案优化等途径,影响到工程设计,以及由设计产生的制品和系统。他强调社会制定工程的目标和价值选择,工程目的是由社会决定的,而不是由科学家或工程师决定的。此外,伍德森(T. T. Woodson)也认为:"随着我们往幕后观瞧,我们发现对决策的主要影响不仅来自于技术,而且来自于个人的价值系统,来自于组织的价值系统,来自于文化。"美国技术史家克兰兹贝格(M. Kranzberg)还形象地说:"在每一台机器后面,我都看到一张面孔——实际上是许多张面孔:工程师、工人或商人,有时甚至看到将军。"③

在外在论与内在论立场的争论中,无论是在学理上还是在现实的工程处境上,工程伦理学都无法不在二者之间寻求平衡。这也是工程伦理的理论与实践既始终不断完善来自美国的狭义的工程师职业伦理学,又不断拓展工程伦理主体而发展广义的工程伦理学的原因。

---

① I. van de Poel，P. Verbeek："Ethics and Engineering Design"，*Science*，*Technology & Human Values*，2006，31(3)，pp. 223～236.

② C. Mitcham："Engineering Ethics in Historical Perspective and as an Imperative in Design"，In C. Mitcham：*Thinking Ethics in Technology*：*Hennebach Lectures and Papers*(1995～1996)，Golden，Colorado School of Mines Press，1997，p. 123.

③ 转引自李世新：《工程伦理学研究的范式分析》，《北京理工大学学报(社会科学版)》2010 年第 3 期。

　　(6)工程伦理解释的传统伦理思想资源呼吁与当代新伦理资源寻求的冲突。这一突出的矛盾主要集中在德国基于工程技术评估的制度与社会政策取向。德国的工程伦理学研究已经在技术评估的更广泛的议题下展开，更考虑环境影响和技术进步所带来的社会后果。在德国工程师协会（VDI），工程师与伦理学家直接对话，共同讨论工程伦理问题。1979年，德国工程师协会关注到"技术进步的经济与社会后果"主题后，通过 VDI 的哲学和技术小组委员会的十年工作(1970～1980)，协会促进编写了技术评估政策的指导方针(VDI-Richtline)。它包括技术与经济效率、公共福利、安全、健康、环境质量、个人发展及生活质量等内容。1991年，该指导方针被官方采用，用于指导工程实践。在这一过程中，德国技术伦理学家克里斯托夫·胡比希(Christoph Hubig)对传统伦理资源提出了挑战。①

　　胡比希认为，传统伦理观在面对高新技术时无所适从，义务论、功利论、契约论、进化论都无法克服各自理论上的局限。尽管技术伦理力图突破传统伦理的局限，却过于理想化。其根本问题在于"人们一直试图将技术伦理与科学伦理建立在个体行为理论框架的基础上"。而技术伦理需要另一种理论框架。"规范与调节技术，尤其科学化了的现代技术的后果与副作用的关键在于制度与组织，属于集体主体的责任范围。制度伦理应该填补这个空白。"他主张亚里士多德的"智慧伦理"，把确保主体的行为能力看作一切行为活动的出发点。我们不必祈求建立一个固定的"伦理大厦"，而要寻找一个不仅能遮风挡雨，而且是灵活机动的、可修正的、面向未来的"伦理帐篷"，作为权益道德的技术伦理。在此基础上，他提出了 7 条战略准则，即个体化处理、地区化处理、平行转移、追本溯源、禁止战略、推迟决策、妥协。强调这些战略准则有效实施的关键在于把技术伦理转换为制度伦理。因为产生技术伦理问题的原因不只是技术问题，更多的是制度和组织因素。工程师承担不起这种组织和制度原因造成的伦理责任，只能由集体承担。于是有必要使关注个人责任的伦理转向关注集体责任，而制度伦理恰恰适合这一转向。而后，这一思想付诸实施，德国工程师协会的章程就是权益道德和技术伦理基础上的一种制度伦理范型。2002年，德国工程师协会颁布了以智慧伦理和制度伦理为基础的《工程伦理的基本原则》。

　　上述国外工程伦理学理论建构中存在的张力，结果不是消极的，而

---

　　①　张恒力：《工程师伦理问题研究》，北京，中国社会科学出版社，2013，第18～20页。

是积极的，不同的理论路径之间不是完全敌对的相互排斥，而是在对方的批评声中向对方学习，所以，这就出现了一种趋势，即努力将对立的理论路径协调起来，追求互补的效果。这种趋势在美国工程伦理学界尤为明显。他们既维护和保持工程师职业伦理学的传统，又根据工程实践的社会性、主体多元性，以及工程活动的多环节特点，一方面，拓展工程师和工程的责任范围，探讨除工程师以外的工程共同体成员的伦理关涉；另一方面，又格外关注工程设计、工程决策等环节的伦理问题及其伦理实践。

阿西莫夫在《设计导论》中指出，技术设计的原则由两种类型的命题组成：一类是有事实内容的命题，另一类是有价值内容的命题，它反映了当代文明的价值和道德风貌。马丁和施金格则颇为详尽地列出了工程活动各个阶段具有伦理性质的问题。见表 5-1。①

表 5-1　工程活动的各个阶段及其伦理问题

工程活动阶段（功能）	典型的伦理问题（问题样本）
概念设计	产品有用吗？是不是非法的？
确定规格	符合已经颁布的标准和准则吗？在物理上是否可行？
签订合同	费用估算和日程安排都现实吗？是否为了获得合同故意压低标准，然后指望拿到合同后再谈判，提高标价？
分析	是否有能够判断计算机程序的可靠的、富有经验的工程师？
设计	探讨替代方案了吗？提供安全出口了吗？强调对用户友好了吗？有没有侵犯专利？
选购	收到部件和材料后，现场检验其质量了吗？
制造部件	工作场所是否安全？有没有噪声和毒烟？有充分的时间保证高质量的工艺吗？
组装、建造	工人熟悉产品的目的和基本性能吗？谁监督安全？
产品的最终检验	检验者是否受同时负责制造或建造的管理者的领导？
产品销售	存在贿赂吗？广告内容真实吗？给顾客提供好的建议了吗？需要知情同意吗？
安装、运行	用户受到训练了吗？安全出口检验了吗？邻居了解可能的有毒排放吗？
产品的使用	是否保护用户免于伤害？告诉用户风险了吗？

---

① Mike W. Martin, Ronald Schinzinger：*Ethics in Engineering*, New York, McGraw-Hill Education, 2005, p. 385.

续表

工程活动阶段（功能）	典型的伦理问题（问题样本）
维护和修理	维护是否定期由称职的人员进行？制造者是否有充足的备件？
产品回收	是否有监视使用过程和如果必要，收回产品的承诺？
拆解	在产品达到使用期限时，如何对有价值的材料进行再利用，并对有毒的废物进行处理？

　　尽管表 5-1 没有提及工程决策，但在马丁和施金格看来，工程伦理有两种用法，其中一种认为工程伦理是对决策、政策和价值的研究。①

　　以上对国外工程伦理研究的综述，只是从宏观上做一分析和草描，突出的是工程伦理学研究中出现的不同理论进路和范式，因而是在伦理形态学意义上对研究现状的考察。这里不想在微观上详细考察和介绍美、德、英、法、荷兰、日本等国工程伦理学研究的发展脉络。因为在经济全球化的今天，每个国家都受到世界历史的影响。工程伦理学发展的主流在美国和德国，其他国家也或多或少地带有主流的工程伦理学理论与实践的痕迹，但总体来说具有依附性、跟随性及民族文化的背景特性。这与把握工程伦理学研究的总体进展和现状关系不大，所以不一一列举。

　　下面将通过国内工程伦理研究的进展来进一步说明规范工程伦理实践的紧迫性、必要性，以及人类当下的工程由遭到自然报复（前现代社会是自然奴役人，现代社会随着人之主体性的确立和科学技术的进步，人开始了征服自然、宰制自然的报复行动，同时也必然被报复）向主动回报自然转换的可能性。

　　由于工程伦理学成型于西方 20 世纪六七十年代，如果说国外的工程伦理学研究是先发的、原生态的，目前已经进入起飞阶段，那么，中国大陆的工程伦理学研究由于起步晚（20 世纪 90 年代才开始关注），具有后发性和跟随性，好长一段时间一直处于翻译、引介和梳理国外工程伦理学文献阶段。目前已经翻译出版了一些工程伦理学著作，为工程伦理学的研究提供了必要的文献准备和思想来源。近年来，国内技术哲学，特别是科学、技术与社会（STS），工程哲学，工程社会学和跨学科的工程研究，在一定程度上带动了工程伦理学的发展。

---

　　① 转引自朱葆伟：《工程活动的伦理问题》，《哲学动态》2006 年第 9 期。

客观地讲，国内工程哲学研究的理论进展，几乎与国外的工程哲学研究同时起飞，并行前进，有研究共同体和学术团队，有学会建制，有专门刊物，有奠基性的著作和成果积累，从而催生了工程伦理学的研究，也为工程伦理学的独立存在提供了必要的理论前提，甚至一些从事工程哲学、技术哲学、STS研究的学者开始关注并从事工程伦理学的研究。此外，一些工程界的工程家和工程师也参与到工程哲学和工程伦理的探究中来。然而，从事伦理学的学者对工程中的伦理问题关注不够。

可喜的是，进入21世纪，不仅有一批硕士学位论文和博士学位论文研究工程伦理学，而且一批小有规模的工程伦理学著作被出版，大量工程伦理学方面的文章被发表。从既有成果看，可以将国内工程伦理学的研究现状概括为以下几个方面。

(1)既有研究成果主要是翻译、引介、梳理、概述国外工程伦理学研究成果，尚处于消化、传播和创造性思考的孕育期。随着一些国外工程伦理学译著的陆续出版，学者们在学习和研读国内外工程伦理学文本的基础上，开始以概论、导论的方式，以及梳理综述的方式呈现工程伦理学的思想。

除了已经出版的工程伦理学译著外，还有吴晓东等翻译的《工程、伦理与环境》(P. Aarne Vesilind 等著，清华大学出版社，2003)，丛杭青等翻译的《工程伦理：概念和案例》(哈里斯等著，北京理工大学出版社，2006)，罗汉等译《伦理与卓越——商业中的合作与诚信》(罗伯特·C. 所罗门著，上海译文出版社，2006)，霍欣欣等译《媒体与信息伦理学》(乔尔·鲁蒂诺等著，北京大学出版社，2009)，李世新翻译的《工程伦理学》(迈克·W. 马丁等著，首都师范大学出版社，2010)、《赛博空间伦理学》(西斯·J. 哈姆林克著，首都师范大学出版社，2010)，沈琪翻译的《像工程师那样思考》(迈克尔·戴维斯著，浙江大学出版社，2012)，赵迎欢等翻译的《安全与可持续：工程设计中的伦理问题》(霍若普著，科学出版社，2013 年)等。

21世纪以来，国内工程伦理学研究成果有所增加。据不完全统计，已出版的著作主要有：《高科技挑战道德》(余谋昌，天津科学技术出版社，2000)；《科技管理伦理导论》(戴艳军，人民出版社，2005)；《专业技术人员职业道德》(汪辉勇，海南出版社，2005)；《决策伦理学》(许淑萍，黑龙江人民出版社，2005)；《企业道德责任论——企业与利益关系者的和谐与共生》(曹凤月，社会科学文献出版社，2006)；《建筑的伦理意蕴》（秦红岭，中国建筑工业出版社，2006）；《美国工程伦理研究》（唐丽，东北大学出版社，2007）；《工程伦理学概论》（李世新，中国社会科学出版社，2008）；《工程伦理导论》（肖平，北京大学出版社，2009）；《工程师伦理责任教育研究》（何放勋，中国社会科学出版社，2010）；《工程伦理学》（张永强等，北京理工大学出版社，2011）；《工程技术伦理研究》（陈万求，社会科学文献出版社，2012）；《工程师伦理问题研究》（张恒力，中国社会科学出版社，2013）；《工程决策的伦理规约》（齐艳霞，人民邮电出版社，2014）；《工程伦理的实践有效性研究》（王前、朱勤，科学出版社，2015）；《工程伦理学》（顾剑、顾祥林，同济大学出版社，2015）。

此外，一批工程伦理学的文章发表了，2006 年发表 18 篇，2007 年达到 39 篇，以后几乎每年都在 30 篇左右，而且关于工程与伦理方面的文章多于工程伦理学的文章。①

另有一批硕士学位论文和博士学位论文，包括修改完善和出版的博士学位论文，组成了目前中国工程伦理学著作的主体。例如，李世新的博士学位论文《工程伦理学及其若干主要问题的研究》（2003），何放勋的博士学位论文《工程师伦理责任教育研究》（2008），齐艳霞的博士学位论文《工程决策的伦理规约研究》（2010），朱勤的博士学位论文《实践有效性视角下的工程伦理学探析》（2011）等。有些硕士学位论文也讨论了不错的问题，例如，《工程师的伦理责任问题研究》（郭锐，2006），《工程伦理的又一向度——现代工程风险中的伦理要求》（张松，2006），《从工程的内在属性反思"新奥尔良工程"悲剧》（王海峰，2006），《工程举报研究——从工程伦理的观点看》（刘洪，2007），《工程设计的伦理审视》（许凯，2007），《工程实践的伦理意识缺失与制度强化》（刘莹，2008），《工程物的价值问题探析》（徐海波，2009），《工程共同体伦理责任问题研究》（周光娟，2009），《社会建构论视角中的工程风险研究》（卢彦，2012）等。②这表明工程伦理学在国内已为高校学界所关注，特别是从事工程技术哲学、工程学和工程教育的学者和学生。

应该说，既有工程伦理学研究成果的数量是可喜的，但是，从既有成果质的方面来看，大多仍然处于综述、梳理介绍和在已有问题下解题的状态。当然，不能排除也有独到见解和闪光之处。这与学者队

---

① 张恒力：《工程师伦理问题研究》，北京，中国社会科学出版社，2013，第 32～33 页。
② 张恒力：《工程师伦理问题研究》，北京，中国社会科学出版社，2013，第 33～37 页。

伍来源单一，大多是从事科学技术哲学和自然辩证法研究，包括 STS 研究的因素有关，几乎没有来自伦理学界的，所使用的伦理学著作和哲学著作往往不是经典文本，而是二手资料，这在一定程度上限制了理论讨论的深度和原创性。这种情况与工程伦理学作为欧美的舶来品也有关系，需要一个量的积累和孕育过程。这也就是为什么李伯聪教授说，与国外研究现状相比，中国的工程伦理学研究还处于蹒跚学习走路的阶段的原因。

（2）基于科学、技术、工程三元论，探讨工程与伦理的内在关系，为工程伦理学作为一个学科进行合法性辩护。这方面的研究涉及科学哲学、技术哲学、工程哲学，以及由它们所承载的科学观、技术观和工程观问题，特别是科学、技术与工程三者的关系问题。学者一般都立足科学、技术、工程三元论，批驳科学一元论、科学和技术的二元论，以及把工程看成是科学、技术逻辑的延伸，或科学、技术的应用的观点，而是强调工程的独立性，以及与科学、技术的相互依赖、一体化的互动关系。因此，从事这方面研究的学者试图重新回到工程哲学的基地，回答工程的本性、内涵，以及工程活动的多维集成性等特质。他们认为，工程不仅有技术的维度，而且有非技术的维度，如伦理维度、审美维度等人文要素，从而说明工程实践与伦理的内在相关性，工程活动有伦理、道德问题，进而为工程伦理学学科的合法性辩护。

殷瑞钰院士强调工程的集成性，关涉科学、技术、人文等多个因素，确立了工程的伦理维度，为工程伦理学留下了理论空间。李伯聪教授在他的多篇文章中，在坚持工程要素组成的多维性、集成性特点的同时，努力说明工程不仅有伦理维度，而且工程与伦理存在互动与互渗关系。他在《工程与伦理的互渗与对话——再谈关于工程伦理学的若干问题》中指出：工程与伦理一直缺乏沟通与对话，许多工程界人士忽视了伦理因素在工程活动中的作用和重要性，也有许多伦理学家忽视了工程实践中出现的伦理问题。目前这种状况正在发生改变。美国的工程伦理学已经"起飞"，中国的工程伦理学则还处在"起飞"的"前夜"。在工程活动中，伦理要素深刻地渗透在其他要素之中，人们必须正视工程活动中经常出现的伦理意识薄弱的现象，工程界应该努力增强工程活动中的伦理意识，提高伦理自觉性，认真研究和正确处理工程活动中出现的各种伦理难题。另外，伦理学界也必须关注工程中的伦理问题，强化伦理学的工程关注与工程意识，大力发展工程伦理学这个新的分支学科。工程伦理学将会在工程与伦理的互渗与对话中得到迅速发展。①

　　朱葆伟在《工程活动的伦理问题》中谈道：工程活动是人类一项最基本的社会实践活动，其中涉及许多复杂的伦理问题。今天，我们已经生活在一个人工世界。工程和科学一起，使人类具有了前所未有的力量。它们在带来巨大福祉的同时，也使我们遇到了众多的风险和挑战。工程伦理问题实际上已成为我们时代的诸多问题之一。② 因为工程活动内在地与伦理相关，或者说，伦理诉求是工程活动的一个内在规定。工程是人类的设计和创造。这种创造必须运用自然科学知识——或符合自然规律——才能得以实现。然而，这只是事情的一个方面。设计和创造都是人的有目的的活动，它们总是为了满足一定的需要，实现某种期望或理想。"实现"过程又包含着工具、方法、路径等的选择，由科学理论到技术规则的形成并非一个逻辑的必然推理过程，达到目的的手段也并非确定和唯一。这些目的、期望、手段等都可以被评价为好的或坏的、正当的或不正当的。由于工程是"造物"活动，它把事物从一种状态变换为另一种状态，创造出地球上从未出现过的物品或过程，乃至今天的人类生活于其中的世界。它们直接决定着人们的生存状况，长远地影响着自然环境。这是工程活动的意义所在，也是它必须受到伦理评价和导引的根据。而且，这种造物活动是社会的（例如，美国工业工程师学会就把工业工程定义为"在本质上是社会科技的"），它是一个汇聚了科学、技术、经济、政治、法律、文化、环境等要素的系统，伦理在其中起了重要的调节作用。特别是参与工程活动的有不同的利益集团，如项目的投资方，工程实施的承担者、组织者、设计者、施工者，产品的使用者等。因此，公正、合理地分配工程活动带来的利益、风险和代价，是今天伦理学所要解决的重要问题之一。在讨论工程技术的伦理问题时，一些研究者常常把设计、制造与产品的使用分开，并认为伦理问题只产生于产品的社会使用中。这种看法是片面的，事实上，伦理的考量和冲突在整个工程过程中都起作用。

　　李世新在他的《正面建设是我国工程伦理学研究的当务之急》一文中，通过揭示工程自身的内在价值和工程定义的演变，来强调工程活动的独立性和价值伦理的相关性。他引用了朱葆伟教授对内在价值的理解，即所谓"内在价值"，不是某种实体，也不是一物对他物的用处，而是一种

---

　　① 李伯聪：《工程与伦理的互渗与对话——再谈关于工程伦理学的若干问题》，《华中科技大学学报（社会科学版）》2006 年第 4 期。

　　② 朱葆伟：《工程活动的伦理问题》，《哲学动态》2006 年第 9 期。

存在于活动过程中的客观倾向或组织性因素。它和因果关系一起，把过程中的诸要素协调、组织为一个整体，规范着活动结构的特征和方向——所是和应当是，因而是活动、过程的内在根据和驱动力量，事物、过程也由此而成为自我驱动、导向和规范。李世新进而把工程的内在价值阐释为：这种使工程成为其本身所是的承诺，是构成工程活动的内在目的和合理性标准，也是工程活动和工程方法区别于人类其他活动的方法，工程不能为其他活动所取代的根据。借助西方学者对工程本质特性的理解，他认为工程内在的价值主要与效率、创新有关，但二者又使工程具有了好与坏、善与恶的双重属性，不能预设工程天然是善的，它很可能有恶的后果。也就是说，工程的内在价值的非道德性决定了工程的最终价值取决于工程应用于什么目的，即工程的实际价值取决于社会的要求和社会的环境。① 在《工程伦理学与技术伦理学辨析》一文中，李世新通过工程伦理学与技术伦理学的比较为工程伦理学辩护，并确信工程与技术、工程伦理学与技术伦理学的关系如何，是我国科学技术哲学领域关注的问题之一。工程伦理学在美国等发达国家已发展成为一门相当成熟的学科，而技术伦理学则是不甚成熟的学科。工程伦理学不论在理论研究还是现实作用上都具有独特的价值，我们应加强工程伦理学的研究。② 他还在《谈谈工程伦理学》一文中讨论了科学伦理学与工程伦理学、商业伦理学与工程伦理学的区别，以及一般伦理学与工程伦理学的关系等基础性问题。③

此外，笔者关于工程问题的一系列文章，讨论了工程伦理的生存论根基、工程的生存论特性、工程价值及其评价、工程与信仰、工程的"罪"与"赎"、工程与现代性、工程是具象化的 STS（科学、技术与社会）等问题。这些都旨在基于对工程自身的理解来说明工程伦理的理论前提，进而确认工程伦理学存在的合理性、合法性；主张造物的工程——"自然工程"具有自然与社会的双重属性，内蕴着科学、技术的逻辑和社会、人文的价值，呈现出集成性特征，进而成为科学、技术与社会关系表达的载体和现实样态，是具象化了的 STS。这主要是由工程自身的特性，科学、技术与工程之间的相互关系，特别是三者在当代的互动和一体化，以及工程的社会实现和工程安全总是关涉科学认知、技术选择与社会因

---

① 李世新：《正面建设是我国工程伦理学研究的当务之急》，《武汉科技大学学报（社会科学版）》2011 年第 6 期。

② 李世新：《工程伦理学与技术伦理学辨析》，《自然辩证法研究》2007 年第 3 期。

③ 李世新：《谈谈工程伦理学》，《哲学研究》2003 年第 2 期。

素等决定的。因此，对工程的追问离不开科学、技术与社会的视域；对科学、技术与社会的考察也需要工程思维和工程课题。

（3）尝试从伦理形态的角度，审视工程伦理学的学科属性、定位和研究范式。在梳理和综述欧美工程伦理学研究成果的同时，学界开始从伦理学视角或伦理形态的角度，讨论工程伦理学的学科定位、研究进路与研究范式。

笔者的《历史与实践——工程生存论引论》① 一书及多篇文章对工程的本性与特质、时空延展、异化样态等做了现象学追问，旨在为工程伦理学奠基。《工程伦理的生存论基础》一文指出：①工程伦理是工程活动共同体的角色行为规范，关涉工程师职业伦理和工程环境伦理。这就意味着工程伦理学不能只探讨工程师的伦理问题，还必须讨论工程共同体其他成员如投资人、企业家、经理、工人和其他利益相关者等的伦理问题，更重要的是，要讨论工程活动所涉及的责任，尤其是环境责任问题。②指认工程伦理学是实践伦理学、境遇伦理学，它不是将伦理学理论所规定的原则和规范应用到工程中来，而是区别于理论形态的哲学（伦理学）的实践哲学（伦理学），是有断裂性的两种形态、两种范式。之所以得出这个结论，主要是基于笔者对当代哲学转向问题的研究。同时，研究主张现当代哲学在形态学的意义上已经不同于传统理论形态的哲学，而是转向了现代实践哲学范式，回归并面向生活世界讨论问题，注重主体间性，"对话""交往""规范""建构"等成为哲学的关键词。伦理学、政治哲学、社会哲学，以及科学实践哲学、技术实践哲学、工程实践哲学等，都是现代实践哲学的表达式，因此，当代伦理学必然是实践伦理学，而工程伦理学归属于这种新范式的实践伦理学。③工程伦理，特别是环境伦理的哲学基础只能是生存论存在论，而不是传统的二元论思维方式的哲学。② 因为作为当代哲学的生存论在反思、批判传统哲学的基础上，寻求解决问题的新途径，其基本主张不仅构成了作为境遇伦理学的工程伦理的出发点，而且它本身成为工程伦理的哲学基础。从根本上说，生存论就是让一切不到场者提前到场，让一切存在者之在在起来。这不仅体现在生产（工程）具有生存论特性，人"在世界中"以工程的方式去生存的过程，既需要操劳——与器物打交道，又需要操持——与他人打交道，而且"以栖居为指归的筑居"才是人应有的生存方式。这里，栖居的关键

---

① 张秀华：《历史与实践——工程生存论引论》，北京，北京出版社，2011。
② 张秀华：《工程伦理的生存论基础》，《哲学动态》2008 年第 7 期。

就是让天、地、神、人作为"四重整体"同时到场，其本质特征就是使某物获得自由的解放与保护。于是，人保护自然、呵护众生，对自然（环境）、众生和后代负起责任就是必然、天然合理的了。因此，无论是生命伦理学、大地伦理学、生态伦理学，还是环境伦理学，乃至工程师的环境伦理，就都有了生存论根据。同时，生存论也为评价工程伦理提供了价值准则和思维方式。

李伯聪教授在其系列谈工程伦理学的论文中，不仅论证了工程伦理学不是应用伦理学而是实践伦理学，并为之正名，而且基于对工程共同体和工程活动的理解，区分了个人伦理主体论和团体伦理主体论，狭义的工程伦理学和广义的工程伦理学，绝对命令的工程伦理学与协调工程伦理学，微观、中观和宏观的伦理学，探讨了工程伦理学研究的进路和表现形态。

他在《工程伦理学的若干理论问题——兼论为"实践伦理学"正名》一文中，首先讨论了工程活动的"伦理主体"，认为传统伦理学不存在伦理主体问题，因为它理所当然地把"个人"看作伦理主体。但我们必须肯定工程活动的主体不是个体，而是集体或团体（如企业）。于是，在研究工程的伦理问题时，在许多情况下，我们也就必须承认人们进行伦理分析和伦理评价时所面对的主体也不再是个人主体，而是新类型的团体主体。这就意味着，如果不能跨越一个从"个人伦理主体论"到"团体伦理主体论"的理论鸿沟，那么真正意义上的工程伦理学是不可能建立的。针对米切姆直接把工程师职业伦理学等同于工程伦理学，李伯聪认为，无论从学术史上看还是从理论逻辑上看，对工程师职业伦理问题的研究都成为从传统伦理学走向工程伦理学的桥梁。一方面，从它是对一种具体职业进行的伦理研究来看，它在研究范式上可以顺理成章地与传统伦理学（特别是职业伦理学）挂钩；另一方面，随着研究的深入进行，学者们发现这里存在着许多非传统性的问题，因而他们不得不越过传统"职业伦理研究"的边界，进入伦理学研究的新领域。庆幸的是，西方伦理学研究的一个重大进展是提出了责任伦理问题。很显然，所谓责任，不但包括事后责任和追究性责任，更包括事前责任和决策责任。如果离开决策谈责任，那就难免要把责任封闭在事后责任和追究性责任的樊篱之内。所以，我们必须把对责任伦理的研究和决策伦理研究结合起来，应该把决策伦理当作责任伦理研究的"第一重点"。工程伦理学以工程活动中或与工程密切相关的伦理现象和伦理问题为基本研究对象。在进行伦理学的学科分类时，许多人把工程伦理学这个学科归类于"应用伦理学"（applied ethics）或"实践伦理学"（practical ethics）。但是，应用伦理学和实践伦理学其实有很大的不同，应用伦理学的基本路数是强调理性主义的基础主义伦理理论的应用，而实践伦理学则强调从有重要伦理意义的实践问题开始。因此，工程伦理学应该定性和命名为"实践伦理学"，而不是"应用伦理学"。工程伦理学是一个重要的伦理学分支学科，我们必须大力推进它的研究和发展。为此，我们不但必须注意在伦理学内部把工程伦理学研究与其他伦理学分支学科的研究密切结合起来，而且必须注意在外部把工程伦理学研究与其他社会科学学科的研究密切结合起来。①

李伯聪教授《关于工程伦理学的对象和范围的几个问题——三谈关于工程伦理学的若干问题》一文主张：工程是一种独立的社会活动，这是工程伦理学存在的现实基础和学理前提。对"工程"的性质、对象和范围存在"广义""狭义"两种不同理解，从而也就在工程伦理学的学科定位和学科发展方向上出现了两种理解和两种发展进路。中国学者在进行工程伦理学研究时，不但必须重视"狭义工程伦理学"进路的研究，而且应该更加重视"广义工程伦理学"进路的研究。在研究和分析工程伦理时，必须把伦理分析和其他维度的分析结合起来，不但应该注意不同维度之间的相互渗透问题，而且应该注意不同维度之间的矛盾、冲突、排序和协调问题。②

因此，他在《绝对命令伦理学和协调伦理学——四谈工程伦理学》一文中认为，工程伦理学的开创是一件意义深远的事情。从学术发展方面看，其深刻意义不但表现为出现了一个新的伦理学分支，而且表现在它反映和提出了可以称为伦理学理论的转向或转型性质的问题。如果说在传统的动机论和后果论的理论对立中，工程伦理学既赞成动机论（因为工程活动必然是动机推动和目标引导的活动），同时又赞成后果论（因为工程活动必然是讲求效果而不是不顾后果的活动），那么，在绝对命令伦理学和协调伦理学这两种不同的伦理学原则和方法的对立中，工程伦理学就明显地要倾向于协调伦理学了。他在阐释了协调伦理学的优势后指出，在谈到工程伦理学中的协调原则和方法时，应该特别注意的是，这里涉及了两种不同类型的协调问题——伦理的"外协调"和"内协调"问题。前者是指工程活动和工程决策中，对伦理因素和其他因素（包括经济因素、

---

① 李伯聪：《工程伦理学的若干理论问题——兼论为"实践伦理学"正名》，《哲学研究》2006 年第 4 期。

② 李伯聪：《关于工程伦理学的对象和范围的几个问题——三谈关于工程伦理学的若干问题》，《伦理学研究》2006 年第 6 期。

技术因素、政治因素等)之间的相互作用、相互影响和相互消长关系的协调;后者是指工程活动和工程决策中,对各种不同的"具体的伦理原则"和各种不同的"具体的伦理规范"之间的相互作用、相互影响和相互消长关系的协调。换言之,所谓外协调,就是对工程中的伦理标准、伦理维度和其他标准、其他维度的相互作用和相互关系的协调,是对"伦理考量"和"非伦理考量"相互关系的协调;而"内协调"则是在伦理学"内部"对不同的伦理规范、不同的伦理原则、不同的伦理方法之间的协调,是"伦理考量 A"和"伦理考量 B"的相互关系的协调。而协调的目的是共识、共赢。①

在《微观、中观和宏观伦理问题——五谈工程伦理学》中,李伯聪教授从问题层次入手,指出伦理学中存在着微观、中观和宏观三种不同"层次"或"尺度"的伦理问题。从微观、中观和宏观的相互联系、相互作用中认识和分析伦理问题,有可能成为一种新的伦理学研究范式。伦理学研究者应该善于识别"三观"伦理问题,强化从"三观"互动中分析伦理问题的意识和能力。在工程伦理学中,工程共同体成员——工程师、投资者、管理者、工人、其他利益相关者——的"个体伦理"是微观伦理问题,有关企业、组织、制度、行业、项目等的伦理问题是中观伦理问题,而宏观伦理则是指国家和全球尺度的伦理问题。微观、中观和宏观伦理问题既有性质、层次、范围上的区别,同时又相互渗透,相互纠缠,密切联系,相互作用。②

另有学者把当下工程伦理学的研究进路描述为处于两极对立的微观视角(个体职业的)工程伦理学与宏观视角(组织的、社会的)工程伦理学;内在主义(技术中介、内在动力)的工程伦理学与外在主义(技术中性、外在后果)的工程伦理学。

李世新在《工程伦理学研究的两个进路》③ 一文中认为,工程伦理学作为工程与伦理相互交叉而形成的一门新兴学科,简单地说,可以从以下两个进路来开展研究,以便在工程伦理学研究中保持一种相互观照的双向走势。第一,从伦理到工程,用伦理学的视角和方法去发现和研究工程中的伦理问题,以伦理道德引导和约束工程实践的发展,使工程更

① 李伯聪:《绝对命令伦理学和协调伦理学——四谈工程伦理学》,《伦理学研究》2008 年第 5 期。

② 李伯聪:《微观、中观和宏观伦理问题——五谈工程伦理学》,《伦理学研究》2010 年第 4 期。

③ 李世新:《工程伦理学研究的两个进路》,《伦理学研究》2006 年第 6 期。

好地造福于人类。第二，从工程到伦理的方向，要研究工程发展对伦理道德的影响，相应改变陈旧的伦理观念和规范，树立新的伦理思想。尽管还没有人在理论上对工程伦理学内容进行这样的概括，但是在已有的工程与伦理（大多数是在技术与伦理的名义下）问题的研究中，实际上，这两种进路都已经存在。例如，德国和美国的一些学者对伦理学中"责任"（responsibility）的范畴及相应规范随着工程技术的发展而相应变化的情况进行了深入的研究。

（4）着眼于现实意义，考察工程伦理学的实践有效性。基于工程伦理学是应用伦理学、实践伦理学，且工程伦理的实际价值最终要通过工程伦理的实践有效性来体现的认识，系统研究这一问题的是朱勤的博士学位论文《实践有效性视角下的工程伦理学探析》（2011），以及在该文本基础上出版的合著《工程伦理的实践有效性研究》①。所谓"工程伦理的实践有效性"，指的是对工程伦理观念能否在工程实践中有效发挥其实际作用的判断。这种实践有效性不仅取决于工程伦理观念本身的正确性，而且取决于工程伦理观念发挥实际作用的路径适宜性，即能够有效地对工程实践产生积极而有效的影响，使工程实践过程和结果真正符合伦理要求。人们使工程伦理观念发挥实际作用的具体过程就是"工程伦理实践"，因此，"工程伦理的实践有效性"本身也可以理解为"工程伦理实践"的有效性。人们必须关注和探讨工程伦理观念发挥实际效用的路径、机制与方法。为此，该书针对工程事故频发的现实问题，分析其中工程技术人员伦理意识和社会责任感方面的因素，确认工程伦理未能发挥实践有效性的根本原因在于缺乏可操作性，进而提出一个"解释—操作—对话"的工程伦理实践有效性模型，具体说明实施每个环节的模式、途径和方法，并结合典型案例分析，使读者了解应该如何将工程伦理原则和道德规范同具体的工程实践相结合，运用于工程管理、决策和评价。在此基础上，该书还提出了解决我国工程伦理领域一些现实问题的对策和建议。

王健的《工程活动中的伦理责任及其实现机制》②、欧阳聪权的《工程伦理实践困境的成因分析》③ 等都试图讨论工程中伦理的实践问题。

此外，着眼于培养未来好的工程师，国内开始关注工程伦理教育，

---

① 王前、朱勤：《工程伦理的实践有效性研究》，北京，科学出版社，2015。
② 王健：《工程活动中的伦理责任及其实现机制》，《道德与文明》2011 年第 2 期。
③ 欧阳聪权：《工程伦理实践困境的成因分析》，《昆明理工大学学报（社会科学版）》2013年第 4 期。

并编写了工程伦理学教材，例如，张永强等人编写的《工程伦理学》①
（高等学校"十二五"精品规划教材，高等教育课程改革项目研究成果）、
肖平的《工程伦理导论》② 等。

应该说，上述有关工程伦理的探讨表明，人类已经意识到规范工程
实践的必要性，并致力于工程伦理的理论建构与工程伦理实践的现实行
动，使工程行动由过去不计后果地粗暴地宰制自然、征服自然而不断遭
到自然报复的实践处境，转向对自然、对环境、对他者负责的自觉规范
自身、伦理优先的新工程境界。

（三）善为的工程：从"存在"到"善在"

人类的工程活动是做事，在这种做事的过程中使自然物、人工物组
成的物流、人流、信息流等集聚到一起，并按照某种原则、规程与秩序，
重新整合各种关系结构，进而构建新的存在。问题是如何能确保原本"存
在"（being）的自在（being in itself）转化成"善在"（being as goodness）呢？
这实际上涉及工程的社会实现，以及社会实现的程度问题。一般而言，
一个工程说它是好的还是坏的，总是要看它是否满足了社会和公众的合
理需要，是否有利于自然、环境、社会的"共同福祉"（common good），
是和谐地融入环境还是遭到拒绝，也就是工程的"嵌入"与"拒斥"情况。
对该问题的说明不能停留于道德批判，还必须现象学地始源性追问和考
察，在工程及由工程支持的工业和都市文明的进展中获得说明线索。

1. 现代工程与现代都市的成型

伴随现代工程所支撑的现代工业的发展，城市，特别是现代大都市
得以型塑。现代工程、现代工业、现代都市共同组建起现代工业文明的
空间场所，并影响人们的时间分配（包括劳作、交往、休闲和娱乐方式），
展现着都市文明的现代性特征。如果把工业作为工程的集聚来理解，那
么现代工程，尤其是工业工程和服务于社会治理的社会工程就是打造现
代大都市生活的根本性力量。

现象学地看，现代城市或现代都市主要源自于现代工业及其所引发
的现代贸易、现代商业等经济活动，使得人流、物流、信息流经常集中
在某些地区，也就有了城市的雏形。起初，一般以工业生产活动的工厂
区及服务于它的生活社区构成城市的基本单元。工业生产企业为加快其
商品的流通，加速资本周转，而将自身职能的一部分——商品销售，转

① 张永强等：《工程伦理学》，北京，北京理工大学出版社，2011。
② 肖平：《工程伦理导论》，北京，北京大学出版社，2009。

让给商业资本家，将教育、医疗等转移给社会服务组织，从而使城市的商业和各种服务行业发达起来。

因此，我们可以说，城市的主导产业是以现代工业工程为构成单位的现代工业，城市文化和都市文明不同于以农业生产为支柱的乡村文化与农耕文明。后者严格地依赖和顺应自然，更多的是靠天吃饭，以前现代"自在的工程"(这是相对于工业工程而言的，严格来说，任何工程都是人们自主自为的活动)为依托，尚处于依附经验技术和博物科学或地方知识的"工程1.0"阶段。前者则依赖资本和市场，基于对人类理性，特别是工具理性的信念，以改造自然、宰制自然的现代"自为的工程"为支撑，工程形态由"工程2.0"(试图与技术相分别，却仍作为技术应用或延伸的工程)进展到"工程3.0"(强调工程对技术的选择，由被动地依附技术进展到自主地决定和型塑技术，并自信地从幕后走到前台)，从而推进工业升级。如果说18世纪机械制造设备的引入标志着"工业1.0"时代，20世纪初的电气化与自动化标志着"工业2.0"时代，那么20世纪70年代兴起的信息化标志着"工业3.0"时代的到来。

工业时代一旦出场，由工业所组建起来的现代大都市便是冒险家的乐园，是资本的集散地，也是出卖劳动力的场所。市场作为一只看不见的手，对资源的配置变得不可或缺。

由于资本的向利性，寻求资本升值成为资本家或企业家的铁的逻辑。这也就决定了工业文化的本质特征只能是追逐工业企业利润，营造以工业工程为单元的工业产业经济，借助现代科学技术，迅速发展为工业主义和技治主义的意识形态，通过各种媒体，制造有利于企业和商家的消费文化和大众文化，进而不断瓦解传统的乡村文化，并最终导致传统与现代的断裂。现代化意味着首先得工业化，工业化又依托其曾经源于自身的现代都市。于是，现代工程、现代工业、现代都市的互动与合谋，将人类带入了一去不复返的现代世界。

现代世界的空间结构是，一个企业厂房和社区连着另一个企业厂房和社区，其中心形成繁华的商业区、金融街：一个商厦连着另一个商厦，一个银行连着另一个银行，以及与之相配套的餐饮、酒吧、咖啡厅等服务场所。人们在这里完成商品与货币的转化，货币与服务的交换，一种劳动与另一种劳动的交换，各取所需，并相应地获得交换、交往的满足与快乐等积极情感，当然也会产生不安、焦虑、恐惧、失意、沮丧等消极情感。但是，生活在都市的人们，无论自己愿意或承认与否，都早已被裹挟到陌生的人流、物流与信息流之中了。各类教育机构、医疗组织、娱乐和宗教场所，以及政府机关、警察、监狱则散布在都市之中。而将所有场所连接起来的是现代公共交通网络、电信网络。支撑起都市生活空间的基础设施，包括城市的美容美化，则无一不来自供水工程、电力工程、热力工程、煤气工程、垃圾处理工程、绿化园艺工程等一整套城市生活所必备的现代工程。这样，现代都市生活由一系列工程技术活动保障，并形成严格的技术依赖路径。可以想象，如果出现任何工程事故，人们就会遭遇停水、停电或交通、通信不畅等尴尬处境，而影响正常的生活和工作。这也是人们关注工程、技术安全的根本原因所在。

　　2. 现代工程支撑下的都市的现代性悖论

　　在现代工程成就的现代工业所打造的现代都市中，现代科学和现代技术在自身快速发展的同时，极大地推动了生产力的发展。正如马克思所指出的那样，现代资本主义依赖现代科学技术的工业应用，使得工业和工业产生的对象性存在不仅标志着人的本质力量的提升，而且极大地解放了生产力，以至于现代科学技术成为社会发展的重要杠杆。他在《共产党宣言》中高度肯定了现代资产阶级之于解放和发展生产力的贡献："资产阶级在历史上曾经起过非常革命的作用。"[1]"资产阶级，由于一切生产工具的迅速改进，由于交通的极其便利，把一切民族甚至最野蛮的民族都卷到文明中来了。"[2]"资产阶级，由于开拓了世界市场，使一切国家的生产和消费都成为世界性的了。"[3]"资产阶级在它的不到一百年的阶级统治中所创造的生产力，比过去一切世代创造的全部生产力还要多，还要大。自然力的征服，机器的采用，化学在工业和农业中的应用，轮船的行驶，铁路的通行，电报的使用，整个整个大陆的开垦，河川的通航，仿佛用法术从地下呼唤出来的大量人口，——过去哪一个世纪料想到在社会劳动里蕴藏有这样的生产力呢?"[4] 他甚至还强调，手推磨成就的是封建主的时代，蒸汽磨成就的是资产阶级时代，他进而把科学技术与生产力内在地关联起来。特别是在《机器.自然力和科学的应用》中，马克思还专门研究了机器和工艺史。他一方面指认："'机械发明'，它引起'生产方式上的改变'，并且由此引起生产关系上的改变，因而引起社会关系上的改变，'并且归根到底'引起'工人的生活方式上'的改变。"[5]

①　《马克思恩格斯选集》，第 1 卷，北京，人民出版社，1995，第 274 页。
②　《马克思恩格斯选集》，第 1 卷，北京，人民出版社，1995，第 276 页。
③　《马克思恩格斯选集》，第 1 卷，北京，人民出版社，1995，第 276 页。
④　《马克思恩格斯选集》，第 1 卷，北京，人民出版社，1995，第 277 页。
⑤　参见《马克思恩格斯文集》，第 8 卷，北京，人民出版社，2009，第 343 页。

另一方面，马克思尖锐地指出"死劳动"与"活劳动"、"铁人"与工人的对立。用他自己的话说："在这里，过去劳动——在自动机和由自动机推动的机器上——似乎是自动的、不依赖于[活]劳动的；它不受[活]劳动支配，而是使[活]劳动受它支配；铁人反对有血有肉的人。工人的劳动受资本支配，资本吸吮工人的劳动，这种包括在资本主义生产概念中的东西，在这里表现为工艺上的事实。奠基石已经埋好。死劳动被赋予运动，而活劳动只不过是死劳动的一个有意识的器官。在这里，协作不再是整个工厂的活的相互联系的基础，而是机器体系构成由原动机推动的、包括整个工厂的统一体，而由工人组成的活的工厂就受这个统一体支配。这样一来，这些工人的统一体就获得了显然不依赖于工人并独立于工人之外的形式。"① 因此，马克思在肯定大机器运用带来生产力进步的同时，也深刻地揭示出大机器的资本主义运用对劳动者的奴役，资本对劳动的剥削，分工对人的束缚与强迫，以至于出现"劳动异化""商品拜物教""货币拜物教"和"资本拜物教"。

海德格尔却看到了现代世界的另一个突出的悖论，即原本起敞开和生产作用的古希腊的技艺，今天成为遮蔽、促逼、摆置的"座架"，以及"筑居"与"栖居"的背离。不同于海德格尔，跟随韦伯的理性的合理化批判传统，法兰克福的西方马克思主义思想家们则在马克思异化劳动批判的基础上，指出技术异化的现代特征：技术的发展不再是否定、变革、解放的力量，而是成为肯定、辩护、奴役的力量；不仅使人成为"单向度的人"，使社会成为"单向度的社会"②，而且成为化解资本主义统治危机的意识形态。③

按照现象学的始源性追问原则，实际上，我们不难发现，技术的异化从根本上说就是工程异化，或者说，技术异化、劳动异化都是工程异化的表现形式。因为工程作为人最为切近的生存方式，或者说，工程作为人的存在方式，④ 无论是技术的发明还是技术的应用，总是受制于人们生产实践的工程活动；是工程选择技术，而不是相反；工人的劳动在单纯、片面追求资本增值的现代工厂、现代工业工程中才得以发生。借助于现代科学、现代技术的现代工程本应该是根植于人的生存需要的，

---

① 《马克思恩格斯文集》，第 8 卷，北京，人民出版社，2009，第 354 页。

② 〔美〕赫伯特·马尔库塞：《单向度的人——发达工业社会意识形态研究》，张峰等译，重庆，重庆出版社，1988。

③ 〔德〕哈贝马斯：《作为"意识形态"的技术与科学》，李黎等译，上海，学林出版社，1999。

④ 张秀华：《作为人的存在方式的工程》，《自然辩证法研究》2006 年第 12 期。

但人所建造的为了人之生存的工程丧失了其人文本性，反而控制人、奴役人。①

需要进一步说明的是，对现代世界而言，拥有并依赖上述作为硬件的造物的"自然工程"，以及作为软件的现代"社会工程"，包括城市的区划、制度安排、治理模式的选择、法律规范等，调整了城市居民的利益关系，提供基本行为准则，培养精神品质，最终确立起工具理性所型塑的社会秩序，完成了从民俗社会向法理社会的过渡。

这一方面有助于社会秩序的建构，以确保城市的有序运行；另一方面，对工具理性的过分强调与依赖，又导致诸多现代性问题。技治主义的盛行必然形成韦伯所说的"理性的牢笼"，以至于后现代思想家福柯把工厂、医院、学校等称作一个个"监狱岛"，人们不再接受体罚，而代之以灵魂的规训。也就是说，依赖于现代工程的现代城市或都市，既带给人们丰富的现代生活、多维度的交往关系，同时，也展现出现代性的悖论。例如，城市经济生活中分工的细化带来了效率，却使人片面化、异化；法制的普遍化没有呼唤出伦理、道德的自觉；一部分人积累了越来越多的财富，而大多数人积累了贫穷；确定性寻求导致了不确定性的风险社会；人们行动力量的强大与自然环境的危机。现代世界始终谱写着秩序的寻求与混乱失序间无休止的变奏曲。

正如马克思所看到的，资本不是物，而是一种关系，它反映了资本家对工人的剥削关系。无疑，由资本的运动和现代工程、现代工业所支撑的现代城市也不是物，对其进行现象学的描述与还原，必须从单纯的客体性原则进展到主体性原则，透过城市的实存，"现实的人"的现代工程活动所建造的一切，始源性地发掘其中所发生的真实关系，即资本的运动与增值关系，商品与货币的关系，具体劳动与抽象劳动的关系及其所决定的使用价值与价值的关系，归根结底是资本与劳动的关系，投资人或企业家与劳动者之间的关系。由于城市财产所有者在其资本的积累过程中，常常是过度占有劳动者的劳动所创造的价值，使二者之间的关系总是表现为对抗、冲突和敌视的主客体关系，马克思将其描述为现代资产阶级与无产者之间的既依附又敌对的关系。

从某种程度上说，现代社会工程又总是致力于调解在现代工业工程中产生的诸种冲突与矛盾。马克思一针见血地揭示出现代政治统治与大

---

① 张秀华：《工程的"罪"与"赎"——关于人类工程之"非"的反省与超越》，《自然辩证法研究》2011年第7期。

工业生产的关系："资产阶级的这种发展的每一个阶段，都伴随着相应的政治上的进展。它在封建主统治下是被压迫的等级，在公社里是武装的和自治的团体，在一些地方组成独立的城市共和国，在另一些地方组成君主国中的纳税的第三等级；后来，在工场手工业时期，它是等级君主国或专制君主国中同贵族抗衡的势力，而且是大君主国的主要基础；最后，从大工业和世界市场建立的时候起，它在现代的代议制国家里夺得了独占的政治统治。现代的国家政权不过是管理整个资产阶级的共同事务的委员会罢了。"① 因此，资产阶级与无产阶级的对立，资本与劳动的对立等是不可避免的。人类如何走出人与人、人与自然，以及人与自身相互对抗与冲突的困境呢？显然，还必须回到人自己依循其不同于动物的自然生命（"种生命"）的文化生命（"类生命"）所建构的文化世界、人工世界与属我世界的方式这一根本问题上。

3. 重建都市文明的新工程样式

针对现代工业工程和现代社会工程下的现代都市生存困境，即现代性悖论，当代哲学要解决的一个根本问题就是如何由主客体的二元对立思维走向现象学率先确立的主体间性的解释原则，并提倡合作、友善与和解，用有机的宇宙观对抗机械的宇宙论，用"历史的逻辑"代替"科学的逻辑"或"知性的逻辑"，进而坚持以历史性为基础的历史主义的理论立场。其极端形式就是把自然对象也作为价值和伦理主体，以期解决现代工程所组建的现代都市的现代性问题，寻求人与人、人与自然关系的和解。阿尔弗雷德·诺斯·怀特海（Alfred North Whitehead）的过程哲学也称为机体哲学（philosophy of organism）②，它在克服主客对立的二元论思维方面走得最远。他把宇宙间的一切事物不是看成现成的存在，而是视为处于变化、生长过程中的"现实事态"（actual occasions）或"现实实在"（actual realities），因而都是有自己存在根基的能动的主体，拥有经验感受和自主选择物质与精神摄入的能力，并参与宇宙的合生，从而获得深度存在。沿着这一思路，人作为有机宇宙的一员也不例外，其建造活动——工程，不是围隔而是联结，不是强迫而是嵌入，才变得可以理解。

实际上，这提出了一个如何重塑现代工程，或改变单纯以效率和效益为价值取向的"自为的工业工程"——"工程3.0"，而走向"自在自为的

---

① 《马克思恩格斯选集》，第1卷，北京，人民出版社，1995，第274页。
② Alfred North Whitehead: *Process and Reality*, New York, Free Press, 1978, p. Ⅺ.

后工业工程"——以伦理原则优先、和谐发展的"工程4.0"的问题。① 其目的是自觉摆脱资本逻辑下的暴力思维方式，按照主体间性的现象学原则，建造包容与关爱他者（包括其他利益相关者和自然）的工程，打造城市的新意向——互助、利他、合作、友爱、和谐、生态，建构以"工程4.0"和"工业4.0"为支撑的伦理自觉的新都市，现实地推进生态文明。

这种新形态的"工程4.0"的出场是推进"工业4.0"的内在要求。毕竟，工业是工程的集聚，二者存在直接相关性。历史地看，任何一次工业革命也都是以工程形态的转换为前提的。

回望人类的工程足迹，不难发现，工程始终处于运动、发展的过程中，表现出有机、进化的特征。尽管每一行业的工程都有其演进历程和特殊性，但大尺度地看，人类工程演化又总是拥有某种规律性，通过现象学的还原，可以将其展开的逻辑概括为：前工业社会（前现代）顺应自然的"自在工程"，工业社会（现代）宰制自然的"自为工程"，后工业社会（后现代）寻求与自然和解的"自在自为的工程"。前两者分别成就了农业文明、工业文明，并推动人类走向生态文明。②

不只如此，我们还可以从工程与技术关系的角度进一步区分人类一般的工程形态：①依附于技术，弱小或作为生活替补的"工程1.0"，这是工程刚刚出场的形态。②试图与技术区别开来，却被看成是技术应用或延伸的工程，技术对工程还起着主导作用，属于技术化工程观下的"自知"的"工程2.0"阶段。③把一切都纳入工程中，凸显出效用、效益优先的原则，并强调工程选择技术，而不是单纯地应用技术，进而从技术背后走到前台，这就是由"隐"到"显"而"自大"的当代"工程3.0"。④随着"工业4.0"的出场，工程回归生活世界的价值取向，使得技术的个性化追求将成为现实，工程不再单纯考虑技术的因素，还关注工程的人文向度，如伦理、审美的非技术维度，顾及与工程相关的各种因素，包容他者，强调伦理优先，是"全向工程"，更是有反思且"自觉"的"工程4.0"。③

然而，无论如何区分人类一般的工程形态，它们总是与从"工业1.0"到"工业4.0"的工业形态的演进相一致的。

也就是说，前现代"自在的工程"或"工程1.0"与前工业社会相一致，

---

① Xiuhua Zhang："Towards Engineering 4.0：A Contemporary Expression of Biocosmology and Neo-Aristotelism"，*Biocosmology-Neo-Aristotelism*，2016(1).

② 张秀华：《历史与实践——工程生存论引论》，北京，北京出版社，2011，第71页。

③ 张秀华：《工程哲学视野中的"工程4.0"》，《光明日报》2015年11月14日。

型塑的是依顺自然的农业文明和乡村文明；现代"自为的工程"或"工程 2.0"和"工程 3.0"分别对应"工业 2.0"和"工业 3.0"，成就的是工业文明和都市文明；而后现代"自在自为的工程"或"工程 4.0"必将随着"工业 4.0"的推进而成型，并最终推动人类走向人与自然、人与人、人与自身和谐的新都市文明、生态文明。

"工业 4.0"与之前的工业形态的根本区别在于：不再以制造端的生产力需求为起点，而是将用户需求作为整个产业链的出发点；不再是从生产端（上游）向消费端（下游）推动的模式，而是从用户端的价值需求出发，提供定制化的产品和服务，并以此作为共同目标，使整个产业链的各个环节实现协同优化。其三个支撑点是：①制造本身的价值化，不仅做好产品，还要将生产中的浪费降到最低，实现设计、制造过程与用户需求相匹配。②在原有自动化的基础上实现系统的"自省"功能。③在整个制造过程中实现零故障、零隐患、零意外、零污染，这是制造系统的最高境界。①

所以，我们可以断定，"工业 4.0"自身是拥有伦理配置、观念配置的自省和自律的综合体。这就要求我们必须洞悉"工业 4.0"即将引发的第四次工业革命的本质，理解和把握这一趋势的必然性及其自身内在地开显的他者意识和伦理维度。

与"工业 4.0"相对应，"工程 4.0"必然是充分关注自然、环境、能源、物流和人流限度与约束条件，自觉赢获人与自然、人与人、人与社会的和谐关系，自觉选择伦理优先的原则，并最终成为有反思的自我规范的"自觉"工程。这是按照从工程到伦理的工程伦理的考察路径，也就是通过工程自身的范式转换或者形态提升而主动提出并自觉选择伦理约束。这一过程的客观基础就是适应"工业 4.0"的需要，工业人和工程人的工程境界提升而完成的工程实践的自我规范。

当然，我们还可以依循从伦理到工程的研究进路，基于新的伦理学资源，对一种即将出场的工程形态提出新的伦理规范和伦理要求。这也是构建当代工程伦理形态学的必要路径。

尽管如此，按照"面向事实本身"的现象学箴言，当下我们必须首先看到，随着第四次工业革命的发生，特别是拥有伦理配置、观念配置的自省和自律特质的"工业 4.0"的登场，工程界自身不得不选择伦理自觉

---

① 〔美〕李杰：《工业大数据——工业 4.0 时代的工业转型与价值创造》，邱伯华等译，北京，机械工业出版社，2015，第Ⅷ页（前言）。

这一大趋势。着眼于工程与伦理的互动、互释与互镜关系，我们可以把微观（个体）、中观（团体或组织）和宏观（国家或社会）伦理主体与遍及全部时间向度的效用伦理、规范伦理、美德伦理三大基本伦理形态相联结，静态（共时态）地组建工程伦理形态网络结构，在此基础上，进行动态（历时态）的处境化工程伦理形态的立体建模，围绕即将出场的"工程4.0"和生态文明的新要求，构建当代工程伦理形态学和工程伦理体系，从而进一步站在塑造新都市文明、生态文明的高度，研究工程伦理规范的原则和评价标准，并切实推进工程伦理实践，去实现"按照美的规律来构造"，以及以"栖居"为指归的"筑居"之工程理想，让工程真正回归其人文本性，从而不断探索摆脱现代生存危机和拯救现代性的可能性。

实际上，在对现代性反思的过程中，亚历山大不仅区分了"自然城市"——自然形成发展起来的具有半网络机构的城市和"人工城市"——设计师、规划师苦心制造出来的具有树状结构的城市，并指出后者因过于简单的缺陷，容易使生活在其中的人们患精神分裂症。如果严格遵从树状结构，那么城市和组织都会毁灭，而这是现代城市的问题。① 雅各布斯作为一名建筑记者，也极力反对缺乏人性化的城市规划与开发，反对20世纪50年代在纽约推进的城市再开发，还发起了市民运动。她反对城市"分区"（zoning）的思想，即以办公区为中心，把街道分成各种区域，在郊外设立住宅区。住宅区通过机车化与中心相连。对此，她给出批判，并主张城市规划不是为了国家和资本，而是为了民众的人性生活。所以，新旧建筑混合、住房与办公区混合、各个阶层及民族的混居才是城市的魅力和活力之所在。② 而在柄谷行人看来，雅各布斯关于城市规划的理念与实践使得多伦多市较分区规划的布法罗充满活力。③

所以，工程的设计与建造不是独白，而是与他者的对话，必须自觉与工程共同体内和共同体外的他者，尤其是广大消费者对话，并在充分考虑其需求、意愿和利益诉求的情境下，开展工程建造活动。维特根斯坦在为其姐姐建造房屋时似乎体会到了这一点，并称其为"我的建筑"，但这个"我"绝不指单纯的房屋设计者。因为尽管建造离不开设计，但在柄谷行人看来："越是认为建筑是作为理念的设计的完成物，就离实际的

① 转引自〔日〕柄谷行人：《作为隐喻的建筑》，应杰译，北京，中央编译出版社，2011，第23~28页。

② 转引自〔日〕柄谷行人：《作为隐喻的建筑》，应杰译，北京，中央编译出版社，2011，第2~3页（中文版序言）。

③ 〔日〕柄谷行人：《作为隐喻的建筑》，应杰译，北京，中央编译出版社，2011，第4页（中文版序言）。

建筑越远。建筑是与顾客的对话、对顾客的说服，是与其他员工的共同作业。即使最初有设计，但在实现过程之中设计会不断改变。用维特根斯坦的话来说，这与边进行边修改规则并最终成型的游戏类似。"①

今天，唯有应"工业 4.0"引发的第四次工业革命之势，积极推进伦理优先的"工程 4.0"，借助自觉的"善为"，才能回归工程的人文本性，从"存在""异化存在"走向"善在"。因此，不能拘泥于从上到下的顶层设计和"建筑的意志"，还需要自下而上的对话与沟通，以及有机、生成的过程思维、语境化伦理规范。

总之，人类已经进入互联网（internet）、云技术（cloud technology）、大数据（data）的信息时代，现代技术和现代工程从根本上改变着人们的生产方式、思维方式与生活样态。但是，必须清醒地看到：变革的核心在于工业、工业产品和服务的全面交织与渗透。这种渗透借助软件，通过在互联网和其他网络上实现产品及服务的网络化。新的产品和服务将伴随这一变化而产生，从而改变人类的生活方式与工作方式，尤其改变人类与产品、技术与工艺之间的关系。② 德国联邦政府高技术战略工作组正是基于对制造业前景的预测，提出了"工业 4.0"的前瞻性计划，以期凭借信息物理系统（Cyber-Physical Systems，CPS）引领第四次工业革命的全新生产体系。如果把工业看成是工程的集聚，那么"工业 4.0"的到来离不开"工程 4.0"的支撑。根据马克思生产方式推定论的原则，不难想象，人类必将因互联网引发的第四次工业革命，特别是依赖工程形态的演进，而走向新都市文明。这就使得上述现象学地考察工业、工程与都市文明的关系变得尤为必要。也只有洞悉新一轮工业革命与工程范式转换的真实关系，才能使工程的"异化存在"走向"善在"成为可能。

---

① 〔日〕柄谷行人：《作为隐喻的建筑》，应杰译，北京，中央编译出版社，2011，第 108 页。

② 〔德〕乌尔里希·森德勒：《工业 4.0：即将来袭的第四次工业革命》，邓敏等译，北京，机械工业出版社，2014，第 2 页。

第六章 "人之问"的工程应答

对现代工程的人文追问，由于以生存论为贯穿始终的解释原则，实际上是在追问人的存在论问题，就是人怎样与应该怎样以"造物"的工程方式去存在，因此，现代工程批判的归宿必然是对人之存在方式的工程应答。因为基于生存论的"工程之问"就内在于"人之问"这一人的存在论问题之中。在世生存的现实的人之工程行动不仅触及人与自然世界的关系，而且发生人与他者的根本性关系——存在论的终极问题。不断生成着的"工程世界"是人所创造的，是行动和实践的结果。它介于"物的世界"与"事的世界"之间，其存在状态作为文明世界的成果和标志能成为也必须作为我们认知、反思的对象。悬置对工程的反思，就会使人的存在论探究遮蔽人之最切近的存在方式。人的工程之"做"创造了工程之"在"——"工程世界"，不仅有"物的世界"特征，通达和把握"物性"，而且有"事的世界"发生，并表达着人之在的在世行动与生存境界，即张扬"人性"。工程的问题与困境就是人的问题与困境，工程问题的解答也就是人的问题的解答。工程的"存在"与"善在"表达和刻画着人的"存在"与"善在"。工程人文本性的回归，就是人之"善为""善在"的表达。唯有如此，人才能诗意地栖居在大地上。所以，本章拟讨论以下问题：一是"工程世界"：在"物的世界"与"事的世界"之间；二是人的存在论问题中的工程存在论在场：由 to be 到 to do 的转换；三是现代工程批判的归宿：从"工程之问"到"人之问"。

一、"工程世界"：在"物的世界"与"事的世界"之间

世间原本无"工程世界"，只有当自然界有了人，有了人之为人的物质生产实践活动，人们为了满足自己的生存需要，才开始了有组织、有计划、有设计的人为"造物"的工程实践。世界也就二分化为自在的自然界或原生态的自然界与人化的自然界、人工世界、工程实存。只是起初的工程活动还比较粗陋，而这种工程活动一旦发生，也就成为人们最切近的生存活动和存在方式，人通过自己的智慧和劳作建造起属我的"工程世界"——现实的世界、人类社会。它表现为处处打上人之烙印的部落、村

庄、城堡、城邦、城市、国家等。也就是说，人们必须依赖这种工程存在方式，才能获得他们维持生存、繁衍的基本生活资料、生存空间和场所。

显然，在这一过程中，人们要与自然物打交道，了解"物的世界"，不断地提出和解决如何认识自然、把握物之物性和对象的规律问题，以顺利进行工程活动，并满足人们的需要，最终摆脱生活世界面临的各种事情的困扰与窘迫，切实服务于"事的世界"。从根本上说，工程的活动任务总是由"事的世界"给予的，要做什么、应该做什么或不可以做什么，既受制于工程活动所关涉的"物的世界"（对象世界）的制约，也直接为"事的世界"所"推动"或"耽搁"。因此，工程世界在创造新存在物的工程活动过程中，总是处在"物的世界"与"事的世界"之间，既关涉周遭的自然界及既有的人工世界，也关涉人事（包括人的需要、人与人的协作、利益分配关系等）。考虑到工程及其所组建的工程世界的历史性和时代性，下面将按照现象学的始源性追问和"面向事实本身"的原则，探讨工程演进的一般形态，进而展示工程所创造的工程世界与"物的世界""事的世界"之间的内在关联。

（一）一般工程形态的演化：从"工程1.0"到"工程4.0"

按照形态学的方法，大尺度地看，正像马克思把人类社会区分为从低级到高级发展的五种社会形态，我们也可以把人类的工程看作有机、进化和发展的，并将其区分为"三大形态"，即前现代自在的工程、现代自为的工程、后现代自在自为的工程，或者从工程与技术关系的角度，区分为"四种形态"，即"工程1.0""工程2.0""工程3.0"和"工程4.0"。

前述一般的工程演化形态的两种表达式为："自在的工程"→"自为的工程"→"自在自为的工程"，与"工程1.0"→"工程2.0"→"工程3.0"→"工程4.0"。二者具有内在一致性，刚出场的"工程1.0"属于"自在的工程"阶段，往往顺应自然；"工程2.0"和"工程3.0"属于现代工程由"自知"到"自主"的"自为工程"之两个前后相继的不同样式，有宰制与征服自然的欲求；而"工程4.0"则属于"自由"的反思工程，自觉寻求人与自然、人与人的和谐。

（二）近现代中国工程形态之剧变：处境化提升

前述一般的工程形态演化与原发性的资本主义国家所走过的工程道路，无论在逻辑上还是在时间上，都具有更多的一致性，从根本上说，是工程辩证法使得这种一致性——逻辑与历史的统一成为可能。由于中国的现代化是在历史进入世界历史的过程中，在资本全球化的逻辑下被动卷入现代化运动中来，其展现的现代性具有后发性和跟随性，同时也有时空上的特殊性，而其直接的承载者就是 1840 年以来的近现代工程。中国近现代工程的演化可以说仅仅用一个半世纪左右的时间，经历了西方数百年工程演化的全过程，展现出了一般的工程形态的全部样态。因此，它是时空压缩处境下一般工程形态的迅速运演与生成。

当代中国工程经历了发生发展的不同时期：①1840 年至清末，洋务运动所倡导的器物层面的变革，表现为技术工程观的"工程 1.0"。②民国时期到中华人民共和国成立初期，对西方现代化国家的向往与追赶，导致现代工程意识和意志增强，呈现出"自主工程观"的"工程 2.0"样态。③改革开放至科学发展观提出之前，中国掀起了全方位的工程建设高潮，表现出工程的强势，即"自为工程观"的"工程 3.0"。④从科学发展观的确立到中国共产党提出建设生态文明以来，中国工程再一次面临转型，走向"自在自为工程观"或"反思的工程观"的"工程 4.0"。

如何把握这一新契机，自觉超越"工程 3.0"而步入"工程 4.0"显得尤为迫切。因为一方面，这种新形态或新范式的工程放弃主客二元的对立思维，注重主体间性的互动与互释，使其具有包容性、反思性和伦理优先的原则，不再把消费者、社会公众和环境看成是外部的对象，而由外部关系转向内部关系，充分考虑以往作为对立的"他者"之利益和需求。这将有助于改善工程方式和生活方式，自觉构建生态文明。另一方面，"走向工程 4.0"也是面对发达国家推进"工业 4.0"、发展"信息物理系统""大数据"等技术而做出的积极回应和迎接新工业革命的一种必要选择。

正像美国国家科学基金会智能维护系统产学合作中心的创始人李杰主任所说的：所谓"工业 4.0"，就是德国政府和工业界定义的制造业的未来蓝图。他们认为，18 世纪机械制造设备的引入标志着"工业 1.0"时代；20 世纪初的电气化与自动化标志着"工业 2.0"时代；20 世纪 70 年代兴起的信息化标志着"工业 3.0"时代；现在，人类正在进入"工业 4.0"时代，即实体物理世界和虚拟网络世界融合的时代。其中，信息物理系统是新一代工业革命的核心技术。[1]

显然，从"工业 1.0"到"工业 4.0"的工业形态演进脉络与前述的工程形态演化的逻辑具有根本一致性，只是工业形态的区分标准以核心技术的更替为依据，而工程形态的变迁不但考虑技术因素，而且考虑非技术的人文与社会因素，特别是伦理之维。正是考虑到工业与工程演进的同

① 〔美〕李杰：《工业大数据——工业 4.0 时代的工业转型与价值创造》，邱伯华等译，北京，机械工业出版社，2015，第Ⅷ页（前言）。

步性，"工业 4.0"时代的到来必将呼吁"工程 4.0"在场。

(三)塑造"工程 4.0"的关键：伦理优先性

如何走向并塑造"工程 4.0"，关键在于工程共同体自觉选择并坚持工程的伦理优先原则，这也是"工业 4.0"的内在要求。

因为"工业 4.0"与之前的工业形态的根本区别在于以下几方面：一是起点和出发点变了。"工业 3.0"及其之前的诸工业形态的着眼点往往是生产、制造端，而"工业 4.0"开始关注用户、下游的消费端。二是价值观照变了。原来只是考虑工业投资人的价值预期与利益诉求，而"工业 4.0"还格外注重如何满足用户和消费者的价值需求与个性化服务。三是生产和制造的境界变了。如果说"工业 3.0"还停留在单纯追求效率、效益的状态，那么"工业 4.0"将优先考虑利他的工程伦理问题。实现环境友好、无污染、低碳、节能且安全，就是要自觉协调人与自然、人与人、人与自身的关系，做到"善为"，由过去的"制造"提升为"智造"，让他者和精神维度在场。

因此，基于工程本性与工程演进方式的现象学表明，按照从工程到伦理的工程伦理学研究进路，"工程 4.0"对工程实践自身提出了高境界的伦理要求，必将型塑以美德伦理为主导，以规范伦理为根本，以效用伦理为基础的工程伦理形态。这种"工程 4.0"的伦理优先原则，是构成"自省"的"工业 4.0"的核心价值追求与工业境界的关键和保障。也只有在这个意义上，而非以往单纯的技术革命的考量，才能理解那些扑面而来的语词，如"信息物理系统""物联网""大数据""工业互联网""智能制造""3D 打印"等的真实意义与伦理约束，才能说第四次工业革命将在根本上改变人们的生活方式，推动人类步入新文明。

同时，这也昭示出，对当代中国工程实践的伦理形态学研究，不能不首先展示中国工程形态与特性。唯有依托工程形态与伦理形态的互动、互释与互镜，才能建构中国语境下的工程伦理形态学。

也就是说，一个科学的工程伦理形态学必须自觉建立在情境化或处境化的工程形态审视的基础之上，考察自然、环境、物流、信息流等构成的"物的世界"，研究工程共同体与社会公众等互动组成的"事的世界"，进而选择相关的伦理资源，建构工程实践的伦理体系，规范工程实践，提升工程境界。

上述现象学的人类一般工程形态的考察已经昭示出，工程活动就是组建工程世界，这个世界不同于单纯的自然界或"物的世界""事的世界"。正是工程事情、工程之做(to do)，才创造了新的存在(to be)。经营工程之"事的世界"是利用自然——"物的世界"的前提，也是构建工程世界这一工程存在之"物的世界"的关键。归根结底，无论是"事的世界"还是"物的世界"，都与人的生活世界息息相关，与人的在世生存无法分离，表达了人在莽森之境作为强力-行事者的生存力道。正如海德格尔在现象学的始源性追问下所看到的："人到处筑路，冒险进到存在者的所有领地，进到威临一切者的存在力道中，而恰恰就在如此行事时被抛离一切道路。正是这样一来，这个最莽劲森然者的整个莽森情境才敞开出来。"①

二、人的存在论问题中的工程存在论在场：
由 to be 到 to do 的转换

可以说，海德格尔首先洞察到对人之存在意义的生存论存在论研究不得不回到人在世界中存在的操心这一整体建构，进而回到与他物打交道的操劳和与他人共在的操持环节。这也是他为什么既跟随胡塞尔始源性追问的现象学方法，又超越纯粹意识的领域而进展到"此在"（Dasein）生存分析的原因所在。

沿着海德格尔的思路，对此在式的人之生存论存在论追问，首先得回到我们吃、喝、住、行须臾不能离开的工程建造这一"事的世界"。人类不仅通过经营工程之事使人与动物区别开来，摆脱单纯的必然律束缚，拥有了思量、设计、选择和建造的创造之自由行动，而且凭借经营工程之事的"事的世界"，与他人结成行动的工程共同体，与他者共在共处，并一起在与"物的世界"打交道的操劳之际，了解外物，理解他人，从而不断提升和改进人的理性思维、审美能力、道德情感和伦理意识及价值观念。也就是说，人是在改变对象世界的过程中成就自身的，即"做"以成人。这就决定了对人的存在论考察，无法回避生存论分析，而"此在"的生存论追问内在地包含了造物的工程行动。因此，人的存在论问题中的工程存在论始终在场。

传统实体论形而上学追问存在之存在，关注实体和实体的属性分析，必然忽略对"工程之做"和"事的世界"，而耽于对永恒不变的最终存在（to be）领域或"物的世界"那里，来不到"to do"这里。

随着当代哲学向生活世界的回归，哲学旨趣由拯救现象、拯救知识

---

① 〔德〕海德格尔：《形而上学导论》（新译本），王庆节译，北京，商务印书馆，2015，第176页。

向拯救实践转移，哲学形态由理论的哲学向实践的哲学转变，思维方式由知性的逻辑、科学的逻辑向历史的逻辑转换，"现实的人"必将代替"抽象的人"之理解。关于人之存在的追问，是与人之所行的生存活动，以及所经营的"事的世界"息息相关的。

在这个意义上，马克思最早把对人的本质的知性探讨转向历史性理解。尽管他早期在《1844年经济学哲学手稿》中还是按照费尔巴哈式的命题在主谓逻辑的科学逻辑下定义人，但他已开始不同于费尔巴哈单纯地把人看成是自然的存在物。他指出"人是人的自然存在物"，是受动与能动的统一，是有意识的、社会的存在物，其类生活是自由自觉的活动，进而提出"两种生产"理论，强调人的生产不同于动物的生产，人能够按照美的规律来构造。更重要的是，他已经开始历史地看待人，主张人的理性思维、感觉能力等都是社会历史的产物。"工业的历史和工业的已经生成的对象性的存在，是一本打开了的关于人的本质力量的书，是感性地摆在我们面前的人的心理学。"① 他把人的实践活动的结果——对象性活动所产生的对象性存在看成是人的本质力量的感性显现，从而来确证人的本质力量。显然，这早已超出以往关于人的抽象解读，如人的本质先验说、人的本质预定论、人的本质还原论等，开始让人成为历史性存在，人的感觉的丰富性和需要的全面性都是在感性的实践活动中历史地生成的。在《关于费尔巴哈的提纲》中，马克思批判费尔巴哈"把宗教的本质归结于人的本质。但是，人的本质不是单个人所固有的抽象物"②，从而进一步深化了《1844年经济学哲学手稿》中关于个人与社会关系的讨论，径直把人的本质看成是社会关系的总和。在《德意志意识形态》中，马克思不仅通过物质生产劳动来区别人和动物，而且言明：你是什么样的人，要看你生产了什么和用什么方式生产。显然，这里是借助对象化活动及其对象性存在——工业来确证人的本质力量的思想展开。在他看来，随着"文明的技术"的发展，社会生产力的提高，社会分工不断细化，而强迫分工就会束缚人的全面发展，只有扬弃资本主义制度下的强迫分工并进入未来的共产主义，才能使人摆脱分工的奴役，可以过上自愿地选择劳动方式并有能力从事属于人的各种活动的生活。用马克思的话来说："只要分工还不是出于自愿，而是自然形成的，那么人本身的活动对人来说就成为一种异己的、同他对立的力量，这种力量压迫着人，而不

---

① 参见《马克思恩格斯文集》，第1卷，北京，人民出版社，2009，第192页。
② 参见《马克思恩格斯文集》，第1卷，北京，人民出版社，2009，第501页。

是人驾驭着这种力量。原来,当分工一出现之后,任何人都有自己一定的特殊的活动范围,这个范围是强加于他的,他不能超出这个范围:他是一个猎人、渔夫或牧人,或者是一个批判的批判者,只要他不想失去生活资料,他就始终应该是这样的人。而在共产主义社会里,任何人都没有特殊的活动范围,而是都可以在任何部门内发展,社会调节着整个生产,因而使我有可能随自己的兴趣今天干这事,明天干那事,上午打猎,下午捕鱼,傍晚从事畜牧,晚饭后从事批判,这样就不会使我老是一个猎人、渔夫、牧人或批判者。"①

可见,马克思对人的理解、对人之解放的阐释都是建立在历史逻辑之上的,而且从现实的人出发,借助其感性的物质生产活动、实践来理解人和人的世界——现实世界、人工世界、人类社会。在他看来,"整个所谓世界历史不外是人通过人的劳动而诞生的过程,是自然界对人来说的生成过程,所以关于他通过自身而诞生、关于他的形成过程,他有直观的、无可辩驳的证明"②。进而,马克思借助人的历史活动——劳动,说明了人和自然界的实在性问题。"因为人和自然界的实在性,即人对人来说作为自然界的存在以及自然界对人来说作为人的存在,已经成为实际的、可以通过感觉直观的,所以关于某种异己的存在物、关于凌驾于自然界和人之上的存在物的问题,即包含着对自然界的和人的非实在性的承认的问题,实际上已经成为不可能的了。"③

这也就是为什么西方马克思主义的早期思想家都坚持认为马克思是以社会历史为中介来讨论自然的原因,而且确信马克思的唯物主义作为新唯物主义、现代唯物主义,从根本上说就是历史唯物主义,是主客体的辩证法、实践辩证法、总体性辩证法,而不是以往苏联教科书式的辩证唯物主义和历史唯物主义。他们批判一切试图把马克思主义的新唯物主义解释为将自然界的辩证唯物主义推广到人类社会才有了历史唯物主义的"推广说"。

的确,马克思主义的唯物论在其创始人马克思那里,首先关注的是社会历史领域而非自然领域的客观实在性问题,因为一切旧唯物主义早已经回答了自然界的物质性问题,但是没有考察社会历史领域。人本学唯物主义者费尔巴哈想考察社会历史问题时,却走向历史唯心主义。只有马克思回答了旧唯物主义没有回答也回答不了的问题——社会历史的客观实在性问题,并最终超越了旧唯物主义,而彻底回答了包含人类社

---

① 《马克思恩格斯文集》,第 1 卷,北京,人民出版社,2009,第 537 页。
② 《马克思恩格斯文集》,第 1 卷,北京,人民出版社,2009,第 196 页。
③ 《马克思恩格斯文集》,第 1 卷,北京,人民出版社,2009,第 196~197 页。

会在内的世界的物质统一性问题，使唯物主义有了完备形态，并实现了马克思的哲学革命。但是，必须看到，这一哲学革命的实现是建立在马克思的历史逻辑和实践的历史主义或以历史性为主导的历史主义基础之上的，是借助其实践的观点得以说明的。他指认社会历史的前提是物质生产、物质再生产、人口生产和社会关系生产，并把社会关系归结为生产关系。他主张社会生活在本质上是实践的，历史是人们的实践活动在时间中的展开。如果说历史有规律，也是人们活动的规律。在早期著作《1844年经济学哲学手稿》中，他把历史看成是劳动—异化劳动—异化劳动扬弃的过程。在《德意志意识形态》中，他通过生产力、交往方式的考察，特别是分工—强迫分工—强迫分工的克服的探讨，确立起唯物史观的立场：社会生活决定社会意识，而不是相反。通过意识形态批判，他给出了社会历史发展的历史唯物主义的解释原则，并最终在《〈政治经济学批判〉的序言》中形成历史唯物主义的经典表达。

不同于当代西方哲学家的语言分析、生存分析而进行的哲学重建，马克思紧紧抓住现实的人的实践活动，通过实践批判，回答了处于资本主义时代的无产者如何做和应该如何做的问题，为拯救资本逻辑下的现代性寻找道路。从根本上说，其方法是拯救实践，并以其为路径拯救现代性，重建现代性。为此，我们可以说马克思哲学的全部使命在于通过揭示人类实践（to do）的困境，规范实践，也就是进行应该如何做（ought to do）的探讨，以期现实地"改变世界"，不断使现实世界革命化，并在这一过程中来获得人自身的解放与全面发展，开显人之存在的意义。对此，我们可以断定马克思哲学始终关怀的是人，是建立在历史的逻辑之上的实践人学，而非抽象的人道主义的人学。他关注的始终是"做"（to do）的问题，而不是传统形而上学意义上的"存在"（to be）。因为他看到了人就生活在人的劳作所创造的人化自然里。

无疑，关于人筹划着"去存在"的意义问题，不能回避"在世"之事的经营和做的拷问。对人的存在论的理解与阐释离不开造物的工程行动这桩最基本和最寻常的"事情"，工程存在论必须建立在工程生存论这一此在的生存论基地之上。而基本的"事情"和必须的"做"（to do）、"行事"就是提供人们基本生活保障所进行的物质生产"造物"的工程——"自然工程"。也就是说，我们关于工程问题的探究，从根本上说是关于人事的问题，因为工程总是属于人的最切近的存在方式，其活动的出发点和落脚点都是为了人并服务于人过上更好生活的需要。毕竟，工程具有人文本性，必须让工程回归其人文本性——以"栖居"为指归的"筑居"。这就有必要从"工程之问"进展到"人之问"。

三、现代工程批判的归宿：从"工程之问"到"人之问"

对现代工程的批判，就是要通过"工程之问"达到"人之问"的目的。因为"工程之做"是我们"知道的做"，表达着人的理想、愿望、利益诉求，反映着人们认识自然、利用自然、改造自然，并运用科学、技术整合人力、物力、财力，创造新存在的能力，以及审美水平、伦理境界等。工程自身凝集着工程主体、工程共同体的集体意志与力量，需要协调人与人的关系、人与自然的关系、人与自身观念的关系，是从形而上观念的东西向形而下的现实的转换过程，它离不开社会实现。

任何一项工程都既关涉"物的世界"，又关涉"人的世界"；既需要对物进行测量与估算，对技术进行经济价值评价、风险与安全评估，又需要对人进行揣摩、选择、任用与考核。如果说前者是工程行动的前提的话，那么后者则是工程之做的关键。只有物尽其用、人尽其能，才能顺利、高效地完成工程建造。同时，它还需要一定的工程产品消费者——受众，才能使工程最终获得社会实现，也就是使工程投资人顺利出让工程的使用价值而得到价值，实现资金回笼和资本增值。然而，资本的增值也遇到如何合理分配与利益共享的问题。处理不当就会产生利益冲突，影响人们的工作积极性和能动性。此外，应当有一个对他者利益的让渡问题，例如，对所在社区的回报，对社会的回报，对自然环境的回报。今天，环境污染的加剧、生态的恶化、生存的危机等种种困境，都与单纯追逐资本增值的资本逻辑下的现代工程有关。或者说，现代工程在创造物质财富、丰富人们物质生活的同时，也导致了现代性问题。所以，必须对现代工程问责，实际上，也就是对从事工程之做的主体——工程共同体问责，对人自身问责，从而规范工程行动，让工程切实回归其人文本性。为此，下文主要讨论三个问题：从工程与人的关系入手，将"工程之问"进展到"人之问"；从工程之精神本性出发，将"工程之问"进展到"人之问"；从人之生存处境着眼，将"工程之问"进展到"人之问"。目的是说明为什么要回归工程的人文本性，以及回归工程人文本性的可能性。

（一）从工程与人的关系入手，将"工程之问"进展到"人之问"

之前的讨论早已表明，工程是属于人的，并从根本上是为了人的更好生存。服务于人之生存是工程的根本使命，这是从工程的社会功能角度来说的。如果仅停留于此种"功能说"来理解工程与人的关系，就会外在化地遮蔽二者之间的真实关系。所以，还必须现象学地始源性追问工程与人之为人的关系问题。

人是自然界的一部分，作为"莽劲森然者或莽森之物"(το δεινοτατον)，身处"莽森之境"，当他还仅仅依赖于自然界而生存时，单纯服从必然律，在这个意义上，人还与动物没有分别，顶多是高等动物。但是，当人开始用自己的劳作创造生活资料和生产资料的时候，也就是开始今天看来最原始、最粗糙的工程实践活动的时候，即作为"强力-行事者"开始"强力-行事"(Gewalt-tätigkeit)的时候，人就第一次完成了从单纯依赖自然向超越自然的转换，从必然开始向自由的跃迁，并第一次使自己从动物界超拔出来，成为人。这也就是为什么海德格尔把人叫作"强力-行事者"的原因——到处筑路，尽管遭遇被抛离一切道路的窘境，但人必须以"强力-行事"的存在力道前行。"因为从根本上看，他耕作经营与呵护照料本乡故土，其目旨在从这里突破出去和让那威临一切、施威于他的东西袭涌进来。存在自身将人筹划到这条沟壑纵横的出离路径上，而这种沟壑纵横的情形就逼迫着人从自身那里出离，出溜到存在的近旁，目标是使存在开动起来，并由此而使存在者的整体保持敞开。"① 也就是说，工程之做是人与动物相区别的关键，工程是人的存在方式，人必须如此行事，寻找一切可能性去创造。

人类正是借助工程行动——"强力-行事"，创造了自己的文化世界(意义的世界)、人工世界、人化自然、人类社会，人从此就生活在自己创造的属我世界——现实的人类社会里。这个工程组建起来的人类社会过去不曾有，现在也并非现成的持存，而是随着工程活动的广度与深度的变化不断生成和拓展。从最早居住于洞穴、茅屋中的部落、氏族，到村庄、庄园，再到城堡、城市、民族、国家，人类社会不断随工程形态的改变而变换着自己的形式，即随着工程形态的提升而完成社会形态的跃迁。

大尺度地说，前现代"自在的工程"塑造了顺应自然的农业文明，现代"自为的工程"成就了改造自然、征服自然的现代工业文明，后现代"自在自为的工程"正在试图走向人与自然和解的新文明——生态文明。

工程形态的每一次大的跃迁，都表征并确证着人的本质力量的提升。现代工程所推动的现代资本主义大工业导致异化劳动和异化生存，实际上也是工程的异化和工业的异化。因为对劳动者来说，现代工程集聚所

---

① 〔德〕海德格尔：《形而上学导论》(新译本)，王庆节译，北京，商务印书馆，2015，第188页。

形成的现代工业虽然创造了巨大的财富，工人却越来越相对贫穷；分工越来越细致，能够从事的职业却越来越少；原来是生产的主动者，现在却沦为机器的跟随者或依附者，以至于像马克思所说的那样，工人的活劳动受制于死劳动。所以，工程中的劳作不是对劳动者的肯定，而是对劳动者的否定，劳动异化、工程异化是不可避免的了。但是，必须看到这种异化劳动和异化了的工程也是人类实然的存在方式，只是反映出不合理的工程追求，即原本为了人的工程因为满足少数人攫取财富的欲求，在单纯的资本逻辑下而丧失其自身应有的价值和人文关切。

对此，许多学者看到了人类这一生存困境，特别是在马克思提出劳动异化之后，又提出了技术异化、艺术异化、单向度的人和单向度的社会等问题。从根本上说，这些都可视为现代工程的异化。工程被仅仅当成投资人获得效益的手段，效率被看成关键因素，如此，对技术的选择也会单纯在工具理性下来衡量，甚至于只要能提高效率和效益的技术就是好的技术，而对其安全、风险和后果的评估被忽略。由于工程中问题技术的运用而导致工程事故的案例比比皆是，最经典的莫过于斑马车油箱事件所导致的丑闻。① 20世纪70年代初，美国斑马（Pinto）汽车设计生产上市，但在车间检测时，人们早就发现了技术漏洞：当汽车发生相撞事故时，油箱的安全系数达到临界值，有可能导致火灾。最好的方式是换一个塑料油箱（11美元），或者给原来的油箱加一个橡皮套（5美元）。但是，公司拒绝了这么做。因为公司通过计算发现，假设每年因为事故平均死180人，赔偿费和诉讼费加在一起还是远远低于给每辆汽车花11美元换油箱的费用。此外，该公司还可以设法让保险公司将理赔推延8年之久。到1977年，共有近2000万辆有安全隐患的汽车被出售。当人们问一位负责的工程师为什么没人指出这个安全隐患时，其答复是：谁要是这样做了，等待他的将是立刻被解雇。安全问题在公司里不是一个受欢迎的议题。对公司经理来说，那简直就是禁区。他们认为："安全并不能出售。（Safety doesn't sell.）"这种工程安全的案例不是个别现象，而是以效用、效益为绝对价值取向的现代工程的通病。

因此，必须改变单纯追求效率、效益的工程样式，而关注工程的审美维度、安全、生态、伦理等多个要素，也就是要让工程的精神本性出场，克服工程的异化。

---

① 王国豫：《德国工程技术伦理的建制》，《工程研究——跨学科视野中的工程》2010年第2期。

（二）从工程之精神本性出发，将"工程之问"进展到"人之问"

工程精神本性的出场，意味着工程是有精神本性的。许多人文学者一提到工程、技术、科学等，就直接把它们看作工具理性的产物，看作人文精神的对立面。这主要由于他们为当代科学、技术、工程异化的表象所遮蔽，在二元对立的思维下，没能洞悉它们的本性。

实际上，无论是科学、技术还是工程，它们和一切社会科学、人文科学一样，都是人学。我们不能因为现代科学的分化与学科的划分就只看到它们的差别，而无视其共同之处。它们都源自人们不同于动物的肉体生命、种生命的文化生命和类生命，通过人们的实践活动，在构筑文化世界、属我世界、现实世界的过程中产生并不断发展起来。也就是说，它们与人文科学和社会科学有共同的根，只是不同于人文科学主要探究人的本质，旨在塑造价值世界和意义世界，提供人文精神，组建文化世界的精神结构；不同于社会科学主要探讨人的行为的社会表现，旨在调整人们的社会行为和社会关系，组建文化世界的政治、伦理结构；科学、技术、工程主要服务于认识世界和改变世界，组建文化世界的经济结构，满足人们物质生活的需要。由于它们都是建立在人的文化生命之上的人类创造性活动，不仅有他律而受制于必然性，而且有自律的自由，表征着人类理性能力、伦理自觉和审美情趣所达到的高度，自然蕴含了精神的因素。毕竟，蜜蜂筑造蜂巢与工程师建造房屋的活动在本质上是不同的。前者源自动物的本能，而后者在建造房屋行动的结果出来之前，早已在工程师的脑海中出现了。因此，这是工程师有意识、有蓝图、有目的地从设计观念的形而上的理想到形而下的现实的转换过程，其精神活动是在先的。

正是如此，这种工程活动才仅仅是属于人的，工程是人之为人的存在方式。因为工程的活动拥有自由自觉的创造性，有人的精神出场，有思虑和选择，有好与坏的价值判断，但这又不同于单纯的认知活动，是海德格尔所说的"寻视"，而非停下劳作的单纯的"看"。

今天的工程活动被分解为设计、决策、施工、评估、销售等多个环节，使得工程的精神维度更加凸显，但无论如何，这种精神因素早已被奠基在最粗糙的原始工程活动之中了。然而，人们看到并注重工程中的科学知识、技术知识和工程知识的时候，完全把现代工程实证化、工具理性化，使得其自身拥有的人文因素和精神气质被遮蔽掉，而出现工程中精神之维的缺场，也就表现为工程中对公众、社会与环境的责任意识与伦理的缺失等问题。

对工程责任、伦理问题的讨论——"工程之问"，必然回到"人之问"

这里。这也是工程伦理最早主要是工程师的职业伦理的原因，比如，最初要求工程师只对雇主忠诚、负责（这一条使得工程师发现企业的工程安全问题时也无法举报，因为这会被看成是对雇主不忠诚的行为而遭到开除），而后要求工程师还要对社会、公众和环境负责。

当然，工程伦理不仅需要微观的工程师的职业伦理，以及投资人、经理人、工人等的职业伦理，还需要中观的团体、组织和企业等的组织伦理、制度伦理，以及宏观的关涉人类共同福祉的社会伦理。虽然无论是组织伦理还是社会伦理，最终都需要工程共同体中的个人去践行，但是如果能够在组织和制度层面乃至国际社会必要建制的设置上有所保障，就会更好地使工程共同体的不同类型的成员履行其相应的伦理责任。事实上，人们越来越认识到建立在个体职业伦理学基础上的工程技术伦理的局限。在法兰克福大学的技术哲学家 G. 罗波尔（G. Ropohl）教授看来，工程技术并不是一个孤立的系统，而是包括生产、消费和后处理等一系列活动在内的社会—技术系统。从社会结构和等级的视角来看，工程技术活动又涉及个人系统（自然人）、社会中间系统（如企业）和社会宏观系统（国家）。由于技术活动的过程性和社会性决定了技术活动主体已经不是单独的个体，而是由单个个人组成的团体和集体，这样的团体和集体也因此成为责任主体。而制度就是保证整个组织机构系统运转的灵魂，并认为"基于个体责任的工程技术伦理试图将社会结构的冲突转嫁到个人身上"，但是，大部分工程师的行为权力是有限的。[1] 进而，他给出了一个责任类型的形态矩阵，见表 6-1。

表 6-1 责任类型的形态矩阵[2]

项目	(1)	(2)	(3)
（A）谁负责	个人	团体	社会
（B）因为什么	行为	产品	无为
（C）对什么	可预见的结果	不可预见的结果	遥远和长远结果
（D）根据什么	道德规则	社会价值	国家法律
（E）向谁负责	良心	他人的审判	法庭
（F）什么时候负责	前瞻（事先）	此刻	追溯（事后）
（G）怎样负责	主动	虚拟	被动

---

[1] 转引自王国豫：《德国工程技术伦理的建制》，《工程研究——跨学科视野中的工程》2010 年第 2 期。

[2] 转引自王国豫、胡比希、刘则渊：《社会—技术系统框架下的技术伦理学——论罗波尔的功利主义技术伦理观》，《哲学研究》2007 年第 6 期。

所以，工程伦理体系的建构不能只遵循顾及眼前利益的效用伦理，也不能停留在把过去人类一般的伦理原则应用到工程活动领域做规范伦理，应关注工程活动的各类成员自身的德行建设，并不断加强工程主体的德行养成和责任意识。这就触及了工程所依托的工程主体的道德境界问题。

（三）从人之生存处境着眼，将"工程之问"进展到"人之问"

工程的建造总是发生在具体的时间、地域和处所中的，具有"当时当地性"，因而存在一个工程建造的处境问题。它受制于当时当地的经济、文化、政治等因素，这些因素又直接影响工程共同体成员的伦理、道德状况。但这不等于说仅仅安于现状，而是说当制定应然的工程伦理规范时，还需考虑人们的生存处境，自觉建构语境化的工程伦理体系，以确保工程伦理实践的实效性。

这也就是为什么不同国家的工程伦理规范具有差异性的根本原因所在。比如，美国一直强调工程师的职业伦理，而辅之以工程师协会的建设、职业认证等配套机制；德国则格外关注工程技术与社会的互动，加强工程活动的组织和制度伦理规范的建构。

工程伦理规范不只有空间上的差异，还有时间上的差异问题，而且后者的差异要远远大于前者。不同时代的工程形态的差异，以及其文化背景的差异，决定了不同时代的工程伦理规范的原则和内容的不同。

也就是说，工程形态的演化与工程伦理规范的变革具有内在的一致性。正是如此，我们不仅习惯于从伦理到工程的工程伦理学研究进路，还可以采用从工程到伦理的工程伦理学的研究路径。随着工程活动的进展，工程共同体自身往往能够与时俱进地提出一些相应的伦理要求和职业规范。

从工程伦理规范的建立与发展的历史来看，对工程师的伦理要求不是来自工程共同体外部，而是来自内部的自我约束。这是从"工程之问"进展到"人之问"的必要性与可能性的关键所在。

在前现代的工程活动中，工程主体怀着对自然的敬畏，甚至以图腾和自然神崇拜、巫术、风水等来理解和诠释其造物的工程活动的好与坏。他们从未缺少过价值审视和道德良知。我国的《诗经》就有描写人的建造和生活态度的著名诗篇《考槃》。①

考槃在涧，硕人之宽。独寐寤言，永矢弗谖。

① 转引自周啸天：《诗经楚辞鉴赏辞典》，成都，四川辞书出版社，1990，第149页。

考槃在阿，硕人之薖。独寐寤歌，永矢弗过。

考槃在陆，硕人之轴。独寐寤宿，永矢弗告。

可以说，这首诗表达了先民的道德君子对超越自然的人之建造所拥有的那样一种自然主义的价值追求，既超越自然又回归自然、亲近自然的一种生活态度。

本书在第四章的"工程与信仰的缠绕"部分，已经详细地讨论了前现代工程建造的精神维度，以及现代世界宗教与建筑等问题。需要说明的是，人类在有了现代科学、现代技术，并运用现代科学、现代技术开始现代工程的造物之际，特别是在现代工程的集聚而有了现代工业生产的时候，由于工厂主、投资人、资本家单纯追求当下的生产效率和效益，功利主义盛行，使得工程行动原本拥有的精神之维隐遁、退场。

18世纪到19世纪，工程师主要被要求服从于雇主，对雇主忠诚。尽管19世纪末20世纪初桥梁学家莫里森（G. S. Morison）等人提出，工程师是有着广泛责任以确保技术改革最终造福人类的人，然而，在20世纪初的西方工业发达国家，各工程师专业学会在制定自己的伦理准则时，还是强调工程师对雇主的义务。直到第二次世界大战末期，原子弹投放的毁灭性后果和纳粹医生的罪行引起社会反思之后，美国工程师专业发展委员会（ECPD，后来成为工程和技术认证委员会，ABET）在1947年起草的第一个跨学科的工程伦理准则中，才对工程师提出新的伦理要求，即对公众福利感兴趣。[①] 而随着工程活动向自然界广度和深度的进军，环境污染、生态恶化问题使人类面临前所未有的生存困境，因此，工程伦理从工程师的个人职业伦理扩展到组织、制度伦理，由微观的个体伦理主体拓展到中观（团体、组织、企业）和宏观（国家、国际社会），要求工程主体承担起伦理主体的责任，不仅对工程活动所涉及的公共安全、公众福祉、消费者负责，而且对自然环境和生态负责；既要对当代人负责，还要对子孙后代负责，谋求人类社会的可持续发展。工程伦理责任开始由被动的、消极的伦理责任进展到主动的、积极的伦理责任。进入21世纪，随着国际社会、公众对工程技术所引发的不确定性后果——风险的关注，工程安全被赋予了更广泛的内涵，如工程活动的人身安全、设备安全、质量安全、经济安全、环境安全、生态安全、文化安全等，使得从事工程活动的工程师们有了更宽泛的责任意识和伦理担当。2014年

---

① 朱葆伟：《工程活动的伦理问题》，《哲学动态》2006年第9期。

在上海召开的第二届世界工程师大会上发布的工程师宣言，即《上海宣言》，把工程师的使命理解为：为社会建造日益美好的生活是工程师的天职；把创造和利用各种方法减少资源浪费、降低污染、保护生态环境，以及改善人类健康、增进和平的文化等作为自己的责任承诺。

最近，德国政府又提出了打造"工业 4.0"的新工业模式，使得工程形态由单纯追求效用和效益的"工程 3.0"开始向伦理优先的"工程 4.0"转变，一度因工程异化而迷失了的工程精神——工程的人文本性再次出场。

为此，我们有理由相信，工程人文本性的回归，必将大大改善人们的生活方式、思维方式，提升拥有审美和道德自觉的生存境界，并最终达到不愧于人的工程之做——按照美的规律来构造，实现使人类在大地上诗意栖居的工程理想。

需要说明的是，上文无论是说"工程的人文本性再次出场"，还是说"工程人文本性的回归"，都已然表明，工程行动和工程实存原本就拥有人文本性。人从自然界超拔出来，出离原有的家园边界，作为"强力-行事者"创造性的"强力-行事"——劳作、行动与建造，"恰恰就是向着那在威临一切者之意义下的莽劲森然方向而去"①，去成就自身，并在大地上树立起一个世界——属人的世界，文化和意义的世界。

在海德格尔看来，"莽劲森然者"（το δεινοτατον）也即拥有"强力者"（das Gewaltige）——"威临一切者"（das Überwältigende）才是人之"存在力道"（das Walten）的本质特征。但是，这种本质特征不是现成的、先定的，而是在后天的生存活动——"强力-行事（Gewalt-tätigkeit）"过程中获得的，是时间性此-在的历史性生成。而劳作、生产、工程活动是人创造性行事并提升自身本质力量、展开存在力道的有效途径。行事与做人、成人具有内在相关性，所以，海德格尔引用了索福克勒斯在《安提戈涅》中的第一合唱歌（第 332～342 行）。

> 莽森万物，却无一
> 莽劲森然若人，出类拔萃。
> 彼出奔大海，逐波扬帆，
> 随冬之南风暴雨，
> 穿行在惊涛之巅，

---

① 〔德〕海德格尔：《形而上学导论》（新译本），王庆节译，北京，商务印书馆，2015，第175 页。

骇浪之遄。

彼亦疲劳于诸神之至尊——大地，

于那无朽不倦者，

驱马运犁，

岁岁年年，

翻耕不辍。①

　　然而，与迎向存在的希腊人眼里的"强力-行事者"不同，今天，人们的工程行动仅仅是单纯的谋划、算计、拷问、宰制，以及资本的逻辑下功利的考量，主客二元的对象性思维，把一切都拉回到存在者的层次上，遮蔽了工程存在的意义。只有清醒地认识到此种工程"急难"，才能重新从"存在者"那里转移到"存在"这里，意义、价值、伦理问题才能借此得以生发出来。这也是本书要把生存论的解释原则贯彻到底，贯穿工程的存在论、认识论、价值论，以及工程社会与文化批判、工程伦理探究等全方位的原因所在。

---

① 〔德〕海德格尔：《形而上学导论》（新译本），王庆节译，北京，商务印书馆，2015，第168～169页。

结语　让工程回归人文

——由"问题工程"走向"工程问题"的自觉

"21 世纪必将是以工程为统领的'工程→技术→科学'的工程时代"①，因为工程在人类社会生活中的地位和作用不断凸显，以至于人们似乎要把一切都工程化了。然而，随着人们以工程方式把握世界的意识和行动自觉的增强，问题工程亦触目惊心。昨日的伤口还没有愈合，今天又增新创伤，可谓痛上加痛。2007 年以来，中国每年都有数座桥梁坍塌，有的在建大桥也发生坍塌。

——2007 年 6 月 15 日，G 325 国道广东佛山九江大桥坍塌。

——2007 年 8 月 13 日，湖南省湘西凤大公路大桥（凤凰县堤溪沱江大桥）坍塌。

——2008 年 4 月 1 日，江西省浮梁县东河上连接湘湖和王港乡的坑口大桥坍塌。

——2008 年 10 月 28 日，江苏省高邮市汉留镇四异村三阳河四异桥坍塌。

——2008 年 12 月 2 日，在建的武汉天兴洲大桥引桥坍塌。

——2009 年 5 月 17 日，湖南省株洲高架桥坍塌。

——2009 年 6 月 29 日，黑龙江省铁力呼兰河大桥坍塌。

——2011 年 5 月 29 日，吉林省长春市伊通河大桥坍塌。

——2011 年 7 月 15 日，浙江省杭州市西兴桥坍塌。

——2011 年 8 月 8 日，海南省在建的万宁大桥坍塌。

——2012 年 3 月 12 日，湖南省娄底市吉星路涟水河大桥第十跨桥面在进行钢管拱施工时，81 米长的桥面发生断裂。

——2012 年 8 月 24 日，黑龙江省哈尔滨市阳明滩大桥引桥发生坍塌。

——2013 年 4 月 29 日，山东省沂源县鲁村镇南大桥的一个桥洞发生坍塌。

——2014 年 5 月 3 日，广东省高州市深镇镇良坪村委会良坑口村一座在建石拱桥突然坍塌。

---

①　张秀华：《历史与实践——工程生存论引论》，北京，北京出版社，2011，第 6 页。

——2015 年 6 月 4 日，湖南省 S 306 省道线上刚花重金维修不到 4 年的游港河箕口大桥轰然垮塌。

——2016 年 3 月 17 日，江苏省张家港市的新建沪通铁路苏通长江大桥 29 号主墩沉井在下沉过程中发生翻砂、井内涌水突沉，导致北侧外井壁发生脆性断裂，向外倾倒，造成北侧 3 台塔吊倒塌。

此外，近年来，我国化工企业的爆炸事故也频繁发生，一起起噩耗传来，让人心痛不已；许多污染企业给周边环境造成难以修复的生态灾难。不只是国内存在工程事故，国外也没能摆脱工程事故不断的困扰，不时传来让世人震惊的工程灾难。

举出这些问题工程，并不是要否定工程的存在，毕竟，工程作为人的存在方式，有造福人类的正面功能和正价值，对人类有"功"，而是要强调，必须追问和反思当代工程之"过"，特别是大规模、高科技的现代工程由于技术的、社会的，乃至政治的和人为的原因，频繁出现各种工程事故，既造成巨大的经济损失、政治影响和生态环境破坏，也威胁人们的生命安全，甚至造成人类的生存危机。这就要求我们既看到工程在社会生活中的正面作用，也不能回避工程的负面价值，以吸取经验教训，改进同类工程的安全性能，使其更人性化、更可靠。一代代的工程人正是在一个个痛苦的工程反思的基础上跋涉前行的。由于现代工程的复杂性、不确定性和风险性的特征，以及工程共同体利益主体的多元化，各种工程事故频发。因此，如何尽可能有效地降低工程风险，确保工程安全，既是工程发挥其社会功能的前提，也是工程获得社会实现的关键。总之，工程安全具有重要意义，是工程活动不能回避的工程问题，更是自觉走向工程的人文反思的关键。

当代导致工程事故和工程灾难的原因，主要有以下几个方面。

一是来自工程的科学认知问题。工程行动在向某一个领域进军时，由于对某些相关问题缺乏科学知识，或者说对某些因素还存在认知上的盲点，这就增加了工程的不确定性或风险性。此种情况容易引发错误的工程决策和不恰当的工程设计方案。比如，在三门峡水利工程上，由于当时我国工程技术人员，甚至包括苏联水利专家在内，都缺乏对黄河泥沙特征的认识，更没有在多泥沙河流上修建水库的经验，这就一定程度上存在工程行动的盲点，不仅给该不该建造三门峡水库的决策提出挑战，而且给怎样建造也增加了困难。然而，由于多种原因，特别是受科学认知的局限，三门峡水库的决策既没有看到，也不可能正视该问题的存在，最终，导致各种工程问题和隐患。① 正是在这个意义上说，科学认知的局限在任何时候都是工程的界限。尽管人类的理性是有限的，不可能使工程行动具有完备的、自足的科学知识、技术知识和工程知识等，而客观地决定了工程就是在众多的不确定性中寻找确定性，但工程决策者应尽可能地努力发现工程的边界条件，认识自身的不足，而不能盲目乐观。否则，就难以有效地规避工程风险。

二是来自工程的技术选择问题。许多问题工程看起来是偶然因素引发的，实际上根本原因是工程的技术问题。这有三种情况：第一种是工程利用了所谓最新技术，而问题就出在"新"上了。这主要是由于一味追求新技术，而对新技术性能的评估、考量不够，特别是缺乏必要的试验环节，在经验不足的情况下直接投入使用，以至于增加了技术的风险性。也就是说，工程设计所选择的技术有很高的前位性和先进性，但缺乏可操作性。第二种是孤立地考察某一工程的技术是否先进，而忽略了工程对技术的集成特征所决定的技术系统的配套性。只有技术系统整体优化，才能最终实现工程的技术合理性目标。第三种是工程设计的技术标准低、技术安全系数小、可靠性差等各种技术缺陷，这就意味着还未施工就已经存在着工程隐患了，因而必然影响工程安全。实际上，切尔诺贝利核电站事故的发生，从根本上说也是由于工程设计的技术缺陷问题，工作人员的违规操作更加暴露了这一技术问题。②

三是来自工程的社会境遇问题。变革自然的造物工程不仅具有自然属性，而且具有社会属性。因为工程总是社会的工程，它从社会的需要出发，体现社会的生产力，确证人的本质力量，同时也受制于社会的政治、经济和文化状况。因此，工程是社会地形成的，或者说，社会直接型塑工程。工程的社会形成特征就决定了问题工程的社会关涉。从经济因素来看，如果工程活动仅仅以经济利益为目标，其极端化就会出现不择手段地唯利是图，进而导致企业责任和个人责任的缺失，出现施工过程中的偷工减料、违规操作等直接危害工程质量的行为。许多工程事故既不是缺乏工程的科学认识，也不是工程设计的技术问题，而是发生在工程施工的操作环节。目前，该问题在我国表现得尤为突出。因为工程

---

① 殷瑞钰、汪应洛、李伯聪等：《工程哲学》，北京，高等教育出版社，2007，第345～360页。

② 张景秀：《切尔诺贝利核电站事故的原因》，《全球科技经济瞭望》1991年第6期。

行为失范，像堤溪沱江大桥坍塌那样的责任事故① 不胜枚举。从政治因素来看，造成工程问题的原因主要表现在工程决策上的政治导向，行政领导一言堂，缺乏必要的民主程序，不能广泛听取专家和社会公众的意见和建议，使得本不该上马的工程上马，以致最终成为问题工程。一些"政绩工程"或"形象工程"多为"豆腐渣"工程。从文化的因素来看，有些工程单纯出于功利目的而丧失了工程的人文向度，不是与具体的聚落文化风格相协调，而是破坏生态文化，甚至损毁地方文化遗产、文化古迹等，而使工程自身成为问题工程。此外，问题工程还表现为对生态环境的破坏，例如，引起某些物种的灭绝、土壤沙化、河流泛滥、环境污染等。

应该说，每一工程事故都有其产生的个别和具体原因，这里只是在一般的意义上谈，而且限于一些基本因素。

针对引发问题工程的上述可能原因，在工程活动过程中，人们应自觉寻求规避问题工程发生的可能路径。

第一，尊重自然规律。这是由工程活动的合目的性与合规律性相统一原则所决定的。造物的工程作为人类最切近的生存活动，主要处理的是人与自然的关系，其中，对自然规律的把握和运用不仅制约着工程活动领域、工程活动的深度和广度，而且决定着工程活动的效果。因此，工程活动仅考虑需要和目的是不够的，还必须自觉遵守自然规律，否则就会遭到自然的惩罚。只有自觉把握和尊重自然规律，面向事实本身，坚持真理，才能建立科学的工程理念，避免工程活动的盲目性，有效规避工程风险，促进工程的社会实现。

同时，也只有认识到工程活动的合规律性，才能在目的主导下严格遵循科学和技术的逻辑，恰当运用相关科学原理和有效的技术手段，并通过科学管理优化对人流、物流、信息流，以及科学、技术与人文等多因素的整合——工程集成，做到物尽其用、人尽其能，既能依循物之物性——自然本性，又能张扬人之"人道"——以人为本，努力寻求人与自然关系的和解。进而，一方面，使工程这一形成价值理念、创造和生成价值的生产活动，通过社会公众的消费环节而获得满意的价值实现；另一方面，借助工程活动拉动科学和技术的发展，不仅提出新的科学、技术问题，而且有效推动科学和技术进步。更重要的是，当今科学、技术、

① 参见交通部文件交公路发〔2007〕766号：《关于湖南省凤凰县堤溪沱江大桥"8·13"特别重大坍塌事故处理结果的通报》。

工程一体化的趋势，科学自身的发展也必将提高技术科学和工程科学的发展水平，增加工程知识，并借助工程教育和工程传播，让公众了解工程，理解工程，走近工程，参与工程决策。

第二，科学决策。这是工程活动至关重要的环节，事关工程之成败。问题是，如何实现科学决策？这就要在决策过程中有一整套设计合理的决策程序，引入民主机制，发挥整体优势；依循工程的基本价值规范，形成工程评价的科学标准，做到有章可循；分析工程的优势与劣势，加强工程行动的界限和不确定性风险研究，在多方案比较中优化决策；创设多种意见表达的环境和渠道，避免单向度的肯定思维和辩护意识，要发挥否定思维和反思意识的作用；正视工程共同体结构的多维性和利益诉求的多元性，围绕工程总体目标的实现协调好利益冲突问题，调动各方面积极性。也就是说，工程决策中应认真听取多方面意见，不仅要程序民主，而且要实际民主；绝不应简单地采取少数服从多数的办法，用多数人的暴力压制少数人的话语权；更不能用政治决策代替专家的科学决策。现代工程如此复杂，其专业化程度极高，大多数人很难把握其中的奥妙，因此，真理并非必然掌握在大多数人手中。但也不能因此而拒绝社会公众的参与，因为工程总是直接或间接地关乎社会公众的切身利益。这也凸显了工程评估，特别是工程的社会评估、环境与生态评估的重要性。

为此，在工程决策过程中应坚持以下几个基本原则：①实现性原则。这是对工程的结果性评价，看"效果"。"实现性"是与人的生存需要关联着的，没有对工程的"需要"，也就无所谓工程的"实现性"。②时效性原则。这是过程性与手段性评价，讲"效率"。如果说工程的实现性原则主要强调结果的评价，那么工程的时效性原则就是着眼于工程活动的过程与手段性评价。③审美性原则。这是满足美的需要，重"人性的表达"。人们常说工程是科学又是艺术，表明工程活动不仅应遵循科学原理和客观规律，而且应考虑不同时代的审美理想。④创新性原则。这是工程的生命力所在，求"新"立"异"。由于工程是个体化的事物，要么是这一个工程，要么是那一个工程，这就决定工程的生命力在于它的个性和创新性。或者说，创新是工程获得社会实现的内在要求。⑤可持续性原则。这是维持类生存的根本尺度和最高原则，蕴含着"终极关怀"。因此，必须把工程的"去"与"留"建立在是否有利于安全，以及实现经济、社会、生态的包容性和可持续发展基础上。

第三，健全法制。工程活动不仅主体众多，工程对象所涉及的领域各异，而且利益冲突明显。这就需要以法律的形式对工程行为和工程领域加以限制，对利益冲突加以协调。目前有关经济产业、部门和微观企业的法律法规都已经建立，但随着工程活动向深度和广度进军，相应的法律法规建设应及时跟上，以明确工程设计、工程决策、工程实施和工程后果等工程活动全过程的责任；明确工程的技术标准、工程行为规范、工程环境和生态保护、工程安全及能源节约等相关方面的条文规定。只有建立、健全工程活动的法律法规，才能规范、约束工程行动，打击工程活动中的投机取巧、偷工减料、违反规程、行贿受贿、贪污腐败等非法行为，确保工程活动的良性运转。

第四，增强工程主体的责任意识与伦理观念。要通过有效渠道，不断改善作为工程活动主体的工程共同体的责任意识和伦理观念。从工程主体的责任意识来看，单纯从法律方面强制工程主体履行其应有的责任是不够的，这只是外在约束，还应增强其承担责任的自觉性和主动性，进而努力避免其不负责任的工程行为发生。从工程主体的工程伦理观念来看，要使工程共同体成员增强其哪些是可为的合乎伦理的行为，哪些是不可为的非伦理行为的意识，以有效规范个人的职业行为。由于工程师在工程活动中担当着极为重要的角色，因此，工程师的伦理行为，特别是工程师的职业伦理受到社会各方面的关注。正是在此境遇下，工程师共同体自己提出并制定了工程师职业伦理，这标志着工程师自我约束意识的新觉醒。然而，要切实从总体上提高工程行为主体的责任意识与伦理水平，还有待社会公众的监督和鼓励。在这个意义上，有必要开展工程批评。因为工程批评是以广大公众为主体或主角，通过与"工程家"、决策者及政府部门的管理者对话的形式，对特定的有待决策的工程项目发表看法和意见，提出批评与建议。它具有明确的社会主体性、特定的对象性、公开的透明性、深度的民主性和双向的或多向的沟通性等特质。

总之，如何规避工程灾难、确保工程安全，不只是一个理论问题，更是一个实践问题。当代工程活动的成与败、功与过，警示我们必须切实采取有效措施，尽量减少问题工程，规避工程风险，让工程回到造福人类、满足人的生存需要和社会的可持续发展这一本根上来，实现人在大地上诗意栖居的理想。这就需要我们时刻保持自觉反思工程的问题意识。也唯有如此，工程才能更好地发挥为了人、服务人、造福人的正向功能，回归其人文本性。这正是本书对现代工程给予人文批判的理论旨趣所在。毕竟，工程哲学的意义与价值并非构筑有关工程的科学理论体系，而是服务于从一种文明的开端向另一种文明的开端过渡的可能性与道路寻求。尽管人类的工程建造使传统形而上学一直迷恋于"制作的隐喻",但制作也都具有当时当地性、历史性和语境,都离不开"生成的隐喻"。任何一个工程都是基于设计与规划的建构思维,以及生态、文化等总体考量的生成与过程思维,所以,工程哲学的根本使命就是工程批判,对工程给予始源性的现象学追问,揭示现代工程范式所带来的现代性困境和工业文明的危机,进而面向正在开启的生态文明,努力探明工程范式重建的必要性与可能路径,澄明具有人文维度的工程存在论意义,从而现实地推动工程伦理规范建构的语境化和工程伦理实践的实效性。

沿此思路,海德格尔对哲学的洞见不无启发。在他看来:"哲学乃是回归历史之开端的意愿,因而也是越出自身的意愿。"① "只要——一旦——哲学找到了回到其原初本质的道路(在另一开端中),有关存有之真理的问题成了有所建基的中心,则哲学的离基深渊特征就将自行显露出来——这种哲学必须回到开端之中,方能把开裂和逾越、奇异和始终异乎寻常的东西带入其沉思的自由之境中。"② 这就昭示出我们有必要把对工程的探究带到新文明的开端处,把工程之在与"此-在"、人类的命运内在地关联起来,面对现代性的"急难",在思想的汇聚中为工程存在之意义的显现照明。毕竟,工程不只是营造空间,更重要的是展开"此-在"的历史性生存的时间性,根本上"归属于对大地与世界之争执的点燃,也即对本有中的内立状态的点燃"③。人作为"强力-行事者",在其作品——工程那里,能够而且应该像在艺术作品那里一样,设置真理,并以生产的方式庇护和展开存有真理之本现,进而在先行跳入、迎向本有的同时,让一切存在者存在。唯有如此,工程的精神之维、人文本性才能在拥有"座架"式技术的现代工程之后失而复得。

---

① 〔德〕马丁·海德格尔:《哲学论稿(从本有而来)》,孙周兴译,北京,商务印书馆,2012,第41页。

② 〔德〕马丁·海德格尔:《哲学论稿(从本有而来)》,孙周兴译,北京,商务印书馆,2012,第46页。

③ 〔德〕马丁·海德格尔:《哲学论稿(从本有而来)》,孙周兴译,北京,商务印书馆,2012,第79页。

参考文献

[1]《马克思恩格斯选集》，北京，人民出版社，1995。

[2]《马克思恩格斯全集》，北京，人民出版社，1960，1971，1972，2001。

[3]《马克思恩格斯文集》，北京，人民出版社，2009。

[4]〔德〕马克思：《1844年经济学哲学手稿》，北京，人民出版社，2000。

[5]〔德〕马克思、恩格斯：《德意志意识形态》，北京，人民出版社，1961。

[6]〔德〕马克思：《机器。自然力和科学的应用》，北京，人民出版社，1978。

[7]〔德〕恩格斯：《自然辩证法》，北京，人民出版社，1984。

[8]《费尔巴哈著作选》，北京，生活·读书·新知三联书店，1962。

[9]〔德〕马克斯·韦伯：《新教伦理与资本主义精神》，于晓等译，北京，生活·读书·新知三联书店，1987。

[10]〔匈〕乔治·卢卡奇：《历史和阶级意识——马克思主义辩证法研究》，张西平译，重庆，重庆出版社，1989。

[11]〔德〕卡尔·柯尔施：《马克思主义和哲学》，王南湜等译，重庆，重庆出版社，1989。

[12]〔意〕葛兰西：《实践哲学》，徐崇温译，重庆，重庆出版社，1990。

[13]〔德〕马克斯·霍克海默：《批判理论》，李小兵译，重庆，重庆出版社，1989。

[14]〔德〕马克斯·霍克海默、特奥多·威·阿多尔诺：《启蒙辩证法》，洪佩郁等译，上海，上海人民出版社，2003。

[15]〔德〕阿多尔诺：《否定的辩证法》，张峰译，重庆，重庆出版社，1993。

[16]〔美〕赫伯特·马尔库塞：《单向度的人——发达工业社会意识形态研究》，张峰等译，重庆，重庆出版社，1988。

[17]〔美〕马尔库塞：《现代文明与人的困境——马尔库塞文集》，李小兵译，北京，生活·读书·新知三联书店，1989。

[18]〔德〕哈贝马斯：《交往与社会进化》，张博树译，重庆，重庆出版社，1989。

[19]〔德〕哈贝马斯：《作为"意识形态"的技术与科学》，李黎等译，上海，学林出版社，1999。

[20]〔德〕尤尔根·哈贝马斯:《理论与实践》,郭官义等译,北京,社会
科学文献出版社,2010。

[21]〔法〕阿尔都塞:《保卫马克思》,顾良译,北京,商务印书
馆,2010。

[22]〔德〕施密特:《历史与结构》,张伟译,重庆,重庆出版社,1993。

[23]〔美〕埃里希·弗罗姆:《占有还是生存——一个新社会的精神基
础》,关山译,北京,生活·读书·新知三联书店,1988。

[24]〔捷克斯洛伐克〕卡莱尔·科西克:《具体的辩证法:关于人与世界
问题的研究》,傅小平译,北京,社会科学文献出版社,1989。

[25]〔美〕詹姆斯·奥康纳:《自然的理由:生态学马克思主义研究》,唐
正东等译,南京,南京大学出版社,2003。

[26]〔美〕约翰·贝拉米·福斯特:《马克思的生态学:唯物主义与自
然》,刘仁胜等译,北京,高等教育出版社,2006。

[27]〔南斯拉夫〕马尔科维奇、彼德洛维奇:《南斯拉夫"实践派"的历史
和理论》,郑一明、曲跃厚译,重庆,重庆出版社,1994。

[28]〔加〕罗伯特·韦尔、凯·尼尔森:《分析马克思主义新论》,鲁克俭
等译,北京,中国人民大学出版社,2002。

[29] 亚里士多德:《形而上学》,李真译,上海,上海人民出版
社,2005。

[30] 亚里士多德:《尼各马可伦理学》,邓安庆译,北京,人民出版
社,2010。

[31] 柏拉图:《理想国》,顾寿观译,长沙,岳麓书社,2010。

[32]〔德〕康德:《实践理性批判》,邓晓芒译,北京,人民出版
社,2003。

[33]〔德〕黑格尔:《哲学科学全书纲要》,薛华译,上海,上海人民出版
社,2002。

[34]〔德〕尼采:《权力意志》,贺骥译,桂林,漓江出版社,2000。

[35]〔德〕卡尔·雅斯贝斯:《生存哲学》,王玖兴译,上海,上海译文出
版社,2013。

[36]〔丹麦〕索伦·克尔凯郭尔:《或此或彼》,阎嘉等译,成都,四川人
民出版社,1998。

[37]〔德〕胡塞尔:《欧洲科学危机和超验现象学》,张庆熊译,上海,上
海译文出版社,1988。

[38]〔德〕海德格尔:《存在与时间》(修订译本),陈嘉映等译,北京,生

活·读书·新知三联书店，2012。

[39]〔德〕马丁·海德格尔：《诗·语言·思》，张月等译，郑州，黄河文艺出版社，1989。

[40]〔德〕海德格尔：《形而上学导论》（新译本），王庆节译，北京，商务印书馆，2015。

[41]〔德〕马丁·海德格尔：《哲学论稿（从本有而来）》，孙周兴译，北京，商务印书馆，2012。

[42]〔德〕汉斯-格奥尔格·伽达默尔：《哲学解释学》，夏镇平等译，上海，上海译文出版社，1994。

[43]〔德〕伽达默尔、杜特：《解释学、美学、实践哲学：伽达默尔与杜特对话录》，金惠敏译，北京，商务印书馆，2005。

[44]〔英〕维特根斯坦：《哲学研究》，李步楼译，北京，商务印书馆，1996。

[45]〔美〕托马斯·库恩：《科学革命的结构》，金吾伦等译，北京，北京大学出版社，2003。

[46]〔美〕理查德·罗蒂：《后形而上学希望》，张国清译，上海，上海译文出版社，2003。

[47]〔意〕维柯：《新科学》，朱光潜译，北京，人民文学出版社，1986。

[48]〔英〕沃尔什：《历史哲学导论》，何兆武、张文杰译，桂林，广西师范大学出版社，2001。

[49]〔捷克〕弗·布罗日克：《价值与评价》，李志林等译，北京，知识出版社，1988。

[50]高清海：《“人”的哲学悟觉》，哈尔滨，黑龙江教育出版社，2004。

[51]叶秀山：《思·史·诗——现象学和存在哲学研究》，北京，人民出版社，1988。

[52]袁贵仁：《价值学引论》，北京，北京师范大学出版社，1991。

[53]李德顺：《价值论》，北京，中国人民大学出版社，1988。

[54]杨耕：《危机中的重建：唯物主义历史观的重新阐释》（第 2 版），武汉，武汉大学出版社，2011。

[55]杨耕：《东方的崛起：关于中国式现代化的哲学反思》，北京，北京师范大学出版社，2015。

[56]孙慕天等：《新整体论》，哈尔滨，黑龙江教育出版社，1996。

[57]孙正聿：《思想中的时代——当代哲学的理论自觉》，北京，北京师范大学出版社，2004。

[58] 王南湜：《追寻哲学的精神——走向实践哲学之路》，北京，北京师范大学出版社，2006。

[59] 刘福森：《我们需要什么样的哲学——哲学观变革与历史唯物主义研究》，北京，北京邮电大学出版社，2012。

[60] 赵汀阳：《第一哲学的支点》，北京，生活·读书·新知三联书店，2013。

[61] 徐长福：《拯救实践》（第一卷），重庆，重庆出版社，2012。

[62] 孙津：《在哲学的极限处——自由美学论纲》，北京，中国文联出版公司，1988。

[63] 贺来：《辩证法的生存论基础——马克思辩证法的当代阐释》，北京，中国人民大学出版社，2004。

[64] 邹诗鹏：《人学的生存论基础——问题清理与论阈开辟》，武汉，华中科技大学出版社，2001。

[65] 吴宏政：《历史生存论的观念》，长春，吉林人民出版社，2008。

[66] 〔美〕刘易斯·芒福德：《技术与文明》，陈允明等译，北京，中国建筑工业出版社，2009。

[67] 〔美〕理查德·沃林：《文化批评的观念》，张国清译，北京，商务印书馆，2000。

[68] 〔日〕盐野米松：《留住手艺——对传统手工艺人的访谈》，英珂译，济南，山东画报出版社，2000。

[69] 〔日〕柳宗悦：《工艺文化》，张鲁译，桂林，广西师范大学出版社，2006。

[70] 赵鑫珊：《建筑：不可抗拒的艺术——天·地·人·建筑》，天津，百花文艺出版社，2002。

[71] 叶险明：《马克思的工业革命理论与现时代》，北京，北京出版社，2001。

[72] 〔德〕乌尔里希·森德勒：《工业 4.0：即将来袭的第四次工业革命》，邓敏等译，北京，机械工业出版社，2014。

[73] 〔德〕阿尔冯斯·波特霍夫、恩斯特·安德雷亚斯·哈特曼：《工业4.0（实践版）开启未来工业的新模式、新策略和新思维》，刘欣译，北京，机械工业出版社，2015。

[74] 〔美〕李杰：《工业大数据——工业 4.0 时代的工业转型与价值创造》，邱伯华等译，北京，机械工业出版社，2015。

[75] 王喜文：《工业 4.0：最后一次工业革命》，北京，电子工业出版

社，2015。

[76]〔美〕丹尼尔·贝尔：《后工业社会的来临——对社会预测的一项探索》，高铦等译，北京，新华出版社，1997。

[77]〔美〕葛洛蒂：《未来生存——通向21世纪的超级文凭》，张国治编，北京，电子工业出版社，1999。

[78]〔法〕让·波德里亚：《消费社会》，刘成富等译，南京，南京大学出版社，2000。

[79]〔德〕乌尔里希·贝克、〔英〕安东尼·吉登斯、〔英〕斯科特·拉什：《自反性现代化——现代社会秩序中的政治、传统与美学》，赵文书译，北京，商务印书馆，2001。

[80]〔德〕乌尔里希·贝克：《风险社会》，何博闻译，南京，译林出版社，2004。

[81]〔英〕拉里·埃里奥特等：《不安全的时代》，曹大鹏译，北京，商务印书馆，2001。

[82]〔美〕朱利安·林肯·西蒙：《没有极限的增长》，江南等译，成都，四川人民出版社，1985。

[83]〔英〕E. F. 舒马赫：《小的是美好的》，虞鸿钧等译，北京，商务印书馆，1984。

[84]〔英〕A. J. 汤因比等：《展望二十一世纪——汤因比与池田大作对话录》，荀春生等译，北京，国际文化出版公司，1985。

[85]〔日〕池田大作：《二十一世纪的警钟》，卞立强译，北京，中国国际广播出版社，1988。

[86]〔日〕池田大作等：《第三条虹桥》，卞立强译，北京，中国国际广播出版社，1990。

[87]〔英〕保罗·肯尼迪：《未雨绸缪：为21世纪做准备》，何力译，北京，新华出版社，1994。

[88]〔荷〕E. 舒尔曼：《科技文明与人类未来》，李小兵等译，北京，东方出版社，1995。

[89]〔荷〕米都斯等：《增长的极限——罗马俱乐部关于人类困境的报告》，李宝恒译，长春，吉林人民出版社，1997。

[90]〔美〕迈克尔·G. 泽伊：《擒获未来：21世纪的科技与人类生活》，王剑南等译，北京，生活·读书·新知三联书店，1997。

[91]〔美〕约翰·奈斯比特：《大挑战——21世纪的指南针》，朱生坚等译，上海，上海远东出版社，1999。

［92］里斯本小组：《竞争的极限——经济全球化与人类的未来》，张世鹏译，北京，中央编译出版社，2000。

［93］〔美〕爱蒂丝·布朗·魏伊丝：《公平地对待未来人类》，汪劲等译，北京，法律出版社，2000。

［94］〔德〕乌·贝克等：《全球化与政治》，王学东等译，北京，中央编译出版社，2000。

［95］〔英〕肯·宾默尔：《博弈论与社会契约》（第1卷），王小卫译，上海，上海财经大学出版社，2003。

［96］〔英〕安东尼·吉登斯：《现代性的后果》，田禾译，南京，译林出版社，2000。

［97］〔英〕齐格蒙特·鲍曼：《现代性与大屠杀》，杨渝东等译，南京，译林出版社，2002。

［98］〔英〕齐格蒙特·鲍曼：《共同体：在一个不确定的世界中寻找安全》，欧阳景根译，南京，江苏人民出版社，2003。

［99］〔德〕于尔根·哈贝马斯：《现代性的哲学话语》，曹卫东译，南京，译林出版社，2004。

［100］〔法〕托瓦纳·贡巴尼翁：《现代性的五个悖论》，周宪、许钧主编，北京，商务印书馆，2005。

［101］周宪：《文化现代性精粹读本》，北京，中国人民大学出版社，2006。

［102］张法：《文艺与中国现代性》，武汉，湖北教育出版社，2002。

［103］〔法〕让-弗朗索瓦·利奥塔：《后现代状况》，岛子译，长沙，湖南美术出版社，1996。

［104］〔法〕米歇尔·福柯：《规训与惩罚：监狱的诞生》，刘北成、杨远婴译，北京，生活·读书·新知三联书店，1999。

［105］〔美〕克利福德·吉尔兹：《地方性知识——阐释人类学论文集》，王海龙等译，北京，中央编译出版社，2000。

［106］〔英〕怀特海：《过程与实在：宇宙论研究》（修订版），杨富斌译，北京，中国人民大学出版社，2013。

［107］〔英〕阿尔弗雷德·诺思·怀特海：《观念的冒险》（修订版），周邦宪译，南京，译林出版社，2014。

［108］〔美〕大卫·雷·格里芬：《后现代精神》，王成兵译，北京，中央编译出版社，1998。

［109］〔美〕小约翰·B.科布：《后现代公共政策——重塑宗教、文化、教育、性、阶级、种族、政治和经济》，李际等译，北京，社会科

学文献出版社，2003。

[110]〔美〕菲利普·克莱顿、贾斯廷·海因泽克：《有机马克思主义——生态灾难与资本主义的替代选择》，孟献丽等译，北京，人民出版社，2015。

[111]〔澳〕查尔斯·伯奇、〔美〕约翰·柯布：《生命的解放》，邹诗鹏等译，北京，中国科学技术出版社，2015。

[112]〔美〕赫尔曼·E. 达利、小约翰·B. 柯布：《21 世纪生态经济学》，王俊等译，北京，中央编译出版社，2015。

[113]〔德〕彼得·科斯洛夫斯基：《后现代文化》，毛怡红译，北京，中央编译出版社，1999。

[114]〔英〕史蒂文·康纳：《后现代主义文化——当代理论导引》，严忠志译，北京，商务印书馆，2002。

[115]〔美〕Michael J. Dear：《后现代都市状况》，李小科等译，上海，上海教育出版社，2004。

[116]〔美〕杰里米·里夫金：《同理心文明——在危机四伏的世界中建立全球意识》，蒋宗强译，北京，中信出版社，2015。

[117]〔美〕玛格丽特·A. 罗斯：《后现代与后工业：评论性分析》，张月译，沈阳，辽宁教育出版社，2002。

[118]〔英〕齐格蒙特·鲍曼：《后现代伦理学》，张成岗译，南京，江苏人民出版社，2003。

[119]〔美〕丹尼尔·A. 科尔曼：《生态政治——建设一个绿色社会》，梅俊杰译，上海，上海译文出版社，2002。

[120]〔美〕诺曼·迈尔斯：《最终的安全——政治稳定的环境基础》，王正平等译，上海，上海译文出版社，2001。

[121]〔瑞士〕汉斯·昆：《世界伦理构想》，周艺译，北京，生活·读书·新知三联书店，2002。

[122]〔美〕霍尔姆斯·罗尔斯顿：《环境伦理学》，杨通进译，北京，中国社会科学出版社，2000。

[123]〔美〕德尼·古莱：《发展伦理学》，高铦等译，北京，社会科学文献出版社，2003。

[124]〔日〕柄谷行人：《作为隐喻的建筑》，应杰译，北京，中央编译出版社，2011。

[125]包亚明：《后大都市与文化研究》，上海，上海教育出版社，2005。

[126]卢风：《从现代文明到生态文明》，北京，中央编译出版社，2009。

[127] 刘福森：《西方文明的危机与发展伦理学——发展的合理性研究》，南昌，江西教育出版社，2005。

[128] 肖显静：《后现代生态科技观——从建设性的角度看》，北京，科学出版社，2003。

[129] 王治河、樊美筠：《第二次启蒙》，北京，北京大学出版社，2011。

[130]《诗经·国风（上）》，王秀梅译注，北京，中华书局，2015。

[131]《周易》，冯国超译注，北京，商务印书馆，2009。

[132]《老子》，饶尚宽译注，北京，中华书局，2006。

[133]《四书集注》，朱熹集注，长沙，岳麓书社，2004。

[134]《礼记译解》，王文锦译解，北京，中华书局，2016。

[135]〔荷〕路易斯·L. 布西亚瑞利：《工程哲学》，陈凡、秦书生译，沈阳，辽宁出版社，2008。

[136] 李伯聪：《工程哲学引论——我造物故我在》，郑州，大象出版社，2002。

[137] 朱高峰：《工程与工程师》，见李政道、杨振宁主编：《学术报告厅：科学之美》，北京，中国青年出版社，2002。

[138] 殷瑞钰、汪应洛、李伯聪等：《工程哲学》，北京，高等教育出版社，2007。

[139] 李伯聪：《选择与建构》，北京，科学出版社，2008。

[140] 张秀华：《历史与实践——工程生存论引论》，北京，北京出版社，2011。

[141] 田鹏颖：《社会工程哲学》，北京，人民出版社，2008。

[142] 刘则渊、王续琨：《工程·技术·哲学》，大连，大连理工大学出版社，2002。

[143] 李伯聪等：《工程社会学导论：工程共同体研究》，杭州，浙江大学出版社，2010。

[144] 李伯聪等：《工程创新：突破壁垒和躲避陷阱》，杭州，浙江大学出版社，2010。

[145] 殷瑞钰、李伯聪、汪应洛等：《工程演化论》，北京，高等教育出版社，2011。

[146] 贾广社、李伯聪等：《工程哲学新观察》，南京，江苏人民出版社，2012。

[147] 王大洲：《技术、工程与哲学》，北京，科学出版社，2013。

[148] 王宏波：《工程哲学与社会工程》，北京，中国社会科学出版

社，2006。

[149] 王德伟：《人工物引论》，哈尔滨，黑龙江人民出版社，2004。

[150] 徐长福：《理论思维与工程思维——两种思维方式的僭越与划界》，上海，上海人民出版社，2002。

[151] 〔美〕彼得·辛格：《实践伦理学》，刘莘译，北京，东方出版社，2005。

[152] 薛华：《哈贝马斯的商谈伦理学》，沈阳，辽宁教育出版社，1988。

[153] 甘绍平：《应用伦理学前沿问题研究》，南昌，江西人民出版社，2002。

[154] 刘大椿等：《在真与善之间——科技时代的伦理问题与道德抉择》，北京，中国社会科学出版社，2000。

[155] 〔美〕查尔斯·E. 哈里斯、迈克尔·S. 普里查斯、迈克尔·J. 雷宾斯：《工程伦理：概念和案例》，丛杭青等译，北京，北京理工大学出版社，2006。

[156] 〔美〕P. Aarne Vesilind，Alastair S. Gunn：《工程、伦理与环境》，吴晓东等译，北京，清华大学出版社，2003。

[157] 〔美〕迈克·W. 马丁等著：《工程伦理学》，李世新译，北京，首都师范大学出版社，2010。

[158] 〔美〕卡尔·米切姆：《通过技术思考——工程与哲学之间的道路》，陈凡等译，沈阳，辽宁人民出版社，2008。

[159] 〔荷〕安珂·范·霍若普：《安全与可持续：工程设计中的伦理问题》，赵迎欢译，北京，科学出版社，2013。

[160] 〔美〕迈克尔·戴维斯：《像工程师那样思考》，沈琪译，杭州，浙江大学出版社，2012。

[161] 〔荷〕西斯·J. 哈姆林克：《赛博空间伦理学》，李世新译，北京，首都师范大学出版社，2010。

[162] 〔美〕卡斯腾·哈里斯：《建筑的伦理功能》，申嘉等译，北京，华夏出版社，2001。

[163] 赵建军等：《科技与伦理的天平》，长沙，湖南人民出版社，2002。

[164] 叶平：《回归自然：新世纪的生态伦理》，福州，福建人民出版社，2004。

[165] 王前、朱勤：《工程伦理的实践有效性》，北京，科学出版社，2015。

[166] 陈万求：《工程技术伦理研究》，北京，社会科学文献出版

社，2012。

[167] 肖平：《工程伦理导论》，北京，北京大学出版社，2009。

[168] 张恒力：《工程师伦理问题研究》，北京，中国社会科学出版社，2013。

[169] 李世新：《工程伦理学概论》，北京，中国社会科学出版社，2008。

[170] 刘福森：《生存的关照：历史唯物主义的解释原则》，《理论探讨》2002 年第 2 期。

[171] 刘孝廷：《对科学与宗教关系的知识社会学分析》，《河北学刊》2007 年第 3 期。

[172] 朱红文：《从哲学看工业设计的问题及出路》，《哲学动态》2000 年第 5 期。

[173] 刘啸霆、史波：《博物论——博物学纲领及其价值》，《江海学刊》2014 年第 5 期。

[174] 李文潮：《技术伦理与形而上学——试论尤纳斯〈责任原理〉》，《自然辩证法研究》2003 年第 2 期。

[175] 〔美〕迈克·W. 马丁：《美国的工程伦理学》，张恒力译，胡新和校，《自然辩证法通讯》2007 年第 3 期。

[176] 李伯聪：《工程伦理学的若干理论问题——兼论为"实践伦理学"正名》，《哲学研究》2006 年第 4 期。

[177] 李伯聪：《工程与伦理的互渗与对话——再谈关于工程伦理学的若干问题》，《华中科技大学学报(社会科学版)》2006 年第 4 期。

[178] 李伯聪：《关于工程伦理学的对象和范围的几个问题——三谈关于工程伦理学的若干问题》，《伦理学研究》2006 年第 6 期。

[179] 李伯聪：《绝对命令伦理学和协调伦理学——四谈工程伦理学》，《伦理学研究》2008 年第 5 期。

[180] 李伯聪：《微观、中观和宏观伦理问题——五谈工程伦理学》，《伦理学研究》2010 年第 4 期。

[181] 刘则渊、王国豫：《技术伦理与工程师的职业伦理》，《哲学研究》2007 年第 11 期。

[182] 朱葆伟：《工程活动的伦理问题》，《哲学动态》2006 年第 9 期。

[183] 陈凡：《工程设计的伦理意蕴》，《伦理学研究》2005 年第 6 期。

[184] 赵建军：《人与自然的和解："绿色发展"的价值观审视》，《哲学研究》2012 年第 9 期。

[185] 苏俊娥、曹南燕：《中国工程师伦理意识的变迁——关于〈中国工

程师信条〉1993-1996 年修订的技术与社会考察》,《自然辩证法通讯》2008 年第 6 期。

[186] 王国豫:《德国工程技术伦理的建制》,《工程研究——跨学科视野中的工程》2010 年第 2 期。

[187] 李世新:《工程伦理学研究的两个进路》,《伦理学研究》2006 年第 6 期。

[188] 李世新:《对几种工程伦理观的评析》,《哲学动态》2004 年第 5 期。

[189] 张秀华:《工程伦理的生存论基础》,《哲学动态》2008 年第 7 期。

[190] 张秀华:《作为人的存在方式的工程》,《自然辩证法研究》2006 年第 12 期。

[191] 张秀华:《"罪"与"赎"——关于人类工程之"非"的反省与超越》,《自然辩证法研究》2011 年第 7 期。

[192] 张秀华:《历史辩证法视阈下的工程及其文化走向——从"暴力的逻辑"到"自由的逻辑"》,《马克思主义研究》2012 年第 2 期。

[193] 张秀华:《从生存论的观点看和谐发展的工程观》,《光明日报》2007 年 11 月 20 日。

[194] 张秀华:《走向后工业工程:科学认知与技术实现建设性范式的整合》,《北京师范大学学报(社会科学版)》2008 年第 1 期。

[195] 张秀华:《现象学视野中的现代工程与都市文明》,《兰州学刊》2016 年第 11 期。

[196] 张秀华:《从有机、有序到和谐与文明——怀特海与马克思的机体思想之比较》,《云南大学学报(社会科学版)》2017 年第 1 期。

[197] 张秀华:《在场的他者——马克思与怀特海的他者之维》,《上海交通大学学报(哲学社会科学版)》2017 年第 4 期。

[198] 张秀华:《建设性后现代视野中的科学与信仰问题》,《哲学研究》2011 年第 5 期。

[199] 张秀华:《现代实践哲学与历史唯物主义》,《哲学研究》2015 年第 3 期。

[200] 张秀华:《回归与超越——莱布尼茨与怀特海的有机宇宙论之比较》,《哲学研究》2016 年第 5 期。

[201] Baudelaire, C.: "The Painter of Modern life", in *The Painter of Modern Life and Other Essays*, London, Phaidon Press, 1964.

[202] Bauman, Zygmunt: *Liquid Modernity*, Cambridge, Polity Press, 2000.

[203] Beck, U.: *Risk Society: Towards a New Modernity*, London,

Sage，1992.

[204] Beck，U.，Giddens，A.，Lash，S.：*Reflexive Modernization*，Cambridge，Polity Press，1994.

[205] Bell，D.：*The End of Ideology：On the Exhaustion of Political Ideas in the Fifties*，New York，Free Press，1960.

[206] Habermas，J.：*Moral Consciousness and Communicative Action*，Cambridge，Polity Press，1990.

[207] Adorno，T.："Culture Criticism and Society"，in *Prisms*，MA，MIT Press，1967.

[208] Berman，M.：*All That Is Solid Melts into Air*，London，Verso，1983.

[209] Bernstein，R.：*Habermas and Modernity*，Cambridge，Polity Press，1985.

[210] Bloggs，C.：*Intellectuals and the Crisis of Modernity*，New York，State University of New York Press，1993.

[211] Botwinick，A.：*Postmodernism and Democratic Theory*，Philadelphia，Temple University Press，1993.

[212] Cahoone，L.：*The Dilemma of Modernity：Philosophy，Culture，and Anti-Culture*，New York，State University of New York Press，1988.

[213] Calinescu，M.：*Faces of Modernity*，London，Indiana University Press，1997.

[214] Redfield，Robert：*The Little Community，and Peasant Society and Culture*，Chicago，University of Chicago Press，1971.

[215] Callinicos，A.：*Against Postmodernism：A Marxist Critique*，Cambridge，Polity Press，1989.

[216] Whitehead，A. N.：*Process and Reality*，New York，Free Press，1978.

[217] Whitehead，A. N.：*Adventures of Ideas*，New York，Free Press，1967.

[218] Whitehead，A. N.：*Science and Modern* World，New York，Free Press，1967.

[219] Whitehead，A. N.：*Modes of Thought*，New York，Free Press，1968.

[220] Whitehead，A. N.：*The Function of Reason*，Boston，Beacon Press，1958.

[221] Whitehead，A. N.：*The Concept of Nature*，New York，Cam-

bridge University Press, 1930.

[222] Griffin, D. R. , Cobb, J. B. : *Founders of Constructive Postmodern Philosophy*, New York, State University of New York, 1993.

[223] Mesle, C. R. : *Process-Relational Philosophy*, Pennsylvania, Templeton Foundation Press, 2008.

[224] Bucciarelli, Louis L. : *Engineering Philosophy*, Amsterdam, Delft University Press, 2003.

[225] Bloch, Ernst: *The Principle of Hope*(Vol. 3), MA, MIT Press, 1986.

[226] Bloch, Ernst: *Spirit of Utopia*, CA, Stanford University Press, 2000.

[227] Gorz, Andre: *Capitalism, Socialism, Ecology*, New York, Verso, 1994.

[228] Gorz, Andre: *Ecology as Politics*, Boston, South End Press, 1980.

[229] Bunge, Mario: *Technology: From Engineering to Decision Theory*, Boston, D. Reidel, 1985.

[230] Mitcham, Carl: *Thinking through Technology*, Chicago, The University of Chicago Press, 1994.

[231] Simon, H. A. : *The Science of the Artificial*, MA, MIT Press, 1981.

[232] Mitcham, C. , Mackey, R. , Dessauer, F. : "Technology in Its Proper Sphere", in *Philosophy and Technology*, New York, The Free Press, 1983.

[233] Fromm, Erich: *The Revolution of Hope: Towards a Humanized Technology*, New York, Harper & Row, 1968.

[234] Florman, S. C. : *The Existential Pleasures of Engineering*, New York, St. Martin Press, 1976.

[235] Horkheimer, Max: *Eclipse of Reason*, New York, The Seabury Press, 1974.

[236] Marcuse, Herbert: *One Dimensional Man*, London, Routledge & Kegan Paul Ltd. , 1964

[237] Habermas, J. : *Towards a Rational Society*, London, Heinemann, 1970.

[238] Ellul, Jacques: "The Technological Order", in C. Mitcham: *Philosophy and Technology*, New York, Free Press, 1983.

[239] Mumford, Lewis: *Technics and the Future of Western Civilization in the Name of Sanity*, New York, Harcourt Brace, 1954.

[240] Mumford, Lewis: *The Myth of Machine: Technics and Human Development* (Vol. 1), Harvest Books, 1971.

[241] Martin M. Mike, Roland Schinzinger: *Ethics in Engineering*, New York, McGraw-Hill Education, 2005.

[242] Heidegger, Martin: *The Question Concerning Technology and Other Essays*, New York, Harper & Row, 1977.

[243] Merchant, Carolyn: *The Death of Nature: Women, Ecology, and the Scientific Revolution*, New York, Harper & Row, 1980.

[244] George, Susan: *Religion and Technology in the 21st Century: Faith in the E-world*, Pennsylvania, Idea Group Inc. , 2006.

[245] Unger, H. Stephen: *Controlling Technology: Ethics and the Responsible Engineer*, New York, Holt, Rinehart and Winston. 1982.

[246] Veblen, Thorstein: *The Engineers and Price System*, New York, B. W. Huebsch, 1921.

[247] Vincenti, W. : *What Engineers Know and How They Know It: Analytical Studies from Aeronautical History*, Baltimore, Johns Hopkins Press, 1990.

[248] Latour, B. : *Science in Action: How to Follow Scientists and Engineers through Society*, MA, Harvard University Press, 1987.

[249] Beder, S. : *The New Engineering*, South Yarra, Macmillan Education Australia PTY Ltd, 1998.

[250] Collins S. et al: *The Professional Engineer in Society*, London, Jessica Kingsley Publishers, 1989.

[251] Durbin, P. T. : *Critical Perspectives on Nonacademic Science and Engineering*, Bethlehem, Lehigh University Press, 1991.

[252] National Science Board: *Science and Engineering Indicators 2002*, Washington, US Government Printing Office, 2002.

[253] Callon, M. : "Society in Making: The Study of Technology as a Tool for Sociological Analysis", in Bijker, W. E. , Pinch, T. , Hughes, T. P. , Pinch, T. J. (eds.): *The Social Construction of Technological Systems, New Directions in the Sociology and History of Technology*, MA, MIT Press, 1987.

[254] Vincenti, W. : "The Experimental Assessment of Engineering

Theory as a Tool for Design", *Techne*, 2001, 5(3).

[255] Salter, Ammon, and Gann, David: "Sources of Ideas for Innovation in Engineering Design", *Research Policy*, 2003, 32(8).

[256] Goldman, Steven L.: "The Social Captivity of Engineering", in Durbin, T. Paul, ed.: *Critical Perspectives on Nonacademic Science and Engineering*, Bethlehem, Lehigh University Press, 1991.

[257] Joyce T.: *Doing Engineering*, Maryland, Rowman & Littlefield Publishers, Inc., 2000.

[258] Pool R.: *Beyond Engineering*, New York, Oxford University Press, 1997.

[259] McCormick K.: *Engineers in Japan and Britain*, London, Routledge, 2000.

[260] Frankenberger, E. et al.: *Designers: the Key to Successful Product Development*, London, Springer-Verlag, 1998.

[261] Green, W. S., Jordan, P. W.: *Human Factors in Product Design: Current Practice and Future Trends*, London, Taylor & Francis, 1999.

[262] March, L. J.: "The Logic of Design", in N. Cross: *Developments in Design Methodology*, Chichester, Wiley, 1984.

[263] Laudan, R. C.: *The Nature of Technological Knowledge: Are Models of Scientific Change Relevant?* Dordrecht, D. Reidel Publishing Company, 1984.

[264] Krogh, T.: *Technology and Rationality*, Aldershot, Ashgate Publishing Ltd., 1998.

[265] Winston, M., Edelbach, R.: *Society, Ethics, and Technology*, SFO, Wadsworth Publishing, 2008.

[266] Vesilind, P. A., Gunn, A. S.: *Engineering, Ethics, and the Environment*, New York, Cambridge University Press, 1998.

[267] Brockman, J.: *The Next Fifty Years*, New York, Vintage Books, a division Random House, Inc., 2002.

[268] Kurtz, Paul: *Forbidden Fruit: The Ethics of Humanism*, New York, Prometheus Books, 1988.

[269] Merton, Robert K.: *The Sociology of Science: Theoretical and Empirical Investigation*, Chicago, University of Chicago Press, 1973.

[270] Archibald, David: *Twilight of Abundance: Why Life in the 21ˢᵗ Century Will Be Nasty, Brutish, and Short*, Washington DC, Regnery Publishing, 2014.

[271] Harris, C. E., Pritchard, M. S., Rabins, M. J.: *Engineering Ethics, Concepts and Cases*, SFO, Wadsworth Publishing, 2005.

[272] Davis, Michael: *Engineering Ethics*, Routledge, 2005.

[273] Fleddermann, C. B.: *Engineering Ethics*, New Mexico, University of New Mexico, 1999.

[274] Pinkus, Rosa Lynn B., et al: *Engineering Ethics: Balancing Cost, Schedule, and Risk—Lessons Learned from the Space Shuttle*, New York, Cambridge University Press, 1997.

[275] Durbin, P. T.: *Technology and Responsibility*, Dordrecht, D. Reidel Publishing Company, 1987.

[276] Layton, Edwin T.: *Revolt of the Engineers: Social Responsibility and the American Engineering Profession*, Baltimore, Johns Hopkins University Press, 1986.

[277] Mitcham, C., Duval, R. Shannon: *Engineering Ethics*, New Jersey, Prentice Hall, 2000.

[278] Mitcham, C.: *Thinking through Technology: The Path between Engineering and Philosophy*, Chicago, Chicago Press, 1994.

[279] Mitcham, C., Grote, Jim: *Theology and Technology: Essays in Christian Analysis and Exegesis*, Maryland, University Press of America, Inc, 1984.

[280] Bucciarelli, Louis L.: *Designing Engineers*, MA, MIT Press, 1996.

[281] Beder, Sharon: *The New Engineer: Management and Professional Responsibility in a Changing World*, Sydney, Macmillan Co. of Australia, 1998.

[282] Schuler, D., Namioka, A.: *Participatory Design: Principles and Practices*, Boca Raton, CRC Press, 1993.

[283] Lenk, H., Maring M. (eds.): *Advance and Problems in the Philosophy of Technology*, Munster, LIT, 2001.

[284] Walter, Vincenti: *What Engineers Know and How They Know It: Analytical Studies from Aeronautical History*, Baltimore, Johns Hopkins University Press, 1990.

[285] Golebiowski, Janusz W. : *Social Values and the Development of Technology*, Tokyo, United University Press, 1982.

[286] Schaub, James H. , Pavloviceds, Karl: *Engineering Professionalism and Ethics*, New York, Cambridge University Press, 1983.

[287] Durbin, P. T. : *Social Responsibility in Science, Technology and Medicine*, Bethlehem, Lehigh University Press, 1992.

[288] Buchanan, Robert A. : *The Engineers: A History of the Engineering Profession in Britain*, Dordrecht, D. Reidel Publishing Company, 1987.

[289] Humphreys, Kenneth K. : *What Every Engineer Should Know about Ethics*, New York, Marcel Dekker Inc. , 1999.

[290] Seebauer, E. G. , Barry, R. L. : *Fundamentals of Ethics for Scientists and Engineers*, New York, Oxford University Press, 2001.

[291] Unger, S. H. : *Controlling Technology: Ethics and the Responsible Engineer*, New Jersey, John Wiley & Sons, 1994.

[292] Petroski, Henry: *To Engineer is Human: the Role of Failure in Successful Design*, New York, St. Martin's Press, 1985.

[293] McMahon, A. Michal: *The Making of a Profession: A Century of Electrical Engineering in American*, New York, Wiley-IEEE Press, 1984.

[294] National Academy of Engineering: *The Engineer of 2020: Visions of Engineering in the New Century*, Washington, DC, National Academies Press, 2004.

[295] Sinclair, Bruce: *A Centennial History of the American Society of Mechanical Engineers*, 1880~1980, Toronto, University of Toronto Press, 1980.

[296] Werhane, P. : *Moral Imagination and Management Decision Making*, New York, Oxford University, 1999.

[297] Layton, Edwin T. : *The Revolt of the Engineers: Social Responsibility and the American Engineering Profession*, Baltimore, Johns Hopkins University Press, 1986.

[298] Winner, L. : "Engineering Ethics and Political Imagination", In *Broad and Narrow Interpretations of Philosophy of Technology: Philosophy and Technology*, Boston, Kluwer Academic Publish-

ers, 1990.

[299] Hills, Graham, and Tedford, David: "The Education of Engineer: The Uneasy Relationship between Engineering, Science and Technology", *Global Journal of Engineering Education*, Vol. 7, 2003.

[300] Collins, Frank: "The Special responsibility of Engineers", *The Social Responsibility of Engineers*, Annals of the New York Academy Sciences, Vol. 196, 1973.

[301] Abernathy, W. J., Utterback, J. M.: "Patterns of Industrial Innovation", *Technology Review*, 1978(1).

[302] McGinn, Robert E.: "Mind the Gaps: An Empirical Approach to Engineering Ethics, 1997~2001", *Science and Engineering Ethics*, 2003(4).

[303] Layton, E. T.: "Technology as Knowledge", *Technology & Culture*, 1974(5): 31-41.

[304] Cummings, Mary L.: "Integrating Ethics in Design through the Value-sensitive Design Approach", *Science and Engineering Ethics*, 2006 (4).

[305] Michael, Davis: "Engineering ethics, individuals, and organizations", *Science and Engineering Ethics*, 2006 (2).

[306] Emison, Gerald A.: "American Pragmatism as a Guide for Professional Ethical Conduct for Engineers", *Science and Engineering Ethics*, 2004 (2).

[307] Fleischmann, Shirley T.: "Essential Ethics: Embedding Ethics into an Engineering Curriculum", *Science and Engineering Ethics*, 2004 (2).

[308] Stephanie, J. Bird: "Ethics as a Core Competency in Science and Engineering", *Science and Engineering Ethics*, 2003 (4).

[309] Nichols, Steven P.: "An Approach to Integrating 'Professional Responsibility' in Engineering into the Capstone Design Experience", *Science and Engineering Ethics*, 2000 (3).

[310] Emison G. A.: "American Pragmatism as a Guide for Professional Ethical Conduct for Engineers", *Science & Engineering Ethics*, 2004, 10(2).

[311] Poser, H.: "On Structural Difference between Science and Engineering", *Journal of The Society for Philosophy and Technology*,

1999，4(2).

[312] Kroes，P. A. ："Technical Functions as Dispositions：A Critical Assessment"，*Techne*，2001，5(3).

[313] Zhang，Xiuhua："The Mind in Process：Meaning of Chinese Philosophy of Mind on Mind Ecology Studies"，*Biocosmology-Neo-Aristotelism*，2015(1).

[314] Zhang，Xiuhua，and Liu Jingyuan："Towards Engineering 4. 0：A Contemporary Expression of Biocosmology and Neo-Aristotelism"，*Biocosmology-Neo-Aristotelism*，2016(1).

[315] Zhang，Xiuhua："On the Organic Cosmology of Leibniz and Whitehead"，*Vortrage des* Χ *Internationalen Leibniz-Kongresses* (Ⅱ)，Georg Olms Verlag AG，Hildesheim Press，2016.

[316] Liu，Xiaoting，and Zhang，Xiuhua："Constructive Realism and Philosophy of New Civilization". In Nicole Holzenthal：*Constructing Realism*，Vienna，Peter Lang GmbH Press，2016.

后　记

　　拙著是《历史与实践——工程生存论引论》一书研究工作的延伸与拓展。正是在后者所确立起来的工程生存论解释原则及现象学的始源性追问基础上，我对工程的考察由生存论存在论进展到工程认识论、工程价值论，以及工程的社会与文化批判、工程伦理等问题。

　　早在 2008 年，我就开始酝酿此书的基本思路，其初稿《现代工程的人文批判》曾申报了北京市社会科学理论著作出版资助计划，并在 2009 年 12 月获得立项。尽管如此，但我总觉得一些很重要的问题或属于此书的原创性成果远远不够。自此就下决心进一步调整思路，试图把现象学追问与生存论解释原则贯彻始终，让工程的认知、价值乃至伦理等问题的探究都建立在工程的生存论存在论基地之上，从而把对"工程之问"与"人之问"内在地关联起来，以回归工程的人文本性为指归，展开工程的现代性批判。同时，立足形态学，探究人类一般工程形态转换与文明演进的关系，确信随着第四次产业革命的兴起，单纯追求效率、效益的"工程 3.0"必将为伦理优先的"工程 4.0"所超越，迎来新文明的曙光，进而重点回答几个不能回避的工程哲学问题，这也就有了本书的基本架构。

　　所以，在此书出版之际，首先应感谢北京市社会科学理论著作出版资金管理小组及参与评审的专家们。他们对手稿的认可，增强了我深化此选题研究的信心。同时，感谢多年来鼓励和支持我从事工程哲学研究的杨耕教授、孙慕天教授、孙津教授、廖申白教授、田海平教授、崔新建教授、董春雨教授、孟建伟教授、崔伟奇教授、肖显静教授、叶平教授、王青原教授，以及工程研究共同体的各位专家，特别是李伯聪教授、殷瑞钰院士、陈凡教授、王宏波教授、安维复教授、赵建军教授、王大洲教授、王德伟教授和海外学者汉斯·波塞尔（Hans Poser）教授、李文潮教授。

　　此书的手稿由于较初稿改动大，2014 年经北京师范大学出版社推荐，申报了国家社科基金后期资助项目，并获得立项。在这一过程中，饶涛副总编和曾忆梦编辑不仅给出了许多积极的建议，而且做了大量细致的工作。还要感谢本书的策划编辑唐闻笛、责任编辑周鹏和校对员。多亏了他们的帮助，本书才能以国家社科基金后期资助项目成果的形式问世。

　　其次，感谢国家社科基金后期资助项目的各位评审专家对本研究的肯定及提出的建设性意见。感谢本书引用、参考文献的所有作者，还有《马克思主义研究》《哲学研究》《自然辩证法研究》《自然辩证法通讯》《哲学动态》《江海学刊》《北京师范大学学报（社会科学版）》《清华大学学报（哲学社会科学版）》《理论探讨》《学习与探索》《光明日报》等期刊、报纸编辑的鼎力相助。感谢中国政法大学科研处持续对我在工程哲学研究上的立项资助，感谢本人所在单位领导和同事们的帮助与鼓励，感谢我的博士研究生和硕士研究生翟羽佳、姚天宇、徐文俊和连冠宇等为本书校对所做的工作。

　　此外，要对我的家人致谢，是他们的理解与支持，使我保有恬然自得的心境，并能有足够的时间面对存在本身去追思。

　　最后，虽然我在写作中花了很长时间，投入了较多精力锤炼与打磨，但受多方因素限制，书中依然有不尽如人意之处，欢迎读者和专家批评指正。

张秀华

2017 年 10 月 17 日